リビングラジカル重合

―機能性高分子の合成と応用展開―

Living Radical Polymerization:
Recent Development of Synthesis and Application of Functional Polymers

《普及版／ Popular Edition》

監修 松本章一

シーエムシー出版

はじめに

人類は，古来より何とかして不老不死を手に入れようとし，そして，それらの試みは見事に失敗を重ねてきた。高分子化学の分野でも，何とかして不老不死を手に入れようとして努力がなされてきた。リビング重合は，開始反応と成長反応だけが起こり，連鎖移動反応や停止反応が起こらない重合と定義される。リビング重合はまさしく反応中に生成する成長末端活性種を不老不死にしようとするものであり，リビングアニオン重合の発見によって，高分子化学はついに不老不死を手に入れたかのように見えた。確かに，理想的な条件下では高分子の末端アニオンは連鎖移動反応や停止反応を起こさず，モノマーが存在すればさらに成長を続ける，これらのことに間違いはない。しかしながら，現実の反応系では，ごく微量ながらも何らかの不純物が存在し，完全に純粋な状況というものはありえない。今，目の前で生き続けているように思えるものも，いずれは死を迎えるときがやってくるかも知れず，真の意味での不老不死とはいえないのである。成長ラジカルに限らず，安定ラジカルも同様である。どんなに安定なラジカルといえども，それはある一定条件の中での有限時間の範囲内で安定に存在しえるというだけである。絶対的に安定なラジカルはどこにも存在しない。では，不老不死を手に入れようとする努力は全く無駄なことなのか。決してそんなことはない。

1980 年代から 90 年代にかけて，リビングラジカル重合だけでなく，イオン重合や配位重合系のリビング重合でも革新的な展開や目覚しい発展があった。ある年の秋，高分子学会が主催する高分子討論会でリビング重合に関するセッションが開催され，そこでの議論のテーマとして，ドーマント種を含む重合系を従来の古典的なリビング重合と同様にリビング重合と称すべきか否かというものがあった。この問題に対しては，研究者によって見解が異なり，それぞれの意見や立場，主張に基づいて熱の入った討論がなされた。その際，大阪大学基礎工学部の畑田耕一教授（当時）は，次のような例え話を使ってドーマント種を含むリビング重合を説明し，その場に居合わせた参加者は全員なるほどと納得した。「われわれは毎晩眠りにつく（これがリビング重合のドーマントの状態に相当する）が，このことをもってその人が死んだ（リビング重合の成長末端が停止した）とは誰もいわない。朝がやって来ても目覚めることがなくなれば，それは本当に死んだ（末端活性種の失活）ことを意味する。リビングラジカル重合に対しても同じであり，可逆的な停止反応や連鎖移動反応を含んでいるからといってリビング重合の枠組みから除外するのではなく，それらもすべて含めてリビング重合と見なすべきである。」

リビングラジカル重合は，高活性なラジカルを手なずけて活用することで，構造が精密に制御された高分子を合成することのできる優れた重合手法であり，その原点は 1900 年のフリーラジカルの発見にあり，1956 年のリビングアニオンの発見によって新たな命が吹き込まれた。1970

年代から 1980 年代の先進的な研究によってリビングラジカル重合の道が築かれ，1990 年代に入ってリビングラジカル重合の世界は一気に花開いた。現在，リビングラジカル重合によって合成される高分子材料は，高分子工業だけでなく，ロボット産業から医用材料まであらゆる分野で必要とされる高性能材料を提供するためになくてはならないものとなっている。21 世紀に入って既に四半世紀を迎えようとしている今，リビングラジカル重合に関する基礎学術的なアプローチによる研究は，新しいリビングラジカル重合を開発する最初のステージから，それらをさらに高性能化し汎用性を高めていく第 2 ステージへと移っている。

リビングラジカル重合系は多様化し，様々な要求に応えられる骨太の高分子合成法として成長を続けている。さらに，配列制御や立体規則性制御などの高度な高分子構造制御が可能になっている。また，応用・実用面への展開は留まることなく，リビングラジカル重合が関連する応用分野は，ゴム・シーリング，粘接着，分散安定剤，微粒子，医用材料，トライボロジーなど実に多岐にわたっている。個々の技術や事例については各章の記述をご覧頂きたい。また，本書はリビングラジカル重合に焦点をあてたものであるが，今回，カチオン重合やアニオン重合をご専門とする方にも幾つかの章の執筆をお願いした。そのことによって，リビングラジカル重合の特徴がより鮮明になり，また今後リビングラジカル重合に求められる課題が浮き彫りになると考えたためである。高分子に関わる研究者や技術者にとって，本書がリビングラジカル重合のバイブルとなり，ひとりでも多くの方の助けとなることを願っている。

本書に関する企画段階で，この分野に関わる多くの方々にご賛同を頂き，快くご執筆を承諾頂けたことで出版のための準備は円滑に進み，短期間のうちにご覧の形で無事出版にまで辿り着くことができました。著者の皆様のご協力に深く感謝申し上げます。最後に，本書を手にしたすべての方に次のことを覚えておいて頂きたい。リビングラジカル重合，それは決して不老不死を目指すものではなく，あらかじめ定められた寿命をどう生きるかにある。これがリビングラジカル重合の本質である。

2018 年 8 月

大阪府立大学大学院
松本章一

普及版の刊行にあたって

本書は 2018 年に『リビングラジカル重合―機能性高分子の合成と応用展開―』として刊行されました。普及版の刊行にあたり内容は当時のままであり加筆・訂正などの手は加えておりませんので，ご了承ください。

2025 年 3 月

シーエムシー出版　編集部

執筆者一覧（執筆順）

松本章一	大阪府立大学大学院　工学研究科　物質・化学系専攻 応用化学分野　教授
澤本光男	中部大学　総合工学研究所　教授； 京都大学　産官学連携本部　特任教授，名誉教授
大塚英幸	東京工業大学　物質理工学院　応用化学系　教授
大内　誠	京都大学　大学院工学研究科　高分子化学専攻　教授
森　秀晴	山形大学　大学院有機材料システム研究科 有機材料システム専攻　教授
上垣外正己	名古屋大学　大学院工学研究科　有機・高分子化学専攻　教授
藤田健弘	京都大学　化学研究所　特任研究員
山子　茂	京都大学　化学研究所　教授
中村泰之	(国研)物質・材料研究機構　統合型材料開発・情報基盤部門 主任研究員
佐藤浩太郎	名古屋大学　大学院工学研究科　有機・高分子化学専攻　准教授
内山峰人	名古屋大学大学院　工学研究科　有機・高分子化学専攻　助教
金岡鐘局	滋賀県立大学　工学部　材料科学科　教授
伊田翔平	滋賀県立大学　工学部　材料科学科　助教
後関頼太	東京工業大学　物質理工学院　応用化学系　助教
石曽根　隆	東京工業大学　物質理工学院　応用化学系　教授
早川晃鏡	東京工業大学　物質理工学院　材料系　教授
小林元康	工学院大学　先進工学部　応用化学科　教授
遊佐真一	兵庫県立大学　大学院工学研究科　准教授
寺島崇矢	京都大学　大学院工学研究科　高分子化学専攻　准教授

南　秀人	神戸大学　大学院工学研究科　応用化学専攻　准教授
杉原伸治	福井大学　学術研究院工学系部門　准教授
岩﨑泰彦	関西大学　化学生命工学部　化学・物質工学科　教授
谷口竜王	千葉大学大学院　工学研究院　准教授
吉田絵里	豊橋技術科学大学　大学院工学研究科　環境・生命工学系　准教授
河野和浩	大塚化学㈱　研究開発本部　機能性高分子研究所　所長補佐
中川佳樹	㈱カネカ　Performance Polymers Solutions Vehicle　MS部 MS部長
有浦芙美	アルケマ㈱　京都テクニカルセンター　コーポレートR&D ディベロップメントエンジニア
嶋中博之	大日精化工業㈱　合成研究本部　本部長
坂東文明	日本ゼオン㈱　総合開発センター　エラストマー研究所 主任研究員
佐藤絵理子	大阪市立大学大学院　工学研究科　准教授
辻井敬亘	京都大学　化学研究所　教授
吉川千晶	(国研)物質・材料研究機構　主任研究員
榊原圭太	京都大学　化学研究所　助教
北山雄己哉	神戸大学大学院　工学研究科　応用化学専攻　助教
箕田雅彦	京都工芸繊維大学　大学院工芸科学研究科　物質合成化学専攻 教授
須賀健雄	早稲田大学　先進理工学部　応用化学科　専任講師
有田稔彦	東北大学　多元物質科学研究所　助教

執筆者の所属表記は，2018年当時のものを使用しております。

目　次

〔第Ⅰ編　基礎研究概説〕

第1章　リビングラジカル重合：総論　**澤本光男**

1　はじめに……1
　1.1　ラジカル重合……1
　1.2　連鎖重合……2
2　リビング重合とリビングラジカル重合…2
　2.1　リビング重合の定義……2
　2.2　リビング重合の発展とリビングラジカル重合……2
　2.3　リビング重合とドーマント種……3
　2.4　精密重合……6
　2.5　リビング重合の特徴……7
　2.6　リビング重合の実証……8
　2.7　リビング重合と高分子精密合成……8

第2章　ニトロキシドを用いるリビングラジカル重合と動的共有結合ポリマー　**大塚英幸**

1　はじめに……11
2　ニトロキシドラジカルを用いるリビングラジカル重合……11
　2.1　ニトロキシドラジカル添加によるリビングラジカル重合……11
　2.2　アルコキシアミン骨格を利用した精密高分子合成……12
3　ニトロキシドラジカルを用いる動的共有結合ポリマーの設計……13
　3.1　動的共有結合化学とアルコキシアミン骨格……13
　3.2　主鎖型動的共有結合ポリマーの設計……13
　3.3　側鎖型および架橋型動的共有結合ポリマーの設計……14
4　おわりに……15

第3章　原子移動ラジカル重合によるシークエンス制御　**大内　誠**

1　緒言……18
2　交互共重合性モノマーを用いた配列制御……19
3　非共役モノマー種を用いた配列制御…21
4　かさ高さを用いた配列制御……22
5　環化重合を用いた配列制御……23
6　高効率的不活性化が可能なATRPを用いた配列制御……24
7　結言……25

第4章　RAFT重合による機能性高分子の分子設計・合成　森　秀晴

1　はじめに ………………………………… 27
2　共役ジエン類のRAFT重合 …………… 28
3　ジビニルモノマー類のRAFT重合 …… 30
4　反応性ハロゲン部位を有するビニルモノマー類のRAFT重合 ………………… 31
5　おわりに ………………………………… 33

第5章　リビングラジカル重合系における立体構造制御　上垣外正己

1　はじめに ………………………………… 35
2　拘束空間による立体構造制御 ………… 36
3　モノマー置換基による立体構造制御 … 37
4　溶媒や添加物による立体構造制御 …… 39
5　おわりに ………………………………… 42

第6章　有機テルル化合物を用いるラジカル重合　藤田健弘，山子　茂

1　はじめに ………………………………… 46
2　重合条件と反応機構 …………………… 46
3　TERPによる高分子エンジニアリング ………………………………………… 48
3.1　ホモポリマーの合成 ………………… 48
3.2　共重合体の合成 ……………………… 49
3.3　重合末端の変換 ……………………… 50
3.4　官能基を持つ開始剤の合成と利用 … 52
4　多分岐高分子の制御合成 ……………… 53
5　まとめ …………………………………… 54

第7章　制御重合を活用したラジカル重合反応の停止機構の解析　中村泰之

1　はじめに ………………………………… 56
1.1　研究の背景とコンセプト …………… 56
1.2　これまでの研究報告 ………………… 56
2　機構解明の手法 ………………………… 58
2.1　リビングラジカル重合法を利用した重合停止反応の解析方法 …………… 58
2.2　反応機構解析に用いられるリビングラジカル重合法とその反応方法 …… 59
3　各モノマーについての重合停止反応機構の決定 ………………………………… 59
3.1　MMA …………………………………… 59
3.2　スチレン ……………………………… 61
3.3　アクリレート ………………………… 62
3.4　イソプレンの重合停止反応機構 …… 63
4　停止反応機構に対する溶媒粘度の効果 ………………………………………… 64
5　まとめ …………………………………… 65

第8章　活性種の直接変換による新しい精密重合　佐藤浩太郎

1　はじめに ………………………………… 67
2　間接的な活性種の変換 ………………… 69

3 直接的活性種の変換 …… 71
4 炭素－ハロゲン結合を介した直接活性種変換 …… 71
5 RAFT 末端をドーマント種として介した直接的活性種変換と相互変換重合 …… 73
6 まとめ …… 75

第9章 RAFT 機構によるリビングカチオン重合 **内山峰人**

1 はじめに …… 77
2 カチオン RAFT 重合の反応機構 …… 79
3 カチオン RAFT 重合における連鎖移動剤 …… 80
4 カチオン RAFT 重合におけるカチオン源 …… 83
5 カチオン RAFT 重合におけるモノマー …… 83
6 カチオン RAFT 重合を用いた精密高分子合成 …… 84
7 まとめ …… 85

第10章 リビングカチオン重合による機能性高分子の合成 **金岡鐘局，伊田翔平**

1 はじめに …… 87
2 リビングカチオン重合の基礎 …… 87
2.1 比較的弱いルイス酸を単独で用いる系 …… 88
2.2 強いルイス酸と添加物を組み合わせた系 …… 88
3 リビングカチオン重合の新しい展開 …… 89
4 リビングカチオン重合を用いた種々の機能性高分子合成 …… 90
4.1 植物由来モノマーから新しいバイオベース材料へ …… 90
4.2 刺激応答性材料 …… 91
4.3 種々のポリマーによる表面・界面機能の制御 …… 92
5 まとめ …… 94

第11章 リビングアニオン重合による水溶性・温度応答性高分子の合成 **後関頼太，石曽根 隆**

1 はじめに …… 97
2 水溶性・温度応答性ポリ(メタ)アクリルアミドの合成 …… 97
2.1 *N,N*-ジアルキルアクリルアミド類のアニオン重合 …… 97
2.2 保護基を有する *N*-イソプロピルアクリルアミドのアニオン重合 …… 99
2.3 *N,N*-ジアルキルメタクリルアミドのアニオン重合 …… 101
2.4 *α*-メチレン-*N*-メチルピロリドンのアニオン重合 …… 102
3 水溶性・温度応答性ポリメタクリル酸エステルの合成 …… 102
4 おわりに …… 104

〔第Ⅱ編　機能性高分子開発〕

第1章　リビングラジカル重合による高透明耐熱ポリマー材料の設計

松本章一

1　はじめに …………………………………… 107
2　耐熱性アクリルポリマーの設計 ……… 107
3　ポリ置換メチレンの分子構造設計 …… 109
3.1　マレイミド共重合体 ………………… 110
3.2　ポリフマル酸エステル ……………… 111
4　ジチオ安息香酸エステルを用いる DiPF の RAFT 重合 ……………………… 111
5　トリチオカーボネート誘導体を用いる DiPF の RAFT 重合 ……………………… 116
6　おわりに …………………………………… 118

第2章　リビングラジカル重合による POSS 含有ブロック共重合体の合成

早川晃鏡

1　はじめに …………………………………… 121
2　RAFT 法による POSS 含有ブロック共重合体の合成 ………………………………… 122
2.1　POSS 含有ブロック共重合体の分子設計 ……………………………………… 122
2.2　RAFT 法によるホモポリマーの合成 …………………………………………… 123
2.3　RAFT 法によるブロック共重合体の合成 ……………………………………… 124
2.4　PMAPOSS-*b*-PTFEMA のバルクにおける高次構造解析 ………………… 125
2.5　PMAPOSS-*b*-PTFEMA の薄膜構造解析および誘導自己組織化（Directed Self-Assembly：DSA） ……………………………………… 127
3　おわりに …………………………………… 128

第3章　異種材料接着を指向した表面開始制御ラジカル重合による表面改質

小林元康

1　はじめに …………………………………… 131
2　表面開始制御ラジカル重合 …………… 132
3　高分子電解質ブラシによる接着 ……… 134
4　今後の課題と展望 ……………………… 137

第4章　リビングラジカル重合によるジャイアントベシクルの合成

遊佐真一

1　はじめに …………………………………… 139
2　ポリイオンコンプレックスによるジャイアントベシクル形成 ………………… 139
3　pH 応答ジブロック共重合体によるジャイアントベシクル形成 …………… 142
4　おわりに …………………………………… 144

第5章　リビングラジカル重合による両親媒性ポリマーの合成と精密ナノ会合体の創出　寺島崇矢

1　はじめに …… 146
2　両親媒性ランダムコポリマー …… 146
2.1　精密合成 …… 147
2.2　一分子折り畳みによるユニマーミセル …… 148
2.3　精密自己組織化による多分子会合ミセル …… 149
2.4　温度応答性ミセル …… 151
2.5　ナノ構造構築と機能 …… 152
3　タンデム重合による両親媒性グラジエントコポリマー …… 152
4　末端選択的エステル交換と両親媒性局所機能化ブロックコポリマー …… 152
5　両親媒性環化ポリマー …… 153
6　両親媒性ミクロゲル星型ポリマー …… 154
7　おわりに …… 155

第6章　リビングラジカル重合を用いた機能性高分子微粒子の合成　南　秀人

1　はじめに …… 158
2　リビングラジカル重合による架橋粒子 …… 158
3　リビングラジカル重合による中空（カプセル）粒子 …… 160
4　リビングラジカル重合による内部モルフォロジーの制御 …… 161
5　リビングラジカル重合による粒子表面性質制御 …… 162
6　重合誘起自己組織化法（PISA）による微粒子の合成 …… 164
7　おわりに …… 165

第7章　水酸基含有ビニルエーテル類の精密ラジカル重合と機能　杉原伸治

1　はじめに …… 168
2　ビニルエーテル類の単独ラジカル重合が可能になるまで …… 168
3　水酸基含有ビニルエーテル類のフリーラジカル重合 …… 170
4　水酸基含有ビニルエーテル類のRAFTラジカル重合 …… 173
5　種々の水酸基含有ビニルエーテルを含むポリマーの合成・機能・応用 …… 174

第8章　ポリマーバイオマテリアルの合成と医用材料への展開　岩﨑泰彦

1　はじめに …… 177
2　薬物担体の設計 …… 177
3　バイオコンジュゲーション …… 179
4　生分解性ポリマー …… 180

5 表面改質（抗ファウリング，抗菌性）……182
6 おわりに……184

第9章 ラジカル的な炭素－炭素結合交換反応を用いる自己修復性ポリマー 大塚英幸

1 はじめに……186
2 ジアリールビベンゾフラノン（DABBF）の特徴と反応性……187
3 DABBF骨格を有する自己修復性ポリマー……188
3.1 DABBF骨格を有する架橋高分子の合成と反応性……188
3.2 DABBF骨格を有する自己修復性高分子ゲルの設計……189
3.3 DABBF骨格を有する自己修復性バルク高分子の設計……190
4 おわりに……191

第10章 クリック反応およびリビングラジカル重合による機能性微粒子の調製 谷口竜王

1 はじめに……193
2 クリック反応およびリビングラジカル重合による高分子微粒子の表面修飾と機能創出……194
2.1 アジ化ナトリウムを用いたα-ハロエステル基のアジド基への変換…195
2.2 ATRP開始基を有するカチオン性およびアニオン性高分子微粒子の合成……197
2.3 高分子微粒子表面のATRP開始基のアジド化……197
2.4 CuAACを利用した蛍光ラベル化によるATRP開始基の表面濃度およびグラフト密度の評価……199
3 高分子微粒子表面のグラフト鎖による機能発現……200
4 おわりに……201

第11章 光精密ラジカル重合を用いる高分子の設計と合成 吉田絵里

1 はじめに……205
2 ニトロキシドを用いる光精密ラジカル重合法……205
3 光照射で進行するRAFT重合による光精密ラジカル重合法……210
4 光原子移動ラジカル重合による光精密ラジカル重合法……212

〔第Ⅲ編　応用展開〕

第1章　リビングラジカル重合法を用いた高機能ポリマー“TERPLUS”の開発

河野和浩

1　はじめに …… 215
2　有機テルル化合物を用いるリビングラジカル重合法（TERP法） …… 215
3　粘着剤開発への応用 …… 218
4　TERP法を応用した粘着剤 …… 220
5　顔料分散剤開発への応用 …… 221
6　TERP法を応用した顔料分散剤 …… 223
7　生産体制 …… 224
8　まとめ …… 224

第2章　原子移動ラジカル重合を利用したテレケリックポリアクリレートの開発

中川佳樹

1　序論 …… 225
2　テレケリックポリアクリレートの開発の背景 …… 227
3　工業化技術 …… 227
4　特性と用途 …… 231
5　おわりに …… 232

第3章　リビングラジカル重合の工業化と応用例

有浦芙美

1　はじめに …… 234
2　アルケマのNMP機構：BlocBuilder® MA …… 234
3　アクリル系ブロックコポリマー：Nanostrength® …… 236
4　ブロックコポリマーによるエポキシ樹脂のじん性改質 …… 237
5　ナノ構造PMMAキャスト板 …… 239
6　NMPリビングポリマー：Flexibloc® …… 240
7　おわりに …… 241

第4章　有機触媒型制御重合を用いた新しい機能性ポリマー製造技術の開発

嶋中博之

1　諸言 …… 243
2　有機触媒型制御重合の反応機構と触媒 …… 243
3　機能性ポリマーの開発と色材への実用化事例 …… 246
3.1　顔料分散剤 …… 246
3.2　水性顔料インクジェットインクへの応用 …… 247
3.3　無機顔料の表面処理剤への応用 …… 249
4　最後に …… 250

第5章　リビングラジカル共重合による精密ニトリルゴムの合成　**坂東文明**

1　はじめに ………………………… 252
2　リビングラジカル重合 ………………… 252
3　開発の動機 ………………………… 252
4　遷移金属触媒を用いるリビングラジカル重合 ………………………… 253
5　ルテニウム触媒による重合 ………… 254
6　鉄触媒による重合 ………………… 258
7　まとめ ………………………… 259

第6章　リビングラジカル重合を活用した易解体性粘着材料の設計

佐藤絵理子

1　はじめに ………………………… 261
2　反応性高分子を用いる易解体性粘着材料の設計 ………………………… 261
3　主鎖分解性ポリマーを利用する易解体性粘着材料の設計 ………………… 262
4　架橋とガス生成を相乗的に利用する易解体性粘着材料の設計 ………………… 264
　4.1　反応性アクリル系ブロック共重合体の高分子量化 ………………… 264
　4.2　半減期が異なる二種の開始剤を用いるTERPの開発 ………………… 265
5　おわりに ………………………… 266

第7章　リビングラジカル重合によるポリマーブラシ形成とトライボロジー制御　**辻井敬亘**

1　はじめに ………………………… 268
2　リビングラジカル重合によるポリマーブラシの精密合成 ………………… 268
3　ポリマーブラシの構造と物性 ………… 272
4　トライボロジー制御 ………………… 273

第8章　リビングラジカル重合による材料表面の生体適合性向上

吉川千晶，榊原圭太

1　はじめに ………………………… 277
2　CPBのバイオイナート特性 ………… 279
　2.1　CPBのサイズ排除効果とタンパクとの相互作用 ………………… 279
　2.2　タンパク吸着 ………………… 281
　2.3　細胞接着 ………………………… 282
　2.4　血小板粘着 ………………… 282
3　濃厚ポリマーブラシのバイオアクティブ特性 ………………………… 283
4　CPBを用いた生体適合性材料 ……… 283
　4.1　構造制御ボトルブラシのハイドロゲルコーティング ………………… 283

4.2 表面改質セルロースナノファイバーを用いた足場材料 …… 286
4.3 CPB被覆ナノ微粒子を用いた医療材料 …… 287
5 さいごに …… 287

第9章 リビングラジカル重合を用いた医療用分子認識材料の創製

北山雄己哉

1 はじめに …… 290
2 リビングラジカル重合と生体分子複合化による分子認識材料創製 …… 290
2.1 遺伝子デリバリー …… 291
2.2 DNA検出 …… 292
2.3 高分子ワクチン …… 293
3 リビングラジカル重合による高分子リガンドの創製 …… 294
3.1 バイオマーカータンパク質に対する高分子リガンド …… 294
3.2 レクチンに対する高分子リガンド …… 295
3.3 高分子リガンドカプセル …… 297
4 リビングラジカル重合による疾病診断のための分子インプリントポリマーの創製 …… 298
5 おわりに …… 299

第10章 精密重合法とナノインプリント法の融合による階層的表面構造ポリマー薄膜の創製

箕田雅彦

1 はじめに …… 301
2 ナノインプリント法と精密グラフト重合を用いるポリマーピラー薄膜の作製 …… 302
3 polyCMSを素材ポリマーとするグラフト修飾ピラー薄膜の作製と表面特性 … 304
4 光架橋性ポリマーを素材とするグラフト修飾ピラー薄膜の作製と表面特性 … 306
5 高規則性貫通型AAOを鋳型として作製したグラフト修飾ピラー薄膜への展開 …… 309

第11章 リビングラジカル重合を用いたUV硬化と傾斜ナノ構造の形成

須賀健雄

1 はじめに …… 311
2 光リビングラジカル重合の研究動向 … 311
3 光リビングラジカル重合のUV硬化への適用と重合誘起型相分離 …… 313
4 精密UV硬化による相分離同時形成：位置付けと将来展望 …… 315

第12章　リビングラジカル重合法を援用したフィラーの機能化（無機フィラーからセルロースナノ結晶まで）　**有田稔彦**

1　概略 …… 318
2　高分子によるナノ微粒子表面の機能化 …… 319
3　固定化＝グラフト重合からの脱却 …… 321
4　粒子共存制御ラジカル重合法の開発 … 321
5　タイヤトレッドゴムの補強材としての活用 …… 323
6　フィラー充填による3次元伝導内部構造を持つ電解質膜への応用 …… 323
7　セルロースナノクリスタル粉末の製造とフィラーとしての応用展開 …… 325
8　まとめ …… 327

第1章　リビングラジカル重合：総論

澤本光男*

1　はじめに

1.1　ラジカル重合

本書の主題であるラジカル重合は，代表的な連鎖成長重合（連鎖重合）であり，低分子の連鎖反応と同じく，開始，成長（生長），停止，移動（連鎖移動）の素反応からなる（図1）。ラジカル重合では，主としてアルケン（オレフィン，ビニル化合物）をモノマーとし，加熱，光照射，触媒過程によりラジカルを生成する開始剤が用いられ，付加重合とも呼ばれる。モノマーに環状化合物を用いる開環ラジカル重合もある。

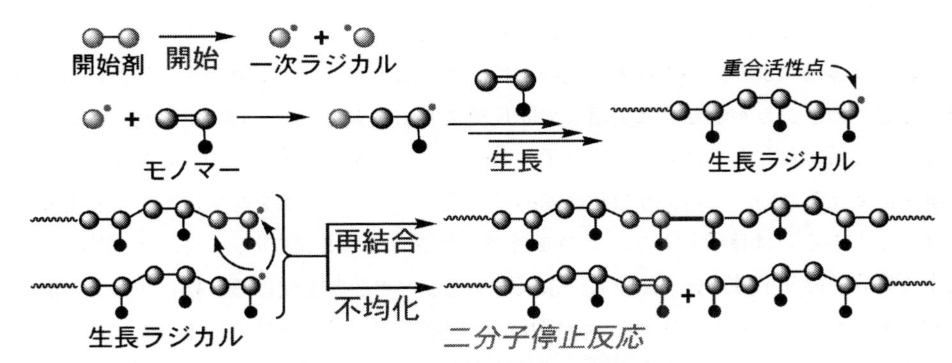

図1　ラジカル重合：連鎖重合と素反応

ラジカル重合には，イオン重合や逐次成長重合（重縮合，重付加）と比較して，次のような特徴がある。①アクリル系，スチレン系など幅広い構造で多種類のモノマーから高分子量の高分子を高収率で生成する。②室温以上の比較的温和な重合条件で，場合により水中でも容易に進行する（乳化重合，懸濁重合など）。③成長種が電気的に中性なラジカルで極性基耐性が高く，機能基をもつモノマーも保護基を用いず重合が可能。これらの特徴から，金属触媒によるα-オレフィンの配位重合とともに，最も広範かつ大規模に工業化されている連鎖重合である。そのためもあり，ラジカル重合には，膨大で系統的な基礎的研究が蓄積されている。

工業化されたラジカル重合は，経験的に高度に最適化されてはいるが，後述するように，ラジ

* Mitsuo Sawamoto　中部大学　総合工学研究所　教授；
京都大学　産官学連携本部　特任教授，名誉教授

カル重合では不安定ラジカル中間体特有の，すなわちその本性に基づく停止反応が避けがたく，重合の精密制御は本質的に（不可能といえないまでも）きわめて困難と考えられてきた。本書では，この定説を克服し，1990年代以降に次々と発見，開発されてきた「リビングラジカル重合」（精密制御ラジカル重合）の最近の展開が詳しく述べられる。

1.2 連鎖重合

連鎖重合では，モノマーと開始剤から成長種が生成し（開始），成長種はモノマーと次々と反応してより分子量（重合度）の大きい高分子へと成長する（成長）。成長種は，また重合の過程で，様々な副反応のため成長活性を失う場合があり，とりわけ停止と移動が重要である。ラジカル重合では（図1），2分子の成長ラジカルが末端で結合する「再結合」，あるいは，一方のラジカル末端が他方のβ-水素をラジカルとして引き抜いて，ともに成長活性を失い（失活し），飽和と不飽和の末端をもつ高分子となる「不均化」が起り，「二分子停止」と総称される。また，成長ラジカルが反応系中の低分子や生成高分子中の水素などと反応して失活すると同時に，新たな成長ラジカルが生成する「（連鎖）移動」も起こる。ラジカル重合では，反応条件やモノマーの構造などによるが，一般に二分子停止反応が最も頻繁に起こる。

停止および移動により，いずれも特定の成長種は失活するが，ラジカル重合における二分子停止では2分子のラジカルがともに失活して成長種濃度が減少するのに対し，移動では成長ラジカル1分子が失活するとともに新たな低分子の成長ラジカルが生成するため，移動反応の前後で成長種濃度は変化しない。このような速度論的な差違はあるが，開始を経て成長により生まれた高分子は，停止あるいは移動により，その成長が中断されることになり，これらの副反応により，生成する高分子の分子量，分子量分布，末端基構造などが影響を受ける。換言すると，開始と成長は言うまでもなく，停止と移動という副反応の理解と規制が，連鎖成長重合の（精密）制御の根幹にあり，とくにラジカル重合では，二分子停止をいかに抑制するかが最も重要である。

2 リビング重合とリビングラジカル重合

2.1 リビング重合の定義

「リビング重合」（living polymerization）は，上記の4つの素反応からなる連鎖成長重合において，「開始と成長のみからなり，停止と移動が起こらない重合」と定義されてきた（狭義の定義）[1]。また現在では，本章で後述する経緯により，「開始と成長のみからなり，不可逆の停止と不可逆の移動が起こらない連鎖成長重合」と定義されている[2]。これまでに見出されたリビング重合の代表的な例を図2に示す。

2.2 リビング重合の発展とリビングラジカル重合

狭義の定義に基づくリビング重合は，1956年にM. Szwarcによりスチレンのアニオン重合で

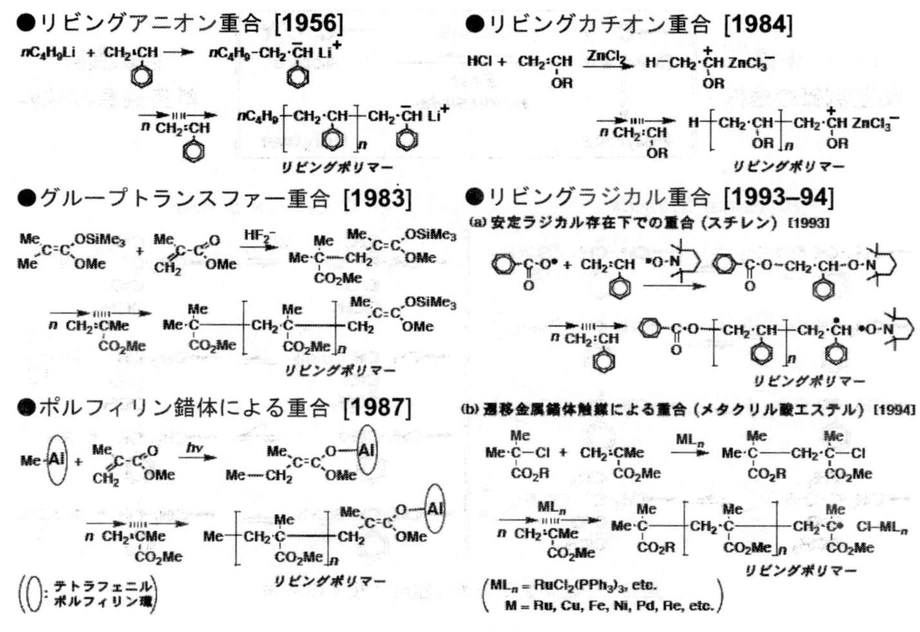

図２　リビング重合の開発と代表的な例

はじめて報告された[3]。その後，1980年代初頭から1990年代後半にかけて，これに加えて，様々な機構の連鎖重合でリビング重合の特徴を示す重合が相次いで開発された。たとえば1980年代には，アクリル系極性モノマーのアニオン重合，ビニルエーテルやイソブチレンなどのカチオン重合，環状オレフィンの開環メタセシス重合，α–オレフィンの（金属触媒）配位重合など，主としてイオン重合でリビング重合が見出された[4]。次いで，1990年代に入ると，それまで精密制御は不可能に近いと考えられてきたラジカル重合においても，1980年代初頭の大津らの先駆的研究を経て，様々な方法によるリビングラジカル重合が開発された（図３）[5]。これらの展開については，次章以下で詳しく述べられる。

2.3　リビング重合とドーマント種

1980年代以降に開発されたリビング重合は，「古典的」とも称される炭化水素系モノマーのリビングアニオン重合とは際だって異なる特徴がある。すなわち，古典的なリビング重合では，たとえばブチルリチウムを開始剤として，高度の精製された真空系においてスチレンやジエン類をアニオン重合すると，停止や移動を起こさない炭素アニオン（カルバニオン）成長種が生成し，モノマーが存在する限り，あるいはモノマーが完全に消費された後でも，（場合によっては室温で１年以上の）長時間にわたって成長種はそのアニオン構造を保持して「生き続け」(living)，濃度も変化しない。

一方，1980年代以降の「最近の」リビング重合は，多くの場合，開始剤と触媒とからなる開

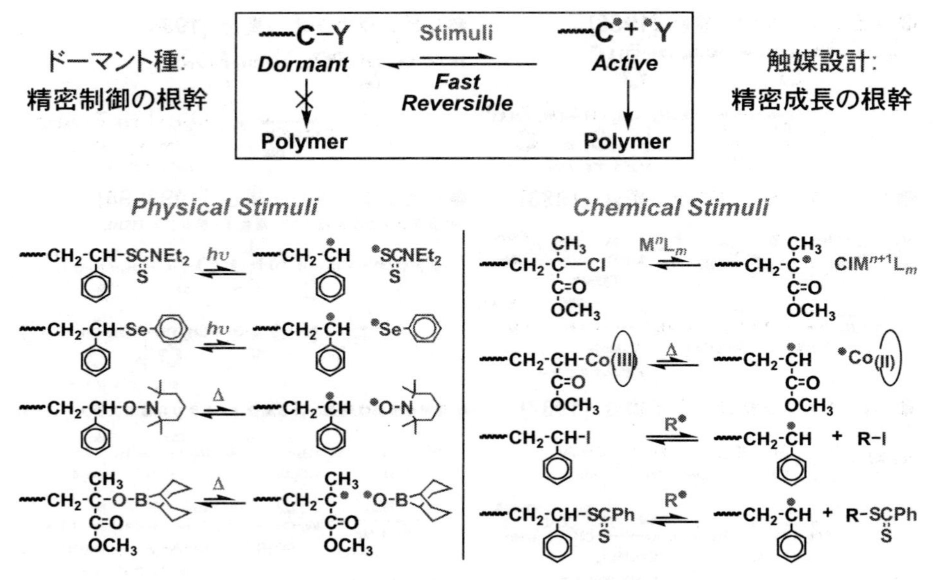

図3 リビングラジカル重合：種々の方法

始剤系を用い，成長反応では，真の成長種とともに，その前駆体である共有結合種が関与し，この前駆体と成長種との平衡（相互変換）が重合の精密制御（リビング重合の実現）に重要であることが明らかになってきた。この点に着目して，カチオン重合とラジカル重合での典型的な例を図4に示した。たとえば金属触媒によるリビングラジカル重合では，真の成長種はモノマーに由来する炭素ラジカル，共有結合型前駆体は対応するハロゲン化アルキルであり，ルテニウム触媒がこれらの相互変換を司ることになる。

イオン重合やラジカル重合など連鎖重合の機構の違いを超えて，このようなリビング重合が多数見出されるにおよんで，これらの共有結合型前駆体は，一般にドーマント種（dormant species）あるいは休止種と総称される[6)]。また，開始剤は，ドーマント種に対応する共有結合末端をもつ低分子化合物（図4の例では，メタクリル酸エステルのハロゲン化水素付加体）である場合が多い[7)]。

このような重合では，ドーマント種自身ではモノマーが大量に存在しても成長は起こらないが，触媒によってその共有結合末端が真の成長末端へと変換（活性化）され，成長が進行する。このとき，ドーマント種と真の成長種とは，触媒を介在させて動的な平衡にあり，その平衡は前駆体側に圧倒的に偏っている。すなわち，大部分のポリマー末端は，その生成過程（寿命）の大部分の時間をドーマント種として存在し，末端に対してごく少量の触媒により，そのごく一部が真の成長種へと変換され，何回か成長反応を繰り返した後，再びドーマント種へと再生される。これを，「ドーマント種－活性種動的平衡」（dormant–active species dynamic equilibrium）と呼ぶ。

1980年代以降に開発されたリビング重合におけるドーマント種を図5にまとめた。連鎖重合における成長機構の差違を超えて，数多くの「最近の」リビング重合で様々なドーマント種とそ

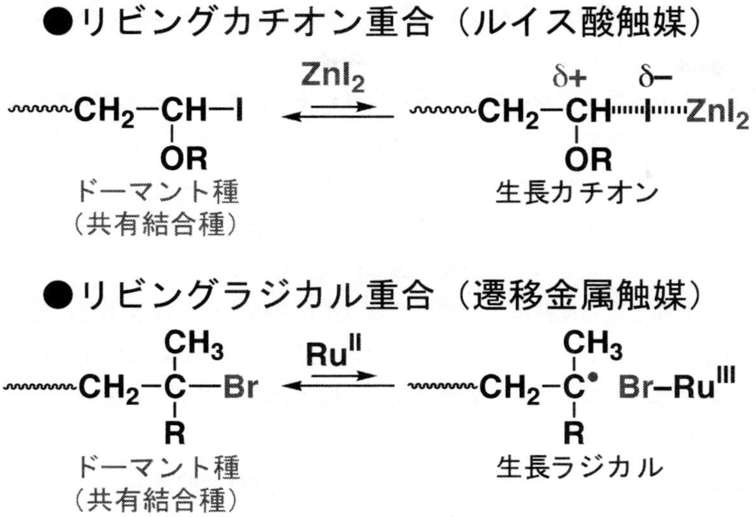

●リビングカチオン重合（ルイス酸触媒）

$\sim CH_2-CH(OR)-I \underset{}{\overset{ZnI_2}{\rightleftharpoons}} \sim CH_2-\overset{\delta+}{CH}(OR)\cdots\overset{\delta-}{I}\cdots ZnI_2$

ドーマント種（共有結合種）　　生長カチオン

●リビングラジカル重合（遷移金属触媒）

$\sim CH_2-C(CH_3)(R)-Br \overset{Ru^{II}}{\rightleftharpoons} \sim CH_2-C^{\bullet}(CH_3)(R)\ \ Br-Ru^{III}$

ドーマント種（共有結合種）　　生長ラジカル

図４　ドーマント種の関与するリビング重合

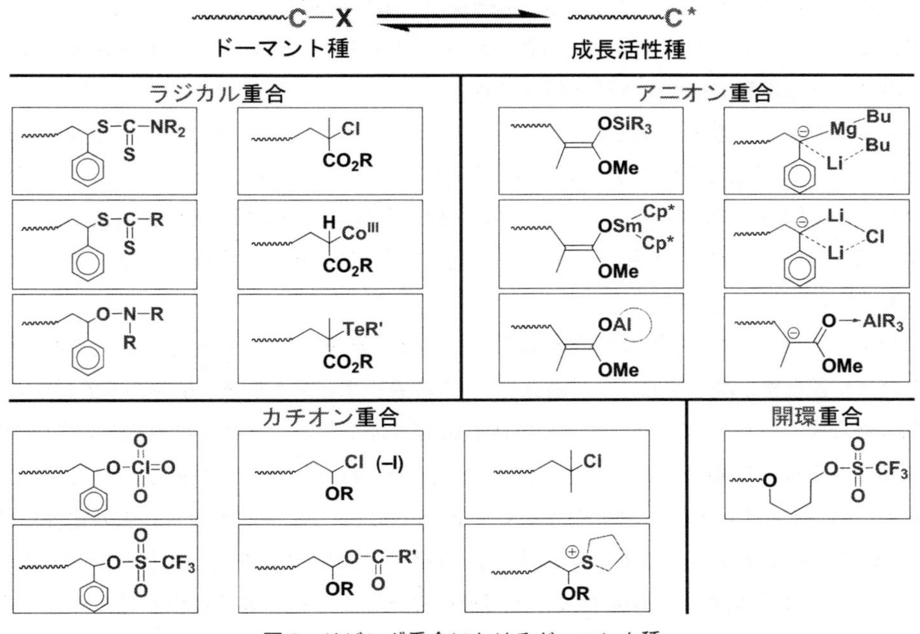

図５　リビング重合におけるドーマント種

れに対応する触媒系が見出されており，この動的平衡が連鎖重合の精密制御の一般的な原理であることを示している。

リビングラジカル重合では，ドーマント種は炭素－ハロゲン結合などの炭素ラジカルに解離可能な共有結合末端をもつが，このドーマント種の介在によって，瞬間的な成長ラジカル濃度が

（リビングではない通常の重合に比較して）著しく減少し，これが二分子停止を抑制し，リビング重合を可能にすると考えられている。また，メタクリル酸エステルのアニオン重合では，モノマーや生成高分子のエステルカルボニル炭素に成長炭素アニオンが求核攻撃する反応（停止）が起こりやすいが，図5の例では，成長メタクリレートアニオンはエノレート型ドーマント種に変換されており，リビング重合が実現すると説明されている。ただし，ドーマント種の介在がなぜリビング重合を可能とするかについては，その厳密な速度論的解釈や重合機構との関連などを含めて，必ずしも明確でない点もあり，現在も議論が続いている。

また，ドーマント種と真の成長種との相互変換（動的平衡）が，成長過程に比べて十分に速いことも重要であり，これによってすべてのドーマント種がほぼ同じ確率で成長種に変換されるため，狭義のリビング重合と同様に，開始剤濃度で規定される数平均分子量（および狭い分子量分布）をもつ高分子が生成することになる（後述）。

図5の一般式からもわかるように，「ドーマント種－活性種動的平衡」における真の成長種からのドーマント種の生成は，成長末端が共有結合の生成により成長活性を失うという意味で，連鎖重合における停止反応あるいは移動反応に対応する。たとえば，古くから知られるアゾ化合物や過酸化物によるラジカル重合において，過剰量の四塩化炭素を添加すると，成長ラジカルは移動反応によりハロゲン化アルキルへと変換され（テロメリゼーション），その末端構造は図4や図5のハロゲン末端型ドーマント種と同一である。

しかし，このような通常の停止あるいは移動で生じた共有結合は，もはや二度と成長を起こせないのに対し（不可逆的停止および不可逆的移動），ドーマント種に基づくリビング重合では，触媒（あるいは加熱や光照射）によりドーマント種は真の成長種に繰返し変換可能であり（可逆的変換），この点において，従来の（リビングではない）連鎖重合と明確に異なっていることが重要である。

図4や図5に例示したドーマント種が関与するリビング重合に，（可逆とはいえ）ある種の停止あるいは移動過程が関与することに着目し，「古典的」リビング重合の狭義の定義に照らして，これらの重合を「リビング重合」と呼ぶのは不適切ではないか，との意見が出され，20世紀後半にリビング重合の定義に関した議論が世界的に活発に行われたことがある[8,9]。しかし，ドーマント種が関与する重合が，次項で述べるような「古典的」リビング重合（狭義の定義）に求められる特徴をすべて満足し，数多くの事例が確立されたため，これを受けてリビング重合の定義は拡張され，「開始と成長のみからなり，不可逆の停止と不可逆の連鎖移動が起こらない連鎖成長重合」となった（上述）[2]。これを強調して，ドーマント種が関与するリビング重合を「可逆的不活性化に基づく重合」（reversible deactivation polymerization）と呼ぶ場合がある。

2.4 精密重合

上記のように，とくに1990年代になって広範囲のリビング重合が開発されたのに呼応して，「精密重合」（precision polymerization）という用語も頻繁に用いられるようになった[10]。精密重合は，一般に末端基，繰返し単位，側鎖置換基などの化学構造，主鎖の立体構造，分子量，分子量分布などが設計・制御された高分子を生成する重合反応と解釈されている。リビング重合ほど厳密に定義された学術用語とは言い難いが，簡潔で魅力的であるためか，総説や講演の題目などに和英両方でしばしば用いられる。厳密には，リビング重合の定義に関係させて，精密重合と安易に述べることには応分の注意が必要であろう。

2.5　リビング重合の特徴

狭義であれ広義であれ，その定義により，リビング重合には，次のような特徴がある（図６）。通常の（停止や移動が起こる）連鎖成長重合においても，下記の特徴の一部は示す場合は少なくないが，これらすべてを満足するのは，リビング重合のみである。

(1)　成長種活性：重合を通じて反応系中のすべての成長末端が成長活性を保ち続ける（失活がない）。

(2)　成長種濃度：成長種の濃度は生成する高分子の分子数に等しく，多くの場合（開始反応が完結している場合）成長種濃度は重合中一定であって，（副反応による開始剤の消失がない場合）開始剤の初濃度に等しい：[成長種] = [生成高分子] = [開始剤]$_0$（開始剤初濃度）。

(3)　平均分子量：生成する高分子の数平均分子量（M_n）あるいは数平均重合度（DP_n）は，重合率（反応したモノマーの消費量）に正比例して増加する：M_n（DP_n）$\propto$ [モノマー]$_0$/[開始剤]$_0$。

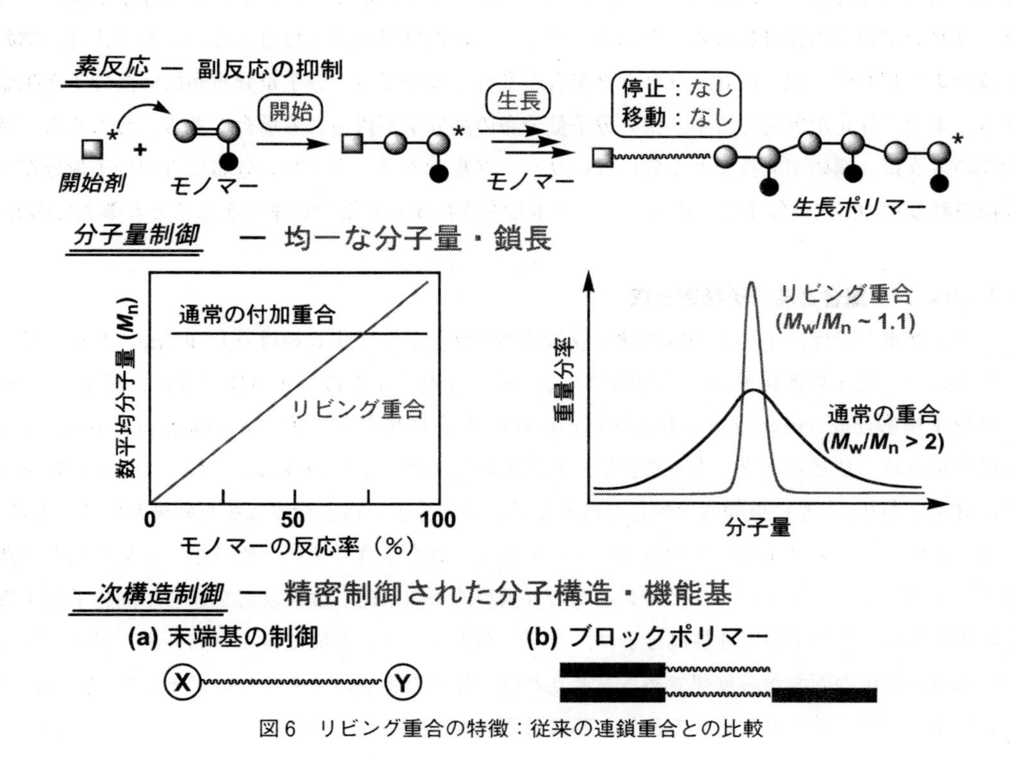

図６　リビング重合の特徴：従来の連鎖重合との比較

(4) 鎖延長とブロック重合：一端すべてのモノマーが消費された重合系に，新たに第一段階の重合と同種あるいは異種のモノマーを添加すると，生成高分子の数平均分子量がさらに増加する。分子量の増加は添加モノマーの重合率に比例する。第一段階目と異なるモノマーを添加すると，ブロックポリマーが得られる。

これらに加えて，下記の特徴を示す場合が多い。

(5) 分子量分布：開始が成長に比べて充分に速い場合，リビング重合による高分子の分子量分布は，一般の連鎖重合による高分子に比べて狭く，理想的にはポアソン分布（分散度 $M_w/M_n \sim 1$）となる。一般の連鎖重合では，分子量分布は最確分布（$M_w/M_n \sim 2$）となる場合が多い。

2.6 リビング重合の実証

リビング重合が起こっていることを証明するためには，上記の定義[2]と特徴(1)～(4)に基づいて，（それぞれ不可逆の）停止と移動が起こっていないことを実験的に示す必要がある。これには，速度論的解析や生成高分子の分子量や分子量分布の測定に基づいて，いくつかの方法が用いられる[11]。当然ではあるが，（不可逆の）停止あるいは移動の一方が起こらないことは，リビング重合の必要条件であっても十分条件ではなく，単一の実験結果だけではリビング重合の証明とならない。

また定義からも明確なように，リビング重合の進行と生成高分子の分子量分布（あるいは分散度 M_w/M_n）とは直接には無関係であることに注意すべきである。とくに分子量分布が狭いことは，リビング重合の傍証になることはあっても，それだけで実証にはならない。たとえば，開始が成長より相対的に遅い場合，リビング重合が進行していても，分子量分布が広い高分子が生成する。また，停止が併発しても，狭い分子量分布の高分子が得られる場合もある。もちろん，特徴(5)のように，開始が成長より十分に速いリビング重合では，ポアソン分布に近い分子量分布が観測されるため，狭い分子量分布はリビング重合を支持する重要な結果であることも事実である。

2.7 リビング重合と高分子精密合成

リビング重合では，すべての成長種が成長活性を保持して「生き続ける」（living）ため，リビングではない従来の連鎖重合では合成できない様々な高分子を設計・合成できる（図７）。これを高分子精密合成（precision polymer synthesis）および精密高分子（precision polymer）と呼ぶ場合がある。リビングラジカル重合は，その広い適用性と重合の容易さから，高分子の精密合成に有用であり，とくに機能基を配した様々な機能性高分子の精密合成は波及効果が明確である。

たとえば，リビング末端から別のモノマーを重合し異なる高分子鎖（部分鎖）を共有結合で連結したブロックポリマーと，リビング末端の（選択的・定量的）変換反応を通じて高分子鎖末端に官能基を導入した末端官能性高分子は，リビング重合でしか合成できない高分子（材料）として，基礎と応用の両面から重要である。とりわけ，様々な手法によるリビングラジカル重合が開発されるにつれ，ラジカル重合で長年の基礎的研究が蓄積されているとともに，工業的に最も重

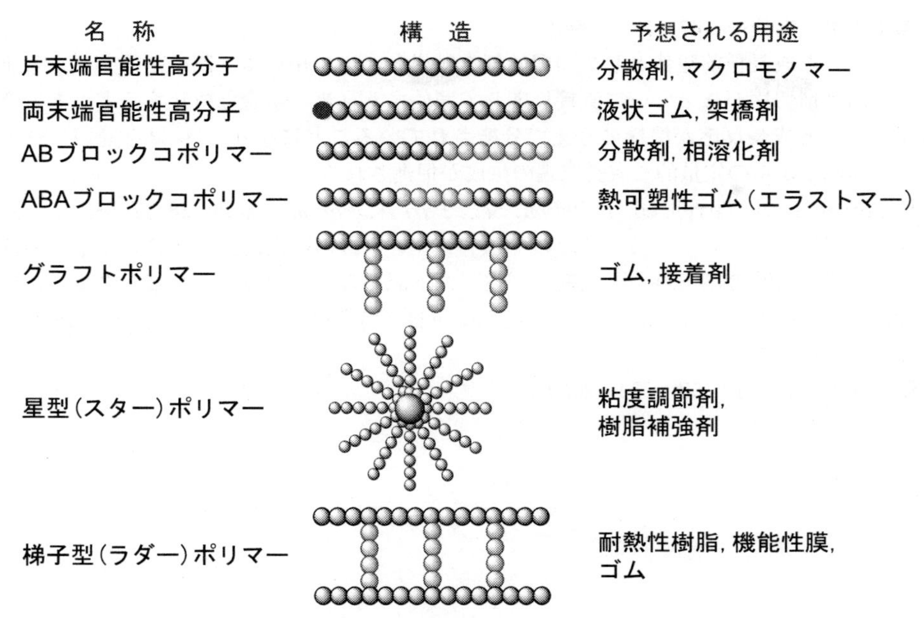

図7　精密高分子：リビング重合により合成可能な高分子

要な連鎖重合の１つであることもあって，国際的に研究開発が急速に活発となり工業化へも進みつつある。これらについても，本書で詳しく述べられている。

また，とくにリビングラジカル重合は，特別の技術を必要とせず，拡張性と汎用性に優れ，必ずしも高分子合成を専門としなくとも，自らが設計した高分子を自ら合成できる途を拓いた[10)]。そのため，リビング重合は，いまでは，高分子科学はもとより，有機化学，物理化学，物理学，生物学，医学など，幅広い関連分野にまで研究開発が波及するようになったことも重要である。

文　　献

1)　1996 IUPAC Gold Book (IUPAC Polymer Division), *Pure Appl. Chem.*, **68**, 2287 (1996)

2)　2004 IUPAC Gold Book (IUPAC Polymer Division), *Pure Appl. Chem.*, **76**, 889 (2004)

3)　M. Szwarc, "Carbanion, Living Polymers and Electron Transfer Processes", Interscience, New York (1968)

4)　O. W. Webster, *Science*, **251**, 887 (1991)

5)　リビング重合に関する代表的な総説と著書：(a) *Chem. Rev.*, **101**, No. 12. (2001), (b) *Chem. Rev.*, **109**, No. 11. (2009), (c) 遠藤剛編，高分子の合成（上），講談社 (2010), (d) 高分子学会編，高分子基礎科学 One Point，第１巻，第２巻，共立出版 (2013), (e) 日本化学会編，精密重合が拓く高分子合成，CSJ カレントレビュー 20，化学同人 (2016)

6) 澤本光男，高分子，**47**，78（1998）
7) このような成長種前駆体としての開始剤を触媒とともに用いる「開始剤系」による重合では，開始剤切片がモノマーに直接反応して開始する従来の重合と対比すると，ある意味で開始反応と成長反応が機構のうえで分離されていることになり，（触媒を適切に選択すると）開始剤からの定量的な成長末端の生成が促進される。
8) V. Percec, D. A. Tirrell, ed., *J. Polym. Sci., Part A: Polym. Chem.*, **38**, 1705–1918 (2000)
9) 高分子討論会（高分子学会）において，ドーマント種の可逆的生成と停止反応との関係に言及して，当時の畑田耕一阪大教授が述べた下記の趣旨の意見は，リビング重合の定義を考える上で示唆と含蓄に富んでいる：「私は毎日6時間ほど眠るが，一度も葬式をだしてもらったことがない」
10) 澤本光男，高分子，**59**，769（2010）
11) 文献5e，第2章

第2章　ニトロキシドを用いるリビングラジカル重合と動的共有結合ポリマー

大塚英幸*

1　はじめに

ラジカル重合は高い官能基許容性を有しているため，適用できるモノマーの種類が多く，水などの極性溶媒中でも重合が進行する工業的にも広く利用されている重要な重合法である。この重合法を精密高分子合成に展開できる「リビングラジカル重合」は，その基礎となる概念が1980年代には知られており[1,2]，1990年代に分子量分布も制御できるいくつかの革新的な重合法が報告された[3~7]。開発された重合法は，いずれも重合の成長末端を共有結合種（ドーマント種）として安定化させ，可逆的にラジカル種を生成させることで，活性種濃度を低下させて二分子停止を抑制するメカニズムに基づいている（図1）[8~11]。その1つは，ニトロキシドラジカル（正確には「ニトロキシルラジカル」であるが，ラジカル重合分野では慣用的にニトロキシドラジカルという表現が使われるため本章でもそのまま使用する）を利用して成長末端の炭素中心ラジカルをキャッピングすることで，ドーマント種であるアルコキシアミン骨格を可逆的に形成させるリビングラジカル重合系であり，Nitroxide-Mediated Radical Polymerization（NMP）と呼ばれている。本章では，ニトロキシドラジカルを用いるリビングラジカル重合と，そのドーマント種であるアルコキシアミン骨格を利用した動的共有結合ポリマーについて紹介する。

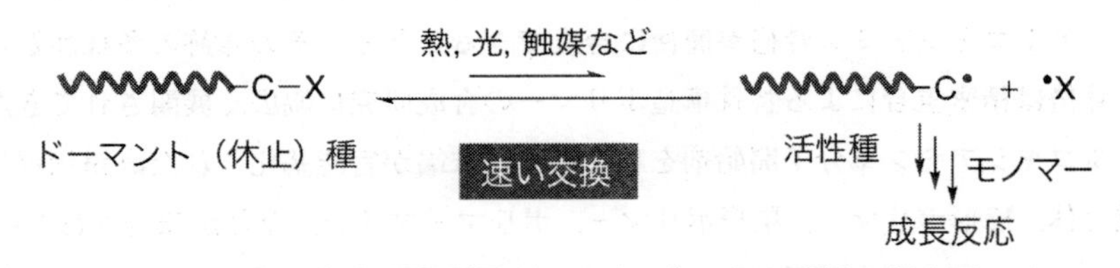

図1　ドーマント種を利用するリビングラジカル重合の概念図

2　ニトロキシドラジカルを用いるリビングラジカル重合

2.1　ニトロキシドラジカル添加によるリビングラジカル重合

ニトロキシドラジカルを用いたリビングラジカル重合は，代表的な安定ニトロキシドラジカルである2,2,6,6-テトラメチルピペリジン-1-オキシル（TEMPO）存在下におけるスチレンのラジカル重合系が最初に報告された[3]。この重合系は極めてシンプルであり，過酸化ベンゾイルを

*　Hideyuki Otsuka　東京工業大学　物質理工学院　応用化学系　教授

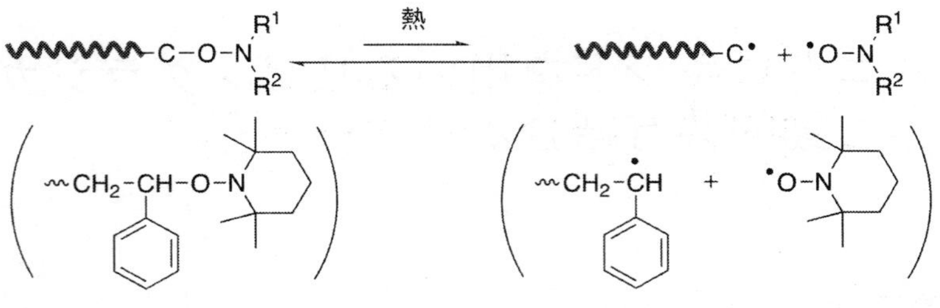

図2　TEMPO を利用するスチレンのリビングラジカル重合

開始剤としたスチレンのラジカル重合系に TEMPO を添加して，120℃以上の温度条件で重合が行われた結果，分子量が数万程度で分子量分布が比較的狭い（$M_w/M_n < 1.3$）ポリスチレンが得られることが示された。図2に示すように，この重合法はラジカル濃度の減少と活性の保持を両立でき，シンプルな重合制御機構と既存の重合系にニトロキシドラジカルを添加して温度条件を変えるのみという操作の簡便さから大きな注目を集めた。NMP 法に適用できるモノマーは主としてニトロキシドラジカルの構造に支配され，TEMPO の場合はスチレン誘導体やアクリル酸エステルなどに限定されていたが，その後，新しいニトロキシドラジカルの開発も進み，より広範囲のモノマーに適用されるようになっている[8,12]。

2.2　アルコキシアミン骨格を利用した精密高分子合成

NMP 法のドーマント種であるアルコキシアミン骨格は室温では安定に単離可能であり，低分子アルコキシアミンがリビングラジカル重合のための「単分子開始剤」として機能することが報告された[13]。アルコキシアミン骨格が簡便に合成できることと，その修飾の多様性から，アルコキシアミン骨格は精密重合による特殊構造ポリマーの合成研究に幅広く展開されてきた（図3）。例えば，アルコキシアミン単分子開始剤を利用して，末端が官能基化された直鎖状ポリマー，ブロック共重合体，櫛形ポリマー，星形ポリマー，ポリマーブラシ，などが報告されている[8,14~17]。さらに，アルコキシアミンを利用したリビングラジカル重合系は，重合メカニズムの解明や高機能性材料の開発にも用いられてきた[8,18~20]。多数のアルコキシアミンを高分子骨格中に導入した精密高分子開始剤に関しても検討が行われており，配列制御高分子やマルチブロック共重合体の合成，高分子の網目サイズ制御，などに展開されている[21~25]。

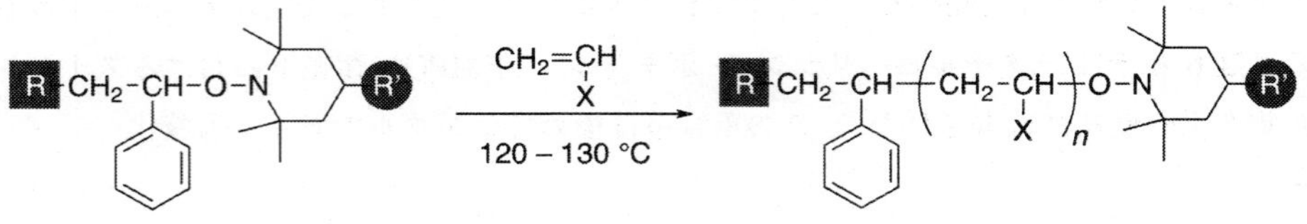

図3　アルコキシアミン単分子開始剤を利用するリビングラジカル重合

3　ニトロキシドラジカルを用いる動的共有結合ポリマーの設計

3.1　動的共有結合化学とアルコキシアミン骨格

アルコキシアミン骨格は，上述したようにリビングラジカル重合の単分子開始剤および成長末端ドーマント種の構造であるが，加熱条件下で開裂と再結合の平衡状態をとる「動的共有結合」骨格とみなすこともでき[26]，モノマー不在下では加熱による結合交換反応が進行する。例えば，NMP法により得られたアルコキシアミン停止末端を有するポリマーを，過剰のニトロキシドラジカル存在下で加熱すると，末端構造変換を行うことができる[27,28]。さらに，アルコキシアミン間においても交換反応が60℃以上の加熱で進行することが明らかにされた。例えば，両端に異なる置換基をもつ2種類のアルコキシアミン誘導体を有機溶媒中で等モル混合して100℃に加熱すると，最終的には異なる置換基を有する4種類の等モル混合物を与え，平衡に到達することが報告されている（図4）[29]。アルコキシアミンの交換反応はラジカルプロセスに基づくため官能基許容性が高く，さまざまな高分子反応に応用されているが，詳細に関しては次項で紹介する。

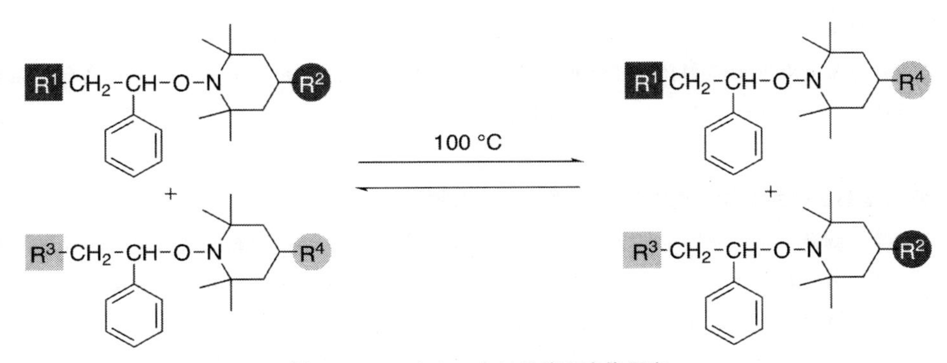

図4　アルコキシアミン骨格の交換反応

3.2　主鎖型動的共有結合ポリマーの設計

逐次重合法を利用することで，主鎖中にアルコキシアミン骨格をもつ高分子を容易に合成できる。アルコキシアミンのジオール体を出発原料として，アジピン酸ジクロリドとの重縮合によりポリエステルが，ヘキサメチレンジイソシアネートとの重付加によりポリウレタンが合成されている（図5）。これらの主鎖型動的共有結合ポリマーの分子量は，通常の高分子と同様に平均分

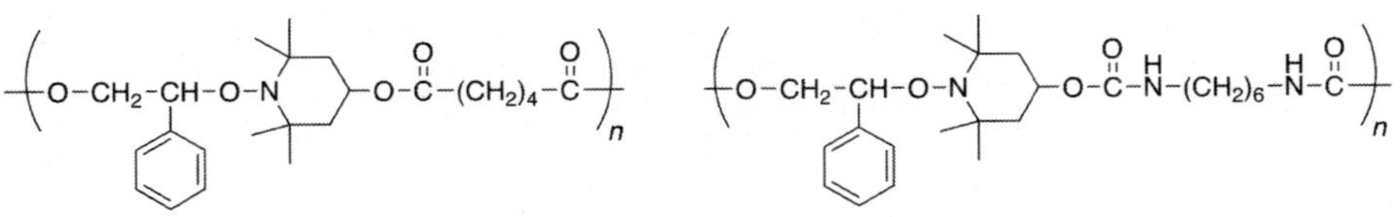

図5　主鎖中にアルコキシアミン骨格をもつポリエステルとポリウレタン

子量や分子量分布をサイズ排除クロマトグラフィー（SEC）測定により算出できる。これは，SEC 測定温度である 40℃において交換反応や分解反応が起こらないためであり，室温では十分な安定性を有していることを意味している。

一方で，これらのポリマーは加熱条件下においては通常の高分子とは全く異なる反応挙動を示す。分取 HPLC により分子量分画した数平均分子量の揃ったポリエステル（$M_w/M_n = 1.1$）を溶液中で 100℃に加熱すると，分子量分布の値のみが増大することが明らかになっている。これは主鎖中におけるアルコキシアミンの交換反応に起因しており，分子量分布の値は反応時間の経過とともに大きく変化し，6 時間以降では $M_w/M_n = 2.0$ 付近で平衡に達したことが報告されている[30]。

この特徴を利用すると高分子の分子量変換や異種高分子の複合化を行うことができる。実際に分子量の異なるポリエステルを混合して溶液中で加熱すると，中間の分子量を有するポリエステルが得られる[29,30]。一方で，主鎖型の動的共有結合ポリマーを希釈条件下で加熱すると，低分子量の大環状オリゴマーが得られる。これは，分子内の結合交換反応によって，エントロピー駆動型の環化解重合反応が進行し，大環状化合物が生成するためである[31]。このように動的共有結合を主鎖中に有する高分子は，濃度条件によって分子間，分子内の反応をそれぞれ優先させることで異なる分子量を有する誘導体へと変換可能である。さらに，アルコキシアミン骨格を主鎖中に有するポリエステルとポリウレタンの交換反応により，異種高分子の複合化も実現されている[32]。

3.3 側鎖型および架橋型動的共有結合ポリマーの設計

ここでは，側鎖および架橋点にアルコキシアミン骨格が導入された動的共有結合ポリマーの設計と反応について紹介する。アルコキシアミン部位を有するメタクリル酸エステルとメタクリル酸メチル（MMA）を，ATRP 法[10]を用いてランダム共重合することで，側鎖にアルコキシアミン骨格をもつポリ(メタクリル酸エステル）が合成されている[33]。得られたポリマーと NMP 法[8]によって合成された末端にアルコキシアミン骨格を有するポリスチレンとを溶液中で混合して 100℃に加熱すると，対応するグラフト化ポリマーが得られている（図 6）。さらに，得られたグラフト共重合体をアルコキシアミン低分子化合物で処理することでポリスチレン側鎖の脱離，す

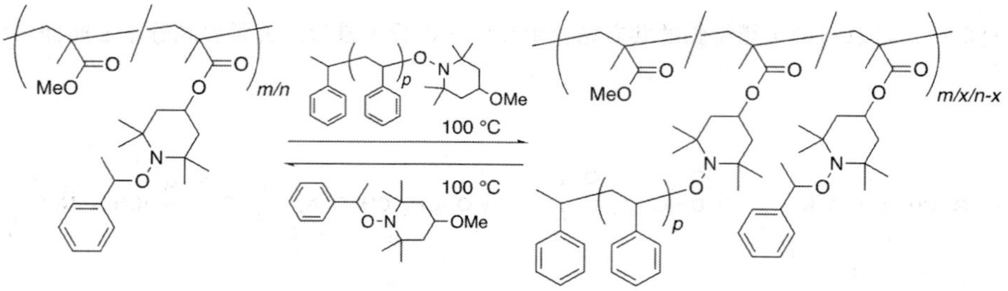

図 6　側鎖にアルコキシアミン骨格をもつポリ(メタクリル酸エステル）の可逆的グラフト化

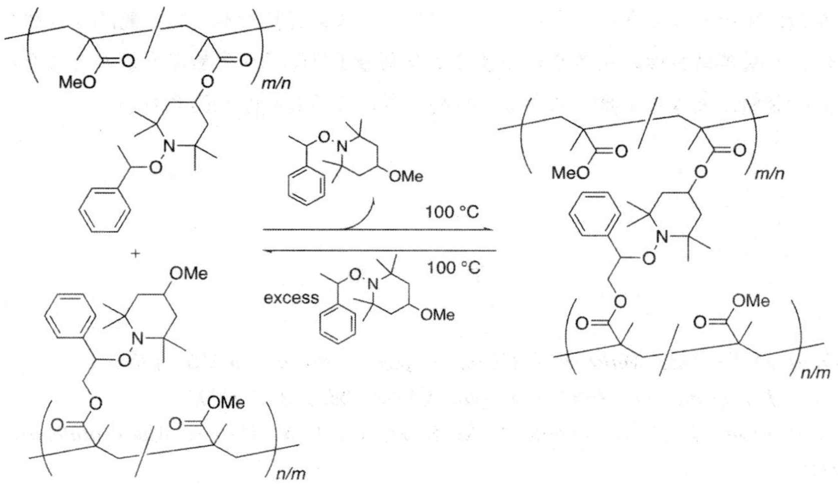

図７　アルコキシアミン骨格の交換反応を利用した可逆的架橋システム

なわち逆反応が進行することも確認されている[33]。

こうした反応系は，動的共有結合化学に基づいた平衡状態を意図的に動かすことで，高分子の構造を変えられることを意味している。シリコン基板やシリカナノ粒子の表面に連結された，側鎖にアルコキシアミン骨格をもつポリ(メタクリル酸エステル）においても，同様に可逆的なグラフト化反応が報告されており，疎水性や親水性のポリマーによるグラフト化によりシリコン基板の表面特性やシリカナノ粒子の分散性が大きく変わることが報告されている[34~36]。

アルコキシアミン骨格を架橋部位に有する架橋高分子の合成と脱架橋反応も検討されている。例えば，相補的な反応性を有するアルコキシアミン骨格を側鎖に有する２種類の直鎖状高分子がATRP法[10]によって合成され，これらの混合溶液を加熱することで可逆的な架橋反応が進行することが報告されている（図７）[37]。

アルコキシアミンの交換反応はラジカル機構により進行するため，その官能基許容性の高さを利用して，可逆的な架橋高分子反応系は水系にも展開されている[38]。さらに，この反応は無溶媒（バルク）系でも進行することが見い出されており[39]，バルクの系では分子鎖の運動性が重要であることも明らかとなっている[40]。アルコキシアミン骨格の反応性を考慮して分子設計を工夫することで，星形高分子に代表される，より複雑な特殊構造ポリマーの合成にも展開されている[41]。

4　おわりに

本章では，ニトロキシドラジカルを用いるリビングラジカル重合と，そのドーマント種であるアルコキシアミン骨格を利用した動的共有結合ポリマーについて概説した。ニトロキシドラジカルを用いるリビングラジカル重合は，シンプルな制御機構に基づいており，簡便さも手伝って多くの精密重合に応用されてきた。また，アルコキシアミン骨格を利用した動的共有結合ポリマーに関しては，官能基許容性の高さからさまざまな高分子反応系へと展開が進んできた。いずれも高分子化学の発展に大きく貢献しており，今後もさらなる発展が期待される。

文　献

1) T. Otsu, M. Yoshida, *Makromol. Chem. Rapid. Commun.*, **3**, 127 (1982)
2) T. Otsu, *J. Polym. Sci.: Part A, Polym. Chem.*, **38**, 2121 (2000)
3) M. K. Georges, R. P. N. Veregin, P. M. Kazmaier, G. K. Hamer, *Macromolecules*, **26**, 2987 (1993)
4) B. B. Wayland, G. Poszmik, S. L. Mukerjee, M. Fryd, *J. Am. Chem. Soc.*, **116**, 7943 (1994)
5) M. Kato, M. Kamigaito, M. Sawamoto, T. Higashimura, *Macromolecules*, **28**, 1721 (1995)
6) J. S. Wang, K. Matyjaszewski, *J. Am. Chem. Soc.*, **117**, 5614 (1995)
7) J. Chiefari, Y. K. Chong, F. Ercole, J. Krstina, J. Jeffery, T. P. T. Le, R. T. A. Mayadunne, G. F. Meijs, C. L. Moad, G. Moad, E. Rizzardo, S. H. Thang, *Macromolecules*, **31**, 5559 (1998)
8) C. J. Hawker, A. W. Bosman, E. Harth, *Chem. Rev.*, **101**, 3661 (2001)
9) K. Kamigaito, T. Ando, M. Sawamoto, *Chem. Rev.*, **101**, 3689 (2001)
10) K. Matyjaszewski, J. H. Xia, *Chem. Rev.*, **101**, 2921 (2001)
11) G. Moad, E. Rizzardo, S. H. Thang, *Acc. Chem. Res.*, **41**, 1133 (2008)
12) R. B. Grubbs, *Polym. Rev.*, **51**, 104 (2011)
13) C. J. Hawker, *J. Am. Chem. Soc.*, **116**, 11185 (1994)
14) C. J. Hawker, *Angew. Chem. Int. Ed.*, **34**, 1456 (1995)
15) R. B. Grubbs, C. J. Hawker, J. Dao, J. M. J. Fréchet, *Angew. Chem. Int. Ed.*, **36**, 270 (1997)
16) Y. Miura, K. Hirota, H. Moto, B. Yamada, *Macromolecules*, **31**, 4659 (1998)
17) R. Matsuno, K. Yamamoto, H. Otsuka, A. Takahara, *Macromolecules*, **37**, 2203 (2004)
18) T. Fukuda, T. Terauchi, A. Goto, K. Ohno, Y. Tsujii, T. Miyamoto, S. Kobatake, B. Yamada, *Macromolecules*, **29**, 6393 (1996)
19) C. J. Hawker, G. G. Barclay, J. Dao, *J. Am. Chem. Soc.*, **118**, 11467 (1996)
20) K. Ohno, Y. Tsujii, T. Fukuda, *Macromolecules*, **30**, 2503 (1997)
21) Y. Higaki, H. Otsuka, T. Endo, A. Takahara, *Macromolecules*, **36**, 1494 (2003)
22) Y. Higaki, H. Otsuka, A. Takahara, *Polymer*, **44**, 7095 (2003)
23) Y. Higaki, H. Otsuka, A. Takahara, *Polymer*, **47**, 3784 (2006)
24) Y. Amamoto, M. Kikuchi, H. Masunaga, S. Sasaki, H. Otsuka, A. Takahara, *Macromolecules*, **42**, 8733 (2009)
25) Y. Amamoto, M. Kikuchi, H. Masunaga, H. Ogawa, S. Sasaki, H. Otsuka, A. Takahara., *Polym. Chem.*, **2**, 957 (2011)
26) S. J. Rowan, S. J. Cantrill, G. R. L. Cousins, J. K. M. Sanders, J. F. Stoddart, *Angew. Chem. Int.*

Ed., **41**, 898 (2002)
27) N. J. Turro, G. Lem, I. S. Zavarine, *Macromolecules*, **33**, 9782 (2000)
28) M. E. Scott, J. S. Parent, S. L. Hennigar, R. A. Whitney, M. F. Cunningham, *Macromolecules*, **35**, 7628 (2002)
29) H. Otsuka, K. Aotani, Y. Higaki, A. Takahara, *Chem. Commun.*, 2838 (2002)
30) H. Otsuka, K. Aotani, Y. Higaki, Y. Amamoto, A. Takahara, *Macromolecules*, **40**, 1429 (2007)
31) G. Yamaguchi, Y. Higaki, H. Otsuka, A. Takahara, *Macromolecules*, **38**, 6316 (2005)
32) H. Otsuka, K. Aotani, Y. Higaki, A. Takahara, *J. Am. Chem. Soc.*, **125**, 4064 (2003)
33) Y. Higaki, H. Otsuka, A. Takahara, *Macromolecules*, **37**, 1696 (2004)
34) T. Sato, Y. Amamoto, H. Yamaguchi, H. Otsuka, A. Takahara, *Chem. Lett.*, **39**, 1209 (2010)
35) T. Sato, Y. Amamoto, H. Yamaguchi, T. Ohishi, A. Takahara, H. Otsuka, *Polym. Chem.*, **3**, 3077 (2012)
36) T. Sato, T. Ohishi, Y. Higaki, A. Takahara, H. Otsuka, *Polym. J.*, **48**, 147 (2016)
37) Y. Higaki, H. Otsuka, A. Takahara, *Macromolecules*, **39**, 2121 (2006)
38) J. Su, Y. Amamoto, M. Nishihara, A. Takahara, H. Otsuka, *Polym. Chem.*, **2**, 2021 (2011)
39) J. Su, Y. Amamoto, T. Sato, M. Kume, T. Inada, T. Ohishi, Y. Higaki, A. Takahara, H. Otsuka, *Polymer*, **55**, 1474 (2014)
40) J. Su, K. Imato, T. Sato, T. Ohishi, A. Takahara, H. Otsuka, *Bull. Chem. Soc. Jpn.*, **87**, 1023 (2014)
41) 例えば，Y. Amamoto, Y. Higaki, Y. Matsuda, H. Otsuka, A. Takahara, *J. Am. Chem. Soc.*, **129**, 13298 (2007)

第3章　原子移動ラジカル重合によるシークエンス制御

大内　誠*

1　緒言

DNA やタンパク質などの生体高分子はモノマー単位の並び方，すなわち配列（シークエンス）を完全に制御し，機能を発現している。特に繰り返し単位の主構造は同じでありながら，異なる側鎖置換基（核酸塩基，アミノ酸残基）を組み合わせ，その配列を制御している点に興味が持たれる。一方，合成高分子においても，ポリスチレンやポリ(メタ)アクリレートなどのビニルポリマーは，側鎖に様々な置換基を導入できる高分子であり，置換基の組み合わせによって共重合体を合成できる。従来の共重合体に対しては，反応性比に基づいて，狙いの平均組成になるようにモノマーの仕込み比を変え，平均組成比によって特性のチューニングが行われてきた。もしモノマー単位の配列を制御できれば，均一な共重合体を合成でき，共重合体として新しい集合挙動や特性を期待できる（図１）[1]。しかし，連鎖重合で合成されるビニルポリマーに対し，モノマー単位の並び方を制御するのは非常に難しい[2]。

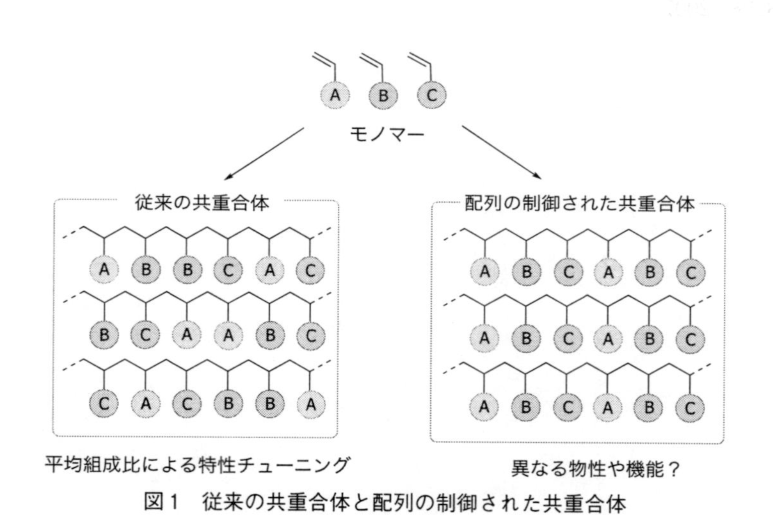

図１　従来の共重合体と配列の制御された共重合体

ラジカル重合は代表的な連鎖重合であり，多種多様のモノマーに対し，極性官能基を保護することなく重合することが可能である。また電子密度による反応性の差が顕著なイオン重合では共

*　Makoto Ouchi　京都大学　大学院工学研究科　高分子化学専攻　教授

重合が困難なことがあるが，ラジカル重合では複数のモノマーを組み合わせて共重合することが比較的容易である。しかし，単純に二種類のモノマーを用いた共重合を考えた場合，ビニルエーテルと無水マレイン酸など，交互共重合を引き起こす組み合わせはあるものの，例えば同種モノマーの共重合で成長の順番を制御してモノマー配列を制御するのは不可能であり，統計的ランダム配列となる。また，連鎖機構は簡便に高分子を得るのに適した機構であるが，モノマーを一つずつ反応させて伸長させるのは難しく，配列制御に不向きな機構である。

しかし，再結合や不均化による停止反応が不可避と考えられたラジカル重合に対して，活性種（アクティブ種）を可逆的に不活性化して休止種（ドーマント種）に変換する重合，すなわち可逆的不活性化ラジカル重合が発展し，ラジカル重合でもリビング重合が可能となった。この重合では成長末端は可逆的な不活性化を受けながら成長するため，モノマーが次々に反応する連鎖特性が抑制されている。これらの特徴は配列制御に向けて大きな特徴となる。特に原子移動ラジカル重合（ATRP）はハロゲンでキャッピングした安定なドーマント種を経由し，比較的多くのモノマー種を用いることができるために配列制御に適したリビングラジカル重合であると考えられる（図２）[3~5]。

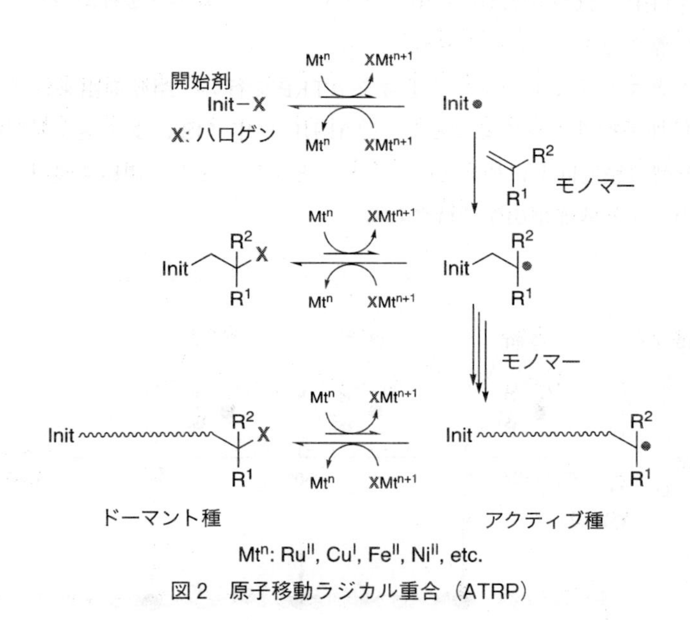

図２　原子移動ラジカル重合（ATRP）

2　交互共重合性モノマーを用いた配列制御

ラジカル共重合では，交互共重合が進行するモノマーの組み合わせが古くから知られている[6]。無水マレイン酸やマレイミドなど電子密度が低く，単独重合性に乏しいモノマーに対し，スチレンやビニルエーテルなど比較的電子密度が高いモノマーを組み合わせた場合，両モノマー反応性比はゼロに近くなり，交互成長が起こる。このようなモノマーの組み合わせでは，一方のモノマーが多い条件であっても，単独成長よりも交互成長が優先される。これはいかなる仕込み比であっても，重合初期に得られる共重合体の組成が1：1になる現象からも理解できる。

Lutzらはこの交互成長が優先される現象をリビングラジカル重合に用いることで，鎖中の官能基の位置が制御された高分子を合成できることを示した[7)]。すなわち，スチレンのATRPを行い，重合の途中で開始剤に対して少し過剰のマレイミドを添加することで，最終重合率と仕込み比から予想されるポリスチレン重合度に対して，任意の位置にマレイミドユニットを導入した。例えば，スチレンと開始剤の比が100の条件でATRPを行い，重合率25%，50%，75%でマレイミドを添加し，最後まで重合を行えば，理論上は重合度が25，50，75の位置にマレイミドが導入される（図3）。官能基の制約が少ないラジカル重合の特徴を活かせば，マレイミドの側鎖設計によって，様々な官能基を組み合わせることが可能である。リビングアニオン重合で1,1'-ジフェニルエチレン誘導体[8)]を用いれば同様のことができる可能性があるが，様々な官能基を導入できる点で，ラジカル重合で実現した意義は大きい[9)]。一方，統計的連鎖機構で交互成長するため，厳密に1ユニットを導入するのは難しく，開始剤に対して少し過剰のマレイミドを添加する必要がある。ATRPではなくNMPを用いることで，できるだけ少量のマレイミドの添加でポリマー鎖に確実に導入できることが示されている[10)]。

また，スチレンとマレイミドの交互共重合をATRPで行い，開始剤由来のラジカル種の両モノマーに対する付加選択性を高めることで，MALDI-TOF-MSによる交互配列の解析が行われている[11)]。交互配列の精度向上に加えて，スチレンとマレイミドの側鎖を設計できることを活かした交互配列に由来する機能創出が期待される。

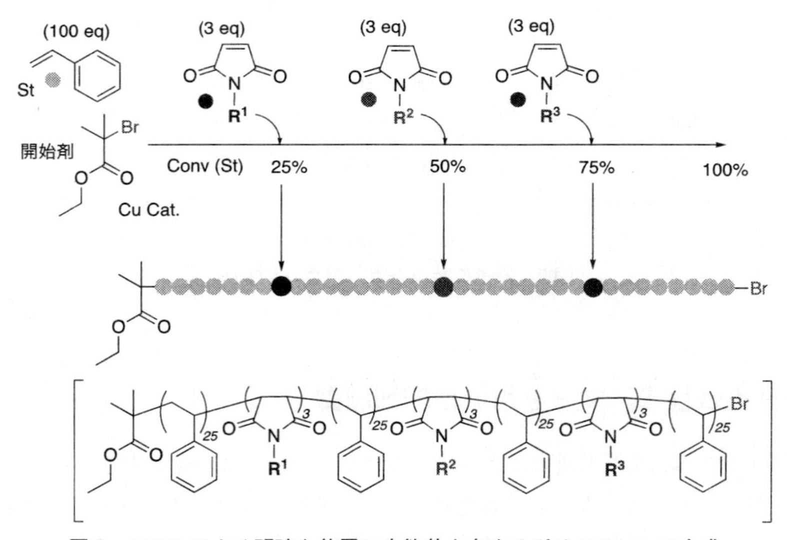

図3　ATRPによる明確な位置に官能基を有するポリスチレンの合成

3　非共役モノマー種を用いた配列制御

理想的なリビングラジカル重合系ではモノマーが消費されてから別のモノマーを添加すると，ブロック共重合が進行する。得られるブロック共重合体の平均重合度はポリマー鎖に対するモノマーの添加量で制御できる。モノマーの当量添加を繰り返すことができれば，配列制御につながると考えられるが，単純な方法で絶対的にモノマー1ユニットを付加させ，それを繰り返すことは難しい。しかし，ATRPの元の反応である，カラッシュ付加反応[12]やATRA（atom transfer radical addition）[13]と呼ばれる反応で行われているように，生成物の炭素－ハロゲン結合が反応物の炭素－ハロゲン結合よりも不活性になるような反応であれば，成長反応が起こらず，1ユニット付加を制御できる可能性がある。配列制御に向けて重要なのは，これをいかにして繰り返すか，さらにはいかにして側鎖に機能基を導入するかであろう。

例えばATRP開始剤に対して，非共役モノマーであるアリルアルコールを過剰量反応させると，付加によって生成する2-ハロイソプロパノール様ドーマント種が安定で，それ以上ラジカル種に変換されないために連鎖成長が起こらず，アリルアルコールが一分子付加してハロゲンでキャッピングされたドーマント種を与えて反応がとまりうる（図4）[14]。このドーマント種のアルコール側鎖を酸化するとアクリル酸タイプの2-ハロプロピオン酸様ドーマント種に変換され，生成するラジカル種が共鳴安定化される構造であり，炭素－ハロゲン結合が活性になる。さらにアルコールを用いてエステル化することで，アクリル側鎖置換基を設計できる。こうしてATRPの条件でアリルアルコールの一分子付加，酸化によるアクリル酸ドーマントへの変換，アクリル酸ユニットのエステル化を繰り返すことで，エステル化に用いたアルコール由来の側鎖を有する配列制御ポリアクリレートを合成するコンセプトが示された。しかし，実際はアリルアルコールの一分子付加効率が低く，繰り返し反応の制御には至っていない。アリルアルコールの一分子付加を制御するのに適した触媒が必要と考えられる。

名古屋大学の上垣外，佐藤らは，ATRPの条件で非共役ビニル基のラジカル重合成長が起こ

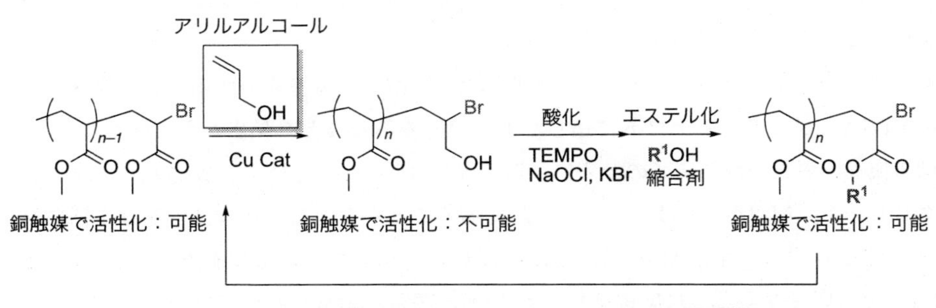

図4　ATRPによるアクリレートユニットの配列制御
アリルアルコールの一分子付加，酸化，エステル化を繰り返す

らず，ラジカル付加が起こるという現象を活かして配列制御高分子を合成している[15]。すなわち，ビニルモノマー骨格を数分子繋いだ分子の両末端に，ATRP に対して活性を示す炭素－塩素結合と非共役のビニル基をそれぞれ導入し，分子間で一分子付加を繰り返す AB 型モノマーの重付加によって，塩化ビニルユニットを繋ぎ目に有する定序配列制御高分子を合成した（図５）。このようにモノマー配列を組み込んだ分子をモノマーとして逐次重合を行うと定序配列制御高分子の合成につながるが，連結で生じる構造がビニルモノマー由来の骨格（すなわち塩化ビニル）になることで，完全にビニルモノマーの繰り返し単位で配列を制御している点が興味深い。

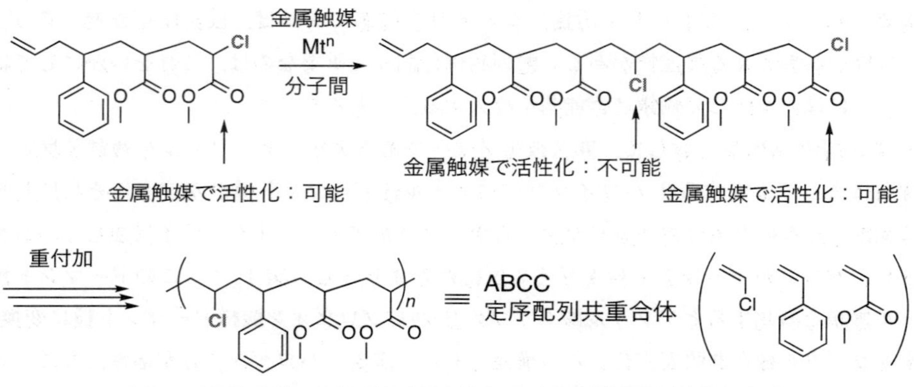

金属触媒
Mt^n
分子間
金属触媒で活性化：可能
金属触媒で活性化：不可能
金属触媒で活性化：可能
重付加
ABCC
定序配列共重合体

図５　ATRP を用いたラジカル重付加による定序配列共重合体の合成

4　かさ高さを用いた配列制御

上述した非共役ビニル基の重合性が低いことを活用した方法では，ビニル基のラジカル種に対する活性が低いので，ラジカル付加の反応効率に問題がある。一方で，もし共役モノマーを用いながら，かさ高さで成長反応を抑制できれば，ビニル基のラジカル付加の効率を維持できるために反応効率の問題を回避できる。さらにかさ高さを除き，別の置換基に変換できれば，この反応を繰り返すことが可能となり，導入した別の置換基の種類や順番を制御することで，配列制御高分子を合成できる可能性がある。

実際に我々のグループでは，アダマンチル基とイソプロピル基を有する三級置換メタクリレート（IpAdMA）がこのコンセプトに適したモノマーであることを見出した（図６）[16]。このモノマーは置換基の異常なかさ高さのために，連続成長は難しい。しかし，かさ高さの小さいメチルメタクリレート（MMA）とは共重合が可能であることから，二重結合はラジカル種に対して十分な反応性を有する。塩素型 ATRP 開始剤に対し，ルテニウム触媒存在下，10，5，2 当量の IpAdMA を反応させると，反応はそれぞれ 10%，20%，50%の転化率で停止した。これは開始剤に対して IpAdMA が一分子反応して反応が停止していることを示唆しており，実際に生成物は開始剤に対して IpAdMA ユニットが１ユニット付加したものであった。この生成物にトリフ

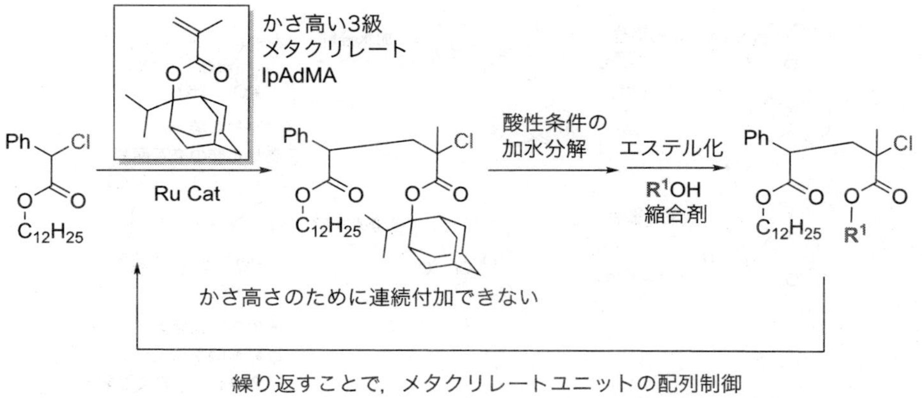

図６　かさ高い第三級メタクリレートを用いたラジカル付加の繰り返しによる
メタクリレートユニットの配列制御

ルオロ酢酸を反応させると，IpAdMA ユニットのみが選択的にカルボン酸に変換された。次にアルコールとの反応による縮合によってエステル化することで，反応させたアルコールに由来する側鎖を有するメタクリレートユニットに変換できた。極端にかさ高いアルコールを用いない限り，IpAdMA との付加を繰り返すことで，配列の制御されたメタクリレートオリゴマーが合成できる可能性があり，サイクルを３回繰り返した例が報告されている。現在のところメタクリレートに限定されるが，別のモノマー種を用いる，変換を工夫するなどにより，別のタイプの配列制御への展開も期待できる。

5　環化重合を用いた配列制御

反応性の異なる二種類のビニル基を後に切断可能なスペーサーで繋ぎ，環化重合を制御できれば，生成した環化ポリマーのスペーサーを切断することで，交互配列の制御が可能となる。モノマーとなるジビニル化合物に対し，得られるポリマーの交互性の精度を決定するビニル基の反応性の違いと，官能基を導入するための切断可能なスペーサーの設計が重要となる。

筆者らは，ナフタレンの peri 位にメタクリレートとアクリレートを導入したジビニルモノマー[17]，メタクリレートとアクリレートをヘミアセタールエステル結合で繋いだジビニルモノマー[18]をそれぞれ設計し，ルテニウム触媒を用いた ATRP で環化重合を制御した（図７）。前者の設計で得られる環化ポリマーを加水分解すると，メタクリル酸とアクリル酸の交互配列制御ポリマーになるが，側鎖が全てカルボン酸になってしまうために，配列制御による特性は期待できない。一方，後者の設計では，ヘミアセタール結合がカルボン酸と水酸基という異なる官能基に加水分解される。そのために，設計の工夫によって，メタクリル酸と 2-ヒドロキシエチルアクリレートという一般的なモノマーユニットで，明確に異なる側鎖官能基を有するユニットに変換

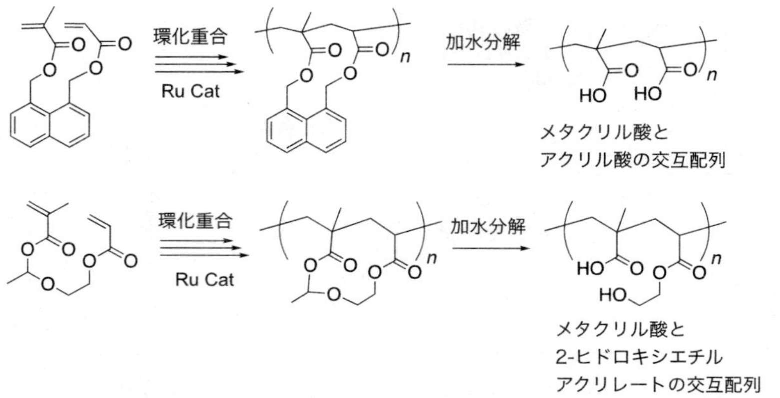

図７　切断可能なスペーサーを有するジビニルモノマーの環化重合による交互配列制御

できる。このように切断によって異なる官能基を与える結合を設計した点が重要である。いずれも，モノマー濃度 100 mM，開始剤濃度 5 mM 以下の希釈条件が必要となるが，選択的な環化重合が制御され，単分散のポリマーが得られる。また，不溶性のポリマーは得られないことから，架橋反応は起こっていない。

メタクリル酸と 2-ヒドロキシエチルアクリレートの交互配列ポリマーにジメトキシエタンを溶媒として加えると，低温では溶解したが，高温になると溶液が濁り不溶化し，感温性を示した。この感温性は同組成の 1：1 ランダム配列では見られなかったことから，配列に特異的な特性と考えられる。これはカルボン酸側鎖と水酸基側鎖の隣接水素結合が，溶媒との水素結合挙動に影響したためだと考えられる。このように配列制御によって新たな特性や機能が見られた例は限られており，配列制御による特性として興味深い。

6　高効率的不活性化が可能な ATRP を用いた配列制御

ATRP のハロゲン開始剤に対して，一般的な共役モノマーを当量添加した場合，連鎖成長機構のために，一分子付加体のみを得ることはできない。しかし，ラジカル反応そのものが制御されており，成長末端に対して不可逆な停止が起こらなければ，付加数に分布のある生成物から一分子付加体のみを精製し，当量添加と精製を繰り返すことで配列が制御されたオリゴマーを得ることができると考えられる。この方法では末端からハロゲンが不可逆に失われないことが最も重要であり，さらに分布のある生成物から一分子付加体を高収率で分離することが求められる。Junkers らは，付加反応の効率を高めながら，ハロゲンを失わないことを考え，低温でも高速に活性化（ハロゲン引き抜き）と不活性化（ハロゲンキャッピング）を起こすことができる系として，アクリレートの光照射 ATRP を用い，この方法を検討した（図８）[19]。側鎖の異なるアクリレートを用い，一当量添加と一分子付加体の精製を繰り返すことで，最大５回の一分子付加を繰

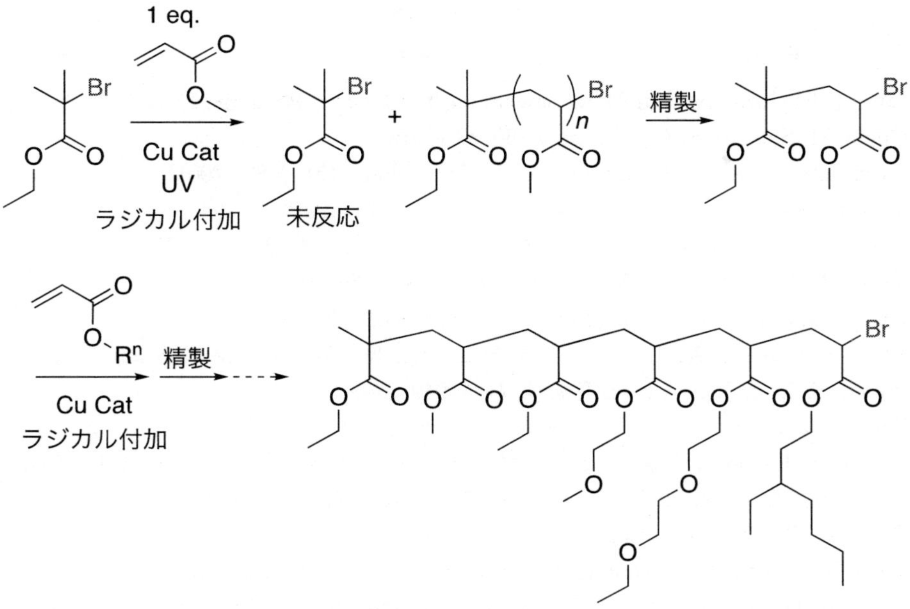

図 8　ラジカル付加と精製の繰り返しによるアクリレートユニットの配列制御

り返し，配列の制御されたオリゴマーの合成に成功している。この方法では反応を繰り返すにつれ，収率が低くなる問題があるが，従来の ATRP 重合系，モノマーを使って合成できる点が特徴である。

7　結言

DNA やタンパク質などの生体高分子において，「配列」は最も重要な構造因子であり，配列に基づいて構造が決まり，効率的に機能を発現している。よって，合成高分子に対して配列制御に関心が向くのは当然であるが，生体で行われているようなテンプレートシステムを人工的に築き，配列制御を実現するのはまだまだ難しい。しかし，ここで述べたように，リビングラジカル重合の実現によって，極性官能基が存在しても，高分子主鎖を不可逆に失活させずに伸長させることができるようになったことは，分子量制御のみならず，配列制御への足がかりとしても重要である。生体では，テンプレートと反応場を駆使して，次のモノマーがプログラムされて成長反応が起こる。人工系においても，触媒や分子設計が進化することで，生体に近い配列制御系を築くことができるかもしれない。

文　　献

1) Lutz, J.-F., Ouchi, M., Liu, D. R., Sawamoto, M., *Science*, **341**, 1238149 (2013)
2) Ouchi, M., Sawamoto, M., *Polym. J.*, **50**, 83 (2018)
3) Kamigaito, M., Ando, T., Sawamoto, M., *Chem. Rev.*, **101**, 3689 (2001)
4) Matyjaszewski, K., Xia, J. H., *Chem. Rev.*, **101**, 2921 (2001)
5) Ouchi, M., Terashima, T., Sawamoto, M., *Chem. Rev.*, **109**, 4963 (2009)
6) Tsuchida, E., Tomono, T., *Makromol. Chem.*, **141**, 265 (1971)
7) Pfeifer, S., Lutz, J.-F., *J. Am. Chem. Soc.*, **129**, 9542 (2007)
8) Hirao, A., Hayashi, M., Loykulnant, S., Sugiyama, K., *Prog. Polym. Sci.*, **30**, 111 (2005)
9) Pfeifer, S., Lutz, J.-F., *Chem. Eur. J.*, **14**, 10949 (2008)
10) Zamfir, M., Lutz, J.-F., *Nat. Commun.*, **3**, 1138 (2012)
11) Nishimori, K., Ouchi, M., Sawamoto, M., *Macromol. Rapid Commun.*, **37**, 1414 (2016)
12) Kharasch, M. S., Jensen, E. V., Urry, W. H., *Science*, **102**, 128 (1945)
13) Pintauer, T., Matyjaszewski, K., *Chem. Soc. Rev.*, **37**, 1087 (2008)
14) Tong, X. M., Guo, B. H., Huang, Y. B., *Chem. Commun.*, **47**, 1455 (2011)
15) Satoh, K., Ozawa, S., Mizutani, M., Nagai, K., Kamigaito, M., *Nat. Commun.*, **1** (2010)
16) Oh, D. Y., Ouchi, M., Nakanishi, T., Ono, H., Sawamoto, M., *ACS Macro Lett.*, **5**, 745 (2016)
17) Hibi, Y., Tokuoka, S., Terashima, T., Ouchi, M., Sawamoto, M., *Polym. Chem.*, **2**, 341 (2011)
18) Ouchi, M., Nakano, M., Nakanishi, T., Sawamoto, M., *Angew. Chem. Int. Ed.*, **55**, 14584 (2016)
19) Vandenbergh, J., Reekmans, G., Adriaensens, P., Junkers, T., *Chem. Sci.*, **6**, 5753 (2015)

第4章　RAFT重合による機能性高分子の分子設計・合成

森　秀晴*

1　はじめに

1990年代半ば以降に著しい発展を遂げたリビングラジカル重合により高分子の分子量や分子量分布，立体規則性，末端構造，モノマー配列，分岐構造などの一次構造の精密制御が可能となり様々な機能性高分子や特殊構造高分子が精密合成されている。これまで開発された数多くのリビングラジカル重合の中で，RAFT（Reversible Addition–Fragmentation Chain Transfer：可逆的付加開裂連鎖移動）重合[1,2]は，チオカルボニルチオ構造を有する連鎖移動剤（Chain Transfer Agent；CTA）を用いた交換連鎖反応を伴う重合法であり，適応できるモノマーや重合条件が幅広く，且つメタルフリーな重合システムといった特徴を持つ。

RAFT重合の反応系には，ラジカルとして脱離しやすい置換基（R）と中間体（2）を安定化させる置換基（Z）を持つチオカルボニルチオ基（S=C–S）を有する連鎖移動剤（1）が存在する（図1）。この連鎖移動剤（RAFT剤）が可逆的にドーマント種に変換する反応が重合制御の鍵となり，モノマーの反応性や機能団の構造を考慮して適切な連鎖移動剤を選択・設計する必要がある。典型的な連鎖移動剤として，ジチオベンゾエート，トリチオカーボナート，ジチオカルバメート，ザンテート（ジチオカーボナート）などが知られており，各種モノマーに適応可能なR基とZ基の組合せの指針[2~5]も報告されている。一般的には，ジチオベンゾエートやトリチオカーボナートなどはスチレンや（メタ）アクリレートなどの成長ラジカルが比較的安定な共役モノマー類に，ジチオカルバメートやザンテートなどは酢酸ビニル，ビニルアミド，*N*-ビニルカルバゾールのような成長ラジカルが比較的不安定な非共役モノマー類に適応する。この連鎖移動剤のZ部位の構造は，中間ラジカル（図1(2)，(4)）の安定化に関与するため，C=S結合に対する生長ラジカルの付加速度に大きく影響する。つまり，中間ラジカルの安定化を促す置換基をZ部位に導入することで付加速度は著しく向上する。また，R置換基の構造は遊離ラジカル（R・）が良い脱離基であると同時に再開始反応を効率的におこす必要がある。現在，多くの連鎖移動剤（RAFT剤）が市販されており，入手可能な試薬のみで反応性の異なるモノマーの精密ラジカル重合が簡便に行える点もRAFT重合の大きな利点の一つと考えられる。

現在，高分子産業が成熟期に入りつつある中で，より高付加価値な高分子材料の開発が望まれており，精密重合による一次構造制御技術や機能団の部位選択的導入や集積・組織化技術，さらには高分子ナノ構造の自在構築技術の重要性は益々高まってきている。その基盤となる精密重合

---

*　Hideharu Mori　山形大学　大学院有機材料システム研究科　有機材料システム専攻　教授

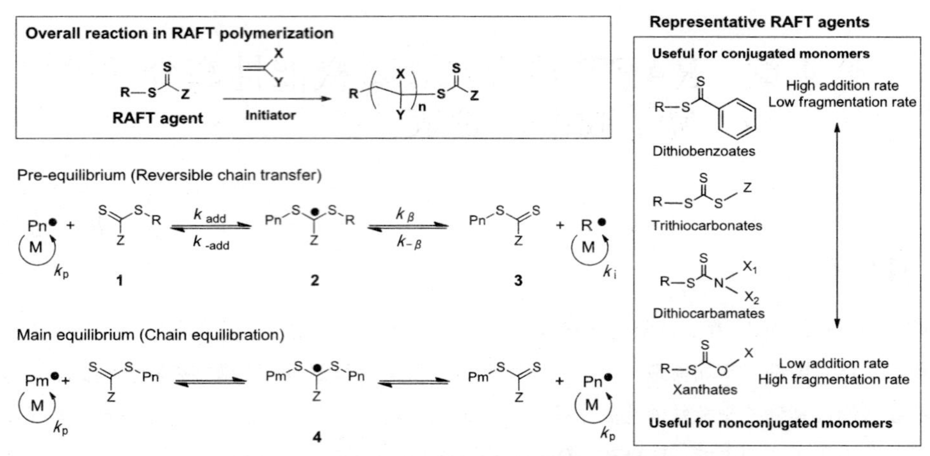

図1　RAFT 重合の反応機構と典型的な連鎖移動剤

法を工業的レベルで実施する技術の開発は，現在特に関心がもたれる重要な課題である。これまでRAFT重合は，ブロック共重合体，多分岐ポリマー，星型ポリマーなどの特殊構造高分子や水系での精密合成手法として基礎・応用両面から研究されてきた[6~8]。例えば，Oricaがラテックスやカプセル化顔料，Rhodiaがブロック共重合体，ArkemaがRAFT剤に関する工業化・事業化をそれぞれ展開している[9]。一方，Arm-First法で合成された星型ポリマーが粘度調整剤としてLubrizolで実用化されている[10~12]。さらに，ナノ・マイクロゲル[13]，刺激応答性架橋型ミセル[14]，コア架橋型星型ポリマー[15]などの応用研究が多方面で推進されているが，これらの系では多官能性モノマー類の重合制御が重要な基盤技術となる。

本稿では，工業的に重要な多官能性モノマー類である共役ジエン類，ジビニルモノマー類，反応性ハロゲン部位を有するビニルモノマー類のRAFT重合に主眼を置き，機能性高分子の設計・合成に関する筆者らの研究を紹介する（図2）。特に，一次構造の精密制御や分岐ポリマーの合成，チオール－エン反応や鈴木カップリング反応と組み合わせた機能性ブロック共重合体，交互共重合体，コア－シェル型高分子微粒子の創製に関して概説する。

2　共役ジエン類のRAFT重合

リビングラジカル重合の特徴の一つとして，様々な官能基と共存でき多様なモノマー類に適応可能な点が挙げられる。近年，工業的に非常に重要なブタジエン（BD），イソプレン（IP）などの共役ジエン類のリビングラジカル重合によるブロック共重合体やスター型ポリマー，及びナノ粒子の合成が報告されている（図2(a)）[16]。一方，クロロプレン（CP；2-クロロ-1,3-ブタジエン）のリビングラジカル重合に関しては，幾つか報告例[16]はあるものの溶液重合や特殊な乳化重合に限定されていた。

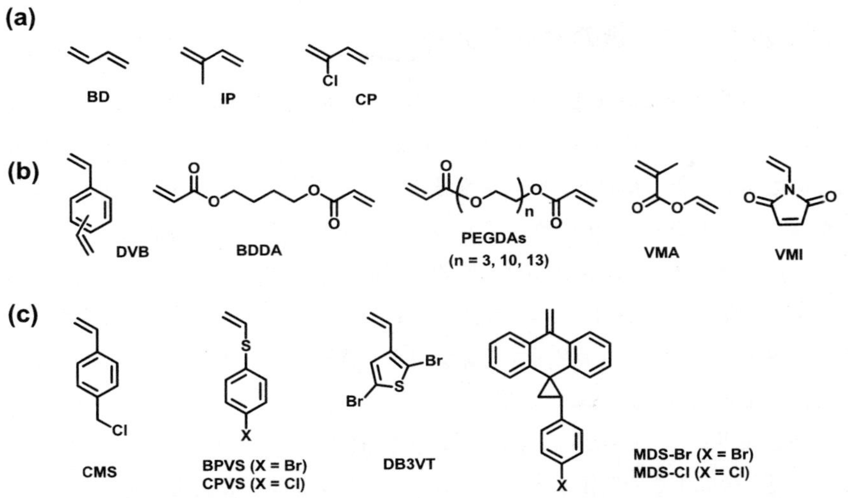

図2　多官能性モノマー類の例：(a)共役ジエン類，(b)ジビニルモノマー類，(c)ハロゲン含有ビニルモノマー類

汎用ゴムの一つであるクロロプレンゴムはクロロプレンのラジカル乳化重合により工業的に生産されている[17]。ポリマー構造の基本因子としては，ミクロ構造，分子量，分子量分布，分岐などがあり，これらは加工性や機械特性などポリマーの実用的な基本特性に直接影響する。近年，これら基本因子を制御可能なクロロプレンのRAFT乳化重合の確立に向けた取り組みが報告されている。具体的には，ピロール基を持つジチオカルバメート型連鎖移動剤を用い，適切なノニオン系乳化剤，乳化剤濃度，pHを選択することにより比較的分子量分布の狭いポリマーが得られる（図3(a)）[18]。また，工業的に実用可能な重量平均分子量25万以上のポリマーを合成し，その物性評価によりRAFT末端及びチオール末端は高い反応性を示し架橋密度の向上と特徴的なゴム物性を発現することが見出されている。さらに，トリチオカーボナート型連鎖移動剤を用いhigh internal phase emulsion（HIPE）を利用することでガラス転移温度（Tg）が低く良好な低温物性を示す*n*-ブチルアクリレートとのブロック共重合体の合成を実現している（図3(b)）[19]。

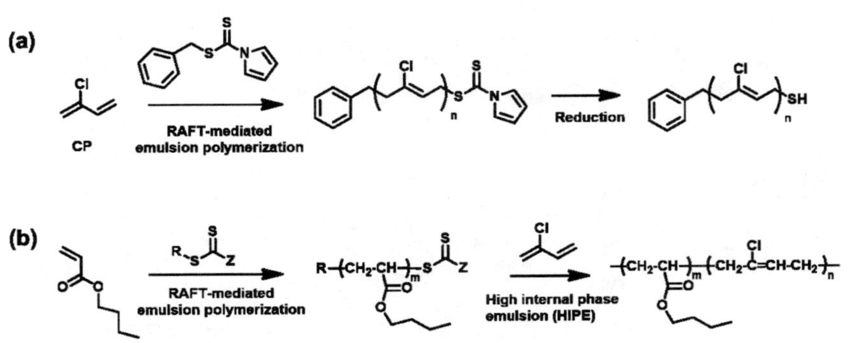

図3　クロロプレン（CP）のRAFT乳化重合による(a)ホモポリマーと(b)ブロック共重合体の合成

3 ジビニルモノマー類のRAFT重合

分子内にビニル基を複数有するジビニルベンゼン（DVB）などのジビニル・マルチビニルモノマー類のリビングラジカル重合に関しても興味深い研究が報告されている[20~22]。リビングラジカル重合に適応可能な一般的モノマー基本骨格としてスチレンや（メタ）アクリレートなどの共役ビニルモノマー類が挙げられるが，これらのビニル基を分子内に複数有するジビニル・マルチビニルモノマー類のラジカル重合では一般的に架橋高分子が得られる。しかしながら，リビングラジカル重合の反応条件などを適切に選択することによって分岐や環化反応が優先的に進行し，可溶性の多分岐ポリマー，ナノ・マイクロゲル，特殊なシングルチェーン高分子（cyclized/Knotted single-chain polymer）などが形成される。

一般的な多分岐ポリマーの合成としてAB_X型やAB^*型モノマーを用いる手法が知られているが，より簡便な合成手法の開拓が望まれている。リビングラジカル重合系を利用し，より高度に分岐したポリマーを得る手段としてジビニルモノマーの直接単独重合が考えられるが，通常の重合条件下では架橋反応が進行するため多分岐ポリマーを一段階で効率的に合成することは困難であった。我々は，様々な構造を有するジアクリレート誘導体に着目し，最適な連鎖移動剤（RAFT剤）及び重合条件下でRAFT重合を行うことで機能性多分岐ポリマーを一段階で合成する手法を見出した（図4(a)）[23]。ジビニルモノマーとして1,4-ブタンジオールジアクリレート（BDDA）を選択し，ジチオカルバメート型連鎖移動剤を用いた希釈条件下でのRAFT重合によ

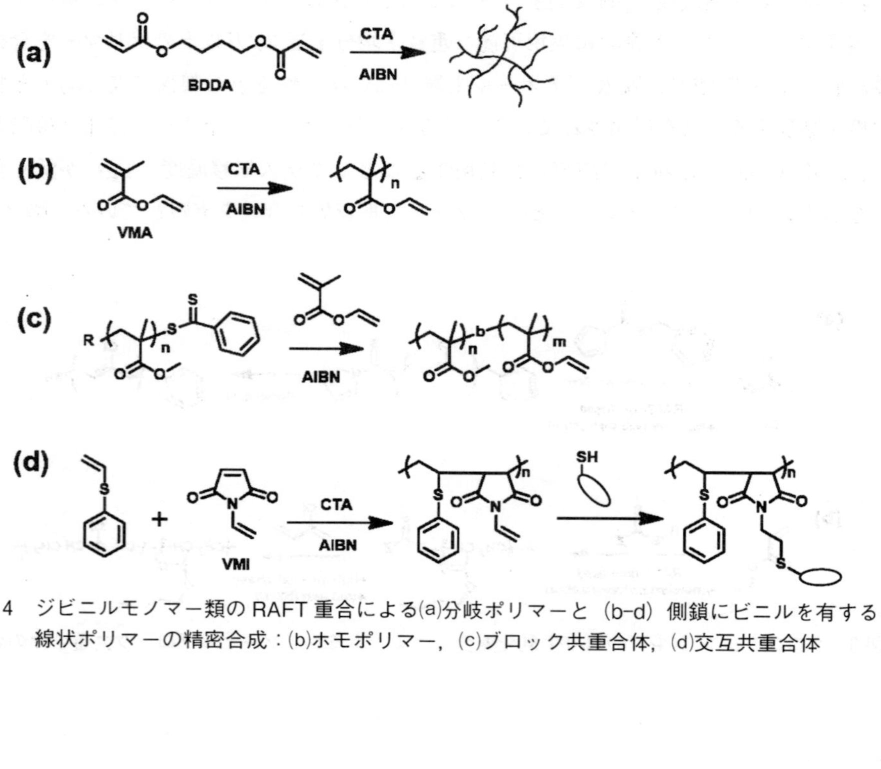

図4 ジビニルモノマー類のRAFT重合による(a)分岐ポリマーと（b-d）側鎖にビニルを有する線状ポリマーの精密合成：(b)ホモポリマー，(c)ブロック共重合体，(d)交互共重合体

り有機溶媒に可溶な分岐ポリマー（Mark–Houwink exponent, α値＝0.27〜0.24）が比較的高収率で得られる。また，スペーサー長が異なる3種類のポリエチレングリコールジアクリレート（PEGDA, n = 3, 10, 13, average M_n = 258, 575, 700）のRAFT重合により水溶性や温度応答性の多分岐ポリマーが一段階で合成できる。

ジビニルモノマーの分子構造を考えた場合，2つのビニル基の反応性が同じ対称型と反応性が異なる非対称型に分類できる。メタクリル酸骨格と酢酸ビニル骨格を併せ持つ非対称型ジビニルモノマーであるメタクリル酸ビニル（VMA）も通常のラジカル重合ではゲル化して有機溶媒に不溶となる。近年，筆者らはVMAにジチオベンゾエート型連鎖移動剤を添加してRAFT重合を行うことにより側鎖にビニル基を有するホモポリマーの精密合成を達成している（図4(b)）[24]。この系では，連鎖移動定数の大きい連鎖移動剤を用いることで酢酸ビニル骨格のビニル基は実質的にドーマント種として保持され，選択的にメタクリル酸骨格側のビニル基が重合して側鎖にビニル基を保持した線状ポリマーが得られる。また，ポリメタクリル酸メチルをマクロ連鎖移動剤としてVMAのRAFT重合を行うことにより，一方のセグメントに側鎖ビニル基を有するブロック共重合体が得られる（図4(c)）。

非対称型ジビニルモノマーである*N*-ビニルマレイミド（VMI）も側鎖にビニル基を有するポリマーの精密合成に有用なモノマーの一つである。この系では*N*-置換マレイミド誘導体とフェニルビニルスルフィドとのCT錯体によりVMIのマレイミド部位が選択的に共重合に寄与し，*N*-ビニル部位を側鎖に有する交互共重合体が得られる（図4(d)）[25]。このVMIのRAFT共重合とチオール－エン型クリック反応を組み合わせることで新規機能性交互共重合体の獲得を実現している。

4　反応性ハロゲン部位を有するビニルモノマー類のRAFT重合

クロロメチルスチレン（CMS）をはじめとする反応性ハロゲン部位を有するビニルモノマー類は古くから知られており，機能性高分子を設計する際の有用なモノマーとして活用されてきた。これらのモノマーも反応性ハロゲン部位とラジカル重合性のビニル基を一分子内に併せ持つ2官能性（多官能性）モノマーである。近年，筆者らは様々な新規ハロゲン含有ビニルモノマーを開発し，そのRAFT重合と部位選択的カップリング反応により機能性ブロック共重合体，交互共重合体，コアーシェル型高分子微粒子の精密合成へと展開できることを見出している（図5）。

S-ビニルスルフィド（ビニルチオエーテル）誘導体は，硫黄原子を酸素原子に置き換えたビニルエーテル誘導体とは異なり*d*-軌道に由来する比較的安定な成長ラジカルを与える。このビニルスルフィド誘導体にハロゲン置換したモノマー類（BPVS, CPVS）のRAFT重合において，適切なザンテート型連鎖移動剤を用いることで構造の規制されたハロゲン含有ポリ（ビニルスルフィド）が合成できる[26]。この*S*-ビニルスルフィド誘導体（BPVS）と*N*-ビニルカルバゾール

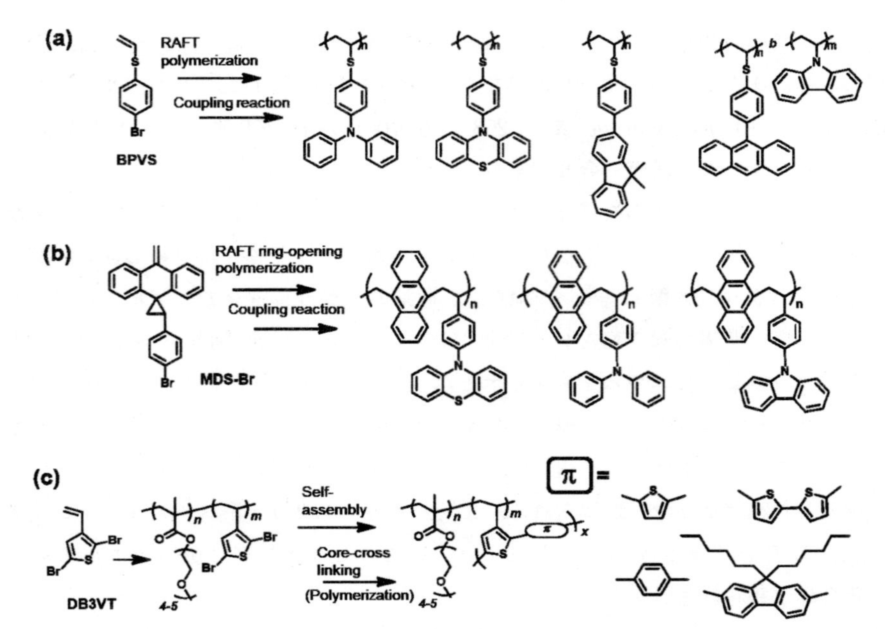

図5　ハロゲン含有モノマー類のRAFT重合とカップリング反応を利用した(a)ブロック共重合体，(b)交互共重合体，(c)コアーシェル型高分子微粒子の合成

とのブロック共重合体の合成，及びハロゲン部位への高分子反応により2種類の異なる電子・光機能団が導入されたブロック共重合体を開発した（図5(a)）。また，BPVSと*N*-イソプロピルアクリルアミドとから成る両親媒性ブロック共重合体の自己組織化，及びコア架橋反応によりドナー性コアを有する温度応答性微粒子が合成できる[27]。

特異的な機能団が交互に配列した交互共重合体を精密に構築する手法として，筆者らはハロゲン部位を有するシクロプロパン誘導体モノマー（MDS-Br，MDS-Cl）のRAFT開環重合を開拓した（図5(b)）[28]。ラジカル開環重合を利用した交互共重合体の合成では環状ビニルモノマーであるビニルシクロプロパン誘導体の分子設計が重要となるが，10-メチレン-9,10-ジヒドロアントリル-9-スピロフェニルシクロプロパン（MDS）[29,30]にハロゲン部位を導入したモノマー（MDS-Br，MDS-Cl）を用いることにより主鎖にアントラセン，側鎖に反応性ハロゲン部位を有する主鎖－側鎖型交互共重合体の精密合成が可能となる。開環の駆動力はシクロプロパン環のひずみの解消と安定な芳香環の生成が挙げられる。本手法では，高分子反応によりハロゲン部位へ電子・光機能団を導入することでアントラセンと新規機能団が交互に配列する特異な一次構造が構築でき，その特異構造に起因する新たな蛍光共鳴エネルギー移動（FRET）挙動を見出した。

ビニル基が硫黄含有複素環に直接結合したモノマーの中でビニルチオフェン誘導体はビニル基がπ過剰系複素芳香環に直接結合した構造を持ち，その複素芳香環の構造がラジカル重合挙動に大きく影響する。一方，チオフェン，（ジ）チアゾール，ターチオフェンなどの複素芳香環誘導体やそれらを含むオリゴマー・ポリマーは有機エレクトロニクスの基盤材料として幅広く用いられてきた。近年，筆者らはポリチオフェン骨格を有する新規ナノ構造体の構築手法として，反応性臭素部位を2,5-位に有する3-ビニルチオフェン誘導体（DB3VT）のRAFT重合により合成された両親媒性ブロック共重合体の自己組織化並びに部位選択的カップリング重合を用いるアプローチを開発した（図5(c)）[31,32]。具体的には，水溶性メタクリレートと反応性部位を有するDB3VTから成るブロック共重合体の選択溶媒中で，2,5-チオフェンジボロン酸との鈴木カップリング重合をミセル内部で行うことで可溶性のコアーシェル型微粒子を得た。この際，ブロック共重合体の組成やカップリング反応の条件により微粒子サイズが，またジボロン酸の化学構造により電子・光機能の制御が可能であった。また，得られた導電性ナノ粒子が有機トランジスタ型メモリの電荷蓄積層として優れた性能を示すことも見出している[33]。

5　おわりに

本稿では，複数の反応性部位を有するモノマー類である共役ジエン類，ジビニルモノマー類，反応性ハロゲン部位を有するビニルモノマー類のRAFT重合を用いた機能性高分子の分子設計・精密合成について論じた。今後より緻密な高分子設計，自己組織化の一層の有効活用，多様な機能性付与を進めることにより，従来法では構築できなかった新規機能性材料が創出され，今後ますます多彩な用途に利用されることを期待したい。

文　献

1) J. Chiefari, Y. K. Chong, F. Ercole, J. Krstina, J. Jeffery, T. P. T. Le, R. T. A. Mayadunne, G. F. Meijs, C. L. Moad, G. Moad, E. Rizzardo and S. H. Thang, *Macromolecules*, **31**, 5559-5562 (1998)
2) G. Moad, E. Rizzardo and S. H. Thang, *Aust. J. Chem.*, **58**, 379-410 (2005)
3) A. Favier and M.-T. Charreyre, *Macromol. Rapid Commun.*, **27**, 653-692 (2006)
4) G. Moad, E. Rizzardo and S. Thang, *Aust. J. Chem.*, **59**, 669-692 (2006)
5) K. Nakabayashi and H. Mori, *Eur. Polym. J.*, **49**, 2808-2838 (2013)
6) C. Boyer, M. H. Stenzel and T. P. Davis, *J. Polym. Sci. Part A: Polym. Chem.*, **49**, 551-595 (2011)
7) A. Gregory and M. H. Stenzel, *Prog. Polym. Sci.*, **37**, 38-105 (2012)
8) H. Mori and T. Endo, *Macromol. Rapid Commun.*, **33**, 1090-1107 (2012)
9) M. Destarac, *Macromol. Chem. Phys.*, **4**, 165-179 (2010)
10) J. Johnson and A. Bryztwa, *Abstracts of Papers of the American Chemical Society*, **242**, 591-POLY (2011)
11) J. Lai and J. Johnson, *Abstracts of Papers of the American Chemical Society*, **248**, 173-POLY

(2014)
12) D. M. Dishong, J. R. Johnson and S. Slocum, *Abstracts of Papers of the American Chemical Society*, **248**, 391-POLY (2014)
13) N. Sanson and J. Rieger, *Polym. Chem.*, **1**, 965-977 (2010)
14) Y. Li, K. Xiao, W. Zhu, W. Deng and K. S. Lam, *Adv. Drug Deliv. Rev.*, **66**, 58-73 (2014)
15) Q. Chen, X. Cao, Y. Xu and Z. An, *Macromol. Rapid Commun.*, **34**, 1507-1517 (2013)
16) G. Moad, *Polym. Int.*, **66**, 26-41 (2017)
17) M. Lynch, *Chem. Biol. Interact.*, **135-136**, 155-167 (2001)
18) Y. Ishigaki and H. Mori, *J. Appl. Polym. Sci.*, **135**, 46008 (2018)
19) Y. Ishigaki and H. Mori, *Polymer*, **140**, 198-207 (2018)
20) G. Moad, *Polym. Int.*, **64**, 15-24 (2015)
21) Y. Gao, B. Newland, D. Zhou, K. Matyjaszewski and W. Wang, *Angew. Chem. Int. Ed.*, **56**, 450-460 (2017)
22) H. Gao and K. Matyjaszewski, *Prog. Polym. Sci.*, **34**, 317-350 (2009)
23) H. Mori and M. Tsukamoto, *Polymer*, **52**, 635-645 (2011)
24) M. Akiyama, K. Yoshida and H. Mori, *Polymer*, **55**, 813-823 (2014)
25) Y. Abiko, A. Matsumura, K. Nakabayashi and H. Mori, *React. Funct. Polym.*, **93**, 170-177 (2015)
26) K. Nakabayashi, Y. Abiko and H. Mori, *Macromolecules*, **46**, 5998-6012 (2013)
27) Y. Abiko, A. Matsumura, K. Nakabayashi and H. Mori, *Polymer*, **55**, 6025-6035 (2014)
28) H. Mori, I. Tando and H. Tanaka, *Macromolecules*, **43**, 7011-7020 (2010)
29) H. Mori, S. Masuda and T. Endo, *Macromolecules*, **39**, 5976-5978 (2006)
30) H. Mori, S. Masuda and T. Endo, *Macromolecules*, **41**, 623-639 (2008)
31) H. Mori, K. Takano and T. Endo, *Macromolecules*, **42**, 7342-7352 (2009)
32) K. Nakabayashi, H. Oya and H. Mori, *Macromolecules*, **45**, 3197-3204 (2012)
33) C.-T. Lo, Y. Watanabe, H. Oya, K. Nakabayashi, H. Mori and W.-C. Chen, *Chem. Commun.*, **52**, 7269-7272 (2016)

第5章　リビングラジカル重合系における立体構造制御

上垣外正己*

1　はじめに

現在，広く用いられているリビングラジカル重合のほとんどは，共有結合のドーマント種を何らかの方法で可逆的に活性化して生長ラジカル種を発生させ，生長反応をポリマー鎖に対して均一に起こすようにすることで，分子量の制御を可能とする重合系である[1~5]。このようなドーマント種の活性化過程において，炭素ラジカルと共に生じる脱離成分は，再び生長炭素ラジカルと共有結合を形成することでドーマント種を再生するが，モノマーとの生長反応時には炭素ラジカルとの相互作用はなく，生長炭素ラジカルは基本的にフリーラジカルと考えられている。

これまでに，このようなドーマント種の可逆的な活性化に基づくさまざまなリビングラジカル重合系において，生成ポリマーの立体構造が調べられているが，いずれの場合も通常のフリーラジカル重合で得られるポリマーの立体規則性とほとんど変わらない[6]。これに加え，リビングラジカル重合系を用いた共重合反応でモノマー反応性が通常のラジカル共重合と基本的に変わらないことや，速度論的解析においても，ラジカル重合において速い可逆的な活性化・不活性化機構を組み込むことで分子量制御が可能なことが示されており[7]，このようなリビングラジカル重合における生長種はフリーラジカルであると考えるのが妥当である。このため，リビングラジカル重合系において生成ポリマーの立体構造を制御するためには，生長ラジカルを別の方法を用いて通常とは異なる状態とし，モノマーとの生長反応時に立体選択性を発現させることが必要である。すなわち，リビングラジカル重合系に，立体構造制御を可能とする因子を組み込むことが必要となる。

フリーラジカル重合における立体構造制御は，イオン重合における対イオンとの相互作用や配位重合における生長末端へのモノマーの配位などがないため非常に難しく，精密重合における最大の課題の一つである[8,9]。一般的に一置換ビニルモノマーのラジカル重合においては，生長炭素ラジカルは sp^2 的な平面構造をとり，アタクチック（*at*）或いはわずかにシンジオタクチック（*st*）に寄った立体構造を与える。ビニルポリマーの立体構造は，ポリマーの溶解性，ガラス転移温度や融点，力学的性質などいろいろな物性に影響を及ぼすため，さまざまな種類のモノマーの重合を可能とするラジカル重合で立体構造制御が可能となれば，工業的にもその価値は大きい。このため，ラジカル重合における立体構造制御はこれまでにさまざまな方法で検討されており，大きく分類すると下記のように分けられる[4~6,8,9]。

---

*　Masami Kamigaito　名古屋大学　大学院工学研究科　有機・高分子化学専攻　教授

①拘束空間による立体構造制御
②モノマー置換基による立体構造制御
③溶媒や添加物による立体構造制御

いずれの方法においても，生長炭素ラジカル或いは周りの構造や環境を変えることで，通常とは異なる立体選択性を与える重合反応が設計されている。

本章では，主にこのような立体構造制御をリビングラジカル重合系に適用することで可能となる，ラジカル重合における分子量と立体構造制御に関する研究例を紹介する[6,10~12]。ラジカル重合における立体構造制御については，成書や総説を参考にして頂きたい[4~6,8,9]。

2　拘束空間による立体構造制御

生長炭素ラジカルを，結晶状態，包接化合物，多孔性物質，テンプレートなどの反応場を利用して，拘束された空間に置くことで，生長反応における立体選択性を制御することが可能なことが報告されている。

モノマー自身の結晶状態を利用し，結晶状態を保ったまま重合を行うトポケミカル重合に関しては，さまざまな置換基を有する共役ジエンモノマーから，その結晶状態に応じてほぼ完璧な立体規則性を有するポリマーが得られることが，松本らにより系統的に研究されている。分子量制御に関しては難しいが，詳細は成書などを参考にして頂きたい[13]。

包接重合は，ホストとして尿素，チオ尿素，ステロイド化合物などの結晶中の空孔に，ゲストとしてのモノマーを取り込んだ包接状態で重合を行う方法である[14]。ブタジエン，塩化ビニル，アクリロニトリルなどの重合において立体規則性の高いポリマーが得られることが昔から知られている。比較的最近，Lu・Shi らは，尿素中に取り込んだアクリロニトリルの重合を，γ 線照射下，-90℃以下を保ったまま重合することで，イソタクチシチー（*it*）が非常に高く（$mm>99\%$），分子量分布の比較的狭い（$M_w/M_n<1.5$）ポリマーが得られることを報告している[15]。分子量は重合率に比例して増加し，また ESR により生長ラジカルが長寿命であることが確かめられており，拘束された空間内でラジカルの停止反応が抑制され，重合がリビング的に進行する。

より大きな空間として，無機化合物や，金属と有機物が作る空間（MOF）などの多孔性のナノチャネル内でのラジカル重合による分子量や立体構造の制御が検討されている[16~18]。植村・北川らは，スチレン，メタクリル酸メチル（MMA），酢酸ビニル（VAc）など種々のビニルモノマーのラジカル重合を MOF 中で AIBN により検討し，分子量分布が比較的狭く，*it* リッチなポリマーが得られることを見出している[19,20]。最近，Schmidt らは ATRP や RAFT 重合を，MOF 内に取り込んだ開始剤や固定した開始剤から検討し，分子量分布が狭く，分子量も高く，立体規則性が通常の溶液重合とは異なるポリマーの合成が可能なことを報告している[21,22]。

ポリマーなどが作る空間を用いたテンプレート重合においても，立体規則性の制御が検討されている。明石・芹澤・網代らは，*it*–ポリメタクリル酸メチル（*it*–PMMA）と *st*–ポリメタクリル酸（*st*–PMAA）のステレオコンプレックス膜から *it*–PMMA を抽出した空間を用い，この空間内で MMA をラジカル重合することで，分子量の制御された *it*–PMMA が生成することを見出しており，その機構に関して詳細な解析が行われている[23～25]。

このように，拘束された空間を利用することで，ポリマーの立体規則性が制御されることに加え，ラジカル同士の停止反応が抑制されるため，ドーマント種とラジカル生長種との交換とは異なる機構で重合がリビング的に進行することもあり，立体構造と分子量の同時制御の観点から興味深い。

3　モノマー置換基による立体構造制御

一般にビニル化合物の付加重合では，モノマーの置換基により生成ポリマーの立体構造は影響を受け，ラジカル重合においても，嵩高い置換基やキラル部位などをモノマー側鎖に導入することで，立体規則性を変化させることが可能である。とくに，メタクリル酸エステル，メタクリルアミド，アクリル酸エステル，ビニルエステルなどのフリーラジカル重合において，側鎖置換基の嵩高さが立体規則性に及ぼす影響が，岡本・中野・幅上らにより詳しく調べられており，成書や総説などを参考にして頂きたい[6,8]。

トリフェニルメチル（Tr）基などの嵩高い置換基をもつメタクリル酸エステルは，*it* 含率の高い立体規則性ポリマーをラジカル重合においても与えることが知られており[26]，これは嵩高い置換基により鎖がらせん状の形態をとることで，立体特異的な生長反応が進行するためと考えられる[6]。TrMA の ATRP や RAFT 重合により，分子量が制御され，*it* 含率の高いポリマーが得られる[27,28]。しかし，TrMA は嵩高い置換基のため天井温度が低く，重合の進行に伴いモノマー濃度が低下すると，解重合との平衡が顕著になり熱力学的に安定な *it* 含率がさらに増加し，立体規則性が徐々に変化するステレオグラジエントポリマーが得られる（図1）[28]。さらに，TrMA に比べて *st* 含率が高く反応性の高い MAA との RAFT ラジカル共重合を行うと，重合の進行に伴い *st* から *it* に立体規則性が大きく変化し，Tr 基を外すことによりステレオグラジエント PMAA が合成される[29]。また，側鎖に嵩高さの異なるシリル基として，Me_3Si 基から $t\mathrm{BuMe_2Si}$ 基，$i\mathrm{Pr_3Si}$ 基，$(Me_3Si)_3Si$ 基などを有するメタクリル酸シリルエステルの RAFT 重合を行い，シリル基を外すことで，分子量が制御され *it* 含率が mm = 3～99%と大きく異なる PMAA なども合成可能である[30]。詳細は不明であるが，非常に嵩高いフェニルベンゾスベリル基を有するメタクリル酸エステルを，(−)-スパルテインをキラル配位子として CuBr により ATRP を行うと，分子量分布が狭く，光学活性を示すポリマーが得られることも報告されている[31]。

Wu らは，側鎖に水素結合性のキラル部位を有するスチレン誘導体（**1**）を合成し，RAFT 重合を行うと側鎖のキラル部位の分子内水素結合によりらせん状の光学活性なポリマーが生成し，その後ジビニル化合物を加えると，キラルならせん状の腕鎖を有する星型ポリマーの合成が可能となることを報告している（図2）[32]。これを用いた低分子ラセミ化合物の光学選択的結晶化を

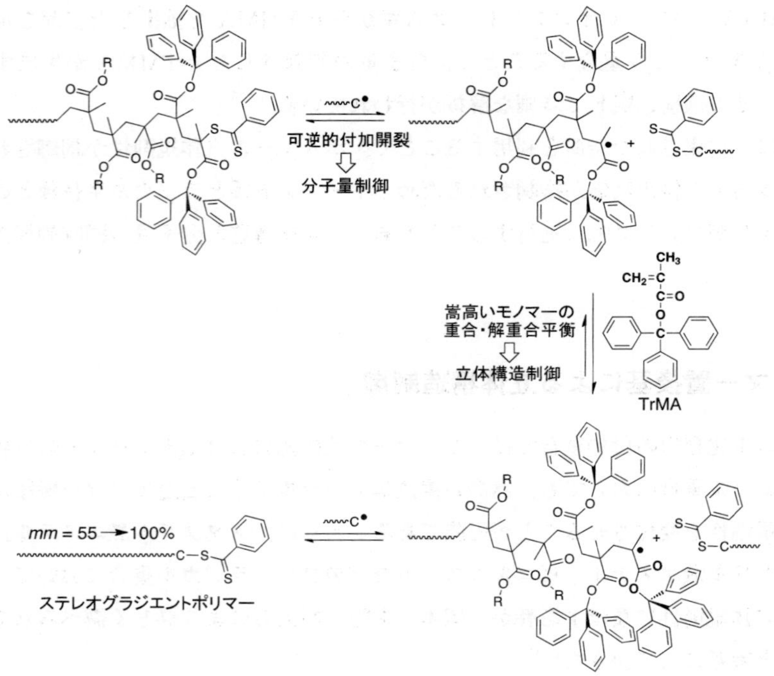

図1　メタクリル酸トリフェニルメチルのRAFT重合によるステレオグラジエントポリマー

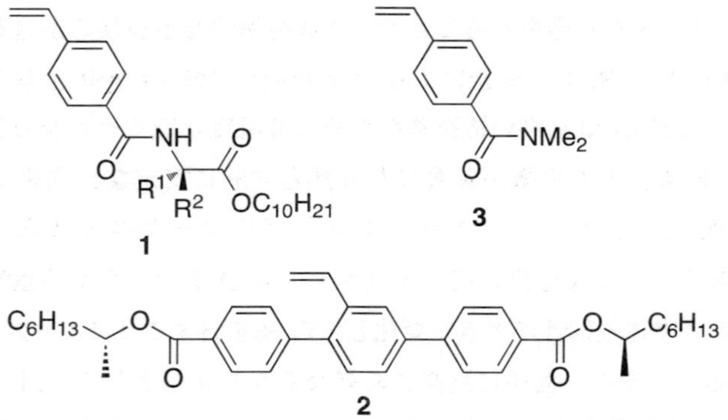

図2　キラルモノマーを用いた立体特異性リビングラジカル重合

検討している。また，Wanらは，側鎖にキラルな液晶性長鎖アルキルエステル部位を有する嵩高いスチレン誘導体（**2**）と，アキラルなアミド基を有するスチレン誘導体（**3**）のATRPによる共重合を行うと，後者の共重合性が高いため，ランダムコイルからならせん状へと変化するグラジエントコポリマーが得られることを報告している[33]。

以上のように，嵩高いモノマーやキラル部位を有するモノマーを，リビングラジカル重合により単独重合や共重合することで，主鎖の立体規則性やコンフォメーションが制御されたポリマーの合成が可能であり，機能性材料開発の面からも興味深い。

4　溶媒や添加物による立体構造制御

側鎖にエステル基やアミド基などを有する極性ビニルモノマーのラジカル重合において，これらの極性基と水素結合をする溶媒や配位するルイス酸を添加すると，生成ポリマーの立体規則性が変化することが報告されている。例えば，岡本・中野らは，溶媒として嵩高いフルオロアルコールを用いることで，VAc や MMA の重合において，*st* 含率の高いポリマーが得られることを見出しており，これは，フルオロアルコールと側鎖置換基との水素結合を介した相互作用により，モノマーや生長鎖周辺が嵩高くなるためと考えられている[34,35]。また，平野らは，*N*-アルキルアクリルアミドのラジカル重合において，いろいろな水素結合性添加物を用いることで，さまざまな立体構造を有するポリマーの合成を報告している[36]。一方，松本らは，MMA の重合において $MgBr_2$ を添加すると *it* リッチなポリマーが[37]，同様に，岡本・中野・幅上らは，MMA やアクリルアミド誘導体の重合において希土類トリフラートを添加するとさらに *it* 含率の高いポリマーが得られることを報告している[38,39]。これらは，添加したルイス酸が，ポリマーの末端と前末端のカルボニル基に多座配位することで，*it* 特異的な重合が進行するためと考えられている。Coote らにより，計算化学を用いた重合機構の解明も行われている[40]。このような，溶媒や添加物を用いた立体特異性ラジカル重合に，リビングラジカル重合系を組み合わせることで，通常の極性ビニルモノマーから立体構造と分子量が同時に制御されたポリマーの合成や，ステレオブロックやステレオグラジエントポリマーなどの特徴的なポリマーの合成がなされている[6,10〜12]。以下に，その一例を紹介する。

ルイス酸触媒による立体構造制御をリビングラジカル重合系に組み込んだ例として，岡本・澤本らは，*N*-イソプロピルアクリルアミド（NIPAM）の RAFT 重合を，$Y(OTf)_3$ などの希土類トリフラート存在下で行うことで，分子量が制御され *it* 含率の高いポリ NIPAM が得られることを見出した（図3）[41,42]。さらに，希土類ルイス酸の種類や濃度を変えることで，分子量が同じで立体規則性が異なる一連のポリ NIPAM を合成し，その水溶液の温度応答性が調べられ，*it* の増加に伴い，相転移温度はヒトの体温付近から低温へと徐々に変化し，水に不溶になることが報告されている[43]。安中・岡野・田中らは，表面開始 ATRP を用いて，立体規則性の異なるポリ NIPAM ブラシを合成し，表面濡れ性を評価している[44]。また，Matyjaszewski・Lutz らは，*N*,*N*-ジメチルアクリルアミド（DMAM）の RAFT 重合や ATRP において，同様に希土類ルイス酸を添加することで，分子量が制御され *it* 含率の高いポリマーが得られることを報告している[45]。岡本・上垣外・佐藤らは，鉄錯体を用いても，DMAM の重合において，同様な分子量と立体構造の制御が可能なことを報告している[46]。MMA の RAFT 重合においては，Rizzardo・Moad・Thang らが，$Sc(OTf)_3$ 存在下でも安定なトリチオカーボネート型の RAFT 試薬を用いることで，分子量と立体構造の制御が可能なことを見出している[47]。これらのリビングラジカル

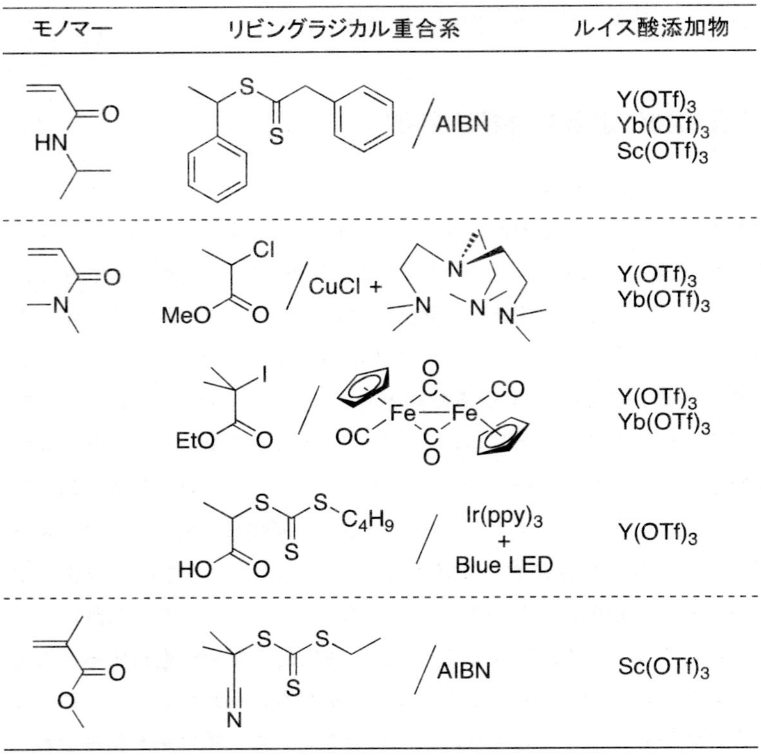

モノマー	リビングラジカル重合系	ルイス酸添加物
	/AIBN	$Y(OTf)_3$ $Yb(OTf)_3$ $Sc(OTf)_3$
	/CuCl +	$Y(OTf)_3$ $Yb(OTf)_3$
	/	$Y(OTf)_3$ $Yb(OTf)_3$
	/ $Ir(ppy)_3$ + Blue LED	$Y(OTf)_3$
	/AIBN	$Sc(OTf)_3$

図3　ルイス酸添加物存在下での立体特異性リビングラジカル重合の例

重合において，希土類ルイス酸を重合の途中で添加すると，*at* から *it* の連鎖生長に変わり，ステレオブロックポリマーをワンポットで合成可能となる[45~47]。最近，Boyer らは，Ir 錯体を用いた光誘起電子移動型（PET）の RAFT 重合が低温で可能なことを用いて，ここに $Y(OTf)_3$ を用いることで，分子量と立体規則性がより制御された DAMA の重合が可能となり，ステレオブロックやステレオグラジエントポリマーの合成を報告している[48]。

一方，フルオロアルコールなどの極性溶媒をリビングラジカル重合に用いた例として，覚知・岡本らは，MMA の銅触媒を用いた ATRP をヘキサフルオロイソプロパノール（HFIP）中，低温で行うことで，分子量制御され，*st* 含率の高い PMMA が合成可能なことを報告している（図4）[49,50]。0 価の銅を用いた一電子移動型のリビングラジカル重合（SET-LRP）においても，同様に HFIP 中，低温で分子量と立体規則性の制御が可能であることが，Zhu らにより報告されている[51]。ルテニウム錯体を用いたリビングラジカル重合でも同様であるが，とくにクミル型のフルオロアルコール（$PhC(CF_3)_2OH$）中で，分子量分布の狭いポリマーが得られることが，岡本・上垣外・佐藤らにより見出されている[52]。このリビングラジカル重合を用いると，*st* 含率が高い腕鎖をもつ星型 PMMA や環状 PMMA の合成が容易に可能となり，リビングアニオン重合で合成した *it*-PMMA とのステレオコンプレックス形成による機能が Qiao・佐藤・上垣外らにより

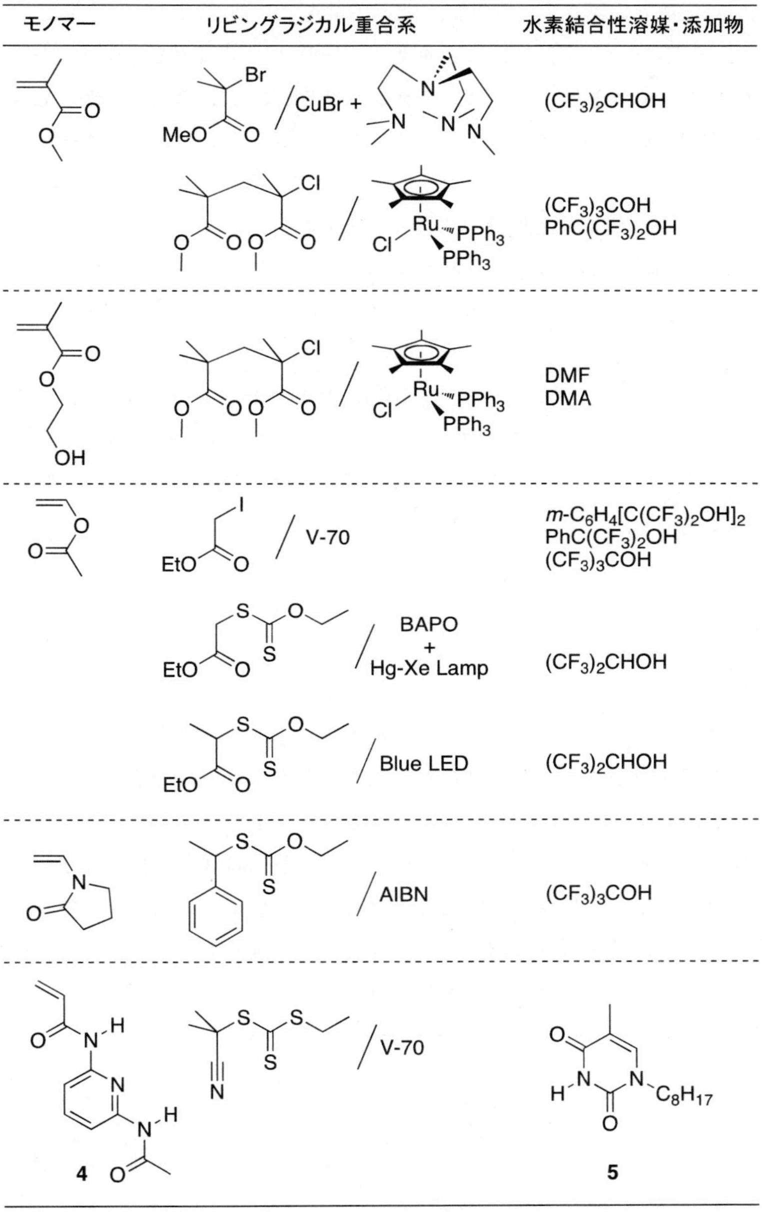

モノマー	リビングラジカル重合系	水素結合性溶媒・添加物
	/ CuBr +	$(CF_3)_2CHOH$
	/ Ru–Cl, PPh_3, PPh_3	$(CF_3)_3COH$ $PhC(CF_3)_2OH$
	/ Ru–Cl, PPh_3, PPh_3	DMF DMA
	/ V-70	m-$C_6H_4[C(CF_3)_2OH]_2$ $PhC(CF_3)_2OH$ $(CF_3)_3COH$
	/ BAPO + Hg-Xe Lamp	$(CF_3)_2CHOH$
	/ Blue LED	$(CF_3)_2CHOH$
	/ AIBN	$(CF_3)_3COH$
4	/ V-70	5

図4　水素結合性溶媒・添加物存在下での立体特異性リビングラジカル重合の例

検討されている[53~55]。一方，側鎖に水酸基を有するメタクリル酸2-ヒドロキシエチル（HEMA）は，MMAとは異なる水素結合により，フルオロアルコール中では*at*に寄った連鎖を，DMFなどの非プロトン性極性溶媒中で*st*含率の高いポリマーを与えるため，溶媒を変えてリビングラジカル重合を行うことでステレオブロックポリマーの合成が可能となる[52]。さらに，HEMAと水酸基が*t*BuMe$_2$Si 基で保護されたHEMA（SiHEMA）を PhC(CF$_3$)$_2$OH 中でリビングラジカル共重合すると，HEMA がSiHEMA より共重合反応性が2倍ほど高い一方，HEMA は*at*な連鎖をSiHEMA は*st*な連鎖を与えるため，ステレオグラジエントポリマーが生成する[56]。非共役モノマーであるVAc や*N*-ビニルピロリドンにおいては，フルオロアルコール中で，ヨウ素移動重合やザンテートを用いたRAFT重合を行うことで，分子量が制御され*st*含率が高いポリマーが得られることが，岡本・上垣外・佐藤らにより報告されている[57,58]。さらに，光を用いたRAFT重合では，低温での重合が可能なため，*st*含率がさらに高く分子量が制御されたポリビニルアルコールやステレオブロックポリビニルアルコールの合成が，Kwark らや，Zhu・Boyer らにより報告されている[59,60]。

特殊なモノマーであるが，プロトンドナー（D）とアクセプター（A）部位がDAD型に配列したアクリルアミド（**4**）に，ADA型の添加物であるチミン誘導体（**5**）を加えて重合すると，多重水素結合により側鎖が嵩高くなり*st*含率の高いポリマーが得られ，RAFT重合により分子量の制御も可能である[61]。

5　おわりに

以上のように，イオン重合や配位重合に比べ反応制御が難しかったラジカル重合においても，リビングラジカル重合の発展に加え，立体構造を制御するさまざまな手法が開発され，それらを組み合わせることで，分子量と立体規則性が制御されたポリマーの合成が可能となってきた。さらに，この手法を用いて，立体規則性鎖が取り込まれた，星型，ブラシ，環状ポリマーなど構造の制御された高分子の精密合成へと発展し，機能性高分子への展開が行われている。ラジカル重合は，重合可能なモノマーの種類が多いことや比較的温和な条件で制御が可能な反面，イオン重合や配位重合に比べると精密制御の観点からまだ及ばない点もあり，今後，ラジカル重合における立体構造と分子量制御のさらなる発展が期待される。

文　　献

1）蒲池幹治，遠藤剛，岡本佳男，福田猛監修，新訂版ラジカル重合ハンドブック，エヌ・ティー・エス（2010）
2）特集リビングラジカル重合の最新動向，月刊ファインケミカル，**44**(11)，5-57，シーエムシー出版（2015）
3）CSJ カレントレビュー 20　精密重合が拓く高分子合成—高度な制御と進む実用化，日本化学会編，化学同人（2016）

4) 上垣外正己，佐藤浩太郎，ラジカル重合，高分子の合成（上），遠藤剛編，講談社，pp. 1-146（2010）
5) 上垣外正己，佐藤浩太郎，高分子基礎科学 One Point 1 精密重合 I：ラジカル重合，高分子学会編，共立出版（2013）
6) Satoh, K., Kamigaito, M., *Chem. Rev.*, **109**, 5120-5156（2009）
7) 後藤淳，福田猛，新訂版ラジカル重合ハンドブック，蒲池幹治，遠藤剛，岡本佳男，福田猛監修，エヌ・ティー・エス，pp. 56-81（2010）
8) 中野環，岡本佳男，新訂版ラジカル重合ハンドブック，蒲池幹治，遠藤剛，岡本佳男，福田猛監修，エヌ・ティー・エス，pp. 335-356（2010）
9) 岡本佳男，磯部豊，月刊機能材料，**23**(11)，5-14，シーエムシー出版（2003）
10) 上垣外正己，佐藤浩太郎，高分子，**55**, 250-253（2006）
11) Kamigaito, M., Satoh, K., *J. Polym. Sci., Part A, Polym. Chem.*, **44**, 6147-6158（2006）
12) Kamigaito, M., Satoh, K., *Macromolecules*, **41**, 269-276（2008）
13) 松本章一，新訂版ラジカル重合ハンドブック，蒲池幹治，遠藤剛，岡本佳男，福田猛監修，エヌ・ティー・エス，pp. 541-551（2010）
14) 宮田幹二，藤内謙光，久木一朗，新訂版ラジカル重合ハンドブック，蒲池幹治，遠藤剛，岡本佳男，福田猛監修，エヌ・ティー・エス，pp. 235-239（2010）
15) Zou, J.-T., Wang, Y.-S., Pang, W.-M., Shi, L., Lu, F., *Macromolecules*, **46**, 1765-1771（2013）
16) 植村卓史，高分子論文集，**72**，191-198（2015）
17) Kitao, T., Zhang, Y., Kitagawa, S., Wang, B., Uemura, T., *Chem. Soc. Rev.*, **46**, 3108-3133（2017）
18) 植村卓史，化学，**73**(7)，32-36（2018）
19) Uemura, T., Ono, Y., Kitagawa, K., Kitagawa, S., *Macromolecules*, **41**, 87-94（2008）
20) Uemura, T., Ono, Y., Hijikata, Y., Kitagawa, S., *J. Am. Chem. Soc.*, **132**, 4917-4924（2010）
21) Hwang, J., Lee, H.-C., Antonietti, M., Schmidt, B. V. K. J., *Polym. Chem.*, **8**, 6204-6208（2017）
22) Lee, H.-C., Hwang, J., Schilde, U., Antonietti, M., Matyjaszewski, K., Schmidt, B. V. K. J., *Chem. Mater.*, **8**, 2983-2994（2018）
23) 網代広治，亀井大輔，前川真澄，上山達陽，明石満，高分子論文集，**72**，261-274（2015）
24) Serizawa, T., Hamada, K., Akashi, M., *Nature*, **429**, 52-55（2004）
25) Hamada, K., Serizawa, T., Akashi, M., *Macromolecules*, **38**, 6759-6761（2005）
26) Nakano, T., Matsuda, A., Okamoto, Y., *Polym. J.*, **28**, 556-558（1996）
27) Liu, R. C. W., Pallier, A., Brestaz, M., Pantoustier, N., Tribet, C., *Macromolecules*, **40**, 4276-4286（2007）
28) Ishitake, K., Satoh, K., Kamigaito, M., Okamoto, Y., *Angew. Chem. Int. Ed.*, **48**, 1991-1994（2009）
29) Ishitake, K., Satoh, K., Kamigaito, M., Okamoto, Y., *Polym. Chem.*, **3**, 1750-1757（2012）
30) Ishitake, K., Satoh, K., Kamigaito, M., Okamoto, Y., *Macromolecules*, **44**, 9108-9117（2011）
31) Gong, H., Yang, N.-F., Yang, L.-W., Deng, G.-J., Liu, J., Luo, Y.-F., *Chem. Lett.*, **40**, 651-653（2011）
32) Liu, N., Sun, R.-W., Lu, H.-J., Li, X.-L., Liu, C.-H., Wu, Z.-Q., *Polym. Chem.*, **8**, 7069-7075（2017）

33） Chen, J., Li, B., Li, X., Zhang, J., Wan, X., *Polym. Chem.*, **9**, 2002-2010 (2018)

34） Yamada, K., Nakano, T., Okamoto, Y., *Macromolecules*, **31**, 7598-7605 (1998)

35） Isobe, Y., Yamada, K., Nakano, T., Okamoto, Y., *Macromolecules*, **32**, 5979-5981 (1999)

36） 平野朋広，高分子論文集，**72**，218-231 (2015)

37） Matsumoto, A., Nakamura, S., *J. Appl. Polym. Sci.*, **74**, 290-296 (1999)

38） Isobe, Y., Nakano, T., Okamoto, Y., *J. Polym. Sci., Part A, Polym. Chem.*, **39**, 1463-1471 (2001)

39） Isobe, Y., Fujioka, D., Habaue, S., Okamoto, Y., *J. Am. Chem. Soc.*, **123**, 7180-7181 (2001)

40） Noble, B. B., Coote, M. L., *Adv. Phys. Org. Chem.*, **49**, 189-258 (2015)

41） Ray, B., Isobe, Y., Morioka, K., Habaue, S., Okamoto, Y., Kamigaito, M., Sawamoto, M., *Macromolecules*, **36**, 543-545 (2003)

42） Ray, B., Isobe, Y., Matsumoto, K., Habaue, S., Okamoto, Y., Kamigaito, M., Sawamoto, M., *Macromolecules*, **37**, 1702-1710 (2004)

43） Ray, B., Okamoto, Y., Kamigaito, M., Sawamoto, M., Seno, K., Kanaoka, S., Aoshima, S., *Polym. J.*, **37**, 234-237 (2005)

44） Idota, N., Nagase, K., Tanaka, K., Okano, T., Annaka, M., *Langmuir*, **26**, 17781-17784 (2010)

45） Lutz, J. F., Neugebauer, D., Matyjaszewski, K., *J. Am. Chem. Soc.*, **125**, 6986-6993 (2003)

46） Sugiyama, Y., Satoh, K., Kamigaito, M., Okamoto, Y., *J. Polym. Sci., Part A, Polym. Chem.*, **44**, 2086-2098 (2006)

47） Chong, Y. K., Moad, G., Rizzardo, E., Skidmore, M. A., Thang, S. H., *Macromolecules*, **40**, 9262-9271 (2007)

48） Shanmugam, S., Boyer, S., *J. Am. Chem. Soc.*, **137**, 9988-9999 (2015)

49） Miura, Y., Satoh, T., Narumi, A., Nishizawa, O., Okamoto, Y., Kakuchi, T., *Macromolecules*, **38**, 1041-1043 (2005)

50） Miura, Y., Satoh, T., Narumi, A., Nishizawa, O., Okamoto, Y., Kakuchi, T., *J. Polym. Sci., Part A, Polym. Chem.*, **44**, 1436-1446 (2006)

51） Wang W., Zhang, Z., Zhu, J., Zhou, N., Zhu, X., *J. Polym. Sci., Part A, Polym. Chem.*, **47**, 6316-6327 (2009)

52） Shibata, T., Satoh, K., Kamigaito, M., Okamoto, Y., *J. Polym. Sci., Part A, Polym. Chem.*, **44**, 3609-3615 (2006)

53） Goh, T. K., Tan, J. F., Guntari, S. N., Satoh, K., Blencowe, A., Kamigaito, M., Qiao, G. G., *Angew. Chem. Int. Ed.*, **48**, 8707-8711 (2009)

54） Ren, J. M., Satoh, K., Goh, T. K., Blencowe, A., Nagai, K., Ishitake, K., Christofferson, A. J., Yiapanis, G., Yarovsky, I., Kamigaito, M., Qiao, G. G., *Angew. Chem. Int. Ed.*, **53**, 459-464 (2014)

55） Christofferson, A. J., Yiapanis, G., Ren, J. M., Qiao, G. G., Satoh, K., Kamigaito, M., Yarovsky, I., *Chem. Sci.*, **6**, 1370-1378 (2015)

56） Miura, Y., Shibata, T., Satoh, K., Kamigaito, M., Okamoto, Y., *J. Am. Chem. Soc.*, **128**, 16026-16027 (2006)

57） Koumura, K., Satoh, K., Kamigaito, M., Okamoto, Y., *Macromolecules*, **39**, 4054-4061 (2006)

58） Wan, D., Satoh, K., Kamigaito, M., Okamoto, Y., *Macromolecules*, **38**, 10397-10405 (2005)

59）Shim, S.-H., Ham, M.-K., Huh, J., Kwoon, Y.-K., Kwark, Y.-J., *Polym. Chem.*, **4**, 5449-5455 (2013)
60）Ni, N., Ding, D., Pan, X., Zhang, Z., Zhu, J., Boyer, C., Zhu, X., *Polym. Chem.*, **8**, 6024-6027 (2017)
61）Tao, Y., Satoh, K., Kamigaito, M., *Macromol. Rapid Commun.*, **32**, 226-232 (2011)

第6章　有機テルル化合物を用いるラジカル重合

藤田健弘[*1]，山子　茂[*2]

1　はじめに

前章までにすでに述べられているように，リビングラジカル重合はこの25年の間に飛躍的な進歩を見せ，第Ⅲ編で紹介されるように高分子材料開発に大きな変革をもたらしてきた[1,2]。しかし，ベンチスケールでの材料開発に比すると，産業的な利用についてはまだもどかしい感がある。そこには学術的な新奇さと実用性とのギャップがあるためと考えられる。リビングラジカル重合法が真に有効な高分子材料創製法となるためには，①反応性の異なるモノマーの重合を制御できる汎用性，②極性官能基に対する耐性，③ランダム，交互，ブロック共重合体合成の柔軟性，④成長末端の変換反応に対する多様性，⑤大スケール反応に対する信頼性，の5つの技術要素を高度に満たす必要があると考えている。特に，①と②に関する力強く万能な重合制御剤が必須である。これらの技術要素に加え，実際の製造においては，安全性やコストといった要素が加わってくる。

筆者らはこれまで独自に，有機テルル化合物を用いるラジカル重合（Organotellurium-mediated radical polymerization；TERP）を開発すると共に[3~7]，産学共同研究によって実用化にも成功している（第Ⅲ編第1章）。その背景には，TERPが上記の5つの技術要素を高いレベルで満たしていることが背景にある。本章ではTERPの機構及び合成的な特徴をまとめる。さらに，多分岐構造を持つ高分子の構造制御合成に関する最新のトピックスについても併せて紹介する。

2　重合条件と反応機構

TERPの重合機構，すなわち休止種の活性化と成長末端の不活性化機構の特徴として，可逆停止機構（Reversible Termination mechanism；RT機構）と交換連鎖機構（Degenerative Chain Transfer mechanism；DT機構）の両方がある点が挙げられる。このうち，DT機構が主な機構である（図1(b)）[8]。TERPを行う条件として，①有機テルル重合制御剤とモノマーとを加熱する方法，②①の条件にラジカル開始剤であるアゾ化合物を加えて加熱する方法，③有機テルル重合制御剤とモノマーの混合物に光照射を行う方法，があるが，この違いは重合機構の違い，特に開始ラジカルの供給機構の違いによる。

＊1　Takehiro Fujita　京都大学　化学研究所　特任研究員

＊2　Shigeru Yamago　京都大学　化学研究所　教授

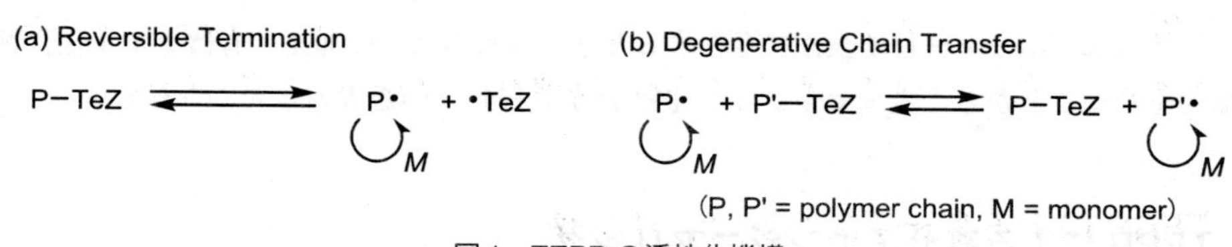

図1　TERPの活性化機構
(a)可逆停止機構と(b)交換連鎖機構

①の条件では休止種のC-Te結合の熱解離，すなわちRT機構により開始ラジカルが供給された後，主にDT機構で重合が進行する[9]。RT機構が律速段階であり，ここに100℃程度の加熱が必要となる。重合に時間がかかる，熱安定性や天井温度の低いモノマーの重合に問題を持つ。②の条件では，アゾ開始剤の熱分解により開始ラジカルが供給され，DT機構のみで重合が進行する[10]。アゾ開始剤の分解温度とモノマーの反応性により，自由度高く重合温度を設定できる。穏和な加熱条件と短時間で重合できるため，実用性にも優れた重合条件である。③の条件ではC-Te結合の光開裂により開始ラジカルが供給される[11]。ラジカル濃度を抑えることが重要であることから，数WのLED光など，強度の弱い可視光が適している[12]。室温以下の温度でも重合を行うことができることや，光照射のON/OFFにより重合の進行を制御できるなど（図2），優れた長所を持つ。

TERPの報告例のほとんどがバルク重合と有機溶媒中における均一系重合であるが，水中でエマルジョン重合も行える。非水溶性TERP制御剤を用いるミクロエマルジョン重合や[13,14]，親水性オリゴマー鎖を持つ開始剤を用いた重合誘起自己会合（PISA）法を用いるエマルジョン重合に加え[15,16]，最近は水溶性開始剤を用いることでモノマーと界面活性剤とを撹拌するだけのab initioエマルジョン重合も行えることが明らかになった[17]。特に，熱条件のみならず，弱い可視光でも活性化されて重合が進行する点は興味深い。従来，エマルジョン重合は不均一系になり光が透過しないため，光重合は困難であるとされてきた。しかし，エマルジョンLRP系では原

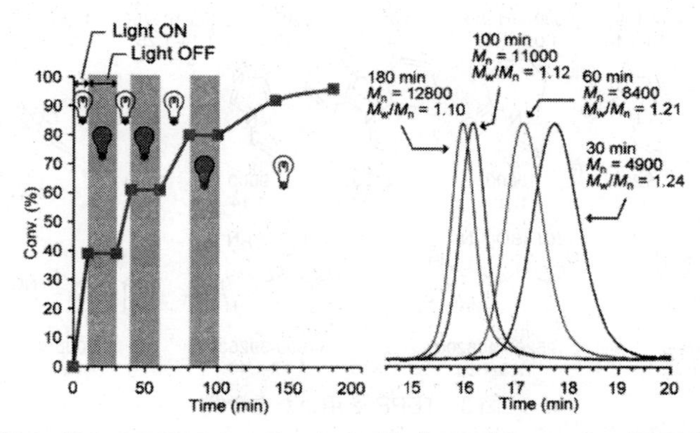

図2　光のON/OFFによるアクリル酸ブチル重合における時間制御

理的に開始末端がポリマー粒子表面に存在すると考えられることに加え，有機テルル化合物が高い光活性を持つことから，光エマルジョン TERP が進行しているものと考えられる。

3 TERP による高分子エンジニアリング

3.1 ホモポリマーの合成

TERP の大きな特徴は高いモノマー汎用性である。特に1つの重合制御剤を用い，ほぼ同じ条件で反応性が大きく異なる共役モノマーと非共役モノマーの重合が制御できる点は，他のLRP 法にはない優れた合成的利点である[10,11,18]。図3にこれまで重合が報告されている代表的なモノマーの構造とその重合結果とを示した。スチレン，ジエン，アクリレート，アクリルアミド，アクリロニトリル，メタクリレートといった共役モノマーと共に，非共役モノマーである酢酸ビニル，*N*-ビニルアミド，*N*-ビニルカルバゾール，*N*-ビニルイミダゾールなどがほぼ同じ条件で重合できる。また，休止種の活性化の点で最も LRP が難しいエチレンの重合においても，最近開発された穏和な加圧・加熱条件を用いることで，重合制御が可能である[19]。

さらに，TERP 法は官能基共存性にも優れており，水酸基，カルボン酸，アンモニウム塩，イソシアネートなどの極性官能基を持つモノマーの重合においても高い重合制御が得られる[20]。酸性プロトンを持つイオン液体モノマーの重合も可能であり，得られた重合体は次世代のバッテリーデバイスなどへの応用が期待される[21]。同様に，重合系中にブレンステッド酸やルイス酸の共存も可能であり，以下に示すランダム共重合反応では異なる組成を持つ共重合体が得られる。

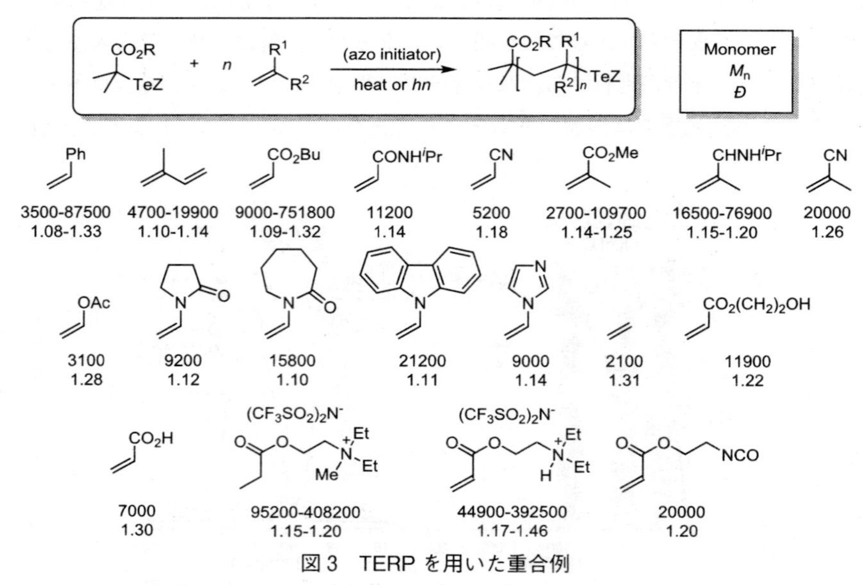

図3 TERP を用いた重合例

モノマーの構造と重合により得られた重合体の数平均分子量（M_n）と分散度（$Đ$）

3.2　共重合体の合成

リビング重合の最大の特徴の1つは，成長末端を利用したブロック共重合体の合成にある。TERPを用いると，ブロック共重合体のみならず，ランダム共重合体や交互共重合体においても特徴的な共重合体を合成できる。

ブロック共重合体合成では，一般に重合するモノマーの順序が重要であるため，合成の自由度が制限されることが多い。例えば，イオン性重合であるアニオン重合においては，重合末端アニオンが安定になる（共役酸のpK_aが低くなる）順で重合を行う必要がある。一方，LRPではモノマーの順序に明確な基準はないが，それぞれの方法で経験的に明らかになった順により重合を行う必要がある。しかし，TERP法は用いるモノマーの順番の制約が少ないため，自由度高くブロック共重合体を合成できる。例えば，代表的な共役モノマーであるスチレン，アクリレート，メタクリレートの2つのモノマーからAB型ジブロック共重合体を合成する場合，用いるモノマーの順序により原理的に6種類のブロック共重合体の合成が行える。実際，TERPを用いると，いずれの合成法でもジブロック共重合体の合成が可能である[18]。

共役モノマーと非共役モノマーからブロック共重合体を合成する場合，それぞれの重合末端ラジカルの安定性，反応性が大きく異なるため，その難易度はさらに高くなる。しかし，TERPではそのような組み合わせでも可能であり，例えば，共役モノマーである*N*-イソプロピルアクリルアミド（NIPAM）と非共役モノマーである*N*-ビニルピロリドン（NVP）からなるジブロック共重合体が合成できた（図4(a)）[22]。このブロック共重合体は，PNIPAMに由来する熱応答性ブロックと，ナノサイズの金属粒子や炭素材料と優れた相互作用を持つPNVPに由来するブロックとを合わせ持つ。このことから，この共重合体が金ナノ粒子やC_{60}を包接した熱刺激応答性ミ

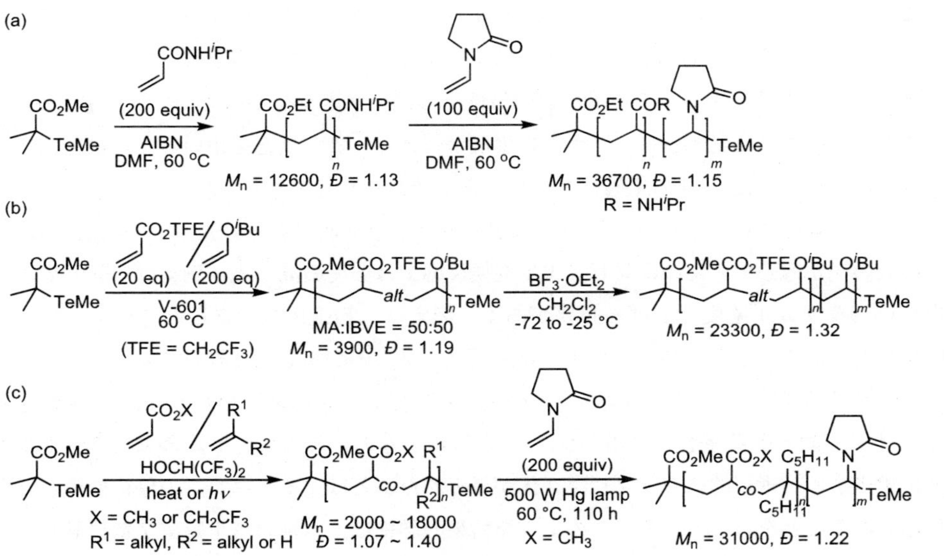

図4　共役モノマーと非共役モノマーからなるブロック共重合体の合成

セルとして水中で働くことが示されており，センサーや生体材料への応用が期待されている[23]。

ランダム共重合や交互共重合においてもTERPでは特徴的な共重合体の合成が可能である。例えば，ビニルエーテルとアクリルモノマーの共重合において，ビニルエーテルを過剰量用いることで，ほぼ完全な交互共重合が進行する（図4(b)）[24,25]。この共重合体は成長末端にアルコキシ基を持つことから，カチオン重合のマクロ開始剤としても利用できる。例えば，共重合体にルイス酸であるBF_3・OEt_2を加えると，反応系中に残っているビニルエーテルが重合し，対応するブロック共重合体が合成できた。α-オレフィンとアクリレートモノマーとのランダム共重合の制御も可能であり，ブレンステッド酸を添加することでα-オレフィンの共重合体への挿入率が向上した。さらに，得られた共重合体をマクロ開始剤としてブロック共重合体も合成できる(図4(c))[26,27]。

3.3　重合末端の変換

有機テルル化合物は炭素ラジカルのみならず，炭素アニオンやカチオンの前駆体としても用いることができる。したがって，TERPで合成したリビングポリマーを適切な条件で処理することで様々な末端変換体へと誘導することができる[9]。例えばポリスチレンに対してアリルスズ化合物を用いるラジカルアリル化反応，テルル－リチウム交換によるアニオン種の発生に基づくカルボキシル化，PhTeOTfによる求電子的活性化に基づくフリーデルクラフツ反応などの炭素－炭素結合生成反応が行える（図5(a)）[28]。

テルルのアニオン発生に対する高い活性を活かすことで，ポリアクリレートの成長末端においても選択的にアニオン種を発生可能である（図5(b)）[29]。例えば，数平均分子量が3,000程度のポリメタクリル酸メチル（PMMA）に対してブチルリチウムを作用させると，エステル官能基を損なうことなく選択的にポリマー末端でテルル－リチウム交換反応が生じる。そこに求電子剤を加えることで，ラジカル反応では導入しにくい，種々の極性官能基を導入できた。一方，ポリアクリレートやポリアクリルアミドなどの酸性度の高い水素を持つ高分子では，$^{t}Bu_4ZuLi_2$を用いることで選択的に成長末端にアニオンの生成が行える。この反応を用いると，例えばアルキル化反応を用いて，PNIPAMの末端にアルキンを定量的に導入することができる（図5(c)）[30]。

炭素－テルル結合の光活性化に基づく末端変換反応も可能である。光重合では前述のように，強度の低い光が適していたのに対し，末端変換反応では強度の高い光，例えば，500 W水銀ランプを用いてラジカル濃度を上げる必要がある。例えば，TERPで合成したポリイソプレンに光照射を行うことで，重合末端ラジカルのカップリング反応が定量的に進行する[31]。スチレンとイソプレンからジブロック共重合体を合成した後に光カップリングを行うと，対称構造を持つABA－トリブロック共重合体が得られた（図6(a)）。なお，この反応は重合末端ラジカルの停止反応に相当する。選択的にカップリング体が得られたことは，イソプレンの停止機構が完全に結合反応であることを示している。このような結果の詳細は，本書の第Ⅰ編第7章に詳しい[32,33]。

種々の官能基を持つジエンを重合体のカップリング剤として用いることもできる[34]。例えば，

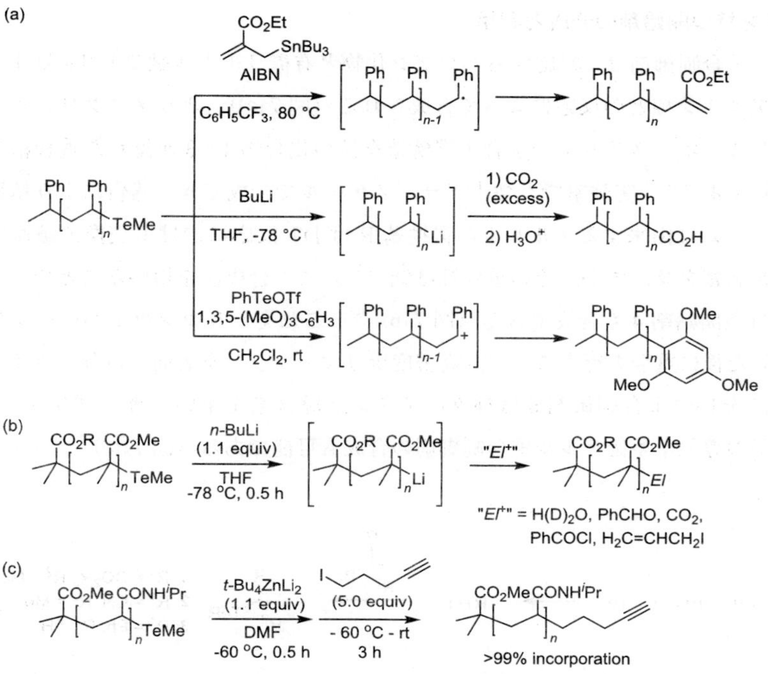

(a)

CO_2Et / $SnBu_3$ / AIBN / $C_6H_5CF_3$, 80 °C

Ph Ph Ph ... n-1 → Ph Ph CO_2Et ... n

Ph Ph ... n TeMe

BuLi / THF, -78 °C → Ph Ph ... n Li → 1) CO_2 (excess) 2) H_3O^+ → Ph Ph ... n CO_2H

PhTeOTf / 1,3,5-$(MeO)_3C_6H_3$ / CH_2Cl_2, rt → Ph Ph Ph ... n-1 + → Ph Ph OMe ... n MeO OMe

(b)

CO_2R CO_2Me ... n TeMe → n-BuLi (1.1 equiv) / THF / -78 °C, 0.5 h → [CO_2R CO_2Me ... n Li] → "El^+" → CO_2R CO_2Me ... n El

"El^+" = $H(D)_2O$, PhCHO, CO_2, PhCOCl, H_2C=$CHCH_2I$

(c)

CO_2Me $CONH^iPr$ ... n TeMe → t-Bu_4ZnLi_2 (1.1 equiv) / DMF / -60 °C, 0.5 h → I (5.0 equiv) / - 60 °C - rt / 3 h → CO_2Me $CONH^iPr$ ... n

>99% incorporation

図5　TERPで合成したポリマーの末端変換反応

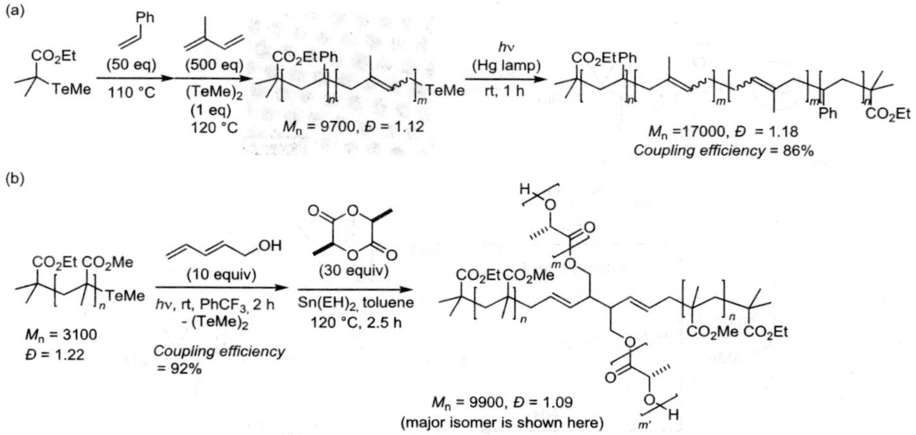

(a)

CO_2Et TeMe → Ph (50 eq) / 110 °C → (500 eq) / $(TeMe)_2$ (1 eq) / 120 °C → CO_2Et Ph ... n m TeMe → $h\nu$ (Hg lamp) / rt, 1 h → CO_2Et Ph ... n m m n Ph CO_2Et

M_n = 9700, $Đ$ = 1.12

M_n =17000, $Đ$ = 1.18

Coupling efficiency = 86%

(b)

CO_2Et CO_2Me ... n TeMe

M_n = 3100

$Đ$ = 1.22

OH (10 equiv) / $h\nu$, rt, $PhCF_3$, 2 h / - $(TeMe)_2$

Coupling efficiency = 92%

(30 equiv) / $Sn(EH)_2$, toluene / 120 °C, 2.5 h

H O O m O / CO_2Et CO_2Me ... n ... n CO_2Me CO_2Et / O O O H m'

M_n = 9900, $Đ$ = 1.09

(major isomer is shown here)

図6　ジエンを介した重合末端でのラジカルカップリング反応

PMMAに対して水酸基を持つジエン共存下で光照射を行うと，PMMA末端ラジカルがジエンに付加した後にカップリングを起こすことで，選択的に2つの水酸基を高分子鎖中に導入できる。水酸基をラクチド開環重合の開始基と用いることで，ミクトアーム高分子が得られる（図6(b)）。さらに，官能基化された重合制御剤を用いることでポリマーの両末端にも選択的に官能基を導入できる。

3.4 官能基を持つ開始剤の合成と利用

有機テルル重合制御剤は，対応するハロゲン化物と有機リチウム試薬と Te 単体とから調製されるテルルアニオン種との反応によって合成される（図 7(a)）。ポリメタクリレート，ポリメタクリロニトリル，ポリスチレンの重合末端構造を持つ化合物 **1**～**3** が優れた重合結果を示す代表的な基本骨格である[6]。実験室でも数十グラムスケールで合成でき，蒸留により精製できる。一方，有機リチウムに由来するテルル上の置換基 R は DT 反応における交換連鎖速度や光吸収の強度に若干の影響を及ぼすが，その重要性は低い[35]。この合成法を用いることで，トリエトキシシリル基を持つ開始剤 **4** も合成できる（図 7(b)）[36]。これをシリコンウェハーやシリカ微粒子の表面へ導入した後に重合を行うことで，高密度ポリマーブラシを表面に付与できる。

カルボン酸を持つ重合制御剤 **5** は種々のアミンと縮合剤を用いてカップリングすることで，様々な置換基の導入や多価テルル重合制御剤の合成も可能である（図 7(c)）[37]。

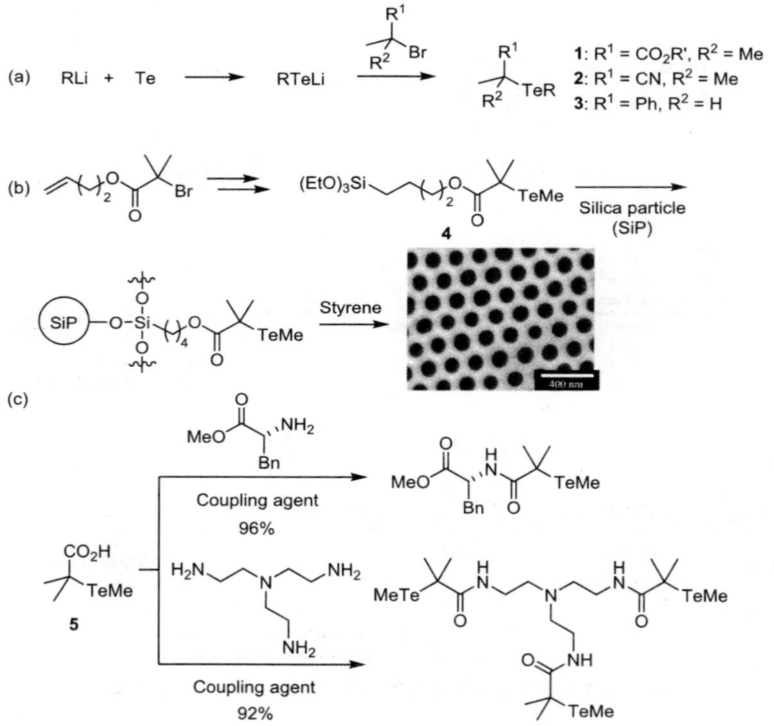

図 7　(a)代表的な重合制御剤の合成法，(b)表面開始重合への応用，と
(c)後修飾法による官能基化重合制御剤の合成法

4　多分岐高分子の制御合成

分岐構造を持つ高分子は線状高分子に比べて流体力学半径が小さい，固有粘度が低い，末端置換基の数が多いなどの特徴的な物性を持つことから，基礎及び応用研究の両面から大いに興味を持たれている。ラジカル重合に適応可能な多分岐高分子合成法として，ビニル基と重合開始基 B* とを持つモノマー **6** を用いる自己縮重ビニル重合と（図8(a)），**6** と他のモノマーとの共重合を行う自己縮重ビニル共重合とが知られている。しかし，これらの方法で分子量，分布，分岐構造などの3次元（3D）構造の制御は一般に困難である。これは，ビニル基と B* 官能基とがそれぞれ独自に反応するため，図8(a)に示した望みの分岐構造を与える反応のみならず，反応系に共存するすべてのオリゴマー，ポリマーが反応するためである。

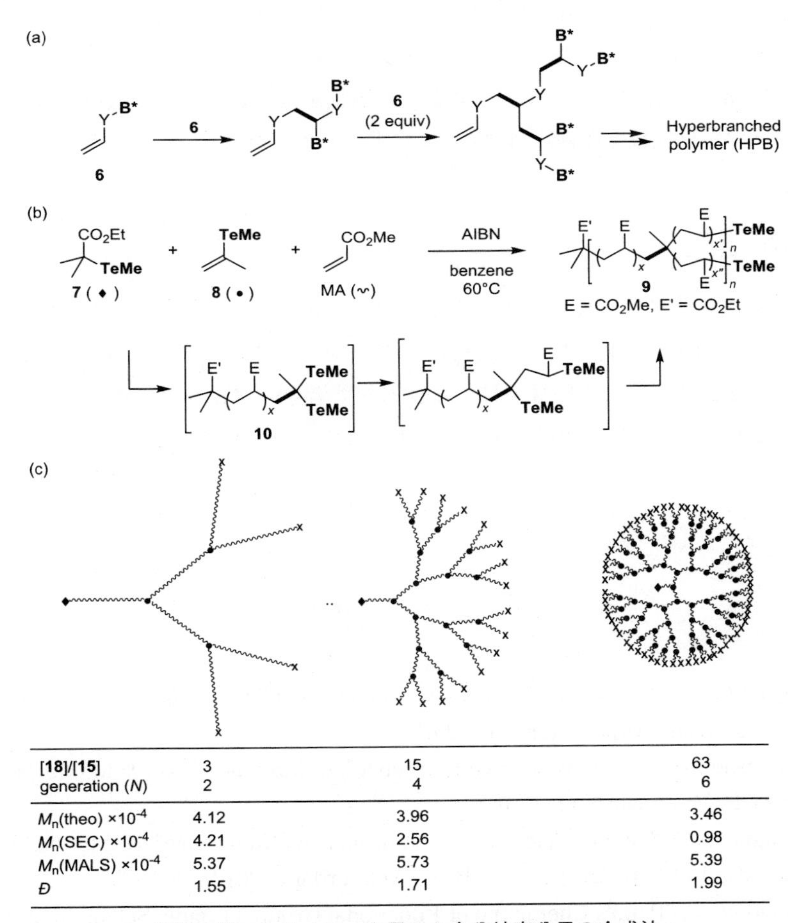

[18]/[15]	3	15	63
generation (N)	2	4	6
M_n(theo) ×10^{-4}	4.12	3.96	3.46
M_n(SEC) ×10^{-4}	4.21	2.56	0.98
M_n(MALS) ×10^{-4}	5.37	5.73	5.39
$Đ$	1.55	1.71	1.99

図8　ビニルモノマーを用いた多分岐高分子の合成法

(a) AB* モノマーを用いた自己縮合ビニル重合，(b)ビニルテルリド **8** を用いる合成法と，(c)生成物の構造と重合結果（X = TeMe）

一方最近，ビニルテルリド**8**とアクリレートの共重合のTERPを行うことで，3D構造の制御された多分岐高分子**9**が合成できることが明らかになった（図8(b)）[38]。鍵はC–Te結合の強さにあり，これがビニル基の反応の前後で大きく変化することが特徴である。すなわち，ビニルラジカルは不安定活性種であるため，**8**からビニルラジカルが生成することは難しい。一方，**8**のビニル基が反応して高分子鎖に組み込まれて**10**になると，安定なアルキルラジカルの生成が可能となる。**10**から順次C–Te結合の活性化が起こることで，分岐構造が生じる。

7，**8**，アクリル酸メチルを1：X：500（X = 3, 15, 63）用いたときの重合結果を図8(c)に示した。それぞれ，第2，4，6世代のデンドロン構造を持つ分岐高分子が生成した。SECによって求められる数平均分子量は理論分子量よりも低く，かつ，世代が多くなるほど低くなった。一方，多角度光散乱検出器（MALS）によって得られる数平均分子量は理論値に近かった。この結果は分岐数が増えるにつれて流体力学半径が小さくなったことを示しており，多分岐高分子生成の結果と良い一致を示している。一方，分散度は2程度で線状ポリマーよりも広くなったが，いずれも単分散の高分子が得られた。さらに，固有粘度も分岐度が増えるにつれて系統的に低くなった。さらに，**7**，**8**に対してアクリル酸エステルの当量を変えることで，低い分散度を保ったまま分岐間のモノマー単位数を任意に制御できることもわかった。

5 まとめ

TERPはモノ作りに必要な技術要素である5つの要素を高いレベルで満たす重合法であり，精密な分子設計に基づく高機能性高分子材料の創製に適した方法である。現在，経済性や安全性も含め，TERPをより使いやすい技術にする検討が著者らのグループで進んでいる。これらの成果も含めることで，TERPが今後ますます利用されることを期待している。

文　献

1） "Encyclopedia of Radicals in Chemistry, Biology and Materials", C. Chatgilialoglu & A. Studer, Eds., Wiley: Chichester, UK (2012)
2） "Polymer Science: A Comprehensive Reference", K. Matyjaszewski & M. Moeller, Eds., Vol. 3, Elsevier B. V: Amsterdam (2012)
3） S. Yamago *et al.*, "Polymer Science: A Comprehensive Reference", K. Matyjaszewski & M. Moeller, Eds., Vol. 3, p. 227, Elsevier B. V: Amsterdam (2012)
4） S. Yamago *et al.*, "Patai's Chemistry of Functional Group, Organic Selenium and Tellurium Compounds", Z. Rappoport, Ed., Vol. 3, p. 585, John Wiley & Sons: Chichester, UK (2012)
5） S. Yamago *et al.*, "Encyclopedia of Radicals in Chemistry, Biology and Materials", C.

Chatgilialoglu & A. Studer, Eds., p. 1931, Wiley: Chichester, UK (2012)
6) S. Yamago, *Chem. Rev.*, **109**, 5051 (2009)
7) S. Yamago, *Synlett*, **2004**, 1875 (2004)
8) Y. Kwak *et al.*, *Macromolecules*, **39**, 4671 (2006)
9) S. Yamago *et al.*, *J. Am. Chem. Soc.*, **124**, 2874 (2002)
10) A. Goto *et al.*, *J. Am. Chem. Soc.*, **125**, 8720 (2003)
11) S. Yamago *et al.*, *J. Am. Chem. Soc.*, **131**, 2100 (2009)
12) Y. Nakamura *et al.*, *Beilstein J. Org. Chem.*, **9**, 1607 (2013)
13) Y. Sugihara *et al.*, *Macromolecules*, **40**, 9208 (2007)
14) Y. Sugihara *et al.*, *Macromolecules*, **48**, 4312 (2015)
15) M. Okubo *et al.*, *Macromolecules*, **42**, 1979 (2009)
16) Y. Kitayama *et al.*, *Polym. Chem.*, **3**, 1555 (2012)
17) W. Fan *et al.*, *Angew. Chem. Int. Ed.*, **57**, 962 (2018)
18) S. Yamago *et al.*, *J. Am. Chem. Soc.*, **124**, 13666 (2002)
19) Y. Nakamura *et al.*, *Angew. Chem. Int. Ed.*, **57**, 305 (2018)
20) Y. Nakamura *et al.*, *ACS Symp. Ser.*, **1187**, 295 (2015)
21) Y. Nakamura *et al.*, *Macromol. Rapid Commun.*, **35**, 642 (2014)
22) S. Yusa *et al.*, *Macromolecules*, **40**, 5907 (2007)
23) S. Yusa *et al.*, *J. Polym. Sci. Part A: Polym. Chem.*, **49**, 2761 (2011)
24) E. Mishima *et al.*, *Macromol. Rapid Commun.*, **32**, 893 (2011)
25) E. Mishima *et al.*, *J. Polym. Sci. Part A: Polym. Chem.*, **50**, 2254 (2012)
26) E. Mishima *et al.*, *Macromolecules*, **45**, 8998 (2012)
27) E. Mishima *et al.*, *Macromolecules*, **45**, 2989 (2012)
28) T. Yamada *et al.*, *Chem. Lett.*, **37**, 650 (2008)
29) E. Kayahara *et al.*, *Chem. Eur. J.*, **17**, 5272 (2011)
30) E. Kayahara *et al.*, *ACS Symp. Ser.*, **1101**, 99 (2011)
31) Y. Nakamura *et al.*, *J. Am. Chem. Soc.*, **134**, 5536 (2012)
32) Y. Nakamura *et al.*, *Macromolecules*, **48**, 6450 (2015)
33) Y. Nakamura *et al.*, *Macromol. Rapid Commun.*, **37**, 506 (2016)
34) Y. Nakamura *et al.*, *Macromolecules*, **47**, 582 (2014)
35) E. Kayahara *et al.*, *Macromolecules*, **41**, 527 (2008)
36) S. Yamago *et al.*, *Macromolecules*, **46**, 6777 (2013)
37) W. Fan *et al.*, *Chem. Eur. J.*, **22**, 17006 (2016)
38) Y. Lu *et al.*, *Nat. Commun.*, **8**, 1863 (2017)

第7章　制御重合を活用したラジカル重合反応の停止機構の解析

中村泰之*

1　はじめに

1.1　研究の背景とコンセプト

ラジカル重合反応において，開始・成長・停止・連鎖移動の基本反応の機構は反応の速さや生成するポリマーの構造を決定するため，合理的なポリマーの合成には機構の理解が欠かせない。これまでに機構を明らかにするために多くの研究が行われ，現在のラジカル重合技術の基盤となっている一方で，未だ解明されていない機構も残されている。重合停止反応はポリマー末端ラジカル同士の結合または不均化反応がその最も重要な機構であり，それぞれの反応で異なる分子構造と物性を持つポリマーを与えるため，結合と不均化の選択性が重要である。しかしほとんどのモノマーにおいて明確な選択性や，温度・溶媒などの諸条件の効果について結論は得られていない。

結合反応と不均化反応では生成物に分子量（結合生成物のものは反応物のものの和）および末端構造（結合生成物は開始末端構造を両端に持ち，不均化生成物は水素化または脱水素化構造を持つ）の違いがあるため，原理的には生成物の構造分析が機構の決定に極めて有効である（図1(a)）。しかし，重合停止反応では様々な分子量のポリマー末端（成長）ラジカルが反応するため，停止生成物の構造から停止機構を決定することは困難である（図1(b)）。これに対し，近年のリビングラジカル重合法の発展とポリマー末端の反応法の開発は，分子量が均一で構造の明確なポリマー末端ラジカルの停止反応を行うことを可能にする（図1(c)）。本稿ではこのコンセプトにもとづく停止反応機構についての研究と，関連する合成反応について述べる。

1.2　これまでの研究報告

ビニルモノマーは結合停止が主であり，αメチル置換ビニルモノマーでは不均化停止が主となると一般的には知られており，それぞれスチレン（St）とメチルメタクリレート（MMA）の研究報告におよそ由来する[1,2]。従来は停止反応生成物の構造決定による機構解析は困難であり，放射性同位体元素を含むラジカル開始剤を用いた重合や，結合反応に由来するゲル化の分析，モデル低分子ラジカル反応など様々な方法を用いた機構の決定が行われた（表1）。主な選択性の一致は得られているが，選択性値のばらつきは大きく（スチレンで結合選択性が75%～およそ

* Yasuyuki Nakamura　(国研)物質・材料研究機構　統合型材料開発・情報基盤部門　主任研究員

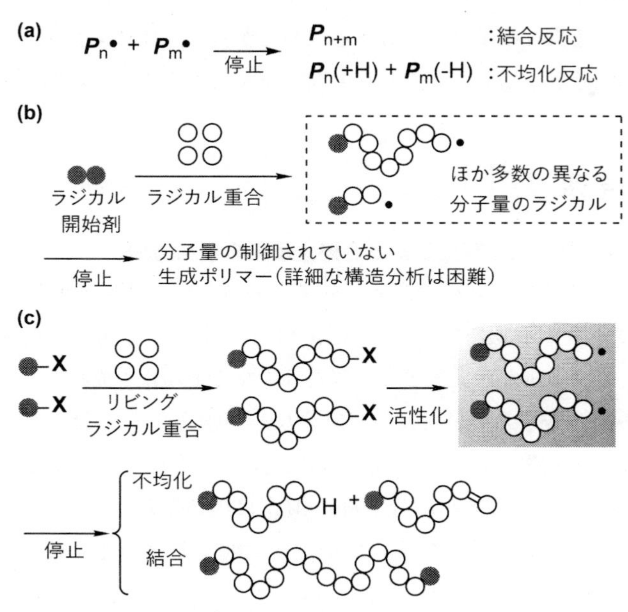

図1　ラジカル重合停止反応の一般式(a)と，従来のラジカル重合(b)または リビングラジカル重合を用いたポリマー末端ラジカルの停止反応(c)

表1　停止反応の選択性の報告例

	モノマー	決定方法	温度（℃）	選択性（D/C）*
(a)	MMA	放射性開始剤[3,4]	0，60	60/40，**85**/15
(b)		放射性開始剤[6]	60	57/43
(c)		ゲル化[7]	25，60	67/33，**73**/27
(d)		熱分解分析[8]	60	56/44
(e)		質量分析[9]	90	81/19
(f)		モデル低分子ラジカル[5]	70，140	44/56，38/**62**
(g)	St	放射性開始剤[3,4]	60，	ほぼ結合のみ
(h)		放射性開始剤[10]	60	25/75
(i)		ゲル化[11]	100	ほぼ結合のみ
(j)		モデル低分子ラジカル[12]	90，161	12/88，7/**93**
(k)	MA	放射性開始剤[13]	60	ほぼ結合のみ
(l)		ゲル化[11]	25	ほぼ結合のみ
(m)		粘度[14]	90	ほぼ不均化のみ

*高温で増加した選択性を太字で示した。

100%)，温度や溶媒の効果についても結論は得られていない（もっとも多く検討されているMMA重合停止の温度効果でも，報告により傾向は逆転している[3~5]）。またアクリレートのように報告により正反対の選択性のモノマーもある。したがって，リビングラジカル重合法を用いた手法では機構決定の明確さを用いて，これらの問題を解決することが課題となる。

2 機構解明の手法

2.1 リビングラジカル重合法を利用した重合停止反応の解析方法

リビングラジカル重合法により合成した，分子量分布が狭く活性化可能な末端基を持つポリマーを前駆体としてポリマー末端ラジカル同士の停止反応を行う場合，生成物は反応物（ポリマー末端ラジカル）と分子量が水素原子分一個だけ異なる不均化生成物と，その2倍の分子量を持つ結合生成物のみが生成する。したがって結合反応の割合を x_c とおくと，生成物の数平均分子量 M_n は x_c とポリマー末端ラジカルの数平均分子量 $M_{n,0}$ を用いて式(1)で表される（ただし多くの場合には前駆体ポリマーの数平均分子量が $M_{n,0}$ に用いられる)。これを変形した式(2)により，反応物と生成物の数平均分子量の測定値から x_c と停止反応の不均化（D）・結合（C）選択性比 $D/C = (1 - x_c)/x_c$ が求められる[15,16]。

$$M_n = \frac{\sum_i \left[(1 - x_c) n_i M_i + x_c \frac{n_i}{2} (2M_i) \right]}{\sum_j \left[(1 - x_c) n_j + x_c \frac{n_j}{2} \right]} = \frac{2\sum_i n_i M_i}{(2 - x_c)\sum_j n_j} = \frac{2}{2 - x_c} M_{n,0} \tag{1}$$

$$x_c = 2\left(1 - \frac{M_{n,0}}{M_n}\right) \tag{2}$$

選択性はGPC測定を用いたピーク解析によっても決定できる（図2）。停止反応生成物のGPC曲線は分子量分布の狭いポリマーピーク二つの重なりによって与えられるため，ピーク処理で二成分に分割してポリマー鎖数を比較することで選択性が決まる[16]。不均化生成物は前駆体

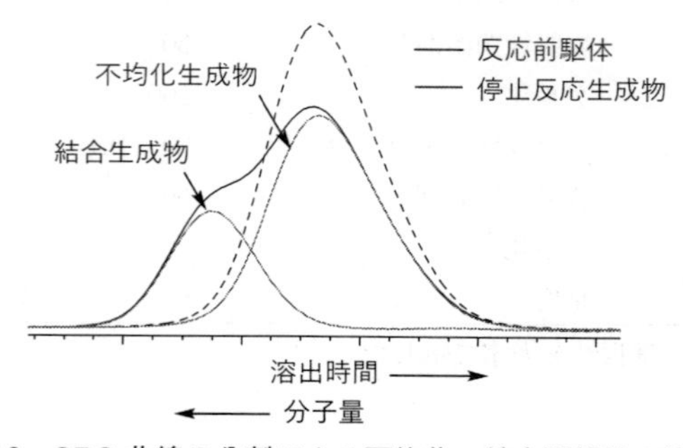

図2　GPC曲線の分割による不均化・結合選択性の決定

とGPC曲線が同一とみなせることから，反応前後のサンプルについて濃度をそろえてGPC分析を行うことでも，簡便に生成物中の不均化生成物量を決定できる[17)]。

これらの方法は原理的に同じで，実際にそれぞれの方法で求められた反応選択性の値はよく一致する。ただしブロックコポリマー末端ラジカルの停止反応のように，停止反応の前後で分子構造が大きく異なる場合にはピーク解析の方法が適している。なお，前駆体ポリマー中には末端官能基を失ったデッドポリマーが含まれるため，どの方法でもこれを考慮して選択性を求める。また，これらの方法は選択性の決定方法として優れるが，加えて核磁気共鳴（NMR）や質量分析を用いて生成物の構造を確認することが必要である。

2.2　反応機構解析に用いられるリビングラジカル重合法とその反応方法

構造の明確なポリマー末端ラジカルの生成には，リビングラジカル重合で直接得られるドーマント種を前駆体とすることができ，活性化には重合反応に用いられる可逆的な反応のほか，不可逆なラジカル生成反応も用いられる。停止反応の反応速度はラジカル濃度の二乗に比例するため，ラジカル生成の速い反応法が適する。

原子移動ラジカル重合（ATRP）[18,19)]により合成されるハロゲン末端基を持つポリマーを前駆体とする場合，ATRP高活性な低原子価銅錯体が専ら用いられ，停止反応は不可逆反応であるため一当量以上の反応剤が必要である（図3(a)）。

有機テルル化合物を用いるラジカル重合法（TERP）[20)]で合成される有機テルル末端基を持つポリマーからは紫外〜可視光照射により高効率でラジカルが生成され，停止反応を行うのに適している（図3(b)）[21〜23)]。解離するテラニル基はジテルリドとして回収される。低温でも停止反応を行える点や，TERPはモノマー汎用性が高いことが利点である。

コバルト錯体を用いるラジカル重合法（CMRP）[24)]を用いては，熱的なポリマー末端ラジカル生成とその結合反応を利用したポリマー二量化反応が開発された（図3(c)）。

一方，広く用いられるリビングラジカル重合法である可逆的付加連鎖移動（RAFT）重合法とニトロキシドを用いるラジカル重合（NMP）は，ドーマントの活性化にそれぞれ他のラジカル源や高温が必要とされるために，停止反応の検討には上記方法にくらべ不向きである。

3　各モノマーについての重合停止反応機構の決定

3.1　MMA

TERPにより合成した有機テルル末端基を持つPMMA（PMMA-TePh）を前駆体とした停止反応が行われ，GPC曲線のピーク解析により25℃ではD/C = 73/27と求められた[26)]。生成物の構造はMALDI-TOF-MSおよび^{1}H NMRにより確認され，^{1}H NMRから求められたD/C = 71/29はGPCによる値とよく一致した。

反応温度の上昇により結合選択性は−20℃での17%から100℃での37%へ増加した（表2，図

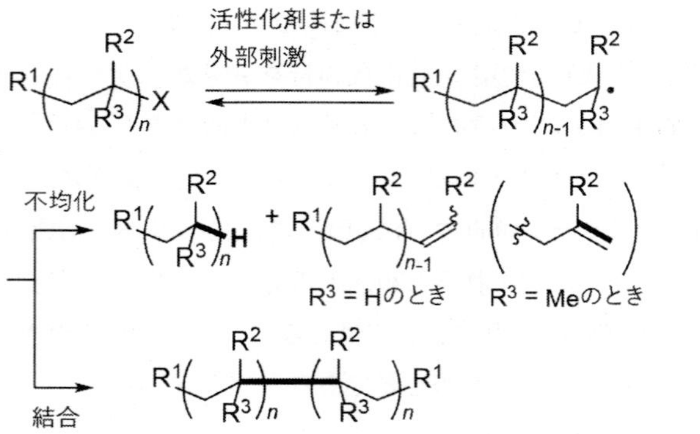

活性化剤または
外部刺激

不均化

R^3 = Hのとき　R^3 = Meのとき

結合

(a) ATRP　X = Br　活性化: (i) Cu(I)塩 + 配位子 (+ Cu(0))
(ii) $(Bu_3Sn)_2$, $(t\text{-}BuO)_2$, 光照射

(b) TERP　X = TeR' (R' = Alkyl, Phenyl)　活性化: 光照射

(c) CMRP　X = $Co(acac)_2$　活性化: 熱

図3　停止反応の解析および停止反応を用いた合成反応に用いられるリビングラジカル重合法とドーマントの活性化反応

表2　リビングラジカル重合法を用いた方法による停止反応の選択性

モノマー	重合法，末端基（X）	温度（℃）	選択性（D/C）*
MMA	ATRP，Br[25]	25，50	88/12，67/**33**
	TERP，TePh[26]	−20，25，100	83/17，73/**27**，63/**37**
St	ATRP，Br[15]	110	9/91
	ATRP，Br[16]	70	2/98
	TERP，TePh[26]	25，100	15/85，13/**87**
MA	ATRP，Br[27]	70	結合のみ
	ATRP，Br[28]	0	結合のみ
	ATRP，Br[29]	—**	結合のみ
	TERP，TePh[30]	25，100	99/1，68/**32**
Ip	CMRP，$Co(acac)_2$[31]	室温	＞99%結合
	TERP，TeMe[32]	25	＞99%結合

*高温で増加した選択性を太字で示した。
**報告中に温度は示されていない。

4(a))。この反応温度と選択性の関係の傾向は，従来多くの報告において述べられていた関係とは逆である（表1）。しかし選択性から求められる反応速度比 k_d/k_c（k_d：不均化反応速度定数，k_c：結合反応速度定数）の対数と絶対温度の逆数からなる Eyring プロット（図4(b)）により，温度効果は不均化反応と結合反応の反応活性化エネルギーの差として初めて定量化されており，値の信頼性が高いことが示唆される。

分子量の異なる PMMA 末端ラジカルの停止反応により，数平均分子量が 3,000（重合度 30）

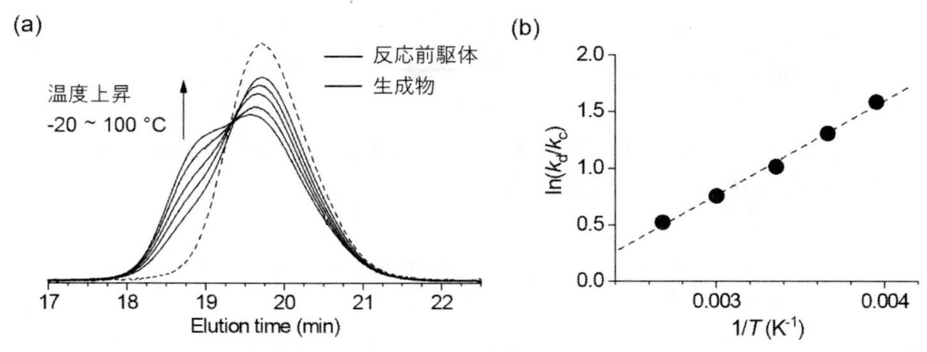

図4　様々な温度での PMMA 末端ラジカルの停止反応における GPC 曲線(a)と Eyring プロット(b)

程度より大きい場合は分子量に選択性が依存しないことがわかり，リビングラジカル重合を利用することで初めて分子量効果が明らかにされた。これより，一般的なラジカル重合で合成される PMMA は十分に大きい分子量を持つため，分子量に対する依存性は実質的に考慮しなくてよい。

ATRP により合成した臭素末端基を持つ PMMA（PMMA-Br）に対し低原子価銅（CuBr および Cu(0)）を Me_6TREN を配位子として作用させて，25℃で PMMA 末端ラジカルの反応を行うと 12%の割合で結合反応が起こる[25]。すなわち $D/C = 88/12$ である。50℃では結合反応の割合は 33%（つまり $D/C = 67/33$）に変化した。選択性の値には有機テルル末端ポリマーを用いた場合と違いはあるが，温度効果の傾向は一致しており，温度上昇で結合反応選択性が増加する傾向が正しいことを支持している。

3.2　スチレン

臭素末端基を持つポリスチレン（PSt-Br）に対して過剰量の CuBr/Cu(0)を Me_6TREN 配位子とともに 110℃で作用させることで，$D/C = 9/91$ が求められた[15]。生成物は ^{1}H NMR によっても確認され，選択性値（$D/C = 7/93$）は GPC によるものと同等である。スチレンの停止反応は選択的な結合反応であると広く知られるが，1 割程度の不均化生成物が含まれていることには注目したい。やや条件の異なる同様の反応では $D/C = 2/98$ が求められている[16]。

有機テルル末端基を持つ PSt の光反応による停止反応によって，25℃で $D/C = 15/85$，100℃で 13/87 が求められた[26]。変化は小さいが温度効果は 3.1 項で述べた PMMA と同様であり，またモデル低分子ラジカルの報告ともよく一致する[12]。これらの結果より，高温で結合反応が増加するのはモノマー種や分子量によらない一般的傾向であることが考えられる。

PSt 末端ラジカルの停止反応の高い結合選択性は，ポリマーの二量化反応として合成に利用でき，テレケリック PSt の合成[27]や分子内結合停止反応による環状 PSt の合成などが報告されている（図5）[33]。また PMMA やポリメチルアクリレート（PMA）末端ラジカルの反応をスチレンモノマー共存下で行うと，末端へのスチレンモノマーの挿入を伴った二量化反応が起こる[25,27]。

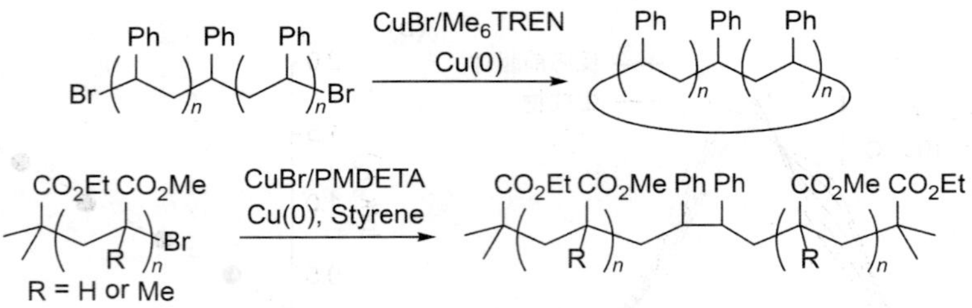

図5　ポリスチレン末端ラジカルの結合停止を利用した合成

3.3 アクリレート

精密な選択性や温度・分子量効果の解明が検討対象であったMMAやStと異なり，アクリレートの重合停止反応機構はリビングラジカル重合による方法を用いても主な選択性に議論がある研究対象である。

ATRPで合成したポリアルキルアクリレートに対して過酸化*t*-ブチルとヘキサブチルジスタナンを光照射下で反応させてポリアクリレート末端ラジカルを生成させると，GPC分析において結合停止生成物が観測された[28]。同報告ではESR測定によるバックバイティング反応によるミッドチェーンラジカル（MCR）[34] の定量化が行われ，連鎖移動反応においてもリビングラジカル重合を用いた方法が有用な情報を与えることが示唆される。

PMA-Brに対し低原子価銅（CuBr/Cu(0)）をMe_6TRENまたはシクラムを配位子として作用させると，27～54%の割合で結合生成物が生じる[27]。しかしPMA-Brと低原子価銅との反応ではアニオン種が関わる副反応が考えられており，反応機構の議論には注意を要する[35,36]。後にNMR測定により同反応においては脱水素化ポリマーが生成していないこと，および結合反応がプロトン性溶媒の添加で阻害されることから，反応がラジカル機構ではなくPMA有機銅種（カルボアニオン種）を経由することが推測された（図6）[37]。結合生成物の生成機構としてはポリマー－銅－ポリマー種の生成と還元的脱離反応が提案されている（図6反応(a)）。

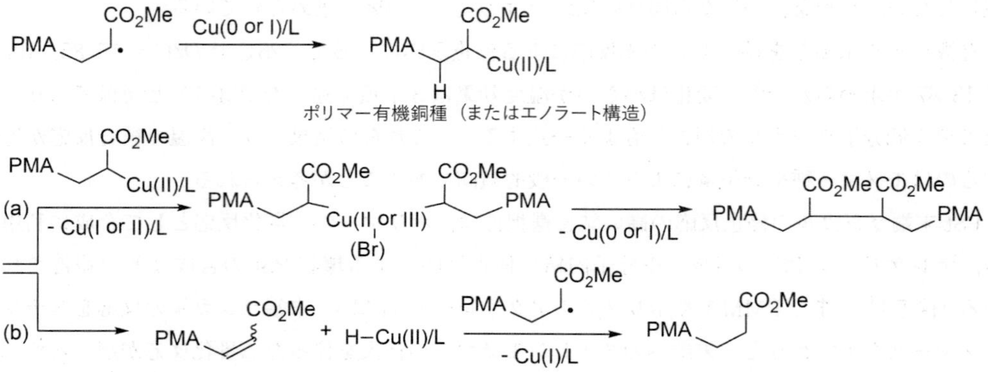

図6　推定されるポリアクリレート末端ラジカルからのポリマー有機銅種の生成とそれらの反応

一方で，CuBrとTPMA配位子を用いたメチルアクリレートのATRPにおいて，反応速度と銅錯体量の観測によりPMA有機銅種を経由する停止反応があることが報告された[38]。提案された反応機構を図6反応(b)に示しており，収支として触媒的な不均化反応である。これをもとにPMA-Brを用いた停止反応を行い，Cu(II)錯体量の観測と反応速度の解析によってラジカル停止では選択的な結合反応，触媒的停止で不均化反応が起こると報告されている（生成物の構造同定はなされていない[29]）。

これに対し，有機テルル末端基を持つPMAを用いた停止反応によって，室温付近ではほぼ選択的な不均化反応が起こることがGPCとNMR分析から述べられた[30]。温度の上昇に伴いPMMAやPStと同様に結合選択性が増加するとともに，MCRの停止反応への影響が大きくなり，GPC測定では結合停止と区別の難しいMCRを経由した二量化反応も観測された。ポリアクリレート末端ラジカルの不均化停止はこれまでの報告と大きく異なる。これに関して行われた分子動力学計算によるモデル反応の解析では，結合反応が起こらないこと，不均化反応が起こることに加え，酸素－炭素（O-C）結合反応を経由した新たな不均化反応機構が提案された（図7）。

アクリレートの停止反応についての結論には研究と議論の今後の進展に期待したい。一方で関連した副反応や新しい反応経路の提案など，有用な知見が得られていることは（リビング）ラジカル重合の発展において興味深い。

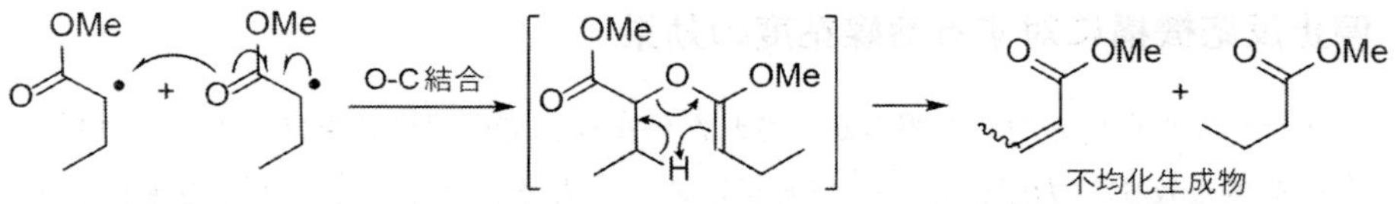

図7　アクリレートの停止反応について提案されたO-C結合反応（モデル反応）

3.4　イソプレンの重合停止反応機構

CMRPを用いた酢酸ビニルやアクリロニトリルの重合後にイソプレンを添加すると，イソプレンの挿入を伴った選択的な結合反応によりポリマー二量体が得られる[31,39,40]。またTERPにより合成されたポリイソプレン（PIp-TeMe）に光照射を行うと＞99%の収率でPIp二量体が得られる[32]。これらよりPIp末端ラジカルの停止反応はほぼ完全に結合反応である。

極めて高い結合選択性は3.2項で述べたスチレンと同様に，ポリマー二量化反応として合成的に有用である（図8）。PMMA-PIp末端ラジカルの二量化によるPMMA-PIp-PMMAトリブロックコポリマーの合成や，イソプレンなど共役ジエンの挿入を伴う（メタ）アクリレートなどの二量化反応が行える。ジエンの挿入数は2個に制御されるため，官能基化された共役ジエンを用いて反応を行うことで数選択的に鎖中央が官能基化されたポリマーが合成できる[41]。

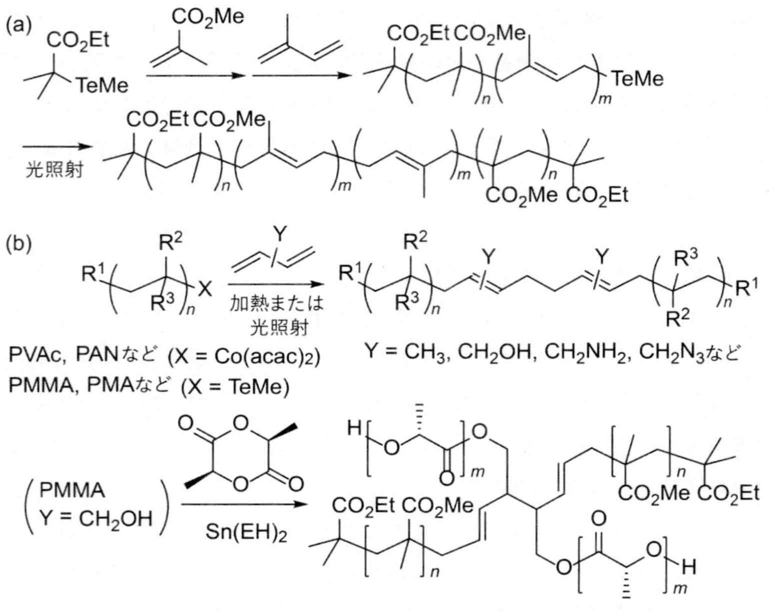

図8　ポリイソプレン（ポリ共役ジエン）末端ラジカルの結合停止を利用した合成

4　停止反応機構に対する溶媒粘度の効果

リビングラジカル重合を用いて明らかにされた停止反応での温度効果は，エントロピー変化を考えると一般的な反応熱力学からの予想と異なる。一方で *t*-ブチルラジカルなど低分子ラジカルの停止反応については高温で結合反応が増すことが知られている[42]。この特異な温度効果について，溶媒粘度と溶媒中で衝突したラジカルの分子配置を関連させた反応モデルが提案された[43〜45]。温度に伴う粘度変化が重要であり，高温では粘度が低下するため結合反応が増加し，逆に低温では粘度が増加するために不均化が増加すると説明される。

これをふまえ，有機テルル末端 PMMA を前駆体に用いた停止反応において粘度と停止反応選択性によい相関があり，低分子ラジカルと同様に高粘度溶媒中で不均化選択性が増加することが示された[46]。同様の粘度効果は PSt 末端ラジカルについても見られ，主な選択性が低粘度条件での結合から高粘度条件での不均化へ大きく変化する点は，重合反応溶液中でもこのような選択性の変化があると考えられることから興味深い。

これに対して，ラジカル生成時に生じるテラニルラジカル（RTe・）によるポリマー末端ラジカルからの β 水素引き抜きを経由した不均化反応が粘度による選択性変化の原因であるとの提案もされている[47]。このような反応が存在するかについては今後の詳細な検討を待つ必要があるが，この説明では *t*-ブチルラジカルの反応など過去の反応例を説明できない問題は残る。

5　まとめ

構造の明確なポリマー末端ラジカルの反応を用いた停止反応機構研究により，正確な結合・不均化選択性の決定や，分子量や温度，溶媒の効果の定量的な解明が進んでいる。議論の残る前駆体の活性化に伴う副反応について明らかになることで，より高い信頼性を持つ手法が確立されるだろう。また，実際のラジカル重合では連鎖移動や種々の副反応によっても重合停止したポリマーが生成する。このためラジカル重合反応全体を詳細に理解したうえで，新たに得られた停止反応機構の知見を適用することが有用であり，精密で多彩な高分子合成への貢献が期待される。

文　　献

1) G. Odian, Principles of polymerization, John Wiley & Sons (2004)
2) G. Moad *et al.*, The Chemistry of Radical Polymerization, Elsevier (2006)
3) J. C. Bevington *et al.*, *J. Polym. Sci.*, **12**, 449 (1954)
4) J. C. Bevington *et al.*, *J. Polym. Sci.*, **14**, 463 (1954)
5) S. Bizilj *et al.*, *Aust. J. Chem.*, **38**, 1657 (1985)
6) G. Ayrey *et al.*, *J. Polym. Sci.*, **136**, 41 (1959)
7) C. H. Bamford *et al.*, *Polymer*, **10**, 771 (1969)
8) T. Kashiwagi *et al.*, *Macromolecules*, **19**, 2160 (1986)
9) M. D. Zammit *et al.*, *Macromolecules*, **30**, 1915 (1997)
10) C. A. Barson *et al.*, *Polymer*, **39**, 1345 (1998)
11) C. H. Bamford *et al.*, *Polymer*, **10**, 885 (1969)
12) V. A. Schreck *et al.*, *Aust. J. Chem.*, **42**, 375 (1989)
13) G. Ayrey *et al.*, *Polymer*, **18**, 840 (1977)
14) C. H. Bamford *et al.*, *Nature*, **176**, 78 (1955)
15) C. Yoshikawa *et al.*, *e-Polymers*, **2**, 012 (2002)
16) T. Sarbu *et al.*, *Macromolecules*, **37**, 3120 (2004)
17) A. Goto *et al.*, *Macromolecules*, **30**, 5183 (1997)
18) M. Ouchi *et al.*, *Chem. Rev.*, **109**, 4963 (2009)
19) K. Matyjaszewski, *Macromolecules*, **45**, 4015 (2012)
20) S. Yamago, *Chem. Rev.*, **109**, 5051 (2009)
21) S. Yamago *et al.*, *J. Am. Chem. Soc.*, **131**, 2100 (2009)
22) Y. Nakamura *et al.*, *Beilstein J. Org. Chem.*, **9**, 1607 (2013)
23) Y. Nakamura *et al.*, *ACS Sym. Ser.*, **1187**, 295 (2015)
24) A. Debuigne *et al.*, *Prog. Polym. Sci.*, **34**, 211 (2009)
25) C.-F. Huang *et al.*, *Macromolecules*, **44**, 4140 (2011)

26) Y. Nakamura *et al.*, *Macromolecules*, **48**, 6450 (2015)
27) T. Sarbu *et al.*, *Macromolecules*, **37**, 9694 (2004)
28) A. Kajiwara, *Polymer*, **72**, 253 (2015)
29) T. G. Ribelli *et al.*, *Macromolecules*, **50**, 7920 (2017)
30) Y. Nakamura *et al.*, *Macromol. Rapid Commun.*, **37**, 506 (2016)
31) A. Debuigne *et al.*, *Angew. Chem. Int. Ed.*, **48**, 1422 (2009)
32) Y. Nakamura *et al.*, *J. Am. Chem. Soc.*, **134**, 5536 (2012)
33) V. F. Andrew *et al.*, *Macromolecules*, **43**, 10304 (2010)
34) R. X. E. Willemse *et al.*, *Macromolecules*, **38**, 5098 (2005)
35) K. Matyjaszewski *et al.*, *Macromolecules*, **31**, 4718 (1998)
36) K. Schröder *et al.*, *Organometallics*, **31**, 7994 (2012)
37) Y. Nakamura *et al.*, *ACS Macro Lett.*, **5**, 248 (2016)
38) Y. Wang *et al.*, *Macromolecules*, **46**, 683 (2013)
39) A. Debuigne *et al.*, *Chem. Eur. J.*, **16**, 1799 (2010)
40) A. Debuigne *et al.*, *Macromolecules*, **43**, 2801 (2010)
41) Y. Nakamura *et al.*, *Macromolecules*, **47**, 582 (2014)
42) M. J. Gibian *et al.*, *Chem. Rev.*, **73**, 441 (1973)
43) H.-H. Schuh *et al.*, *Helv. Chim. Acta*, **61**, 2130 (1978)
44) H.-H. Schuh *et al.*, *Helv. Chim. Acta*, **61**, 2463 (1978)
45) D. D. Tanner *et al.*, *J. Am. Chem. Soc.*, **104**, 225 (1982)
46) Y. Nakamura *et al.*, *Chem. Eur. J.*, **23**, 1299 (2017)
47) T. G. Ribelli *et al.*, *Chem. Eur. J.*, **23**, 13879 (2017)

第8章　活性種の直接変換による新しい精密重合

佐藤浩太郎*

1　はじめに

有機化学反応では，基質と最終生成物との間の途中に存在する活性種を反応中間体として介して進行する場合がある。ポリマーを生成する重合反応は，一般に，反応様式により連鎖重合と逐次重合に分類され，さらに，連鎖重合である付加重合においては，ビニルモノマーの構造に由来する炭素－炭素二重結合の重合反応性から選択される活性種により細分化される。これは通常，炭素ラジカル，カルボカチオン，カルバニオン，または金属配位炭素であり，活性種の適切な選択は，結合形成反応を繰り返して進行する重合反応において高分子量ポリマーを得るためには非常に重要となる。これらの重合において，モノマー（基質）の種類および結果として生じるポリマー（生成物）の分子量や末端構造などの一次構造が，そのポリマーの材料としての性質や機能を基本的に決定する。とくに，複数のモノマーを同時に用いた共重合においては，得られる共重合体中の組成やその分布も材料の性質を決定する上で非常に重要な要素となる[1)]。

一般に，炭素－炭素結合形成反応における炭素原子上の活性種は，隣接する置換基の極性によって強く影響を受け，基質の固有の性質に従って生成される。重合反応においても，モノマーの構造により特有の活性種を選択する必要がある。しかし，小分子の有機化学において，置換基を変化させて基質の極性が反転すると，別の反応様式に従うことが知られている。このような機械的変換反応は，有機化学における極性変換反応と呼ばれ，典型的な例として，カルボニル基の1,3-ジチアンへの変換がある（図1）[2)]。この反応では，通常，求核攻撃を受けるカルボニル炭素が，チオアセタールに変換された後にリチオ化することでカルバニオンに変わり，アルキル化剤や他のカルボニル化合物と求核剤として作用する。ジチアン基は加水分解でカルボニル型に戻るので，この活性種はマスクアシルアニオンとみなすことができる。小分子の反応では単に異なる生成物を与えるだけであるが，重合反応の活性種を同一炭素上で同様に極性変換することができれば，これまでにないモノマーの無限の組合せからなる未開拓の配列組成をもつ共重合体を合成できると期待できる。

一方，本書籍で扱うリビングラジカル重合に代表されるように，近年，様々なビニルモノマーの重合において，重合の生長末端の不安定な活性種を一時的にドーマント種と呼ばれる安定な共有結合種に変換することで，副反応の抑制されたいわゆるリビング重合系が見出され，様々な機能性高分子材料の創出が可能となってきている（図2）。例えば，カチオン重合においては，プ

* Kotaro Satoh　名古屋大学　大学院工学研究科　有機・高分子化学専攻　准教授

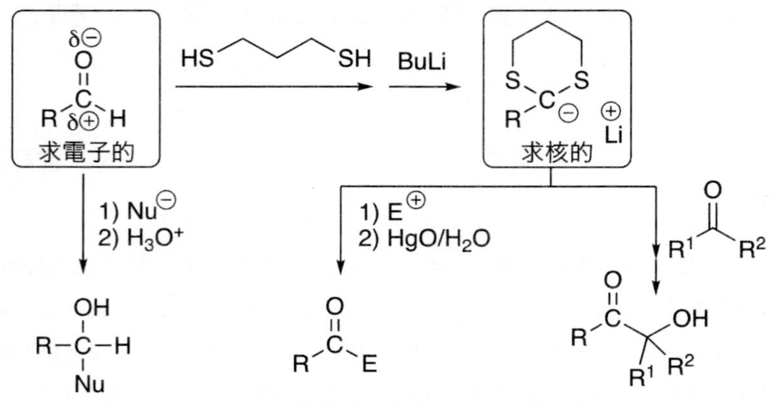

図1　有機反応における極性変換

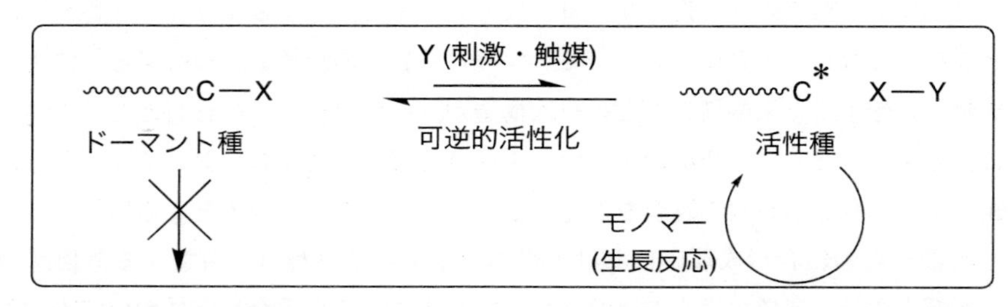

(A) リビングカチオン重合

$$\sim\!\sim CH_2{-}CH(R){-}X \underset{MtX_n\text{: Lewis Acid}}{\overset{MtX_n}{\rightleftharpoons}} \sim\!\sim CH_2{-}\overset{\oplus}{C}H(R) \quad X{-}\overset{\ominus}{M}tX_n$$

X: Cl, I, OAc

(B) ニトロキシド媒介ラジカル重合(NMP)

$$\sim\!\sim CH_2{-}CH(R){-}O{-}NR^1_2 \overset{\Delta}{\rightleftharpoons} \sim\!\sim CH_2{-}\dot{C}H(R) \quad \cdot O{-}NR^1_2$$

(C) 遷移金属触媒原子移動ラジカル重合(ATRP)

$$\sim\!\sim CH_2{-}CH(R){-}Cl \underset{Mt^n\text{: Metal Catalyst}}{\overset{Mt^n}{\rightleftharpoons}} \sim\!\sim CH_2{-}\dot{C}H(R) \quad Cl{-}Mt^{n+1}$$

(D) 可逆的付加−開裂連鎖移動ラジカル重合(RAFT)

$$\sim\!\sim CH_2{-}CH(R){-}S{-}C({=}S){-}Z \underset{R\cdot\text{ : Radical Initiator}}{\overset{R\cdot}{\rightleftharpoons}} \sim\!\sim CH_2{-}\dot{C}H(R) \quad S{=}C(Z){-}S{-}R$$

図2　ドーマント種を介した種々のリビング重合

ロトン酸であるハロゲン化水素やカルボン酸由来とモノマーの求電子付加体由来の炭素－ハロゲン結合や炭素－ハロゲン結合をルイス酸によって可逆的に活性化することでリビング重合が進行する[3,4]。また，ラジカル重合の例として，生長末端に存在する炭素－ハロゲン結合を遷移金属触媒によって可逆的に活性化することで原子移動型のリビングラジカル重合（ATRP）が[5,6]，ジチオエステル類の炭素－硫黄結合を他の生長ラジカルが攻撃し，可逆的に連鎖移動反応を生じることで，可逆的付加開裂連鎖移動（RAFT）型でリビング重合が進行する[7,8]。これらの重合は，厳密に生長末端が生きているという意味での「リビング」重合ではないことから，「可逆的な不活性化による重合」と再定義することも推奨されているが[9]，このような共有結合の可逆的な活性化に基づく副反応の抑制により，様々な制御重合が可能となっている。しかし，このような精密に制御された重合法を用いても「モノマーの構造に依存した特定の反応活性種が二重結合へ付加して（連鎖的に）重合が進行する。」「異種のモノマーを共存させると固有の反応性比により決定される統計的なシーケンス分布をもった共重合体を生成する。」といった基本原理は変わることはなかった。

この章では，活性種のカテゴリーを超えて共重合体を設計するための活性種の変換重合を扱う。とくに，有機化学における極性変換反応同様に同一炭素上での活性種の変換に焦点を当てた研究についても紹介する。さらに，リビングラジカル重合に代表されるドーマント種の化学をさらに発展させ，ドーマント種を単に副反応の抑制に用いるのではなく，異なる活性種への変換の媒介として用いた異種活性種の共存による新しいリビング重合系についてまとめる。これら活性種の変換により，一回の変換を介して様々なブロック共重合体を生じるだけではなく，可逆的に反応系中で変換させることで，様々な配列分布を有する前例のない共重合体の開発が可能となる。

2　間接的な活性種の変換

現在では，多くのリビング重合系が開発され，異なる重合系の開始点をもつ開始剤の設計などにより，様々な活性種の組み合わせにより多種多様なブロック共重合体を合成可能となってきている[10]。これらの反応では，生長炭素原子上での直接の活性種変換を伴わないが，ポリマー鎖末端へ他の重合の開始部位を導入することでもブロック共重合が可能になる。本報では，この方法論は詳細には扱わないが，小さな接合部がブロック共重合体全体の性質にはそれほど影響を及ぼさないため，目的のブロックコポリマーを得るためだけであれば，このような手法も十分に有用である。例えば，ATRP は，開環メタセシス重合（ROMP）および開環配位重合（ROP）と組み合わせることができる。ノルボルネンや 1,5-シクロオクタジエンのような環状オレフィンの ROMP を炭素－ハロゲン結合を有するアルデヒドで停止させることで，末端に ATRP 開始点を導入可能で，この得られたポリマーをスチレンやアクリレートの ATRP のマクロ開始剤として使用して，ブロック共重合ができる（図3(A)）[11]。さらに，ATRP の開始部位を有するルテニウムカルベン触媒は，1,5-シクロオクタジエンおよび MMA のタンデムおよび同時重合を誘発してブロック共重合体を生成できる。このブロック共重合体は，Ru触媒が二つの機構の二元触媒として作用する（図3(B)）[12]。エチレンオキシドやテトラヒドロフランなどの環式エーテルやε-カプロラクトンのようなラクトンの開環重合（ROP）は水酸基をもつポリマーを与える。この水酸基をα-ハロエステル化することでATRPのマクロ開始剤へと誘導することができる[13]。反対に，水酸基を含有する開始剤からATRPによって得られたポリマーをROPのマクロ開始剤として用いることもできる。水酸基を有するアルキルハライドを二官能ヘテロ開始剤とすると，ROMPとの組み合わせと同様に，ε-カプロラクトンのROPとメタクリレートのATRPとの二官能性開始剤として作用するためタンデム同時重合が進行し，ブロック共重合体を形成することも報告されている（図3(C)）[14]。ここで，ROPの触媒である金属アルコキシドは，ATRPの遷移金属レドックス触媒に影響せず，むしろルテニウム触媒の重合で報告されている助触媒としてのATRPを加速するため，同時に重合が可能となる[5]。ATRPに加えて，NMP中のC-O結合の熱開裂が金属触媒の存在によってあまり影響されないので，スチレンのNMPもまたROPと組み合わせることができる（図3(D)）[13]。また，RAFT重合もROPと組み合わせることが可能であり，最近では，光レドックス触媒によるRAFT重合と光酸発生剤を用いたROPのタンデム同時重合系も報告されている[15]。

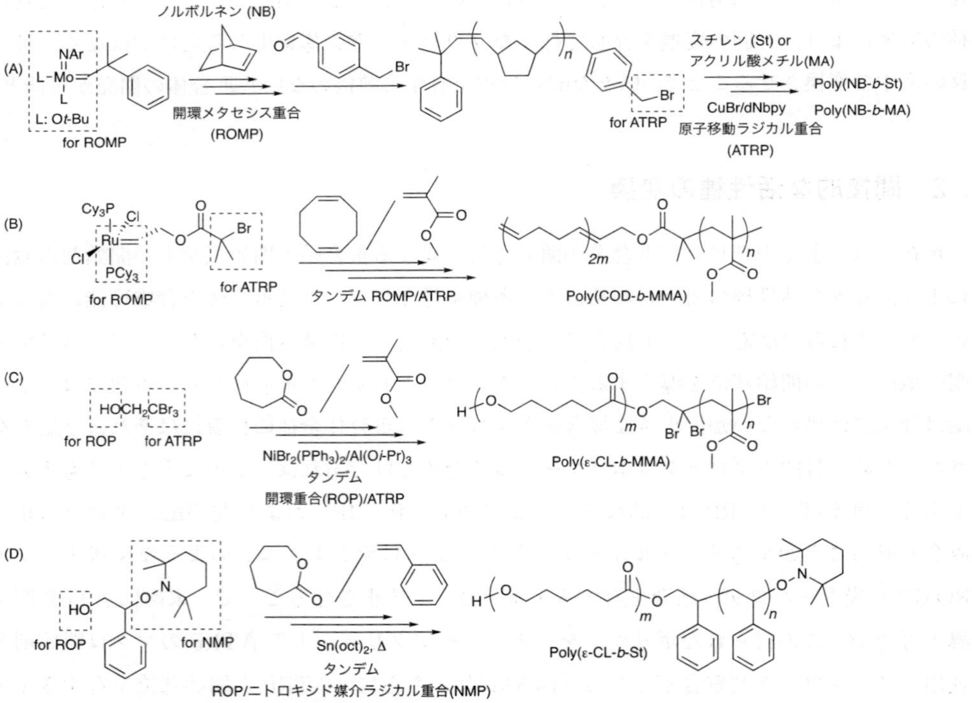

図3　間接的な活性種の変換によるブロック共重合体の合成例

3　直接的活性種の変換

重合中の活性種の直接的な変換は，1990年代に，遠藤らや蒲池らによって独立して提案された1つの反応容器すなわちワンポットでブロック共重合体を生じる先駆的な研究がある（図4）[16,17]。遠藤，野村らは，ヨウ化サマリウム(Ⅱ)を用いたカチオンのアニオン種への二電子還元による活性種変換を報告している（図4(A)）[16]。この系では，THFの開環カチオン重合中に成長するオキソニウムカチオンを二価ヨウ化サマリウムで還元することで求核剤へ反転させた後，三価サマリウムカチオンを対イオンとするエノラートアニオンによるメタクリレート重合が進行し，狭い分子量分布を有するブロック共重合体が得られる。一方，蒲池らは，ジアリールヨードニウム塩（$Ph_2I^+PF_6^-$）などの超多価ヨウ素化合物を酸化剤として用いて，AIBNによるp-メトキシスチレンまたはN-ビニルカルバゾールのラジカル重合を，シクロヘキセンオキシドなどのエポキシモノマーのカチオン開環重合に変換することに成功している（図4(B)）[17]。この場合，変換効率は定量的ではなく，生長反応も制御されていないため分子量分布は広いものの，NMRや溶解度，TLCによってブロック共重合体の形成を確認できている。

このような直接的な変換によって，生長活性種が同じ原子上で別の活性種に直接変換されることが示された。このような1回の変換は，以下のセクションで説明するブロックコポリマーの形成に有用である。

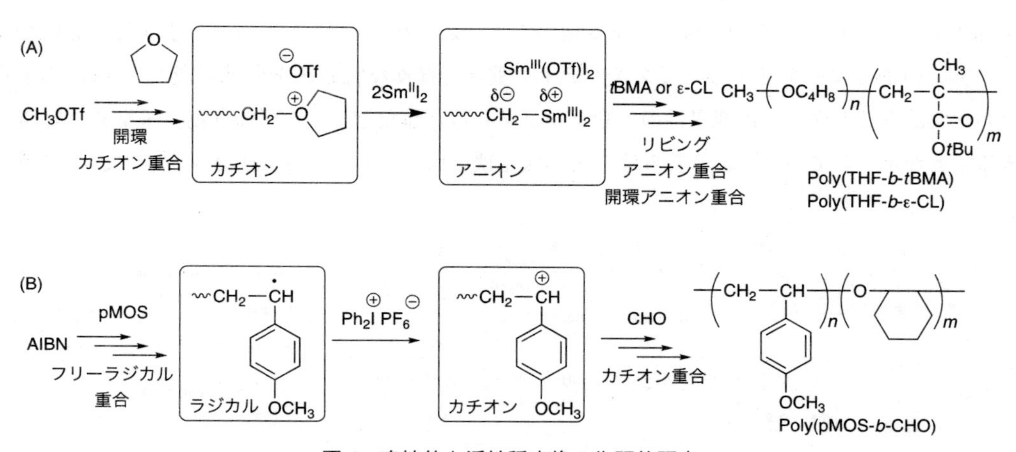

図4　直接的な活性種変換の先駆的研究

4　炭素－ハロゲン結合を介した直接活性種変換

ハライドアニオンは一般に良い脱離基であり，ベンジル型の炭素－ハロゲン結合はベンジルカチオンの合成等価体として扱われる。重合反応においても，上述のように炭素－ハロゲン結合はルイス酸と組み合わせることで，リビングカチオン重合のドーマント種として用いられるとともに，ラジカル重合であるATRPにも使用される。しかし，ドーマント種を用いたリビングカチオン重合が開発される以前の1970年代から，このような炭素－ハロゲン結合を介した活性種の直接変換は検討されてきている。

Burgessらは，高真空ラインを用いたスチレンのリビングアニオン重合にハロゲン化剤として臭素分子（Br_2）を加えて生長末端のハロゲン化を行い，精製後に銀過塩素酸塩（$AgClO_4$）を加えることでフリーカチオンを発生させ，THFの開環カチオン重合へと変換することを検討している（図5(A)）[18]。この場合，Wurtz-Fittig型のカップリング反応が多く生じるため変換効率すなわちブロック効率は高くないが，一部ブロック共重合体が得られる。また，土肥らは，バナジウム触媒によるリビング配位重合における直接変換を報告している（図5(B)）[19]。V(acac)$_3$/Et_2AlClによるプロピレンのリビング配位重合において，ヨウ素分子（I_2）をハロゲン化停止剤として用いることで，末端の炭素－バナジウム結合を炭素－ヨウ素結合へと変換し，その後，アニオン重合同様に$AgClO_4$を用いてフリー炭素カチオンへ変換することで，THFの開環カチオン重合を行い，比較的分子量分布の狭いブロック共重合体を得ている。

その後，1980年代にリビングカチオン重合[3,4]，1990年代にリビングラジカル重合[5,6]が炭素－ハロゲン結合をドーマント種として用いたものがいずれも開発され，これらを組み合わせた直接活性種変換によるブロック共重合も活発に研究が行われてきた。Matyjaszewskiらは，四塩化スズを用いたスチレンのリビングカチオン重合で得られた末端に炭素－塩素結合をもつポリスチレンをマクロ開始剤として用い，銅触媒によるスチレン，アクリレート，メタクリレートへのATRPによるブロック共重合体の合成を報告している（図5(C)）[20]。このような手法は柔軟なイソブテンのポリマーを与えるリビングカチオン重合と様々な官能基を導入可能なATRPの組み合わせであることから，両親媒性のトリブロック共重合体など様々な機能性高分子材料へ展開できることが示されている[21]。筆者らは，三価塩化鉄を用いたリビングカチオン重合において適切

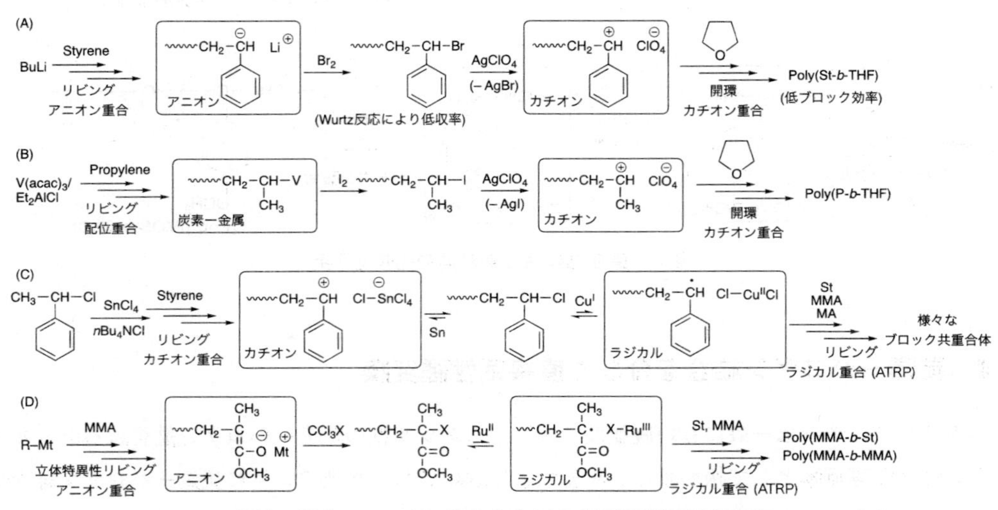

図5　炭素－ハロゲン結合を介した直接活性種変換の例

なリン配位子の添加により，単一の触媒でラジカル重合へとワンポットで変換可能であることを報告している[22]。この手法では，スチレンのリビングカチオン重合へリン配位子を添加するだけで，カチオン重合が進行しなくなり，あらかじめ仕込まれたアクリレートやメタクリレートのATRP共重合へと変換される。最近では，Yagciらが，銅触媒によるATRPによって得られた臭素末端ポリスチレンをマクロ開始剤として用い，光活性化剤として$Mn_2(CO)_{10}$を酸化剤であるジアリールヨードニウム塩と組み合わせたラジカル重合のカチオン重合への直接的変換も報告している[23]。

また，筆者らは，メチルメタクリレート（MMA）のアニオン重合においてもポリハロアルカンをハロゲン化剤とすることで，生長末端を炭素－ハロゲン結合とすることでラジカル重合へ変換できることを見出した（図5(D)）[24,25]。この手法では，*t*BuMgBrを開始剤としたトルエン中でのイソタクチック特異的な重合およびアルキルリチウムを開始剤としたTHF中でのシンジオタクチック特異的な重合，いずれの場合にも適用可能であり，有機塩基であるジアザビシクロウンデセン（DBU）存在下でポリハロアルカンを用いることで，ほぼ定量的に末端ハロゲン化が可能である。生成したハロゲン末端ポリマーをマクロ開始剤としてルテニウム触媒を用いたATRPにより，立体規則性PMMAを1セグメントとする様々なブロック共重合体やステレオブロック重合体が得られる。さらに，末端の炭素－ハロゲン結合は，再びアニオン種へと変換できることも示しており，クリック反応などと組み合わせることで，ブロックだけではなく，環状や星型といった様々な特殊構造を有するポリマーの合成へと展開できる[26]。

5　RAFT末端をドーマント種として介した直接的活性種変換と相互変換重合

筆者らは，従来リビングラジカル重合に用いられてきたチオカルボニル基を有するいわゆるRAFT試薬の炭素－硫黄結合がルイス酸により炭素カチオンへと活性化可能であり，リビングカチオン重合の開始剤として使用できることを見出した[27]。これにより，従来のラジカルRAFT重合と組み合わせることで，ラジカル重合からカチオン重合への直接的活性種変換が可能となり，ラジカル重合性モノマーとカチオン重合性からなるセグメントをもつブロック共重合体の合成に成功した（図6(A)）。同様の活性種変換によるブロック共重合は，テルル化合物を用いたリビングラジカル重合（TERP）によっても可能であることが山子らにより示されている[28]。さらに，本書籍の次章に述べるように，RAFT試薬の炭素－硫黄結合は，ごく少量のカチオン種による可逆的な連鎖移動反応によっても活性化可能であり，この手法でもカチオン重合からラジカル重合へ直接的な変換を行うことができる（図6(B)）[29]。

これまでに述べてきた活性種の変換により，重合可能な活性種によるモノマーの分類を超えて様々なブロック共重合体が合成できることが示されてきた。しかし，これらはいずれも1回の変換であり，単純なブロック共重合体を生じるのみである。筆者らは，同一系内において，上述のRAFT末端をドーマント種として用いた重合系において，異なる二つの触媒を作用させること

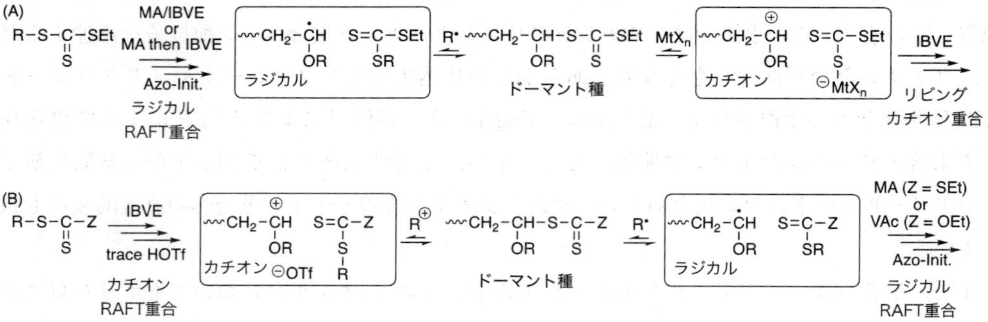

(A)
R−S−C(=S)−SEt →(MA/IBVE or MA then IBVE, Azo-Init.) ラジカル RAFT重合
[〰CH₂−ĊH(OR) S=C(SR)−SEt ラジカル] ⇌(R•) 〰CH₂−CH(OR)−S−C(=S)−SEt ドーマント種 ⇌(MtX_n) [〰CH₂−CH⊕(OR) S=C(S⊖MtX_n)−SEt カチオン] →(IBVE) リビングカチオン重合

(B)
R−S−C(=S)−Z →(IBVE, trace HOTf) カチオンRAFT重合
[〰CH₂−CH⊕(OR) S=C(S−R)−Z カチオン ⊖OTf] ⇌($R^{\oplus}$) 〰CH₂−CH(OR)−S−C(=S)−Z ドーマント種 ⇌(R•) [〰CH₂−ĊH(OR) S=C(SR)−Z ラジカル] →(MA (Z = SEt) or VAc (Z = OEt), Azo-Init.) ラジカルRAFT重合

図6　RAFT末端をドーマント種として介した直接的活性種変換の例

IBVE (○)　リビングカチオン重合　〰CH₂−CH⊕(O*i*Bu) S=C(S−MtX_n⊖)−SEt
S=C(S−R)−Z　〰C−S−C(=S)−SEt *Dormant*　RAFTラジカル重合
〰CH₂−ĊH(O*i*Bu) or 〰CH₂−ĊH(CO_2CH_3)　MA (●)/IBVE (○)
MtX_n　[〰C⊕ S=C(S−MtX_n⊖)−SEt カチオン]　R•　[〰C• S=C(S−R)−SEt ラジカル]
■ CH_3−CH(O*i*Bu)−[(CH₂−CH(O*i*Bu))$_n$ // (CH₂−CH(CO_2CH_3))$_m$]−S−C(=S)−SEt ◁

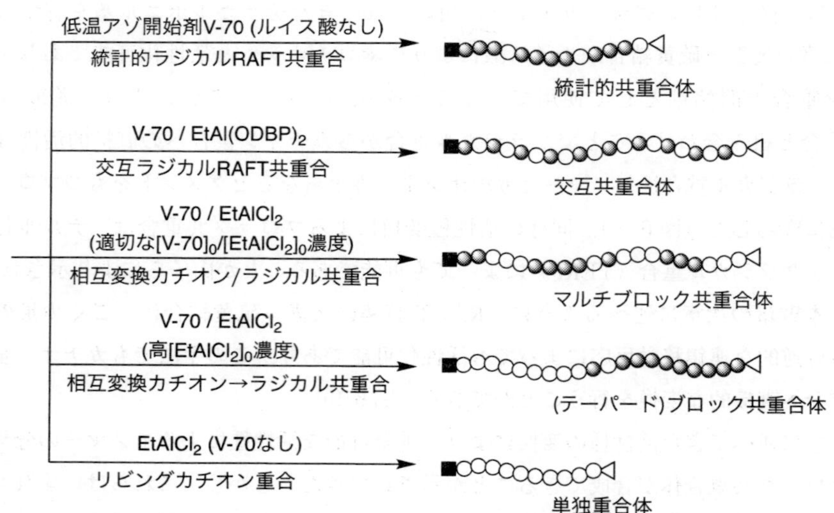

図7　RAFT末端をドーマント種とした可逆的な活性種相互変換と得られる共重合体

で，カチオンとラジカルの二つの重合活性種をランダムに経由して１本のポリマー鎖を生成する新規な相互変換リビング共重合を開発することにも成功した（図７）[30]。例えば，適切な濃度条件下，ルイス酸触媒とラジカル発生剤の両方を用いて，カチオン重合性のビニルエーテルとラジカル重合性のアクリレートの共重合を行うと，両モノマーがほぼ同時かつ定量的に消費されるリビング重合が進行する。生成ポリマーの詳細な解析から，この重合がカチオンとラジカルの二つの活性種を相互に変換しながら一本のポリマー鎖を形成したことが明らかとなった。ここで，二種類のビニルモノマーとRAFT試薬に，触媒の種類や濃度を調節した触媒溶液を１ショットで打ち込むことで，活性種の種類とモノマー消費をコントロールし，従来の統計的な共重合から，交互共重合，マルチブロック共重合，ブロック共重合など様々な共重合配列組成を有する共重合系の開発に成功している[31]。これらの共重合体は，開始末端，生長末端の構造，分子量，分子量分布，共重合モノマー組成はほぼ同じであり，モノマー配列分布のみが異なる。このような高分子の異性体は従来の単一の活性種による共重合では合成は不可能であり，新しい材料開発へ繋がることが期待される。また，適切なRAFT試薬とルイス酸触媒を用いることで，アクリレート以外にもメタクリル酸エステルや酢酸ビニルなど，種々のラジカル重合性モノマーがビニルエーテルと相互変換重合可能であり，さらに光などの刺激により活性種の変換を制御することで，リビングポリマー鎖中，任意の位置へ外部刺激で共重合により官能基を導入できることも明らかになりつつある[32]。

6　まとめ

以上のように，リビングラジカル重合などドーマント種を用いたリビング重合の発展により，活性種の変換を介した様々なブロック共重合体が開発可能となってきた。とくに，ビニル重合中での生長活性種の可逆的かつ直接的な変換により，ブロック共重合体だけでなく，分子レベルで正確に制御されたコモノマー配列分布からなる共重合体が，モノマー分類のカテゴリーを超えて合成することができる。このような異種反応を介した高分子共重合体を自在に設計する技術は，様々な活性種の垣根を超えた重合反応を可能にする全く新しい方法論・概念であり，これまでにない有機反応という点で魅力的であるとともに，今後，将来的な産業用途にも有用な様々な未開拓の共重合体の設計が期待できる。

文　　献

1）　C. Hagiopol, "Copolymerization: Toward a Systematic Approach", Kluwer Academic/Plenum Publishers, New York (1999)

2) D. Seebach, *Angew. Chem. Int. Ed.*, **18**, 239-258 (1979)
3) M. Sawamoto, *Prog. Polym. Sci.*, **16**, 111-172 (1991)
4) S. Aoshima, S. Kanaoka, *Chem. Rev.*, **129**, 5245-5287 (2009)
5) M. Kamigaito, T. Ando, M. Sawamoto, *Chem. Rev.*, **101**, 3689-3746 (2001)
6) K. Matyjaszewski, J. Xia, *Chem. Rev.*, **101**, 2921-2990 (2001)
7) G. Moad, E. Rizzardo, S. H. Thang, *Acc. Chem. Res.*, **41**, 1133-1142 (2008)
8) T. G. McKenzie, Q. Fu, M. Uchiyama, K. Satoh, J. Xu, C. Boyer, M. Kamigaito, G. G. Qiao, *Adv. Sci.*, **3**, 1500394 (2016)
9) A. D. Jenkins, R. G. Jones, G. Moad, *Pure Appl. Chem.*, **82**, 483-491 (2010)
10) Y. Yagci, M. A. Tasdelen, *Prog. Polym. Sci.*, **31**, 1133-1170 (2006)
11) S. Coca, H. J. Paik, K. Matyjaszewski, *Macromolecules*, **30**, 6513-6516 (1997)
12) C. W. Bielawski, J. Louie, R. H. Grubbs, *J. Am. Chem. Soc.*, **122**, 12872-12873 (2000)
13) C. J. Hawker, J. L. Hedrick, E. E. Malmström, M. Trollsås, D. Mecerreyes, G. Moineau, P. Dubois, R. Jérôme, *Macromolecules*, **31**, 213-219 (1998)
14) D. Mecerreyes, G. Moineau, P. Dubois, R. Jérôme, J. L. Hedrick, C. J. Hawker, E. E. Malmström, M. Trollsas, *Angew. Chem. Int. Ed.*, **37**, 1274-1276 (1998)
15) C. Fu, J. Xu, C. Boyer, *Chem. Commun.*, **52**, 7126-7129 (2016)
16) R. Nomura, M. Narita, T. Endo, *Macromolecules*, **27**, 4853-4854 (1994)
17) H. Q. Guo, A. Kajiwara, Y. Morishima, M. Kamachi, *Macromolecules*, **29**, 2354-2358 (1996)
18) F. J. Burgess, A. V. Cunliffe, D. H. Richards, D. C. Sherrington, *J. Polym. Sci. Part C: Polym. Lett.*, **14**, 471-476 (1976)
19) Y. Doi, Y. Watanabe, S. Ueki, K. Soga, *Macromol. Rapid Commun.*, **4**, 533-537 (1983)
20) S. Coca, K. Matyjaszewski, *Macromolecules*, **30**, 2808-2810 (1997)
21) R. F. Storey, A. D. Scheuer, B. C. Achord, *Polymer*, **46**, 2141-2152 (2005)
22) H. Aoshima, K. Satoh, M. Kamigaito, *Macromol. Symp.*, **323**, 64-74 (2013)
23) M. Ciftci, Y. Yoshikawa, Y. Yagci, *Angew. Chem. Int. Ed.*, **56**, 519-523 (2017)
24) H. Aoshima, K. Satoh, M. Kamigaito, *ACS Macro Lett.*, **2**, 72-76 (2013)
25) N. Usuki, H. Okura, K. Satoh, M. Kamigaito, *J. Polym. Sci., Part A, Polym. Chem.*, in press DOI: 10.1002/pola.28995
26) N. Usuki, K. Satoh, M. Kamigaito, *Macromol. Chem. Phys.*, **218**, 1700041 (2017)
27) S. Kumagai, K. Nagai, K. Satoh, M. Kamigaito, *Macromolecules*, **43**, 7523-7531 (2010)
28) E. Mishima, T. Yamada, H. Watanabe, S. Yamago, *Chem. Asian J.*, **6**, 445-451 (2011)
29) M. Uchiyama, K. Satoh, M. Kamigaito, *Angew. Chem. Int. Ed.*, **54**, 1924-1928 (2015)
30) H. Aoshima, M. Uchiyama, K. Satoh, M. Kamigaito, *Angew. Chem. Int. Ed.*, **53**, 10932-10936 (2014)
31) K. Satoh, H. Hashimoto, S. Kumagai, H. Aoshima, M. Uchiyama, R. Ishibashi, Y. Fujiki, M. Kamigaito, *Polym. Chem.*, **8**, 5002-5011 (2017)
32) K. Satoh, Y. Fujiki, M. Uchiyama, M. Kamigaito, *ACS Symp. Ser.*, in press

第9章　RAFT機構によるリビングカチオン重合

内山峰人*

1　はじめに

リビング重合は分子量や末端構造などの高分子の一次構造を制御する優れた手法の一つである[1]。ラジカル重合やカチオン重合などの不安定な活性種を生じる重合系に関しても，ドーマント種と呼ばれる安定な共有結合種との間に平衡を導入し，可逆的に生長活性種を生成することで副反応の抑制されたリビング重合が達成されている。このような生長末端の可逆的活性化に基づくリビングラジカル重合に関しては，速度論的な解析も行われており，主に三種の反応機構に分類される[2]。触媒が共有結合種を可逆的に活性化することで，生長活性種を与える原子移動機構，共有結合種が自ら解離して，活性種を与える解離－結合機構，生長活性種が他の生長末端の共有結合種との可逆的連鎖移動により，ポリマー鎖間で活性種が移動する交換連鎖移動機構がある（図1）。とくに，交換連鎖移動機構に基づくリビング重合は，ラジカル重合の分野で活発に研究されており，可逆的付加開裂型連鎖移動（RAFT）重合[3~5]をはじめ，ヨウ素移動重合[6,7]や有機テルル化合物を用いたリビングラジカル重合（TERP）[8]，コバルト錯体を用いたリビングラジカル重合（CMRP）[9] などが報告されている。

Metal-Catalyzed Living Radical Polymerization (ATRP)
(Atom-Transfer Mechanism)

$$\sim\!\sim CH_2-\underset{R}{CH}-X \underset{}{\overset{Mt^nX_nL_x}{\rightleftharpoons}} \sim\!\sim CH_2-\underset{R}{\dot{C}H} + X-Mt^{n+1}X_nL_x$$

Dormant　　*Radical*

X: –Cl, –Br, etc.

Nitroxide Mediated Radical Polymerization
(Dissociation-Combination Mechanism)

$$\sim\!\sim CH_2-\underset{R}{CH}-O-N(R')_2 \overset{\Delta}{\rightleftharpoons} \sim\!\sim CH_2-\underset{R}{\dot{C}H} \quad \dot{O}-N(R')_2$$

Dormant　　*Radical*

Reversible Addition-Fragmentation Chain Transfer (RAFT) Radical Polymerization
(Reversible (Degenerative) Chain-Transfer Mechanism)

$$\sim\!\sim CH_2-\underset{R}{CH}-S-\overset{S}{\overset{\|}{C}}-Z + \underset{R}{\dot{C}H}-CH_2\sim\!\sim \rightleftharpoons \sim\!\sim CH_2-\underset{R}{\dot{C}H} + Z-\overset{S}{\overset{\|}{C}}-S-\underset{R}{CH}-CH_2\sim\!\sim$$

Dormant　*Radical*　*Radical*　*Dormant*

図1　ドーマント種の可逆的活性化に基づくリビングラジカル重合

＊　Mineto Uchiyama　名古屋大学大学院　工学研究科　有機・高分子化学専攻　助教

中でも，ジチオエステルを可逆的な連鎖移動剤（RAFT 試薬）として用いる RAFT 重合は，非常に簡便で，モノマーの適応範囲が広いため，有用なリビングラジカル重合法の一つである。この重合では，ラジカル発生剤から生じたラジカルがモノマーと反応することで，生長炭素ラジカル種を生成し，これがジチオエステル化合物の C＝S 二重結合へ付加し，中間体ラジカルを経て，他の炭素－硫黄結合が解離することで，新たな生長炭素ラジカル種を生成する。この炭素ラジカルはモノマーと反応することで生長反応が進行し，ジチオエステルと反応することで，同様の可逆的な連鎖移動反応を起こす。この反応をポリマー鎖間で繰り返すことで，すべてのジチオエステルから均等にポリマー鎖が生長し，分子量の制御が可能となる。モノマーに対して適切なジチオエステル化合物を設計することで，共役モノマーだけでなく酢酸ビニルなどの非共役モノマーを含む，あらゆるラジカル重合性モノマーの重合制御が可能である。

一方で，リビングカチオン重合はリビングラジカル重合よりも歴史は古く，1984 年に，東村，澤本らによってビニルエーテルのリビングカチオン重合が達成されて以来[10]，さまざまな開始剤系が報告されている。一般に，リビングカチオン重合では，プロトン酸またはそのモノマー付加体を開始剤，ハロゲン化金属などのルイス酸が触媒として用いられ，ルイス酸触媒が生長末端の炭素－ハロゲンまたは酸素結合を可逆的に活性化する，いわゆる原子移動機構型でリビング重合が達成されている（図 2）[11~14]。また，報告例は少ないものの，超強酸とチオエーテルを組み合わせることで，生長炭素カチオンと安定なスルホニウムイオンとの間の解離－結合型機構によってリビングカチオン重合が進行することも報告されている（図 2）[15]。

このように，カチオン重合においてもさまざまなリビング重合は報告されていたが，リビングラジカル重合法に代表される可逆的な交換連鎖移動に基づくリビングカチオン重合は達成されていなかった。

最近，筆者らは，炭素カチオンの硫黄原子との高い親和性に着目し，通常ラジカル重合におい

Living Cationic Polymerization with HX/MtXn System
(Atom-Transfer Mechanism)

Lewis Acid
MtX_n

~~~CH₂–CH(OR)–X ⇌ ~~~CH₂–CH⁺(OR)······X⁻······MtX_n

Dormant ⇌ *Cation*

X: –Cl, –I, –OAc, etc.　MtX_n: $ZnCl_2$, $EtAlCl_2$, $SnCl_4$, $TiCl_4$, etc.

Living Cationic Polymerization in the Presence of Sulfide
(Dissociation-Combination Mechanism)

~~~CH₂–CH(OR)–S⁺R₂ ⁻OTf ⇌ (SR_2) ~~~CH₂–CH⁺(OR) ⁻OTf

Dormant (Sulfonium) ⇌ *Cation*

図 2　従来のリビングカチオン重合

て可逆的な連鎖移動剤として用いられてきたジチオエステルからカチオン種を生成するように構造を設計することで，カチオン重合においても可逆的な連鎖移動剤として有効に作用し，RAFT 機構による新規なリビングカチオン重合系を見出した[14~18]。本章では，可逆的な連鎖移動機構に基づくリビングカチオン重合系に関して紹介する。

2　カチオン RAFT 重合の反応機構

カチオン RAFT 重合では，ラジカル RAFT 重合と同様に，連鎖移動剤を介して，ポリマー鎖間で活性種の交換連鎖移動反応を繰り返すことで，分子量の制御が可能となる。まず，カチオン RAFT 重合の反応機構を，ジチオエステルを可逆的連鎖移動剤として用いた重合を例にして示す（図3）。通常，ラジカル RAFT 重合では，ラジカル源としてアゾ開始剤などのラジカル発生剤が用いられるが，カチオン RAFT 重合では，カチオン源としてフリーな炭素カチオン種を生成するトリフルオロメタンスルホン酸などの超強酸が用いられる。この重合では，超強酸から生じたプロトンがモノマーに付加することで，生長炭素カチオン種を生成し，これが，ジチオエステルの C=S 二重結合に付加し，中間体カチオンを経て，別の C−S 結合が解離することで，生長カチオンが移動する。この反応をポリマー鎖間で繰り返すことにより，すべてのジチオエステ

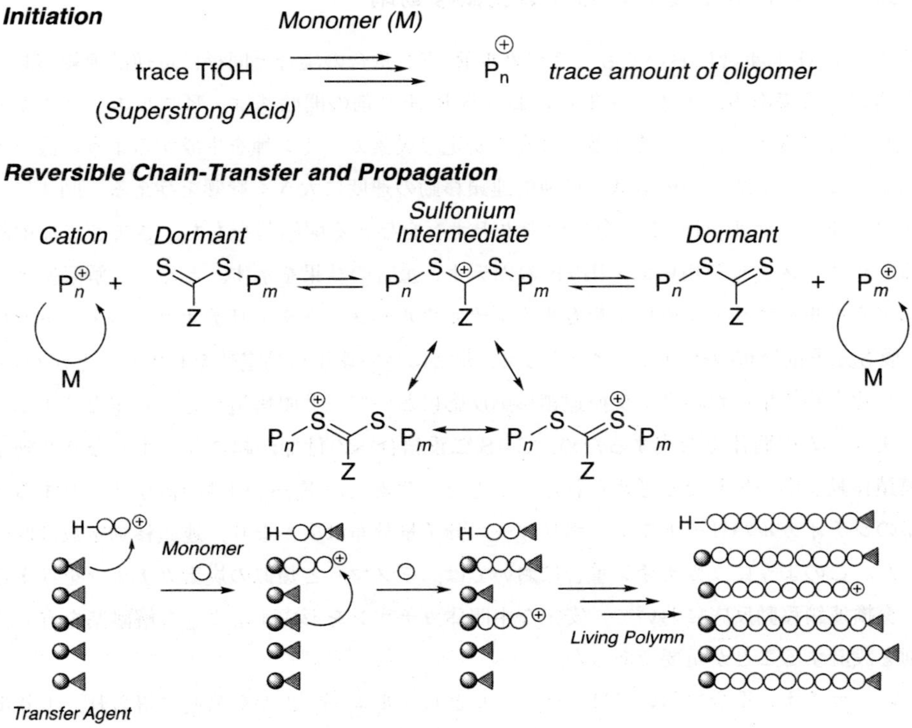

Initiation

trace TfOH (*Superstrong Acid*) —*Monomer (M)*→ $P_n^{\oplus}$ *trace amount of oligomer*

Reversible Chain-Transfer and Propagation

Cation / *Dormant* / *Sulfonium Intermediate* / *Dormant*

M

Monomer

Living Polymn

Transfer Agent

図3　カチオン RAFT 重合の反応機構

ルから均等にポリマー鎖が生長し，分子量が制御される。このとき，用いる超強酸の量は系中にわずか数 ppm 程度で十分であり，ジチオエステルに比べ非常に少ないため，生成ポリマーの分子量はモノマーとジチオエステルの比によって決定される。

このようなジチオエステルを介した炭素カチオンの交換連鎖移動反応は，炭素カチオンと硫黄原子との高い親和性および安定なスルホニウムイオンを形成することに起因する。とくに，後述するように，カチオン RAFT 重合においては，交換連鎖移動反応において，安定な中間体を形成する連鎖移動剤を用いるほど，連鎖移動反応の速度が速くなり，より分子量の制御が可能となる。

図 4 に，ジチオエステルを可逆的連鎖移動剤として用いた重合結果を示す。超強酸のみを用いた場合は，生成ポリマーの分子量は数万程度と高く，分子量分布の広いポリマーを与えるが，ここに可逆的連鎖移動剤としてジチオエステルを加えると，生成ポリマーの分子量はジチオエステル一分子からポリマー一分子が生成すると仮定した計算値によく一致し，分子量分布の狭いポリマーが得られる。さらに，モノマーとジチオエステルとの仕込み比を変えることで，分子量の制御が可能であり，低温条件下など重合条件を選択することで，最大で数平均分子量 10 万を超えかつ分子量分布の狭い高分子量体の合成も可能であった。

3　カチオン RAFT 重合における連鎖移動剤

カチオン RAFT 重合においても，ラジカル RAFT 重合の場合と同様に可逆的連鎖移動剤の設計は非常に重要である。カチオン重合における RAFT 剤の開始基は，ビニルエーテル型や電子供与性基を有するスチレン誘導体型のような安定な炭素カチオン種を生成するように設計する必要がある。また，解離基の構造は，可逆的連鎖移動の速度に大きく影響を与える。図 4 に，イソブチルビニルエーテル（IBVE）型の炭素カチオンを与える開始基をもち，さまざまな解離基を有するジチオエステルを用いた，IBVE のカチオン重合の結果を示す。とくに，解離基として窒素上にアルキルやアリール置換基を有するジチオカルバメートやトリチオカーボネートを用いた場合，最も分子量分布の狭いポリマーを与え，非常に高い連鎖移動定数を有することがわかった。これらの化合物を用いた場合，交換連鎖移動反応において，共鳴構造として安定なスルホニウムやインモニウム中間体を形成するため，C=S 二重結合への付加が起こりやすくなり，効率的な交換連鎖移動反応が生じたと考えられる。一方で，窒素上に電子吸引性の置換基を有するピロリドン型のジチオカルバメートでは，ポリマーの分子量分布は広くなり，連鎖移動定数は低いものとなった。このように，カチオン重合においては，モノマーと類似の炭素カチオンを与える開始基と，交換連鎖移動反応において，安定な中間体カチオンを形成するような解離基を有する連鎖移動剤を設計することが重要であった。

さらに，カチオン重合においては，チオールとビニルエーテルから簡便に得られ，より単純な構造をもつチオエーテルも可逆的な連鎖移動剤として有効に作用する。チオエーテルを用いた場

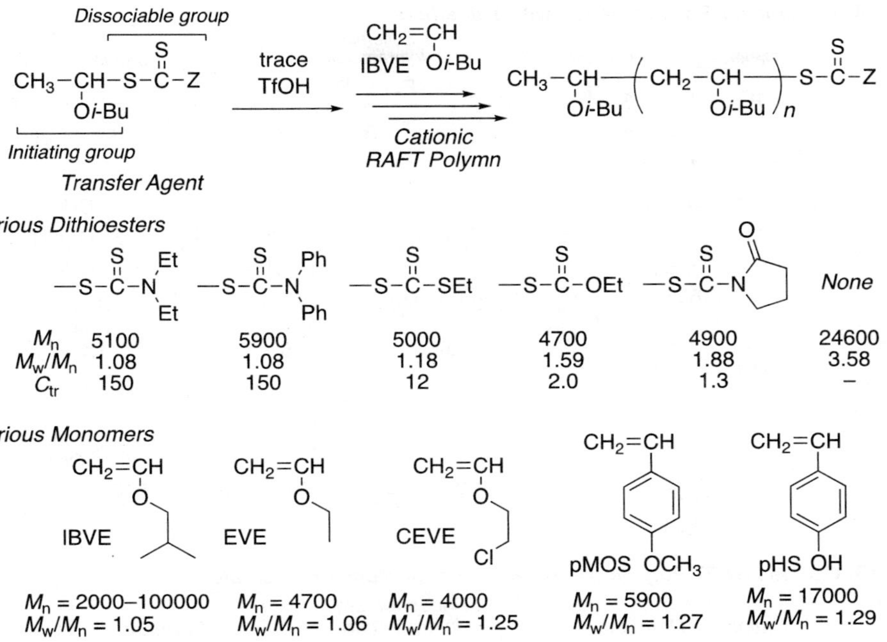

図4　ジチオエステルを用いたカチオン RAFT 重合

合は，生長カチオンがチオエーテル硫黄原子とスルホニウムイオンを形成し，C−S 結合の解離により交換連鎖移動が進行する（図5(A))[18]。すなわち，リビングラジカル重合における，ヨウ素移動重合やテルル化合物を用いた重合と同様な DT 機構に基づく重合である。また，チオエーテルは他の連鎖移動剤に比べて安定な結合であるため，ジチオールと官能基を有するビニルエーテルから得られる二官能性の開始剤を設計すると，ポリマーの中心に安定なチオエーテル結合を有する両末端官能性のテレケリックポリマーなどの合成も容易に可能である。

さらに，炭素カチオンと強く相互作用し，安定なホスホニウム中間体を形成すると考えられるビニルエーテルのリン酸付加体やホスフィン酸付加体などのリン化合物もカチオン重合において有効な連鎖移動剤として作用し，非常に分子量分布の狭いポリマーを与える（図5(B))[19]。この場合は，生長炭素カチオンがリン酸エステルの P=O 二重結合に付加した後，安定なホスホニウム中間体を経て，P−O 結合の解離により生長炭素カチオンを生成する。すなわち，カチオン重合に特徴的なホスホニウムイオンを介した RAFT 機構により重合が制御されると考えられる。このようなリン酸エステルは無色・無臭であるため，これらを可逆的連鎖移動剤として用いることで，硫黄化合物を用いる際に問題となる，ポリマーへの着色や悪臭の解決にもつながると考えられる。

一方で，従来のルイス酸触媒の活性化に基づくリビングカチオン重合において開始剤として有効であった，塩化物やアセテートは，ほとんど連鎖移動剤として作用しなかった[16,19]。このこと

(A) Cationic DT Polymerization with Thioethers

Cation　Dormant　Sulfonium Intermediate　Dormant　Cation

Various Thioethers

for IBVE	$-S-CH_2CH_2CH_2CH_3$	$-S-CH(CH_3)CH_2CH_3$	$-S-C(CH_3)_3$
M_n	3300–117400	4600	6100
M_w/M_n	1.23	1.68	1.84
C_{tr}	8.5	2.6	1.1

for pMOS	$-S-C_6H_4-Cl$	$-S-C_6H_5$	$-S-C_6H_4-OCH_3$
M_n	6500	6000	5100
M_w/M_n	1.41	1.28	1.27
C_{tr}	–	–	–

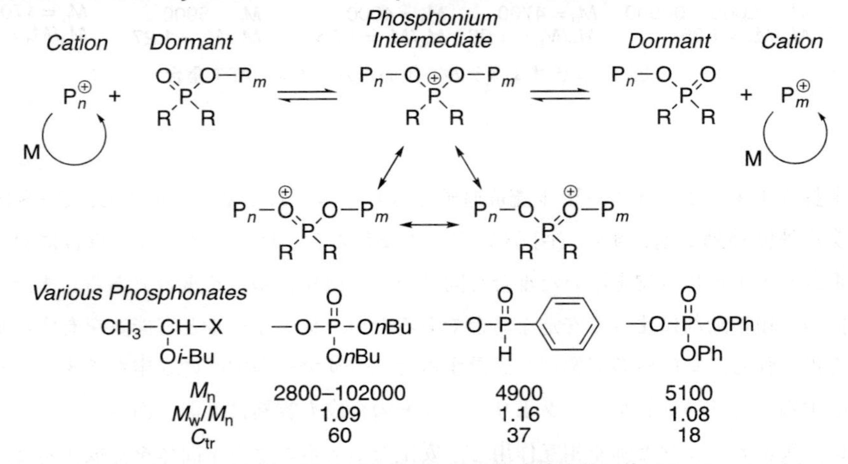

図5　チオエーテルやリン酸エステルを用いた可逆的連鎖移動に基づくカチオン重合

は，硫黄化合物やリン化合物を用いた，これらのカチオン重合が従来のルイス酸を用いたリビングカチオン重合とは異なる，可逆的な交換連鎖移動機構であることを支持している。

以上のように，カチオン RAFT 重合においては，ラジカル RAFT 重合で有効であった類似のジチオエステルに加え，チオエーテルやリン酸エステルなども可逆的な連鎖移動剤として有効に働くことが特徴的である。

4　カチオンRAFT重合におけるカチオン源

カチオンRAFT重合においては，連鎖移動剤の選択に加えて，カチオン源の選択も重要である。一般に，カチオンRAFT重合では，カチオン源としてフリーな炭素カチオン種を生成しうる，トリフルオロメタンスルホン酸やトリフルオロメタンスルホンイミドなどの超強酸が有効である[16]。一方で，メタンスルホン酸やトリフルオロ酢酸などの酸性度の低い酸は，対アニオンの求核性が高く，モノマーと安定な付加体を形成してしまい，カチオン源として有効に作用しない。杉原らは，HCl・Et_2Oを用いたカチオン重合系に可逆的連鎖移動剤としてジチオエステルを加えることでも，RAFT機構によるリビングカチオン重合が進行することを報告している[20,21]。

また，フリーな炭素カチオンを生成する方法として，筆者らはビニルエーテルの塩化水素付加体などのハロゲン化合物と金属塩の組み合わせも有効であることを見出している[22]。この場合，プロトン酸としては扱いにくい対アニオンを有するさまざまな金属塩を使用することができ，さらに，対アニオンの設計により立体規則性との同時制御にも展開が期待される。すなわちカチオンRAFT重合では，対アニオンの炭素カチオンへの相互作用ではなく，交換連鎖移動機構により分子量が制御されるため，これまでのリビングカチオン重合では用いることができなかった対アニオンを使用することができ，対アニオンによる立体構造制御も同時に達成可能と期待される。

さらに，最近では，カチオン源の発生方法として，光レドックス触媒により，生長末端のC−S結合などを一電子的に酸化することでも，カチオンRAFT重合が進行することが報告されている[23]。同様に，電極を用いた電気化学的なC−S結合の一電子酸化反応を用いても，カチオンRAFT重合が進行する[24,25]。これらは，いずれも，連鎖移動剤自身のC−S結合の開裂により炭素カチオン種が生成し，連鎖移動剤に由来するジチオエステルとのRAFT機構により，分子量制御が実現されていると考えられる。

5　カチオンRAFT重合におけるモノマー

カチオンRAFT重合は，通常のリビングカチオン重合と同様にさまざまなカチオン重合性モノマーの重合制御に有効である。とくに，反応性の高いカチオン重合性モノマーであるビニルエーテルや[16,18~20,22]，*p*-メトキシスチレン[16,18,21,22]，α-メチルスチレン[22]などの電子供与性の置換基を有するスチレン誘導体などの分子量制御が可能である。さらに，従来のリビングカチオン重合系では，金属触媒が被毒するために，BF_3・OEt_2を用いた重合系[26]を除き，制御困難であった側鎖にフェノール性水酸基を有する*p*-ヒドロキシスチレンに関しても，保護基を用いることなく重合制御が可能であった[16]。

図6に，連鎖移動剤の構造と重合制御可能なモノマーの関係を示す。カチオンRAFT重合においても，モノマーの構造に応じて適切な連鎖移動剤を選択する必要がある。ジチオエステルや

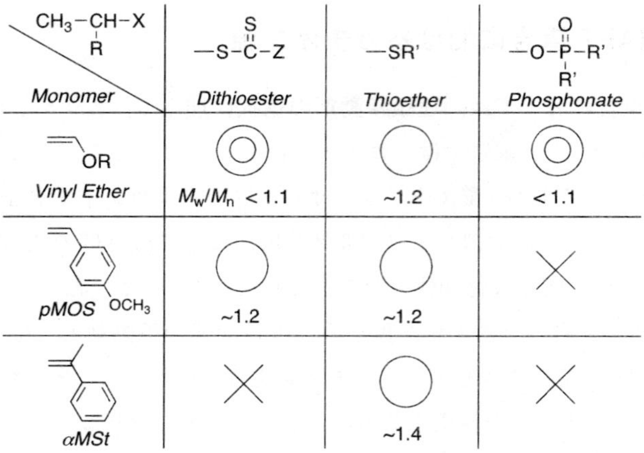

CH_3–CH(R)–X / Monomer	Dithioester —S–C(=S)–Z	Thioether —SR'	Phosphonate —O–P(=O)(R')–R'
Vinyl Ether (CH₂=CH–OR)	◎ M_w/M_n < 1.1	○ ~1.2	◎ < 1.1
pMOS	○ ~1.2	○ ~1.2	×
αMSt	×	○ ~1.4	×

図6　カチオン RAFT 重合における重合制御可能なモノマーと連鎖移動剤の関係

リン酸エステルは，とくに，ビニルエーテルの重合制御に有効であるのに対し，チオエーテルは，α-メチルスチレンを含むスチレン誘導体の分子量制御に有効であった。

6　カチオン RAFT 重合を用いた精密高分子合成

カチオン RAFT 重合では，ラジカル RAFT 重合と同様に，生長末端のジチオエステルを介した可逆的な交換連鎖移動により重合が制御される。すなわち，ジチオエステル末端を介して，カチオン RAFT 重合からラジカル RAFT 重合へと変換することで，カチオン重合性モノマーとラジカル重合性モノマーからなるブロック共重合体の合成が可能である[16,20,27,28]（図7(A)）。とくに，ラジカル重合性モノマーの構造に応じて適切なジチオエステルを選択することで，ビニルエーテルに対して，アクリル酸エステル，酢酸ビニル，フッ化ビニリデンなどさまざまなラジカル重合性モノマーとのブロック共重合体が合成可能であった。このようにして得られた，ブロック共重合体はこれまでに困難であったモノマーの組み合わせから成るだけでなく，ブロック鎖が安定な炭素－炭素結合で直接つながっていることが特徴である。

さらに，最近，筆者らはカチオン RAFT 重合を用いた，リンキング法に基づくミクロゲル核形成による星型高分子の合成についても報告している（図7(B)）[29]。カチオン RAFT 重合で得られたジチオエステル末端をもつポリマーに対して，カチオン重合あるいはラジカル重合可能な種々のジビニル化合物を組み合わせ，異なるリンキング法により星型高分子の合成が可能であった。すなわち，(i)カチオンリンキング法，(ii)活性種変換を経由したラジカルリンキング法，(iii)ヘテロジビニル化合物を用いたカチオンブロック共重合から活性種変換を経由したラジカルリンキング法の異なる三種の手法により，いずれの場合も，高収率でかつ分子量分布の狭い星型ポリマーの合成が可能であった。(iii)の手法は，カチオン重合性部位とラジカル重合性部位を有するヘ

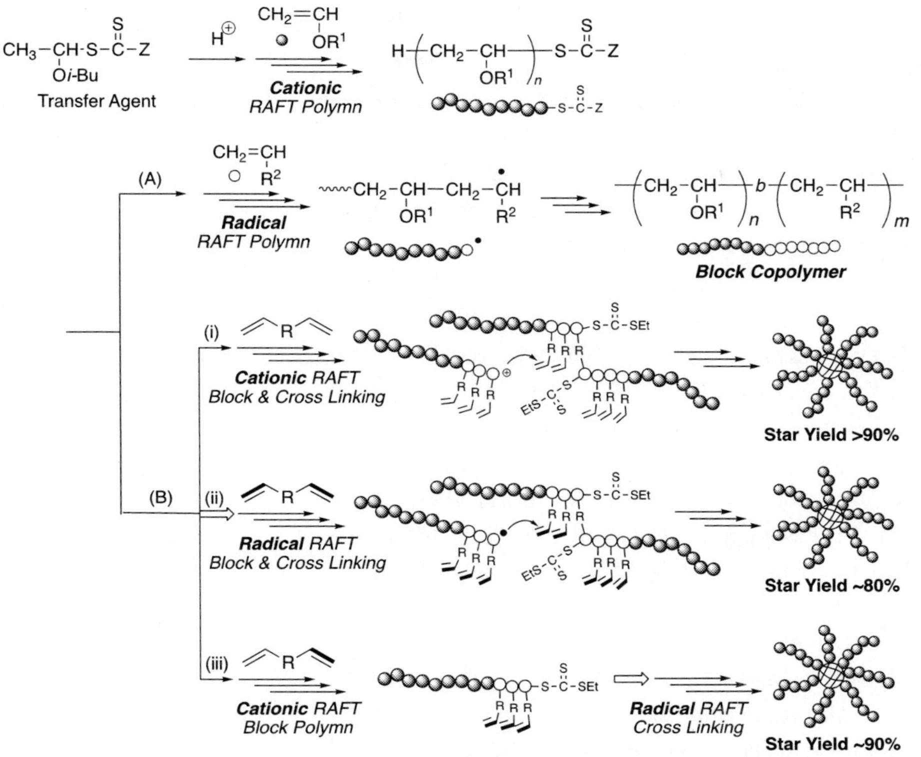

図7　カチオンRAFT重合とラジカルRAFT重合を用いたブロック共重合体の合成(A)と星型高分子の合成(B)

テロジビニル化合物を用い，カチオンブロック共重合とラジカルリンキング反応を，活性種変換を経由して二段階で行う，本重合系に特徴的な新しい手法である。

7　まとめ

以上のように，従来リビングラジカル重合に用いられてきたRAFT機構による分子量の制御は，カチオン重合にも有効であり，新規なリビングカチオン重合が達成された。このようなRAFT機構によるリビングカチオン重合は，従来のルイス酸を用いたリビングカチオン重合とは，反応機構が異なるだけでなく，金属触媒を用いないメタルフリーな重合系としても，工業的にもその応用が期待される。また，同じジチオエステルをドーマント種として用いるラジカルRAFT重合と組み合わせることで，従来困難であった組み合わせからなるさまざまなブロック共重合体の合成が可能であり，また，星型高分子などの特殊構造高分子の合成にも有効であった。このような新規なカチオンRAFT重合系のさらなる発展が，今後新たな機能性材料の創出につながると期待される。

文　献

1) A. H. Muller *et al.*, Controlled and Living Polymerization: From Mechanism to Materials, Wiley-VCH, Weinheim, Germany (2009)
2) A. Goto *et al.*, *Prog. Polym. Sci.*, **29**, 329 (2004)
3) J. Chiefari *et al.*, *Macromolecules*, **31**, 5559 (1998)
4) G. Moad *et al.*, *Aust. J. Chem.*, **65**, 985 (2012)
5) C. Barner-Kowollik, Handbook of RAFT polymerization, Wiley-VCH, Weinheim (2008)
6) 建元正祥，高分子論文集，**49**，765 (1992)
7) G. David *et al.*, *Chem. Rev.*, **106**, 3936 (2006)
8) S. Yamago, *Chem. Rev.*, **109**, 5051 (2009)
9) M. Hurtgen *et al.*, *Polym. Rev.*, **51**, 188 (2011)
10) M. Miyamoto *et al.*, *Macromolecules*, **17**, 265 (1984)
11) M. Sawamoto, *Prog. Polym. Sci.*, **16**, 111 (1991)
12) J. E. Puskas *et al.*, *Prog. Polym. Sci.*, **25**, 403 (2000)
13) E. J. Goethals *et al.*, *Prog. Polym. Sci.*, **32**, 220 (2007)
14) S. Aoshima *et al.*, *Chem. Rev.*, **109**, 5245 (2009)
15) C. G. Cho *et al.*, *Macromolecules*, **23**, 1918 (1990)
16) M. Uchiyama *et al.*, *Angew. Chem. Int. Ed.*, **54**, 1924 (2015)
17) T. G. McKenzie *et al.*, *Adv. Sci.*, **3**, 1500394 (2016)
18) M. Uchiyama *et al.*, *Macromolecules*, **48**, 5533 (2015)
19) M. Uchiyama *et al.*, *Poym. Chem.*, **7**, 1387 (2016)
20) S. Sugihara *et al.*, *Macromolecules*, **49**, 1563 (2016)
21) S. Sugihara *et al.*, *Poym. Chem.*, **7**, 6854 (2016)
22) M. Uchiyama *et al.*, *ACS Macro Lett.*, **5**, 1157 (2016)
23) V. Kottisch *et al.*, *J. Am. Chem. Soc.*, **138**, 15535 (2016)
24) B. M. Peterson *et al.*, *J. Am. Chem. Soc.*, **140**, 2076 (2018)
25) W. Sang *et al.*, *Angew. Chem. Int. Ed.*, **57**, 4907 (2018)
26) K. Satoh *et al.*, *Macromolecules*, **33**, 5405 (2000)
27) M. Guerre *et al.*, *ACS Macro Lett.*, **6**, 393 (2017)
28) M. Guerre *et al.*, *Poym. Chem.*, **9**, 352 (2018)
29) M. Uchiyama *et al.*, *Poym. Chem.*, **8**, 5972 (2017)

第10章　リビングカチオン重合による機能性高分子の合成

金岡鐘局*1，伊田翔平*2

1　はじめに

ビニル化合物の付加（連鎖）重合系には，ラジカル重合およびイオン重合があり，重合機構だけでなく重合可能なモノマー範囲が異なる。重合機構に注目すると，イオン重合の１つであるカチオン重合[1~8]は，高活性で不安定な活性種（炭素カチオン）を介して重合が進行する点で，ラジカル重合と共通する点がある。とくに，いくつかの制御／リビングラジカル重合系で見られる，ドーマント種を用いた成長種の安定化は，リビングカチオン重合，グループトランスファー重合と同様の概念がラジカル機構に適用されたものであり，成功を収めている。このような点から，ラジカル重合による精密合成を学ぶ上で，カチオン重合の進化の概略を学ぶことは意義深い。

カチオン重合の歴史は古く，1800年代中盤にはスチレン（St），インデン，ビニルエーテル（VE）の重合が報告されている。1900年代中盤には重合機構が明らかになり，速度論や素反応に関する重合研究がなされるようになった。カチオン重合は，この重合法でのみ重合できるモノマーが多く，汎用ルイス酸による高活性な重合が可能であるなどの長所があるものの，成長炭素カチオンが不安定で移動・停止などの副反応が頻発し，重合の制御が極めて困難であった。そのため，リビングアニオン重合の発見後も，カチオン重合では反応制御に関する検討がそれほど行われておらず，1970年代半ばからようやくリビング重合の実現に向けた検討が始まり，1980年代前半にカチオン重合でもリビング重合が達成された。現在では，当初報告された例だけでなく，近年見出された開始剤系も含め，さまざまなリビングカチオン重合系が使用可能で，多岐にわたる構造の明確な機能性高分子がカチオン重合で合成されるようになった。

本章では，まずリビングカチオン重合の基礎について説明し，その後，最近の展開として新しいタイプのリビングカチオン重合または制御カチオン重合，および種々の機能性ポリマーの合成例を概説する。

2　リビングカチオン重合の基礎[1~8]

求電子付加反応により進行するカチオン重合では，電子供与性の置換基を有するモノマーから単独重合体が生成しやすい。代表的なモノマーは，イソブテン（IB）などの脂肪族不飽和炭化

＊1　Shokyoku Kanaoka　滋賀県立大学　工学部　材料科学科　教授

＊2　Shohei Ida　滋賀県立大学　工学部　材料科学科　助教

水素，St およびその誘導体などの芳香族化合物，VE などのヘテロ原子含有化合物である。カチオン重合の開始剤としては，プロトン酸（ブレンステッド酸）やハロゲン化金属などのルイス酸とカチオン源を組み合わせた開始剤系がおもに用いられている。詳細なモノマー，開始剤の例に関しては，他の成書，総説をご参考いただきたい[1~8]。

カチオン重合は，開始反応，成長反応，および副反応である不可逆な停止反応，移動反応の4種類の素反応からなる。この中で，2つの副反応を完全に抑制するとリビング重合が進行する。これまでの研究で，副反応を抑制するには，フリーの炭素カチオン濃度を非常に小さくすることが有効であることがわかっている[4]。炭素カチオン種の濃度を下げるには，イオン種（活性種）と，共有結合（おもに炭素－ヘテロ元素結合）を有するドーマント種（不活性種）との可逆的な平衡（図1）が用いられる[4]．リビング重合達成には，平衡がドーマント種側に片寄っていることと，これらの交換が十分に速いことが必須である。以下にこのような平衡を達成できる開始剤系を VE の重合系を例に示す。理解を簡単にするため，ここでは大きく2種類に分類している。

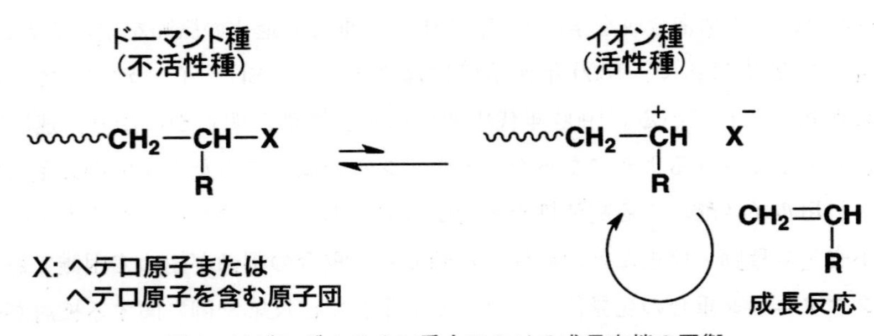

図1　リビングカチオン重合における成長末端の平衡

2.1　比較的弱いルイス酸を単独で用いる系

最初のリビング重合開始剤系である HI/I_2 の例[9,10]に見られるように，炭素－ハロゲン結合のドーマント種に，ヨウ素もしくはハロゲン化亜鉛などの弱いルイス酸を作用させると，炭素カチオンが生成し，リビング重合が進行する。求核性の大きな対アニオン（ハロゲン化物イオン）により，イオン種が速やかにドーマント種に変換されることで副反応が抑制される。その後，HI/I_2 系で明らかになった機構，触媒の役割に基づき，活性の穏やかなルイス酸と求核性の大きな対アニオンとのさまざまな組み合わせが検討され，プロトン酸または VE のプロトン酸付加体とハロゲン化金属を組み合わせた種々の開始剤系が開発された[3,4,6~8]。

2.2　強いルイス酸と添加物を組み合わせた系

強いルイス酸を用いると，上述の平衡を適度に保つことが困難になることがある。その場合は，重合系に適切な添加物（ルイス塩基，四級アンモニウム塩など）を加えることで，リビング重合が達成される。

2.2.1　添加塩基（ルイス塩基）の系

エステル，環状エーテルなどのルイス塩基の存在下で，さまざまなハロゲン化金属を触媒として用いると，重合にリビング性が得られる。塩基は，ハロゲン化金属との相互作用により，その触媒活性を調節し，平衡をドーマント種側に片寄らせている。この開始剤系の代表例は，$(CH_3CH_2)_xAlCl_{3-x}$(Et_xAlCl_{3-x}）と酢酸エチルなどのエステル[11,12]，または1,4-ジオキサン[13]などの環状エーテルの組み合わせである。この開始剤系は，無極性溶媒中，室温以上，最高70℃までリビング重合が可能で[12]，他の開始剤系と比べて極めて安定な成長種を生成するという特徴を有している。エステルはカチオン重合における移動剤と考えられていたので，それまでの常識を覆すブレークスルーであったといえる。

2.2.2　添加塩の系

たとえば，四塩化スズ（$SnCl_4$）を触媒に用い，ハロゲン化物イオンを持つ四級アンモニウム塩を添加すると，ハロゲン化物イオンが炭素カチオンを捕捉することにより平衡がドーマント種側へ移動し，リビング重合が達成される[14]。添加塩としては，有機溶媒への溶解性からテトラ-*n*-アルキルアンモニウム塩（R_4NX，X = Cl，Br，I）が用いられる。詳細は省略するが，VEのリビング重合の発見に続いて，IB[15]，St[16]およびSt類のリビングカチオン重合も同様の考え方に基づいた開始剤系を用いて達成されている[4~8]。

カチオン重合の工業的利用は，ブチルゴムや石油樹脂の生産などに限られていたが，近年リビングカチオン重合の工業化が報告されている。たとえば，熱可塑性エラストマーとしてポリ(St-*b*-IB-*b*-St)型のトリブロックコポリマー（SIBSTAR®）や架橋性官能基を有する液状オリゴマーとして両末端反応性ポリ(IB)（EPION®）が使用されている[17]。工業化に当たっては，実験室レベルの研究で，IB，Stの重合に用いられていた含ハロゲン溶媒から非ハロゲン化溶媒への切り替え，溶媒除去技術の開発などの成功が重要な鍵となった。

3　リビングカチオン重合の新しい展開

1990年代前半までで，リビングカチオン重合の開始剤系・重合系の開発よりも，種々の官能基，形態を有する機能性ポリマー合成へと研究がシフトした。しかし，2000年頃を境に，再び，さまざまな新しいタイプの開始剤系・重合系が報告されるようになった。まず，多量の水存在下でのスチレン誘導体の制御カチオン重合[18,19]，続いて，多様な中心金属を持つハロゲン化金属触媒によるVEの特徴ある重合系が見出された[20]。多様なハロゲン化金属触媒系開発の端緒となったのは，$SnCl_4$/添加塩基開始剤系を用いた，1～2秒で完結する超高速重合系である[21]。その後，リユース可能な触媒として働く酸化鉄によるリビング重合[22]，アルデヒドとVEのカチオン交互共重合[23,24]などが達成されている。また，IBの重合においても，従来用いられていた$TiCl_4$に代えて$Et_{1.5}AlCl_{1.5}$を用いることで，−80℃において30秒で重合が完結する高速系が実現された[25]。

その他の新規カチオン重合系として，まず開始剤系・触媒の開発に着目すると，活性種の極性変換によるラジカル・カチオン共重合[26,27]，可視光での光カチオン重合[28]，モノマー選択重合（ブロックコポリマー，星型ポリマーのワンショット合成）[29,30]，ビニル付加・開環同時カチオン共重合[31~33]，構造の明確な金属錯体によるリビング重合[34]や高分子量ポリマー合成[35,36]などがあげられる。また，さまざまな機構で進行する金属触媒を用いない（メタルフリー）開始剤系も開発されている[37~42]。このメタルフリー系の中で，可逆的付加開裂連鎖移動（RAFT）型カチオン重合[38,39]，交換または退化的連鎖移動（DT）型カチオン重合[40]は，制御ラジカル重合系からヒントを得ており，ラジカル重合研究と密接な関係にある。また，カチオン重合で明らかになった重合制御の基本概念をもとに発展したラジカル重合での知見を再びカチオン重合に取り入れており，研究の進展の面白さが見てとれる。新しいタイプの合成反応としては，シークエンス制御重合のためのテンプレート型ポリマー開始剤の合成[43]，環拡大リビングカチオン重合[44]などが報告されている。

4 リビングカチオン重合を用いた種々の機能性高分子合成

リビングカチオン重合により，多岐にわたる極性官能基を側鎖に有するポリマーの合成がなされているが[6~8]，以下では，新たに制御または精密重合が可能になった植物由来モノマーからの材料，刺激応答性ポリマー，構造の明確なポリマーによる表面・界面機能の制御という観点に絞って研究例を紹介する。

4.1 植物由来モノマーから新しいバイオベース材料へ

環境調和の観点から再生可能資源に基づく材料創製の要求が高くなり，高分子の分野でも植物由来化合物を原料とするバイオベースポリマーの研究が盛んに行われている。カチオン重合でも植物由来モノマーから新規材料が合成されている。たとえば，松脂に含まれるβ-ピネン（図２）をAl系触媒で重合すると，M_w 50,000以上の高分子量ポリマーが得られた[45]。さらに添加塩基存在下で重合することでリビング重合が進行し，M_w 100,000以上の高分子量ポリマーが得られ[46]，優れた特性を有する新規光学材料として期待される。また，リグニンの構成物質であるβ-スチレン誘導体（図２）とp-メトキシスチレンの共重合により，比較的分子量分布の狭い交互共重合体が得られている[47]。

少ないながらもカチオン重合の報告例があるアルデヒド化合物も自然界に多数存在する。そこで，アルデヒド化合物とVEのカチオン共重合が検討された[23,24]。$EtSO_3H/GaCl_3$開始剤系を用い，最適条件下で反応を行うと，リビング的な重合が進行し，交互型シークエンスの共重合体が得られた（図２）。得られたポリマーは，主鎖にアセタール構造と炭素－炭素結合を交互に有しており，比較的温和な酸性条件下で分解し低分子にまで選択的に分解した。さらに，分解生成物のアルデヒドをモノマーとして用いた交互共重合（リユース型重合）が可能であった[48]。また，この重合反応を用いて，ポリマーの特定位置にアセタールユニット・セグメントを選択的に導入

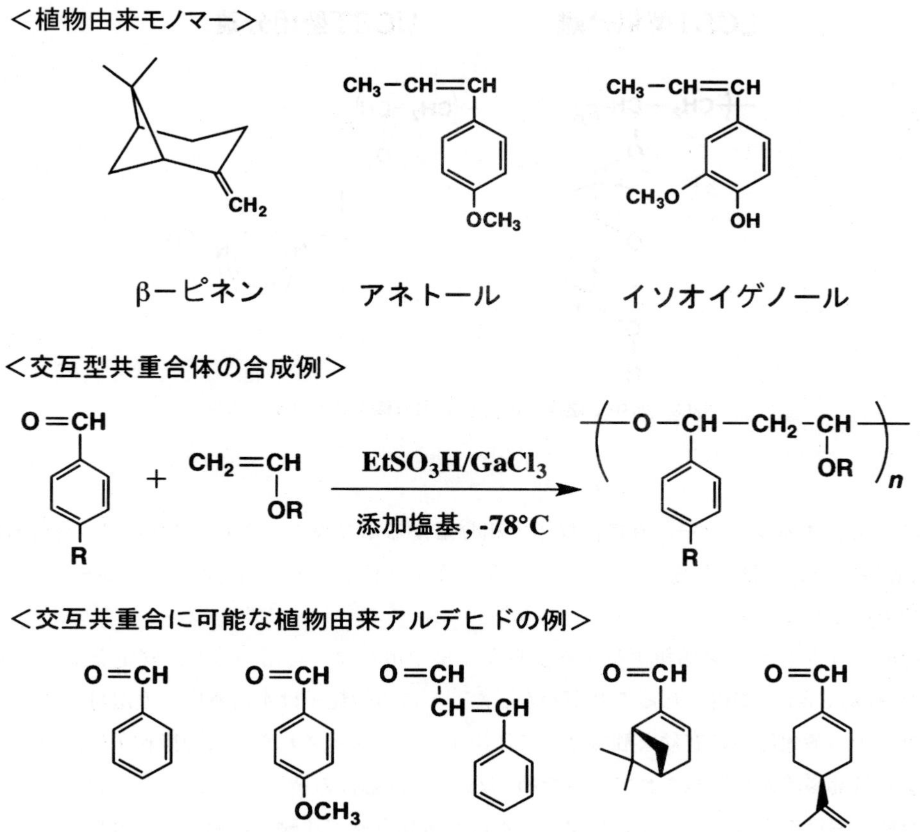

図2　制御カチオン重合可能な植物由来モノマーの例

し，正確に分子量が半分や1/4に切断されるポリマーや，選択的にポリマーの一部（片方のセグメントやコア部分）が分解されるブロックや星型ポリマーの精密合成が達成された[49]。

4.2　刺激応答性材料

オキシエチレン側鎖を有するVEポリマー（図3）が水中で高感度なLCST型相分離挙動を示すことが見出された[50,51]。また，これらのセグメントを有するブロックコポリマー[52]や星型ポリマー[53]では，ゾル－ゲル転移など特異的な温度応答挙動を示した。温度応答性はポリマー中の親水性／疎水性バランスが重要で，そのバランスを設計すると，ランダムコポリマーでも水中で温度応答を示した[54]。またラジカル重合での合成ではあるが，親水／疎水バランスを設計することでゲルにおいても温度に応答した体積相転移が実現された[55]。

一方，逆に降温で相分離するUCST型ポリマー（図3）も検討され，側鎖にイミダゾリウム塩を有するポリマーが見出された[56]。前述のLCST型ポリマーとのブロックポリマーは，室温付近では溶解しているが高温および低温で異なるタイプの集合体を形成した[57]。また，温度以外

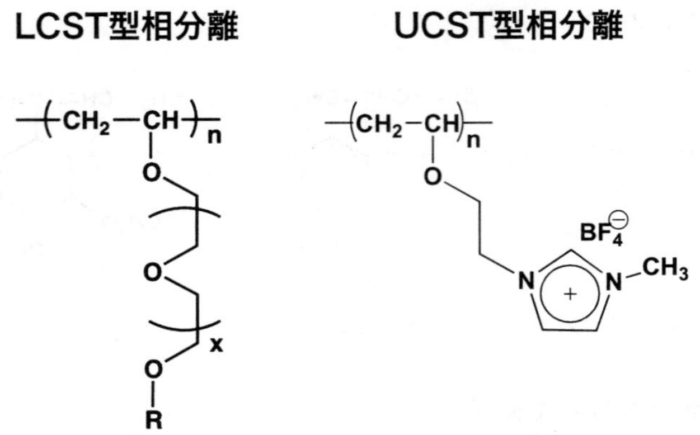

LCST型相分離　　**UCST型相分離**

図３　水中で温度に応答して相転移するポリマーの例

の刺激に応答するポリマー，有機溶媒中で相分離するポリマー，それらを利用した機能性材料（刺激応答性ブラシ型π共役ポリマー[58,59]，シリカナノ粒子の配列制御用テンプレート[60,61]など）も多数創成されている。

上記のオキシエチレン側鎖ポリマーからなる星型ポリマーを用いると，安定な金ナノ微粒子（平均粒径約３nm）が得られることがわかった[62]。この微粒子は水溶液中，室温付近でベンジルアルコールの酸化反応の有効な触媒として作用することが示された。この微粒子は，枝ポリマー層により外部環境から隔離されているため，反応中，反応後の精製中においても自発凝集しない。そのため，温度を上昇させて枝ポリマーを水に不溶化させて沈殿・ろ過により容易に回収できる（図４）。

4.3　種々のポリマーによる表面・界面機能の制御

少量のポリマーで，材料の特性・機能に大きな影響を与え，さまざまな機能材料を生み出すことは，環境低負荷型社会の実現に向けて重要である。そのため，表面・界面の機能制御に関する研究が盛んに行われている。星型ポリマーは，サイズ・機能が設計されたナノドメインとみなせる。また，多数の枝鎖と末端官能基により，材料表面への吸着，表面・界面での効果的な機能制御が期待される。多分岐星型ポリマーの合成には，リビングポリマーと二官能性化合物（架橋剤）との反応（図５）が適しているが，この方法は架橋反応の一種で，反応の制御に限界があった。そこで，星型ポリマーの合成反応のための開始剤系，反応条件の再検討がなされた。その結果，エステルまたは環状エーテル存在下，$EtAlCl_2$触媒によりアルキルVE，オキシエチレンVEなどからなる非常に分子量分布の狭い星型ポリマーが定量的に生成した[53,63]。さらに，VEより反応性の低いアルコキシスチレン誘導体の星型ポリマーの高速かつ定量合成も可能になった[64]。カチオン重合での定量精密合成がきっかけとなり，ラジカル重合においても，分子量分布の狭い星型ポリマーの合成が達成された[65,66]。また最近では，リビングカチオン環化重合による環構造の

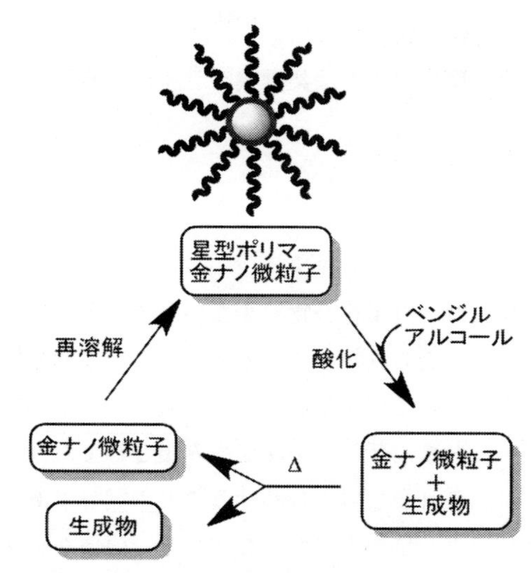

図4　再利用可能な温度応答性金ナノ微粒子

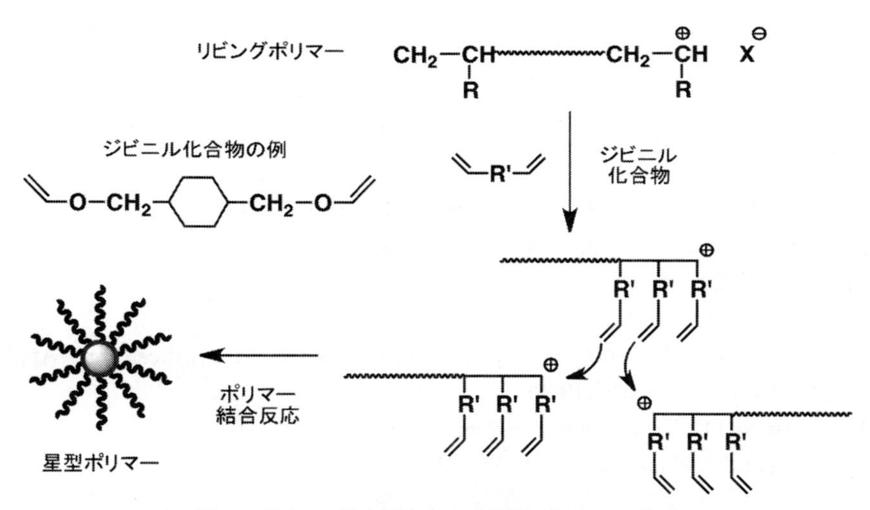

図5　ポリマー結合反応による星型ポリマーの合成

枝鎖を有する星型ポリマーの合成[67]，カチオン・ラジカル活性種変換を用いた合成法[68]など，新規合成法も報告されている。

異なる温度応答性の枝鎖（オキシエチレン側鎖）を持つヘテロアーム型星型ポリマーから自立性のフィルムを作成すると，その表面の水に対するぬれ性は，温度の上昇に伴い，親水性から疎水性へと感度よく多段階に変化した[69]。アミノ基を持つセグメントと疎水性セグメントからなるジブロックコポリマーが選択的抗菌性材料としての可能性を示した[70]。また，オキシエチレンVEセグメントと種々の疎水性セグメントのジブロックコポリマーが合成され，温度応答挙動[71]，抗血栓性[72]，細胞接着性[73]について検討されている。さらに，リビング重合により合成したオキシエチレン側鎖の星型ポリマー膜[74]，または架橋膜[75]が高い二酸化炭素透過性と選択透過性を有することが報告されている。

5　まとめ

カチオン重合で扱うモノマーは，汎用化合物が少ないため，ラジカル重合とは異なり機能性材料の構築に向いていないように考えられがちである。しかし，本章で紹介した一部の例を見てわかるように，ファインケミカルとしての可能性は非常に大きい。重合反応に関しても，成長種変換，メタルフリー重合など，まだまだ新しい手法が生み出されており，さらなる新規ポリマー合成に期待が持たれる。とくに，これまで組み合わせることの困難であった構造を組み込んだ特殊構造ポリマー（ブロックポリマー，星型ポリマーなど）を，簡便な手法で合成できるようになると考えられ，物性・機能の研究にも新たな展開が期待される。

文　献

1） 東村敏延，講座重合反応論 3：カチオン重合，化学同人（1973）
2） J. P. Kennedy, Cationic Polymerization of Olefins: A Critical Inventory, John Wiley and Sons, New York（1975）
3） M. Sawamoto, *Prog. Polym. Sci.*, **16**, 111（1991）
4） K. Matyjaszewski ed., Cationic Polymerizations: Mechanism, Synthesis, and Applications, Marcel Dekker, New York（1996）
5） J. E. Puskas and G. Kaszas, *Prog. Polym. Sci.*, **25**, 403（2000）
6） S. Aoshima and S. Kanaoka, *Chem. Rev.*, **109**, 5245（2009）
7） 青島貞人，金岡鐘局（遠藤剛編，澤本光男監修），高分子の合成（上），講談社，第Ⅱ編，147（2010）
8） S. Kanaoka and S. Aoshima（K. Matyjaszewski and M. Moeller ed.）, Polymer Science: A Comprehensive Reference, Elsevier, Amsterdam, Volume 3, p. 527（2012）
9） M. Miyamoto, M. Sawamoto, and T. Higashimura, *Macromolecules*, **17**, 265（1984）
10） M. Miyamoto, M. Sawamoto, and T. Higashimura, *Macromolecules*, **17**, 2228（1984）
11） S. Aoshima and T. Higashimura, *Polym. Bull.*, **15**, 417（1986）
12） S. Aoshima and T. Higashimura, *Macromolecules*, **22**, 1009（1989）
13） S. Aoshima, Y. Kishimoto, and T. Higashimura, *Macromolecules*, **22**, 3877（1989）
14） M. Kamigaito, Y. Maeda, M. Sawamoto, and T. Higashimura, *Macromolecules*, **26**, 1643（1993）

15) R. Faust and J. P. Kennedy, *Polym. Bull.*, **15**, 317 (1986)
16) Y. Ishihama, M. Sawamoto, and T. Higashimura, *Polym. Bull.*, **24**, 201 (1990)
17) 山中祥道, 木村勝彦, 高分子, **62**, 244 (2013)
18) K. Satoh, M. Kamigaito, and M. Sawamoto, *Macromolecules*, **33**, 5830 (2000)
19) K. Satoh, M. Kamigaito, and M. Sawamoto, *Macromolecules*, **33**, 5405 (2000)
20) A. Kanazawa, S. Kanaoka, and S. Aoshima, *Macromolecules*, **42**, 3965 (2009)
21) T. Yoshida, A. Kanazawa, S. Kanaoka, and S. Aoshima, *J. Polym. Sci., Part A: Polym. Chem.*, **43**, 4288 (2005)
22) A. Kanazawa, S. Kanaoka, and S. Aoshima, *J. Am. Chem. Soc.*, **129**, 2420 (2007)
23) Y. Ishido, R. Aburaki, S. Kanaoka, and S. Aoshima, *Macromolecules*, **43**, 3141 (2010)
24) Y. Ishido, A. Kanazawa, S. Kanaoka, and S. Aoshima, *Macromolecules*, **45**, 4060 (2012)
25) S. Hadjikyriacou, M. Acar, and R. Faust, *Macromolecules*, **37**, 7543 (2004)
26) S. Kumagai, K. Nagai, K. Satoh, and M. Kamigaito, *Macromolecules*, **43**, 7523 (2010)
27) H. Aoshima, M. Uchiyama, K. Satoh, and M. Kamigaito, *Angew. Chem. Int. Ed.*, **53**, 10932 (2014)
28) G. Yilmaz, B. Iskin, F. Yilmaz, and Y. Yagci, *ACS Macro Lett.*, **1**, 1212 (2012)
29) S. Kanaoka, M. Yamada, J. Ashida, A. Kanazawa, and S. Aoshima, *J. Polym. Sci., Part A: Polym. Chem.*, **50**, 4594 (2012)
30) M. Yamada, T. Nishikawa, A. Kanazawa, S. Kanaoka, and S. Aoshima, *J. Polym. Sci., Part A: Polym. Chem.*, **54**, 2656 (2016)
31) A. Kanazawa, S. Kanaoka, and S. Aoshima, *J. Am. Chem. Soc.*, **135**, 9330 (2013)
32) A. Kanazawa, S. Kanaoka, and S. Aoshima, *Macromolecules*, **47**, 6635 (2014)
33) A. Kanazawa and S. Aoshima, *ACS Macro Lett.*, **4**, 783 (2015)
34) S. Kigoshi, A. Kanazawa, S. Kanaoka, and S. Aoshima, *Polym. Chem.*, **6**, 30 (2015)
35) S. Garratt, A. G. Carr, G. Langstein, and M. Bochmann, *Macromolecules*, **36**, 4276 (2003)
36) T. D. Shaffer and J. R. Ashbaugh, *J. Polym. Sci., Part A: Polym. Chem.*, **35**, 329 (1997)
37) S. Sugihara, Y. Tanabe, M. Kitagawa, and I. Ikeda, *J. Polym. Sci., Part A: Polym. Chem.*, **46**, 1913 (2008)
38) M. Uchiyama, K. Satoh, and M. Kamigaito, *Angew. Chem. Int. Ed.*, **54**, 1924 (2015)
39) M. Uchiyama, K. Satoh, and M. Kamigaito, *Polym. Chem.*, **7**, 1387 (2016)
40) M. Uchiyama, K. Satoh, and M. Kamigaito, *Macromolecules*, **48**, 5533 (2015)
41) A. Kanazawa, R. Hashizume, S. Kanaoka, and S. Aoshima, *Macromolecules*, **47**, 1578 (2014)
42) S. Sugihara, N. Konegawa, and Y. Maeda, *Macromolecules*, **48**, 5120 (2015)
43) S. Ida, M. Ouchi, and M. Sawamoto, *Macromol. Rapid Comm.*, **32**, 209 (2011)
44) H. Kammiyada, A. Konishi, M. Ouchi, and M. Sawamoto, *ACS Macro Lett.*, **2**, 531 (2013)
45) K. Satoh, H. Sugiyama, and M. Kamigaito, *Green Chem.*, **8**, 878 (2006)
46) K. Satoh, A. Nakahara, K. Mukunoki, H. Sugiyama, H. Saito, and M. Kamigaito, *Polym. Chem.*, **5**, 3222 (2014)
47) K. Satoh, S. Saito, and M. Kamigaito, *J. Am. Chem. Soc.*, **129**, 9586 (2007)
48) Y. Ishido, A. Kanazawa, S. Kanaoka, and S. Aoshima, *Polym. Chem.*, **5**, 43 (2014)
49) M. Kawamura, A. Kanazawa, S. Kanaoka, and S. Aoshima, *Polym. Chem.*, **6**, 4102 (2015)

50) S. Aoshima and S. Kanaoka, *Adv. Polym. Sci.*, **210**, 169 (2008)
51) S. Aoshima, H. Oda, and E. Kobayashi, *J. Polym. Sci., Part A: Polym. Chem.*, **30**, 2407 (1992)
52) S. Sugihara, K. Hashimoto, S. Okabe, M. Shibayama, S. Kanaoka, and S. Aoshima, *Macromolecules*, **37**, 336 (2004)
53) T. Shibata, S. Kanaoka, and S. Aoshima, *J. Am. Chem. Soc.*, **128**, 7497 (2006)
54) S. Sugihara, S. Kanaoka, and S. Aoshima, *Macromolecules*, **37**, 1711 (2004)
55) S. Ida, T. Kawahara, Y. Fujita, S. Tanimoto, and Y. Hirokawa, *Macromol. Symp.*, **350**, 14 (2015)
56) H. Yoshimitsu, A. Kanazawa, S. Kanaoka, and S. Aoshima, *Macromolecules*, **45**, 9427 (2012)
57) H. Yoshimitsu, E. Korchagiva, A. Kanazawa, S. Kanaoka, F. Winnik, and S. Aoshima, *Polym. Chem.*, **7**, 2062 (2016)
58) J. Motoyanagi, T. Ishikawa, and M. Minoda, *J. Polym. Sci., Part A: Polym. Chem.*, **54**, 3318 (2016)
59) T. Ishikawa, J. Motoyanagi, and M. Minoda, *Chem. Lett.*, **45**, 415 (2016)
60) S. Zhou, Y. Oda, A. Shimojima, T. Okubo, S. Aoshima, and A. Sugawara-Narutaki, *Polym. J.*, **47**, 128 (2015)
61) C. Atsumi, S. Araoka, K. B. Landenberger, A. Kanazawa, J. Nakamura, C. Ohtsuki, S. Aoshima, and A. Sugawara-Narutaki, *Langmuir*, **34**, published online (2018)
62) S. Kanaoka, N. Yagi, Y. Fukuyama, H. Tsunoyama, S. Aoshima, T. Tsukuda, and H. Sakurai, *J. Am. Chem. Soc.*, **129**, 12060 (2007)
63) T. Shibata, S. Kanaoka, and S. Aoshima, *Polym. Prepr. (ACS Div. Polym. Chem.)*, **45**(2), 634 (2004)
64) T. Yoshizaki, A. Kanazawa, S. Kanaoka, and S. Aoshima, *Macromolecules*, **49**, 71 (2016)
65) H. Gao, S. Ohno, and K. Matyjazewski, *J. Am. Chem. Soc.*, **128**, 15111 (2006)
66) T. K. Goh, S. Yamashita, K. Satoh, A. Blencowe, M. Kamigaito, and G. G. Qiao, *Macromol. Rapid Commun.*, **32**, 456 (2011)
67) 丹羽貴大，橋本保，漆崎美智遠，阪口壽一，高分子論文集，**74**，215 (2017)
68) M. Uchiyama, K. Satoh, T. G. McKenzie, Q. Fu, G. G. Qiao, and M. Kamigaito, *Polym. Chem.*, **8**, 5972 (2017)
69) Y. Oda, T. Shibata, T. Tsujimoto, S. Kanaoka, and S. Aoshima, *Polym. J.*, **44**, 51 (2012)
70) Y. Oda, S. Kanaoka, T. Sato, S. Aoshima, and K. Kuroda, *Biomacromolecules*, **12**, 3581 (2011)
71) Y. Seki, A. Kanazawa, S. Kanaoka, T. Fujiwara, and S. Aoshima, *Macromolecules*, **51**, 825 (2018)
72) Y. Oda, C. Zhang, D. Kawaguchi, H. Matsuno, S. Kanaoka, S. Aoshima, and K. Tanaka, *Adv. Mater. Interfaces*, 1600034 (2016)
73) H. Matsuno, S. Irie, T. Hirata, R. Matsuyama, Y. Oda, H. Masunaga, Y. Seki, S. Aoshima, and K. Tanaka, *J. Mater. Chem. B*, **6**, 903 (2018)
74) 奥永陵樹，橋本保，漆崎美智遠，阪口壽一，高分子論文集，**73**，333 (2016)
75) T. Sakaguchi, S. Yamazaki, and T. Hashimoto, *Polymer*, **112**, 278 (2017)

第11章　リビングアニオン重合による水溶性・温度応答性高分子の合成

後関頼太[*1]，石曽根　隆[*2]

1　はじめに

水溶性高分子は，水に溶解する高分子の総称であり，その特徴から産業や医学などの様々な分野において注目を集めている高分子材料の一つである。天然に存在する水溶性高分子としてはデンプンやDNAなどが挙げられ，合成高分子としては，ポリビニルアルコールや，ポリエチレンオキシド，ポリアクリル酸，ポリアクリルアミドなどが挙げられる。さらに下限臨界溶解温度（Lower Critical Solution Temperature，LCST）を示す温度応答性の水溶性高分子を含めるとポリメタクリル酸やその誘導体，ポリアクリルアミド類，ポリビニルエーテル類など多岐にわたる。

水溶性高分子は古くから水溶性ゲルとして積極的に研究が進められ，ゲルの膨潤収縮挙動などマクロな現象について多くの知見が得られている。近年では，ミセルやベシクルといった高次構造を利用した研究が盛んになされ，ミクロな視点でポリマー構造と水溶液中での集合構造やその特性に注目が集まっている。通常，ポリマーの特性は分子量や分子量分布，化学構造，立体規則性といった一次構造に強く影響を受ける。さらに，より精密な高次構造の形成や利用を考えると，一次構造の厳密な制御が必要不可欠となってきている。

本稿では，(メタ)アクリルアミド類やメタクリル酸エステル類を取り上げ，厳密に構造制御されたポリマーとその水溶性・温度応答性に関して述べる。これらのビニルモノマー類はラジカル重合も可能ではあるが，ここでは多岐にわたる一次構造制御が可能なリビングアニオン重合による合成法を紹介する。

2　水溶性・温度応答性ポリ(メタ)アクリルアミドの合成

2.1　*N,N*-ジアルキルアクリルアミド類のアニオン重合

N,N-ジアルキルアクリルアミド類はα,β-不飽和カルボニル化合物であり，電子求引性であるアミド基により高いアニオン重合性を示す。ラジカル重合によって得られたポリマーについて諸物性は調べられていたが，立体規則性を含め一次構造の制御という観点からアニオン重合法を用いた研究も古くからなされていた。当初，*n*-BuLiや*sec*-BuLiなど強塩基性試薬を用いた報告であったが，1,1-ジフェニルヘキシルリチウム（DPHLi）や1,1-ジフェニル3-メチルペンチルリ

＊1　Raita Goseki　東京工業大学　物質理工学院　応用化学系　助教
＊2　Takashi Ishizone　東京工業大学　物質理工学院　応用化学系　教授

チウム（DMPLi），ジフェニルメチルリチウムまたはカリウム（Ph_2CHLi または Ph_2CHK）などでも効率的に重合できることが見出されてきた[1,2]。また，Hogen-Esch らは，対カチオンに Cs を有する開始剤系を用い *N,N*-ジメチルアクリルアミド（DMA）を THF 中 −78℃で重合を行うと，分子量分布が狭く設計通りの分子量を有するリビングポリマーが得られることを初めて見出した[3]。

このような中，中浜らは新規開始剤系を開発することにより，リビング的かつ立体規則性を制御した *N,N*-ジエチルアクリルアミド（DEA）のアニオン重合に成功している[4~7]。THF 中 Ph_2CHLi とジエチル亜鉛（Et_2Zn）または塩化リチウム（LiCl）を添加した系を開始剤として用いると，それぞれシンジオタクチック（rr = 88%，M_w/M_n = 1.12）およびイソタクチック構造に富むポリマー（mm = 88%，M_w/M_n = 3.00）が得られる（図1(a)）。イソタクチックポリ(DEA)（mm = 95%）は THF 中 −78℃において，*t*-BuMgBr/Et_2Zn を開始剤とすることでも得られるが，分子量分布の広いポリマーとなる（M_w/M_n = 2.64）。一方，THF 中 0 ℃で Et_2Zn

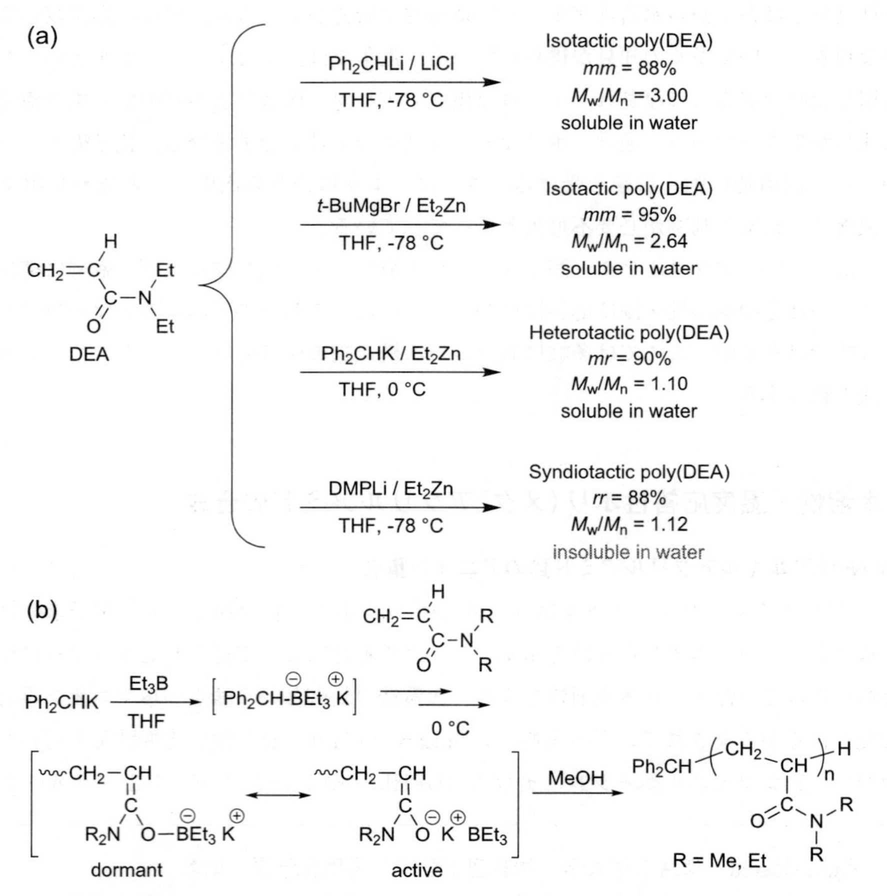

図1 (a) DEA の立体特異性アニオン重合[4~7]，(b) Et_3B 存在下における DMA および DEA のアニオン重合[5]

存在下，Ph_2CHK を開始剤とすると，ヘテロタクチックとなるポリ(DEA)が得られる（mr = 92%，M_w/M_n = 1.10)。ルイス酸性の Et_2Zn を添加することで重合速度が著しく低下し，分子量分布および立体規則性の制御という興味深い結果に繋がったのだと考えられる[4]。また，再度モノマーを添加すると定量的なポスト重合が見られ，活性末端アニオンのリビング性が確認されている。

一方，ルイス酸としてトリエチルホウ素（Et_3B）を添加するとその重合挙動は劇的に変化する[5]。例えば，−78℃においてDMPLiまたは Ph_2CHK に2～6当量の Et_3B を添加した重合系では1時間後でも重合物が得られない。それに対し，重合温度を0または30℃まで昇温すると，DMAやDEAの重合は進行し，分子量分布の制御されたポリマーが得られる（M_w/M_n < 1.13)。0℃においても Ph_2CHK/Et_3B を開始剤系としたDEAの重合速度は非常に遅く，24時間後でも添加率は56%にとどまり，96時間でようやく反応は完結する。このように，Et_2Zn の添加系以上に，求核性が強く抑制されている。一方，反応温度を30℃とすると，6時間以内に重合は完結する。このような重合挙動は，アクリル酸 *tert*-ブチル[8]やメタクリロニトリル[9]などでも観測されている。これを踏まえると，−78℃においては鎖末端アミドエノラートアニオンと Et_3B 間で強い相互作用が働き，いわゆるドーマント種としてボレート錯体が形成されているのだと推測される（図1(b))。これに対し，0℃以上の温度になると，平衡系がドーマント種から活性なアミドエノラートアニオン種へと変化し，重合が進行するのだと考えられる。重合中，α-プロトンの引き抜きやカルボニル基への求核攻撃といった副反応はなく，Et_3B との配位により塩基性，求核性が強く抑制されていることも伺えた。なお，Ph_2CHK/Et_3B を開始剤系とした0℃での重合では，ヘテロタクチック構造に富むポリ(DEA)が得られる。

このように立体構造が制御された高分子が得られたことで，同一の繰り返し単位構造でありながら立体規則性が水溶性や温度応答性に大きな影響を与えるという興味深い結果が得られるようになった。ポリ(DEA)は水溶性高分子と考えられてきたが，シンジオタクチックポリ(DEA)（rr = 88%）は水に不溶であった[4]。一方，ヘテロタクチック（mr = 92%）やイソタクチック（mm = 88～95%）に富むポリマーは水溶性を示し，いずれも28℃および38℃に曇点（T_c）を有することが明らかになった。このように，ポリマー内の m 含有量の増加に伴い水溶性を示す傾向にあることが示唆され，立体規則性の制御によりその特性が変化することが明らかとなった。

2.2　保護基を有する *N*-イソプロピルアクリルアミドのアニオン重合

一方で，酸性度の高いアミド水素（pK_a = 25～26）を有する *N*-アルキルアクリルアミド類やアクリルアミド類は，*N,N*-ジアルキルアクリルアミド類とは大きく異なるアニオン重合挙動を示す[10,11]。一般的なアニオン重合条件においては，ビニル基上での付加重合と水素移動重合が併発し，1,2-付加および1,4-付加体が混合した複雑な構造の高分子となる（図2(a))。

このような副反応を抑制し，構造の明確なポリマーを得るためには，アミドプロトンの保護が必要となる[12～15]。石曽根らはこれまでに，*N*-イソプロピルアクリルアミド（NIPAM）の酸性ア

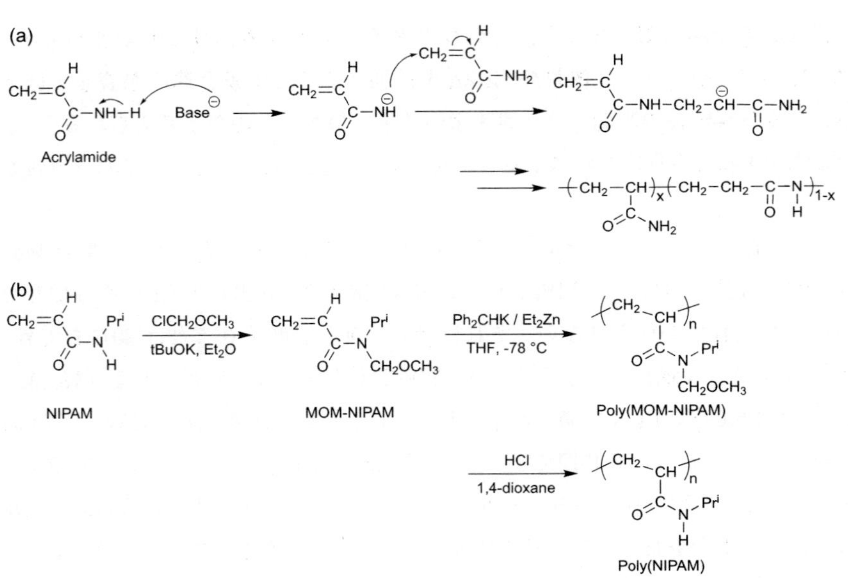

図2 (a)アクリルアミドの水素移動重合[10,11]，(b)MOM-NIPAMのアニオン重合[13～15]

ミド水素をメトキシメチル基（MOM）で保護した*N*-メトキシメチル-*N*-イソプロピルアクリルアミド（MOM-NIPAM）を設計し，その重合挙動と特性を明らかにしてきた（図2(b)）[13～15]。THF中 −78℃で Et_2Zn 存在下，DMPLi，Ph_2CHM（M = Li，K，およびCs），または Ph_3CK を開始剤として重合を行うと，一次構造の明確なポリ(MOM-NIPAM)が得られる（M_w/M_n = 1.1）。これに対し，DMPLiのみで重合を行うと，分子量分布は M_w/M_n = 2.06と大きく広がる。また，MOM基は，重合中安定であるが，塩酸酸性条件で，1,4-ジオキサン中20時間反応させると定量的に加水分解が進行し，副反応なく構造の明確なポリ(NIPAM)が得られる（図2(b)）。

通常，NIPAMのフリーラジカル重合により得られるポリ(NIPAM)の立体規則性はアタクチックとなる（*r* = 50%）。一方，MOM-NIPAMのアニオン重合では，開始剤系の選択によりシンジオタクチック，イソタクチックおよびアタクチック構造に富むポリマーが得られる。具体的には，Li^+/Et_2Zn を重合系とすると得られるポリマーはシンジオタクチックに富む構造となり（*r* = 75～83%），K^+/Et_2Zn もしくは Li^+/LiClを開始剤系とすると，アタクチック（*r* = 50%）やイソタクチック（*r* = 15～22%）に富む構造となる。

ポリ(NIPAM)においてもその水溶性および温度応答性が立体規則性に強く依存することが見出されている。特に，*m* 含量に富むポリ(NIPAM)は，水に不溶となる。一方で，アタクチックなポリマーは水溶性となり，その T_c はフリーラジカル重合により得られるポリ(NIPAM)と同様の値を示した（T_c = 32℃）。さらに，シンジオタクチック構造に富むポリ(NIPAM)の T_c は37℃となり，*r* 含量の上昇に伴い T_c が上昇する傾向が見られた。興味深いことに，ポリ(NIPAM)に見られた立体規則性と溶解性の傾向は，先述したポリ(DEA)の相関性とは対照的であった。従って，構造の厳密な制御は基本的な物性を知る上で，非常に重要であることが改めて示された。

2.3 *N,N*-ジアルキルメタクリルアミドのアニオン重合

上述のように，*N,N*-ジアルキルアクリルアミド類はラジカルやアニオン重合が可能であり，対応する単独重合体が得られる。一方，*N,N*-ジメチルメタクリルアミド（DMMA）などの *N,N*-ジアルキルメタクリルアミド類は，ラジカル重合およびアニオン重合などの重合法から単独重合体は得られないことが古くから知られている[16,17]。一般的な α,β-不飽和アクリルアミド類は，ビニル基とカルボニル基がほぼ平面構造を形成し共役構造となる。その一方で，DMMA は α 位のメチル基と窒素上のメチル基，もしくは β 位の水素と窒素上のメチル基の立体反発により共役構造を形成できず，ビニル基とカルボニル基がほぼ直角にねじれた状態で安定となるため，単独重合性を示さないと考えられている[18,19]。

一方，例外として，DMMA の窒素周りが環状構造となる *N*-メタクリロイルアジリジン（MAz）がある[20,21]（図 3）。MAz は 3 員環アジリジン含有化合物であり，*n*-BuLi や AIBN を用いると重合物が得られることが岡本らによって報告されている。歪んだ環構造であるアジリジン環を有するアミドにおいては，窒素原子周辺で四面体構造を取るピラミッド型のアミドを形成する。そのため，MAz においてメチル基同士の立体反発が解消されるようにアミド結合が回転し，ビニルおよびカルボニル間での共役が優先され，MAz が重合性を示すと考えられている。

石曽根らは，2-メチルアジリジン（M3），アゼチジン（M4），ピロリジン（M5），およびピペリジン（M6）環部位を有する一連の *N,N*-ジアルキルメタクリルアミドを合成し，その重合挙動を明らかにしている[22,23]。3 員環および 4 員環構造を有する M3 および M4 は THF 中 −78℃，DMPLi または Ph_2CHLi を開始剤とすると重合が進行し，望み通りの分子量と狭い分子量分布を

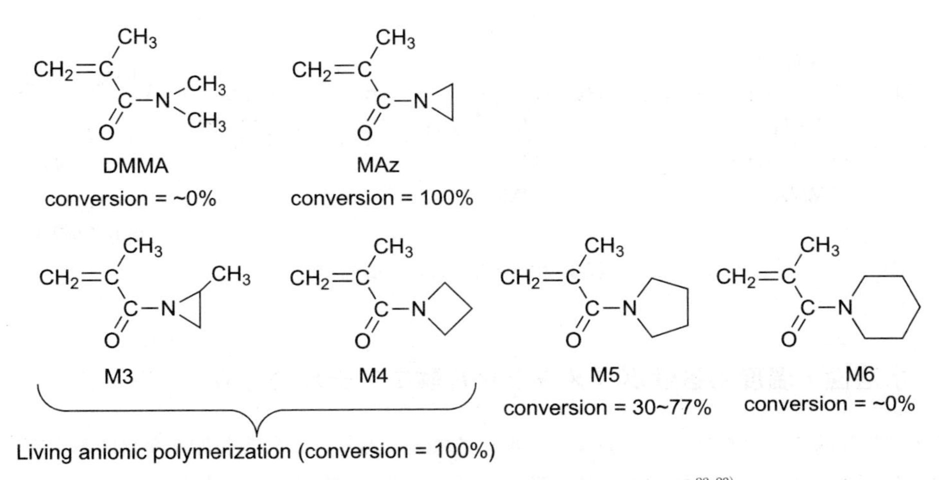

図 3　*N,N*-ジアルキルメタクリルアミド類の重合性[22,23]

有するポリマーが定量的に得られる（M_n～50,000 g/mol，M_w/M_n ＜1.1）。また，カリウムを対カチオンとした場合，顕著な重合抑制が観測されており，－78℃ではM4の重合が進行せず，72時間後でもポリマーは得られない。一方で，0℃まで昇温すると，24時間以内に重合は完結し，構造の明確なポリマーが得られる。これに対し，5員環構造を有するM5は定量的な重合には至らず，いかなる重合条件においても転化率は30～77％に留まった。さらに，6員環構造を有するM6は，通常の*N,N*-ジアルキルメタクリルアミド類と同様に，重合性を示さなかった。このように環員数と重合性には強い相関があり，環員数の増加に伴い環歪みが低下することでカルボニル基とアミド窒素間の共役が支配的となり，重合性を示さなくなったと考えられる（M3＞M4＞M5＞M6 = DMMA）（図3）。

また，得られたポリマーは環員数に応じて異なる溶解性を示した。ポリ(M3)は水に不溶であるのに対し，ポリ(M4)およびポリ(M5)は水溶性を示した。さらに，ポリ(M4)は水に良く溶解し，温度応答性を示さない一方で，ポリ(M5)は26～28℃に T_c を有していることがわかった。このようにわずかな構造の違いが重合性に加えて，生成ポリマーの水溶性・温度応答性などの特性にも影響を与える点は興味深い。

2.4 α-メチレン-*N*-メチルピロリドンのアニオン重合

さらに，ラジカル重合やアニオン重合が可能な*N,N*-ジアルキルメタクリルアミド類としてエキソメチレン部位を有する環状のα-メチレン-*N*-メチルピロリドン（MMP）がある[24,25]。環構造を持つMMPでは，炭素－炭素二重結合と隣接するカルボニル基が効果的に平面共役構造を形成し，重合性を示すと考えられている。実際に，THF中－78から0℃の温度条件でEt_2Zn存在下Ph_2CHKまたはPh_2CHLiを開始剤に用いてMMPの重合を行うと，分子量および分子量分布の制御されたポリマー（M_w/M_n ＜1.1）が定量的に得られている[25]（図4）。ポリ(MMP)は側鎖に高極性の*N*-メチルピロリドン構造を有するため水溶性を示すことも興味深い。

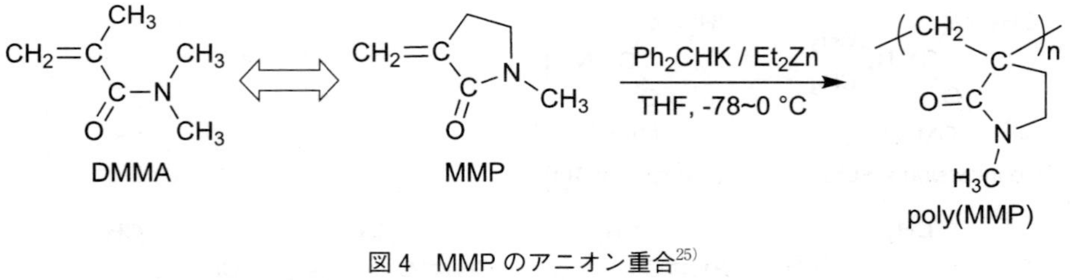

図4　MMPのアニオン重合[25]

3　水溶性・温度応答性ポリメタクリル酸エステルの合成

メタクリル酸エステル類は代表的なビニルモノマーであり，これまで様々な官能基を有する誘導体が合成されている。ポリメタクリル酸エステル類は，側鎖官能基の極性に依存した溶解性を示し，様々な水溶性ポリマーが得られている[26,27]（図5(a))。

極性官能基としてOH基は代表的な官能基であり，メタクリル酸2-ヒドロキシエチル（HEMA）が典型的なモノマー例として挙げられる。通常，OH基は酸性度の高い水素であるため，アニオン重合によりポリ(HEMA)を得るにはNIPAM同様に保護基が必要となる。実際，*tert*-ブチルジメチルシリロキシ基により保護したモノマーのアニオン重合は可能であり，続く脱保護反応により構造の明確な親水性のポリ(HEMA)が得られる[28,29]。このように，極性官能基であるOH基を有するモノマーもアニオン重合が可能となり，様々なポリマーの合成が可能となった。例えば，OH基を二つ有するポリ(メタクリル酸2,3-ジヒドロキシプロピル)[30,31]もアニオン重合により合成でき，水溶性を示すことが明らかとなった。エチレングリコールのエス

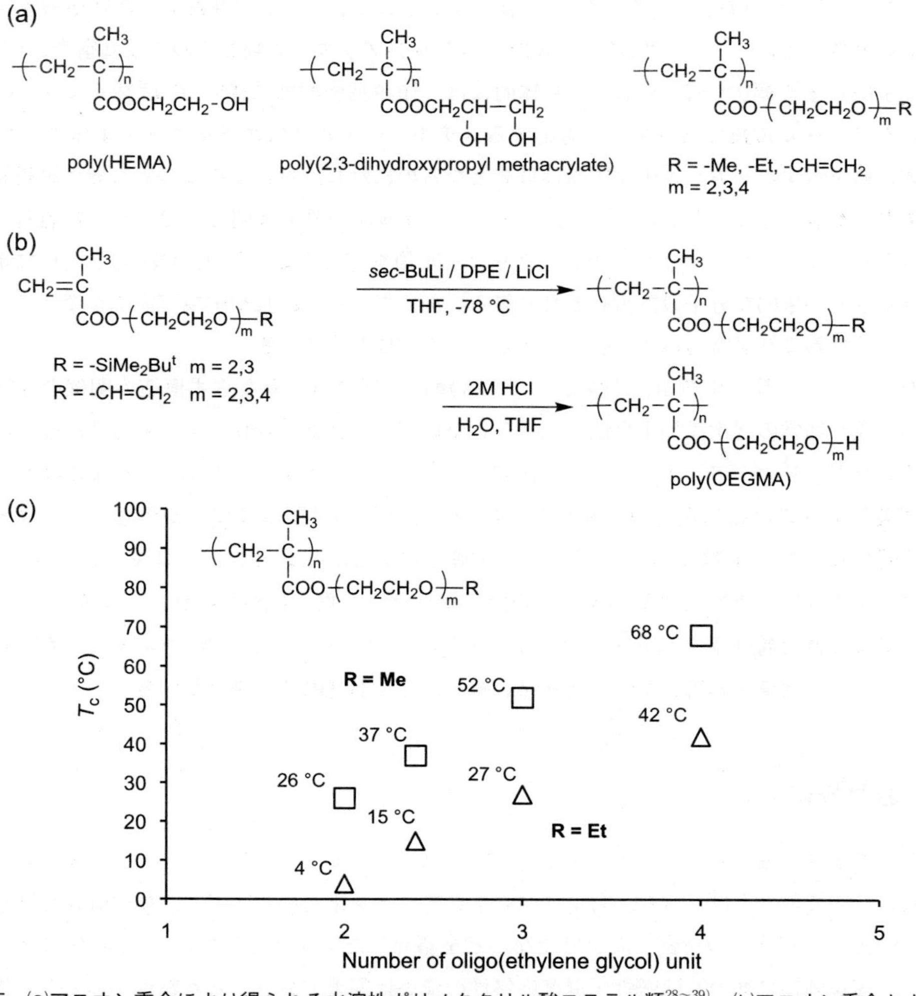

(a)

poly(HEMA)　poly(2,3-dihydroxypropyl methacrylate)　R = -Me, -Et, -CH=CH$_2$　m = 2,3,4

(b)

R = -SiMe$_2$Bu^t　m = 2,3
R = -CH=CH$_2$　m = 2,3,4

sec-BuLi / DPE / LiCl, THF, -78 °C
2M HCl, H$_2$O, THF
poly(OEGMA)

(c)

R = Me: 26 °C, 37 °C, 52 °C, 68 °C
R = Et: 4 °C, 15 °C, 27 °C, 42 °C
T_c (°C)
Number of oligo(ethylene glycol) unit

図5　(a)アニオン重合により得られる水溶性ポリメタクリル酸エステル類[28~39]，(b)アニオン重合および脱保護反応によるポリ(OEGMA)の合成[32,39]，(c) T_c とエチレングリコール側鎖長との関係[37,38]

テルであるポリ(HEMA)は水溶性を示さないが，グリセリンエステルであるポリ(メタクリル酸2,3-ジヒドロキシプロピル)は水溶性であり，OH基数による溶解性の違いが明らかとなった。

一方，水溶性・温度応答性を示すポリメタクリル酸エステルとして，側鎖にオリゴエチレングリコールを有するポリマーが近年注目を集めている[32〜39]。石曽根らはこれまでに，異なる鎖長のオリゴエチレングリコールを有するポリメタクリル酸エステル類（OEGMA）を系統的に合成し，それらの特性を明らかにしてきた。保護基を有するモノマーはTHF中 −78℃の下で，有機リチウム系/LiClまたは有機カリウム系/Et_2Znより重合でき，一次構造の明確なポリマーが定量的に得られる[32,39]。続く，脱保護反応を行うことで側鎖末端がOH基となるポリ(OEGMA)が得られ，いかなる温度でも水に溶解することが明らかになった（図5(b)）。また，エチレングリコールの末端がメチル，エチルまたはビニルエーテルとなるポリマーの合成も可能である。これらはエチレングリコール鎖長および側鎖ω-末端アルキル基に応じた水溶性および温度応答性を示すことが見出されている[37,38]（図5(c)）。実際，エチレングリコール数とその末端基構造に応じて，4℃から68℃まで幅広いT_cを示す。具体的には，側鎖長の増加に伴いT_cは高くなり，同じエチレングリコール鎖長である場合，対応するメチルエーテル体はエチルエーテル体よりも25℃近く高い値を示す。一方，エチル末端は可溶となるのに対し，対応するビニル末端は側鎖長に関わらず水に不溶となる[39]。このように，ω-末端アルキル基の効果は明らかであり，官能基に依存した特性を示す。また，オリゴエチレングリコール鎖を導入することは，OH基と同様に水溶性を賦与できる効果的な分子設計指針となり得る。加えて，その鎖長や末端官能基を変化させることで，水溶性および温度応答性を制御できることも重要な点である。

また，リビング系の特徴を活かすことで，直鎖状ポリマーのみならず構造の明確な分岐ポリマーの合成や通常の逐次添加重合法では得られないブロック共重合体の合成も可能になる。例えば，リビングポリマーアニオンと求電子性部位となるベンジルブロミド基を4点または8点有する多官能停止剤の反応は定量的に進行し，対応する腕数の星型ポリマーが得られる（図6(a)）。また，同様にして鎖末端にベンジルブロミド基を有するポリジメチルシロキサンを用いれば，カップリング反応が進行して対応する両親媒性ブロック共重合体が得られる（図6(b)）。このようにして得られた特殊構造高分子は対応するホモポリマーとは異なるT_cを示すことも明らかになっており，一次構造制御に基づく興味深い結果が今なお見出され続けている[40,41]。

4　おわりに

以上，水溶性・温度応答性を示すポリ(メタ)アクリルアミドおよびポリメタクリル酸エステルの合成について取り上げてきた。特に，リビングアニオン重合によって，立体規則性を含め一次構造の明確なポリマーの精密合成が可能なことを紹介した。ポリ(DEA)およびポリ(NIPAM)ともに，立体規則性に基づく溶解性・温度応答性の違いは顕著であり，基本物性を知る上で構造制御の重要性が示された。加えて，分岐構造を含めた一次構造制御によっても温度応答性が変化す

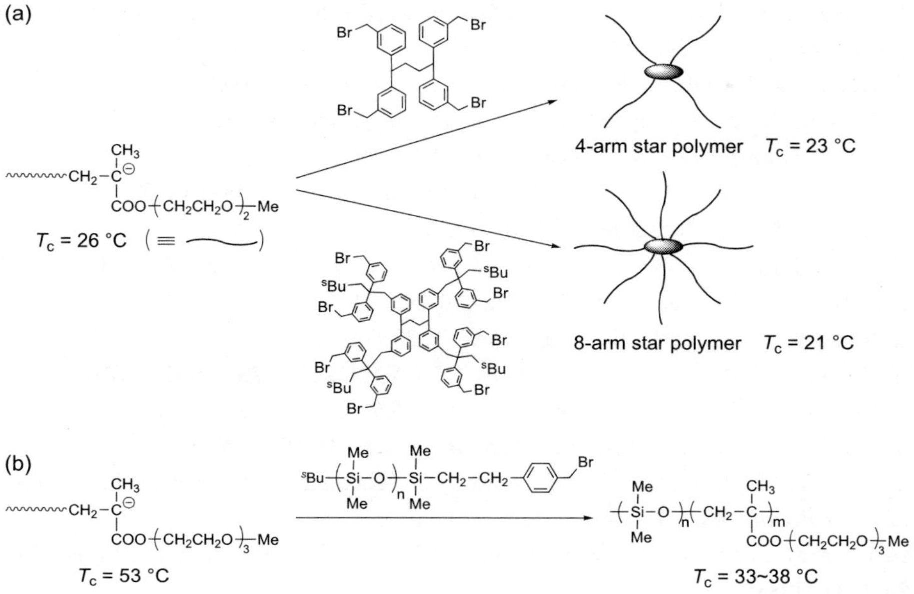

図6　(a)4本鎖および8本鎖星型ポリマーの合成[40)]，(b)カップリング反応による両親媒性ブロック共重合体の合成[41)]

る可能性が示唆されており，今後も，水溶性に加えて特徴的な温度応答性を示す新規機能性ポリマー材料研究開発が進展することが期待される。

文　　献

1) K. Butler, P. R. Thomas, G. J. Tyler, *J. of Polym. Sci.*, **48**, 357 (1960)
2) H-B. Gia, J. E. McGrath, *Polym. Bull.*, **2**, 837 (1980)
3) X. Xie, T. E. Hogen-Esch, *Macromolecules*, **29**, 1746 (1996)
4) M. Kobayashi, S. Okuyama, T. Ishizone, S. Nakahama, *Macromolecules*, **32**, 6466 (1999)
5) M. Kobayashi, T. Ishizone, S. Nakahama, *Macromolecules*, **33**, 4411 (2000)
6) S. Nakahama, M. Kobayashi, T. Ishizone, *J. of Macromol. Sci. Part A : Pure and Appl. Chem. A*, **34**, 1845 (1997)
7) M. Kobayashi, T. Ishizone, S. Nakahama, *J. Polym. Sci. Part A: Polym. Chem.*, **38**, 4677 (2000)
8) T. Ishizone, K. Yoshimura, E. Yanase, S. Nakahama, *Macromolecules*, **32**, 955 (1999)
9) T. Ishizone, E. Yanase, T. Matsushita, S. Nakahama, *Macromolecules*, **34**, 6551 (2001)
10) D. S. Breslow, G. E. Hulse, A. S. Matlack, *J. Am. Chem. Soc.*, **79**, 3760 (1957)

11) J. P. Kennedy, T. Otsu, *Journal of Macromolecular Science-Reviews in Macromolecular Chemistry*, C6, 237 (1972)
12) T. Kitayama, W. Shibuya, K. Katsukawa, *Polym. J.*, **34**, 405 (2002)
13) T. Ishizone, M. Ito, *J. Polym. Sci. Part A: Polym. Chem.*, **40**, 4328 (2002)
14) M. Ito, T. Ishizone, *Des. Monomer Polym.*, **7**, 11 (2004)
15) M. Ito, T. Ishizone, *J. Polym. Sci. Part A: Polym. Chem.*, **44**, 4832 (2006)
16) 横田健二，織田純一郎，工業化学雑誌，**73**，224（1970）
17) T. Otsu, M. Inoue, B. Yamada, T. Mori, *J. Polym. Sci., Polym. Lett. Ed.*, **13**, 505 (1975)
18) R. F. Hobson, L. W. Reeves, *J. Mag. Res.*, **10**, 243 (1973)
19) T. Kodaira, H. Tanahashi, K. Hara, *Polym. J.*, **22**, 649 (1990)
20) 渡辺七生，酒井睦司，榊原保正，内野規人，工業化学雑誌，**73**，1056（1970）
21) Y. Okamoto, H. Yuki, *J. Polym. Sci.: Polym. Chem. Ed.*, **19**, 2647 (1981)
22) T. Suzuki, J. Kusakabe, T. Ishizone, *Macromolecules*, **41**, 1929 (2008)
23) T. Suzuki, J. Kusakabe, K. Kitazawa, T. Nakagawa, S. Kawauchi, T. Ishizone, *Macromolecules*, **43**, 107 (2010)
24) M. Ueda, M. Takahashi, T. Suzuki, Y. Imai, C. U. Pittman, *J. Polym. Sci.: Polym. Phys. Ed.*, **20**, 1139 (1983)
25) T. Ishizone, K. Kitazawa, T. Suzuki, S. Kawauchi, *Macromol. Symp.*, **323**, 86 (2013)
26) H. L. Hsieh, R. P. Quirk, Anionic Polymerization: Principles and Practical Applications, Marcel Dekker Inc. (1996)
27) T. Ishizone, Y. Kosaka, R. Goseki, Anionic Polymerization, Principles, Practice, Strength, Consequences and Applications, p. 127, Wiley-VCH (2015)
28) A. Hirao, H. Kato, K. Yamaguchi, S. Nakahama, *Macromolecules*, **19**, 1294 (1986)
29) H. Mori, O. Wakisaka, A. Hirao, S. Nakahama, *Macromol. Chem. Phys.*, **195**, 3213 (1994)
30) H. Mori, A. Hirao, S. Nakahama, *Macromolecules*, **27**, 35 (1994)
31) H. Mori, A. Hirao, S. Nakahama, K. Senshu, *Macromolecules*, **27**, 4093 (1994)
32) T. Ishizone, S. Han, S. Okuyama, S. Nakahama, *Macromolecules*, **36**, 42 (2003)
33) H. Yokoyama, T. Miyamae, S. Han, T. Ishizone, K. Tanaka, A. Takahara, N. Torikai, *Macromolecules*, **38**, 5180 (2005)
34) A. Oyane, T. Ishizone, M. Uchida, K. Furukawa, T. Ushida, H. Yokoyama, *Adv. Mater.*, **17**, 2329 (2005)
35) T. Ishizone, S. Han, M. Hagiwara, H. Yokoyama, *Macromolecules*, **39**, 962 (2006)
36) R. Zhang, A. Seki, T. Ishizone, H. Yokoyama, *Langmuir*, **24**, 5527 (2008)
37) S. Han, M. Hagiwara, T. Ishizone, *Macromolecules*, **36**, 8312 (2003)
38) T. Ishizone, A. Seki, M. Hagiwara, H. Yokoyama, A. Oyane, A. Deffieux, S. Carlotti, *Macromolecules*, **41**, 2963 (2008)
39) J. Yamanaka, T. Kayasuga, M. Ito, H. Yokoyama, T. Ishizone, *Polym. Chem.*, **2**, 1873 (2011)
40) A. Hirao, R. Inushima, T. Nakayama, T. Watanabe, H.-S. Yoo, T. Ishizone, K. Sugiyama, T. Kakuchi, S. Carlotti, A. Deffieux, *Eur. Polym. J.*, **47**, 713 (2011)
41) R. Goseki, L. Hong, M. Inutsuka, H. Yokoyama, K. Ito, T. Ishizone, *RSC Adv.*, **7**, 25199 (2017)

第1章　リビングラジカル重合による高透明耐熱ポリマー材料の設計

松本章一*

1　はじめに

高機能性の透明ポリマー材料は，光通信・コンピュータ，薄型ディスプレイ，タッチパネル，太陽電池，有機ELデバイスなどの様々な用途に必要な材料であり，汎用透明樹脂であるポリメタクリル酸メチル（PMMA）やポリカーボネート（PC）などと同等の優れた光学特性に加えて，耐熱性が基本要件として求められるケースが増えている。本書で繰り返し述べられているように，高度な機能発現や物性制御が必要な材料設計にとって，リビングラジカル重合は最も確実で有力な高分子材料設計法である。ただし，様々なリビングラジカル重合の手法にはそれぞれ特徴があり，適用可能なモノマーの種類や重合条件に制約があるため，目的とするポリマー構造に最も適した重合法や重合条件を選択することが重要である。本稿では，高透明でかつ耐熱性に優れたアクリルポリマーを設計するための基本的な考え方を述べ[1]，リビングラジカル重合を応用した高透明耐熱ポリマーの合成例を紹介する。

2　耐熱性アクリルポリマーの設計

一般に，ポリマーの耐熱性は，ガラス転移温度（T_g），熱変形温度あるいは融点（T_m）などが高い，高温で電気・機械・光学特性などポリマーがもっている性能や特性が変化しない，熱分解開始温度が高い，使用条件下で長期間使用しても劣化がみられない，などの観点に基づいて評価される[1]。ラジカル重合や共重合によって合成されるビニルポリマーは，繰り返し単位の主鎖骨格が回転容易なC－C結合で構成され，優れた成形性をもち，安価で大量合成が容易である反面，T_gやT_mは重縮合や付加縮合によって得られるポリマー（主鎖の繰り返し構造に芳香環，ヘテロ原子，官能基などを含む）に対する値に比べて低いものとなる。室温以下の低いT_gをもつポリアクリル酸エステルは，主に粘着剤やシーリング材として利用され，リビングラジカル重合によって構造制御されたポリアクリル酸エステルが高機能性ポリマー材料として活用されている（第Ⅲ編を参照）。特に，有機テルル化合物を用いるリビングラジカル重合（TERP）によって合成された高分子量で構造制御されたポリアクリル酸エステルは粘着剤として適した特性を示す[2,3]。ここで，ポリアクリル酸エステルの側鎖エステル基にかさ高いアダマンチル基を導入す

*　Akikazu Matsumoto　大阪府立大学大学院　工学研究科　物質・化学系専攻
応用化学分野　教授

ると，PMMA や PC に比べてさらに高い T_g をもつガラス状ポリマーとしての特性を発揮し，通常のポリアクリル酸エステルと全く異質のポリマー材料を設計することができる[4~6]。例えば，ハードセグメント用のモノマーとしてアクリル酸 1-アダマンチル（AdA）を，ソフトセグメント用のモノマーとしてアクリル酸 *n*-ブチル（nBA）やアクリル酸 2-ヒドロキシエチル（HEA）を用いて合成したブロック共重合体の熱安定性，光学特性，機械特性などが調べられている[7]。

図 1(a)に示すアクリレートポリマーのブロックシークエンスへのアダマンチル基や極性基の導入位置を最適化すると，加工性，透明性に優れた高弾性率，高 T_{d5}（5％重量減少温度）かつ高 T_g のアクリレートポリマーを設計することができる[7]（図 1(a)）。ここで，ハードセグメントとソフトセグメントはいずれもポリアクリル酸エステルであるが，アダマンチル基は疎水性が極めて高く，両セグメントは相溶性を示さない。原子間力顕微鏡（AFM）観察や示差熱分析（DSC）測定からミクロ相分離構造の形成が確認されている（図 1(b)，(c)）。これらブロック共重合体はポリアクリル酸 1-アダマンチル（PAdA）と同等の高い透明性を示し，屈折率（n_D）アッベ数（ν_D）の値もほぼ同様の値となる（表 1）。ここで形成されるミクロ相分離構造の周期構造の大きさは可視光の波長に比べて十分小さいため，ブロック共重合体の光学特性に影響しない。ブロック共重合体の粘弾性測定や引張試験結果も報告されており[7]，弾性率，引張破断伸び，引張破断強度は，ヒドロキシ基やカルボキシ基などの極性基の導入により向上する（図 2）。さらに，ポリマー中に含まれる官能基を利用してジイソシアネート架橋すると，破断強度が数倍向上する。

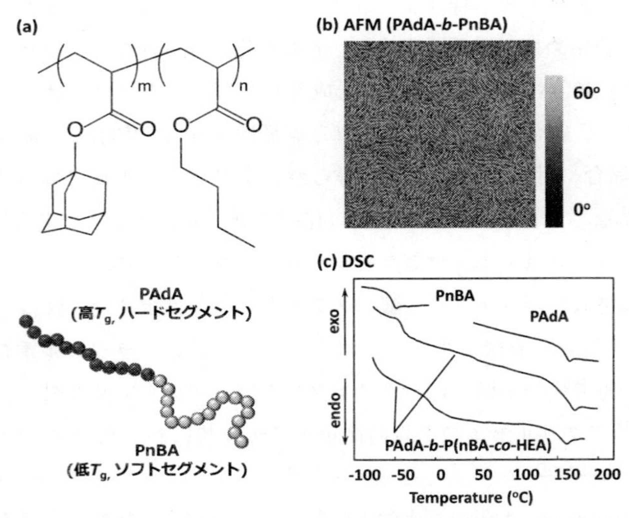

図 1　アダマンチル基を含むアクリルブロック共重合体の(a)典型的な分子構造，(b) AFM 画像（位相差），(c) DSC 曲線

表1　アダマンチル基を含む高透明耐熱アクリルポリマー材料の熱および光学特性

ポリマー	T_{d5} (℃)	T_g (℃)	n_D	ν_D	透過率（%T）(380 nm)
PMMA	303	114	1.490	53	96
PAdA	358	156	1.491	45	93
PAdA-*b*-PnBA［AdA 52 mol%］	343	−50, 151	1.492	47	93
PAdA-*b*-P(nBA-*co*-HEA)［AdA 46 mol%, HEA 14 mol%］	349	−18, 149	1.494	42	91
P(AdA-*co*-nBA)［ランダム，AdA 75 mol%］	364	25	—	—	—

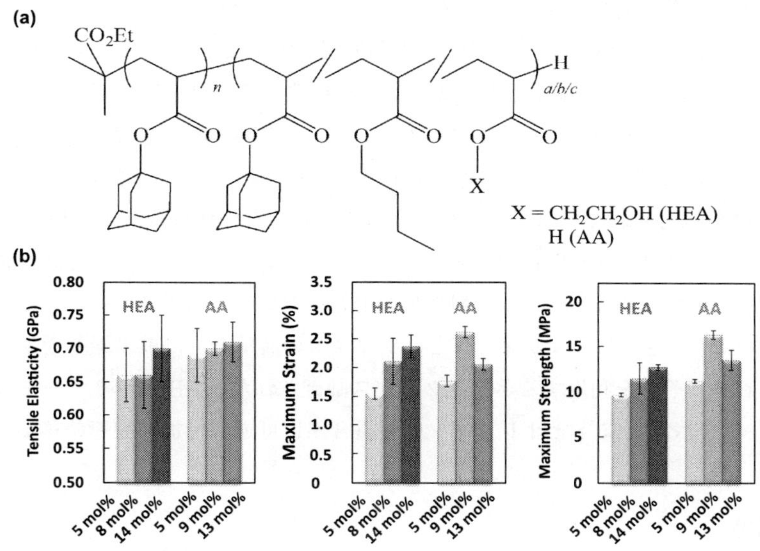

図2　アダマンチル基と極性基（ヒドロキシ基およびカルボキシ基）を含むブロック共重合体の(a)分子構造と(b)引張弾性率，引張最大伸び，および引張最大強度

HEA および AA の導入率は 5～14 mol%

3　ポリ置換メチレンの分子構造設計

アクリルポリマー耐熱化のためのもうひとつのアプローチとして，側鎖にかさ高い置換基を導入する分子設計ではなく，直接主鎖構造に環構造や置換基を導入する方法がある。主鎖炭素上に全て置換基を導入した構造をもつポリ置換メチレンは，主鎖中に柔軟なメチレン基を含まず，分子鎖の回転に制約が生じて剛直な分子鎖構造をとることが知られている[8)]。ポリ置換メチレンは，フマル酸エステルやN-置換マレイミドなどの1,2-ジ置換エチレンモノマーの重合によって合成することができ，これまでにポリ置換メチレンの構造や物性に関する特徴が明らかにされている。

3.1 マレイミド共重合体

マレイミド系共重合体が優れた耐熱性を有することはよく知られ，ビニルモノマーのラジカル重合系へのマレイミドモノマーの添加による汎用ポリマーの耐熱性向上が行われてきた。リビングラジカル重合によるマレイミド共重合体の構造制御についても多くの報告がある[9)]。マレイミド系重合体の優れた熱的性質は，安定なイミド環構造と剛直なポリ置換メチレン構造の両方の効果によるものであり，前者は化学的な耐熱性（分解温度の向上など）に，後者は物理的な耐熱性（T_gや熱変形温度の向上）に寄与する。マレイミド共重合体は300℃以上の分解開始温度（T_{d5}）と350℃以上の最大分解温度（T_{max}）を示し，ビニル系ポリマーの中で最も熱安定性に優れたポリマーとして位置づけられている[10)]。特に，マレイミドとオレフィンモノマーとの共重合体は，熱安定性だけでなく機械特性も優れ，N-メチルマレイミド（MMI）とイソブテン（IB）の交互共重合体（図３）は，高い熱安定性（350℃以上の分解開始温度や150℃以上のT_g）だけでなく，優れた光学特性（95%以上の可視光透過度）と機械特性（130 MPa以上の曲げ強度や4.5 GPa以上の曲げ弾性率）を示す[10)]。マレイミドとオレフィンの置換基の構造設計によってマレイミド共重合体のT_gを容易に制御することが可能であり，広範囲のT_g値（－68℃～212℃）をもつ共重合体の合成例が報告されている[11)]。また，マレイミド共重合体は多くの有機溶媒に可溶であり，キャスト法により良好な透明性を有するフィルムを容易に作成できる。配向複屈折と光弾性複屈折の両方をゼロにすることができる耐熱型のゼロ・ゼロ複屈折ポリマーとして光学物性が明らかにされている[12)]。さらに，マレイミドとオレフィンの共重合では前末端基効果が発現することが知られており，それを利用するとシークエンス制御されたAAB型ポリマーを得ることができる[13,14)]。さらに，マレイミドとオレフィンの共重合系に可逆的付加開裂連鎖移動（RAFT）重

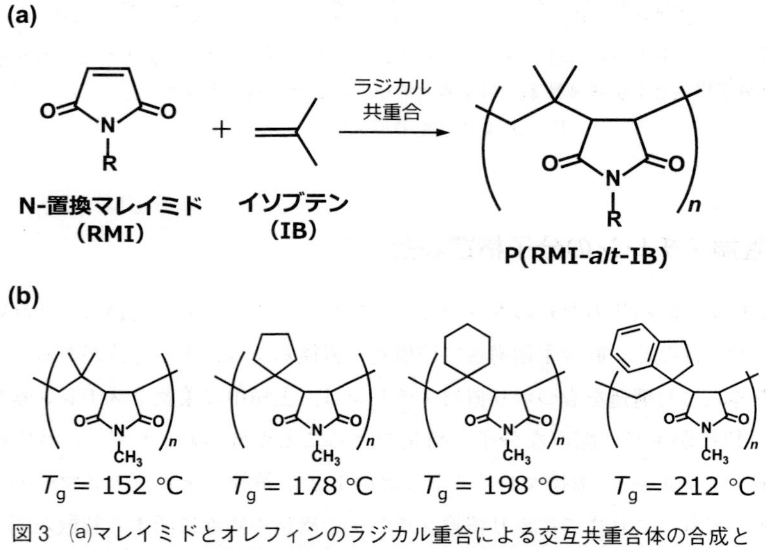

図３　(a)マレイミドとオレフィンのラジカル重合による交互共重合体の合成と(b)主鎖近傍への環構造の導入によるT_gの制御

合を適用して，主鎖および側鎖のシークエンス構造に加えて，さらに分子量や末端制御も制御されたポリマーが合成されている[15]。

3.2　ポリフマル酸エステル

1,2-二置換エチレンであるフマル酸エステルは単独でラジカル重合し，剛直なポリフマル酸エステルが生成する。フマル酸エステルの成長や停止反応の速度定数は，ビニルモノマーのそれらと比較すると明らかに小さく，フマル酸エステルの成長反応や停止反応が立体効果により著しく抑制されていることを示す[8]。重合速度は成長反応と停止反応のバランスによって決まるため，エステルアルキル基がかさ高くなるほど（イソプロピル，シクロヘキシル，*tert*-ブチルの順で）重合反応性が高くなる。また，開始反応にも特異性がみられ，ラジカル開始剤として2,2'-アゾビスイソブチロニトリル（AIBN）をフマル酸エステルの重合に用いると，1次ラジカル停止が起こりやすく，重合速度が大きくならない。これに対し，ほぼ同じ分解速度をもつ2,2'-アゾビスイソ酪酸ジメチル（MAIB）の開始による重合では，MMAなどのビニルモノマーと同等かそれ以上の速度で重合が進行する[8,16]。

最近，様々なリビングラジカル重合を用いてDiPFの重合制御について詳しい検討が行われた[17]。フマル酸エステルの重合は，上述のように他のビニルモノマーと異なる特徴をもつため，重合制御には様々な制約が生じる（表2）。RAFT重合はフマル酸エステルの重合制御に最も適した重合方法であり，分子量や末端基の構造が精密に制御されたポリフマル酸エステルを得ることができ，第2モノマーの重合によるブロック共重合体の合成が可能である。用いるモノマーの種類に多少の制約は残るものの，重合の順番を入れ替えることもできる。同じく可逆的な連鎖移動によって重合制御するTERPや可逆連鎖移動触媒重合（RTCP）を用いても構造制御されたPDiPFを得ることができるものの，重合条件の制約は避けられず，一部ホモポリマーの混入が認められる。一方，ニトロキシド媒介重合（NMP）や原子移動ラジカル重合（ATRP）では高分子量体を得ることができず，フマル酸エステルの重合制御の難しさを表している。以下に，典型的な可逆的連鎖移動剤（RAFT剤）であるジチオ安息香酸エステルとトリチオカーボネート誘導体を用いたフマル酸ジイソプロピル（DiPF）のリビングラジカル重合に関する最近の研究成果をまとめる[18,19]。

4　ジチオ安息香酸エステルを用いるDiPFのRAFT重合[18]

チオカルボニルチオ化合物をRAFT剤として用いる重合では，C=S基のイオウ原子側に成長ラジカルあるいは開始剤から発生した1次ラジカルが付加して，反応中間体の付加物ラジカル（比較的安定な炭素中心ラジカル）が生成する。この付加物ラジカルのS−R結合がラジカル開裂して新たに生じるR・がモノマーと反応してポリマー鎖の生成が開始される。ジチオカルボニル基は常にポリマーの末端に残存し，成長末端ラジカルがC=S基に付加することで，可逆的な

表2　フマル酸エステルのリビングラジカル重合の特徴

重合方法	重合の一般的な特徴	使用モノマー 第1段階⇒第2段階	構造制御	フマル酸エステルの重合に関する特徴
RAFT重合	非共役モノマーまで含めた広範囲な種類のモノマーの重合制御が可能，RAFT剤が入手容易	DiPF ⇒ 2EHA	◎	反応制御が容易，数万以上のポリマー生成，ブロック共重合体の合成可能，重合するモノマーの順番に制約
		MMA ⇒ DiPF	◎	
TERP	主に交換反応機構により重合が進行する，高分子量アクリレートポリマーの合成に最適	DiPF ⇒ 2EHA	○	モノマーの順番を入れ替え可能，マクロ開始剤の単離が困難，高分子量のブロック共重合体合成の可能性
		2EHA ⇒ DiPF	○	
RTCP	触媒が入手容易，酸素に対して安定，特にStやMMAに有効	BzMA ⇒ DiPF	△	マクロ開始剤からの開始反応が遅い，高分子量化がやや困難，DiPFを第2モノマーとしてブロック共重合体を合成可能
		DiPF ⇒ BzMA	△	
ATRP	多くの共役系モノマーに適用	DiPF	×	高分子量化が困難，ICAR-ATRPで高分子量化，ブロック共重合体合成は困難
NMP	モノマーはSt誘導体に限定	DiPF	×	ポリマー生成が困難

構造制御能の分類

◎：NMRとSEC法によって決定したシークエンス組成比がよく一致し，定量的な末端基の導入を確認，ブロック共重合体が合成可能，高度な制御が可能

○：ブロック共重合体は生成するが，制御は中程度で組成比が一致しないケースあり（ホモポリマー生成）

△：ブロック共重合体は生成するが，マクロ開始剤が残存，制御や高分子量化に課題あり

×：ポリマー生成あるいは高分子量化が困難

モノマーの略号：DiPF フマル酸ジイソプロピル，2EHA アクリル酸2-エチルヘキシル，MMA メタクリル酸メチル，BzMA メタクリル酸ベンジル，St スチレン

連鎖移動が繰り返される[20]（図4）。Z基は中間体として生成する付加物ラジカルの安定性（すなわち付加速度の制御）に密接に関係し，一方でR基の立体および共鳴構造はS−R結合の開裂速度に大きく影響する。重合の初期段階では付加物ラジカルが開裂して生成するR·がモノマーに速やかに付加すること（迅速な開始）が求められる。RAFT重合で効率よく反応制御を行うには，RAFT剤のZ基およびR基を適正に選択することが重要であるが，フマル酸エステルの重合では，成長反応が著しく遅く，開始反応で1次ラジカルの構造が反応速度に強く影響するため，通常のビニルモノマーのRAFT重合で蓄積されてきた最適化条件をそのまま適用することができない。DiPFのRAFT重合でどのような構造のRAFT剤が重合制御に適しているのかをまず明らかにする必要があった。そこで，われわれは一般的に高い連鎖移動定数をもつとされるZ基がフェニル基であるジチオベンゾエート型RAFT剤の中で，異なるR基構造をもつ種々のRAFT剤を用いたDiPFのRAFT重合を行い，分子量や多分散度，末端基導入率などを解析した結果に基づいて，R基の構造がDiPFの重合制御に与える影響を明らかにした[18]（図5）。

まず，図5に示す5種類のRAFT剤（**DB1～DB5**）を用いてDiPFのバルク重合を行った。

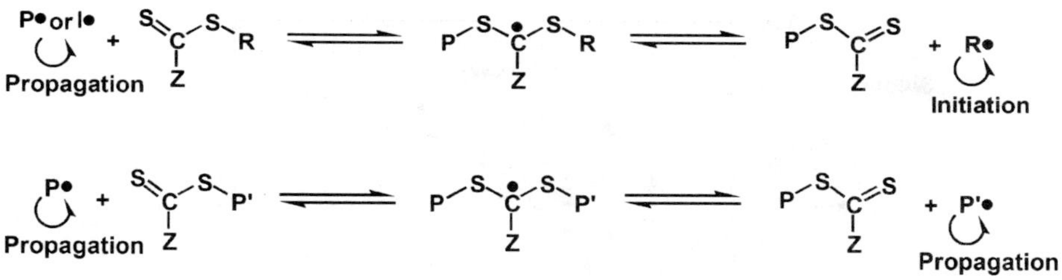

図４　RAFT 重合のラジカル活性種の交換反応機構

上段：成長ラジカルあるいは１次ラジカルの RAFT 剤への連鎖移動と R· による開始反応，
下段：成長ラジカルのポリマー鎖末端のチオカルボニル基への連鎖移動

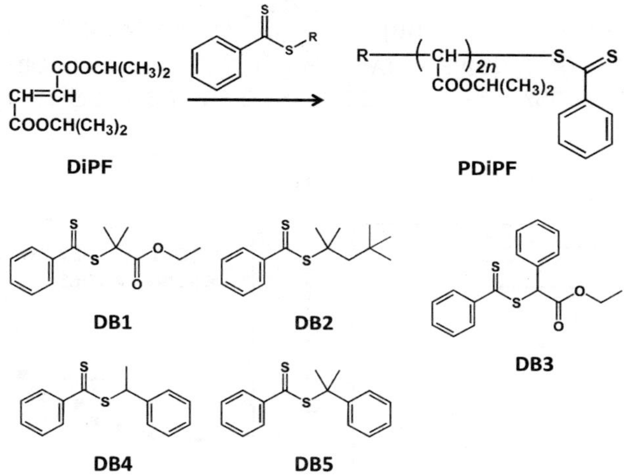

図５　ジチオ安息香酸エステルを用いた DiPF の RAFT 重合と使用した RAFT 剤の化学構造

ラジカル開始剤に対して過剰量の RAFT 剤を用いると重合の抑制が起こり，開始剤が多いと２分子停止により重合制御が妨げられるため，MAIB の濃度調整が必要となる。**DB1** や **DB2** を用いた重合では少量の MAIB 添加（[MAIB]/[RAFT 剤]＜0.70）で高反応率まで重合が進行したが，**DB3**～**DB5** を用いた場合は同じ MAIB 濃度条件では重合時間を延ばしても，長時間の誘導期が存在してポリマーは生成せず，高反応率でポリマーを得るには大量の MAIB（[MAIB]/[RAFT 剤]＞1.4）を用いる必要があった（図６）。**DB1** および **DB2** を用いた重合では狭い多分散度（M_w/M_n = 1.2～1.4）をもつポリマーが生成し，SEC 曲線も重合率の増加とともに単峰性を維持したまま高分子量体へシフトした（図７）。ここで，数平均分子量（M_n）はすべての系で反応率の上昇とともに増加し，**DB1** および **DB2** を用いた重合では理論値とよく一致した M_n が得られた。

得られたポリマーの ^{1}H NMR スペクトルには，PDiPF の繰り返し構造に加えて，ω 末端のジチオベンゾエート基に帰属されるピーク（d～f，7.3～7.9 ppm）やポリマー α 末端に導入され

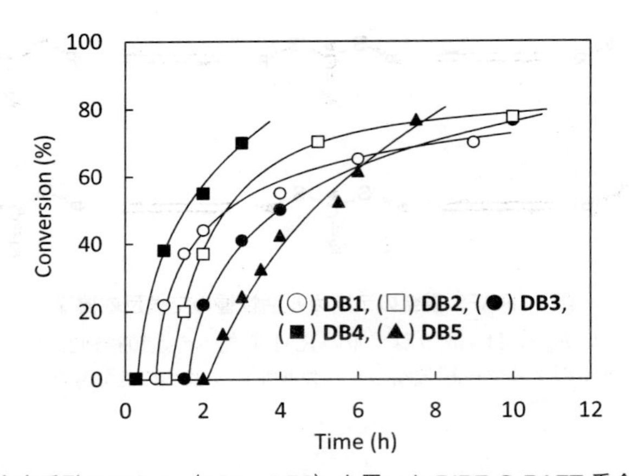

図6　種々のジチオ安息香酸エステル（DB1～DB5）を用いたDiPFのRAFT重合の時間―反応率曲線
バルク重合，80℃，[DiPF]/[MAIB]/[RAFT剤] = 200/0.35/1（DB1），
200/0.70/1（DB2），200/2.1/1（DB3），200/2.8/1（DB4），200/1.4/1（DB5）

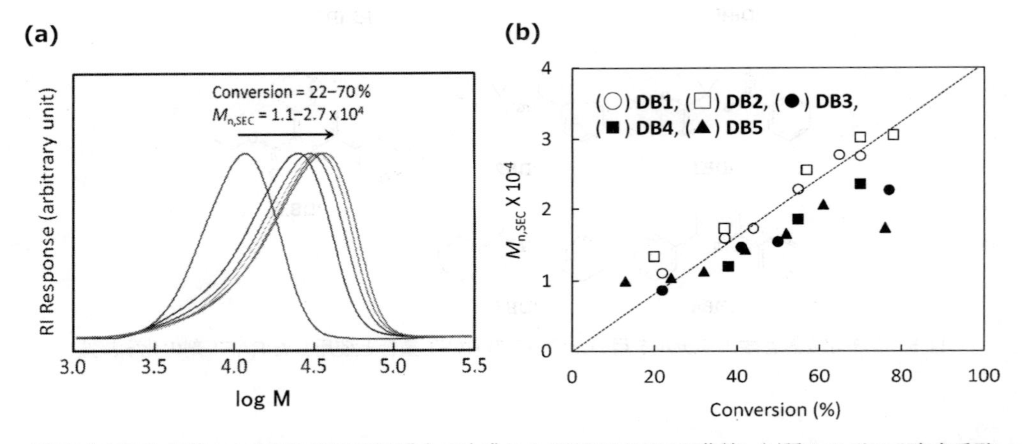

図7　(a) DB1を用いたDiPFのRAFT重合で生成したPDiPFのSEC曲線，(b)種々のジチオ安息香酸エステル（DB1～DB5）を用いたDiPFのRAFT重合の反応率と分子量の関係
点線は計算値。重合条件については図6を参照。

たRAFT剤のR基に由来するピーク（g, 4.0 ppm）が観察された（図8）。それらに加えて，MAIBの1次ラジカルに由来するピーク（k, 3.6 ppm）も観測された。DB1を用いた重合では，ジチオベンゾエート基とR基両方ともに95%と高い導入率を示した（表3）。MAIBからの1次ラジカルの導入率は13%であった。DB2ではジチオベンゾエート基の導入率は82%と高かったが，R基の導入率が52%，MAIB1次ラジカルの導入率が28%となり，DB1に比べると制御能に劣ることがわかる。DB3～DB5の場合，ジチオベンゾエート基やR基の導入率はさらに低く，成長ラジカル間の2分子停止が抑制できていないことがわかる。

ポリマー末端の構造を完全に制御するためには，RAFT剤の付加物ラジカルから素早くR・が

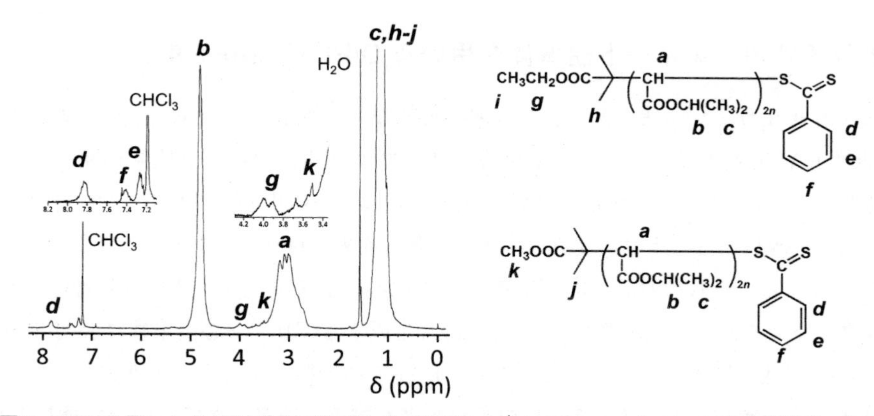

図8　DB1を用いたRAFT重合で生成したPDiPFの^{1}H NMRスペクトルと末端基構造の帰属

表3　DiPFのRAFT重合（バルク重合，80℃）で生成したポリマーへの各末端基の導入率

RAFT剤	重合条件 ([DiPF]/[MAIB]/[RAFT剤])	M_n(SEC) $\times 10^{-4}$	末端基の導入率（%）		
			ジチオベンゾエート基	R基	MAIB断片[a]
DB1	200/0.35/1	1.10	95	95	13
DB2	200/0.70/1	1.72	82	52	28
DB3	200/2.1/1	0.85	72	37	62
DB4	200/2.8/1	1.84	46	27	50
DB5	200/1.4/1	0.99	40	36	39

[a] $-C(CH_3)_2COOCH_3$

脱離し，さらにそのラジカルがDiPFへ速やかに付加して重合が再開始されることが必要である。付加物ラジカルからR・が生成する速度はR基の構造に依存し，R基が第2級炭素ラジカルを生成するよりも第3級炭素ラジカルを生成する方が速く，フェニル基やエステル基などの共役性置換基があればさらに生成速度が速くなる。ここで用いたRAFT剤からのR・の生成速度は**DB5**＞**DB3**＞**DB1**＞**DB2**＞**DB4**の順となる。R・のDiPFへの付加速度を比較すると，**DB3**や**DB5**が生成するR・の立体障害が大きく，DiPFと反応しにくいことが予想される。また，**DB2**や**DB4**が生成する電子供与性置換基をもつR・は，**DB1**が生成する電子求引性のエステル基をもつR・に比べてDiPFに付加しやすいと考えられる[21)]。このことからR・のDiPFへの付加速度は**DB4**≧**DB2**＞**DB1**＞**DB3**≧**DB5**と予想できる。R・の生成速度とDiPFへの付加速度は相反しており，**DB3**や**DB5**を用いた場合，R・の生成速度が大きいが，生成したR・のDiPFへの付加が遅く，逆に**DB2**や**DB4**ではR・がDiPFに付加しやすいが，付加物ラジカルからのR・の生成が遅く，重合制御に至らなかったことが明らかにされた。**DB1**はこれらRAFT剤の中で中間的な反応性をもち，R・の生成速度とDiPFへの付加速度がいずれも適度な大きさにあり，DiPFのRAFT重合制御に最も優れた効果を示した。

5 トリチオカーボネート誘導体を用いるDiPFのRAFT重合

中心にトリチオカーボネート基を含み，開裂可能な2つのR基が両側に結合した左右対称型の2官能性RAFT剤を用いるとABA型のトリブロック共重合体を2段階の重合で合成できる[20]（図9）。このタイプの2官能性RAFT剤ではポリマーの中心にトリチオカーボネート基が残存し，着色の原因となるトリチオカーボネート基の除去を行うと，ポリマー構造が分断されてしまうことになる。これに対し，RAFT剤分子の中心にR基をもち，2つの非対称型のトリチオカーボネート基をもつ2官能性RAFT剤では，生成するポリマーの両末端にRAFT基が残存し，主鎖の耐熱性に影響を与えることもなく，RAFT基の除去を行うことができる。われわれは，トリチオカーボネートによるDiPFの重合制御も試み，後者のタイプの2官能性RAFT剤を用いてABA型のトリブロック共重合体を効率よく合成できることを見出した[19]。2官能性トリチオカーボネート型RAFT剤である**T2**を新規に合成し，第1モノマーとしてDiPFを，第2モノマーとしてアクリル酸2-エチルヘキシル（2EHA）を用いて合成した剛直PDiPFセグメントを中央部分に含むトリブロック共重合体の熱的および光学的性質の評価を行った[19]。

まず，1官能性トリチオカーボネートRAFT剤**T1**を用いてDiPFのRAFT重合を行い，上述のジチオベンゾエート型RAFT剤である**DB1**による重合結果と比較したところ，**DB1**と同様の少ない開始剤量で重合は速やかに進行し，4時間で重合率81%に達することがわかった（図10(a)）。同条件でそれぞれ**T1**と**DB1**を用いた重合の初期速度を比較すると，**T1**を用いた系で時間―反応率曲線の初期勾配が大きく，重合が進行しやすい傾向があり，長時間重合後の最終到達収率も**T1**を用いた方が高くなった。StやMMAなどのビニルモノマーのRAFT重合におけるトリチオカーボネート化合物への連鎖移動定数は，ジチオベンゾエート化合物のそれらに比べると小さいことが報告されており，重合速度の違いに反映されたと考えられる。得られたポリマーのM_nは反応率の増加とともに，直線的に増加し，理論値とよく一致した。M_w/M_nの値は

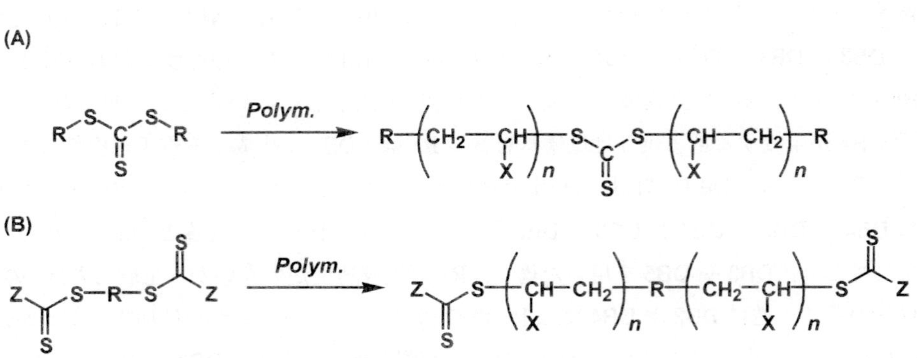

図9 2官能性RAFT剤を用いるポリマー合成法
(a)対称型の2官能性RAFT剤（トリチオカーボネート基はポリマーの中央に位置する），
(b)非対称型の2官能性RAFT剤（トリチオカーボネート基はポリマーの両末端に位置する）

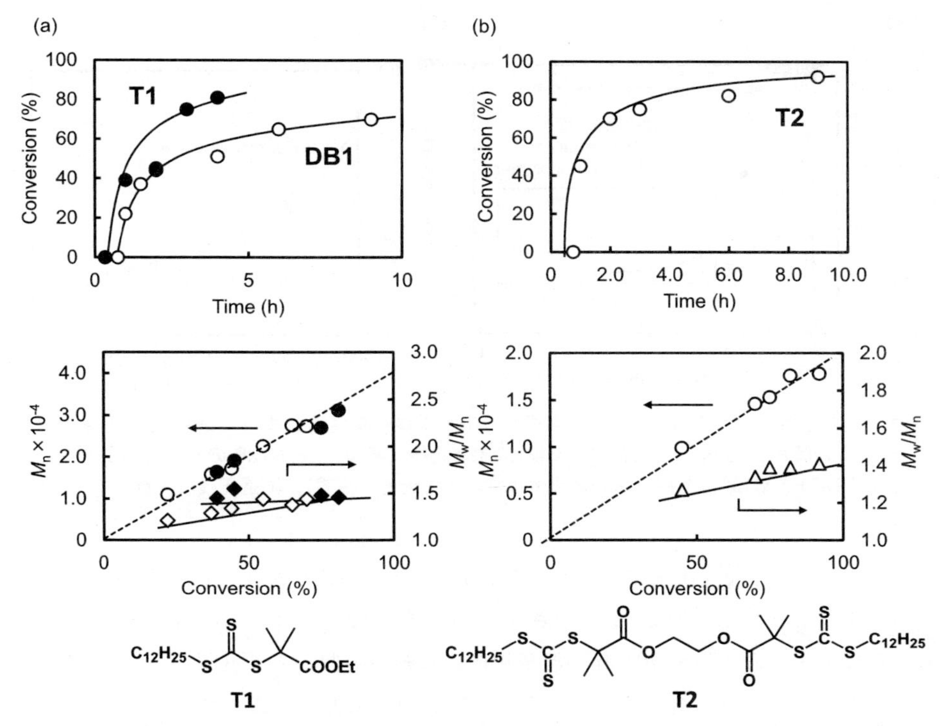

図10　(a)1官能性RAFT剤T1（●，◆）およびDB1（○，◇）を用いたDiPFのRAFT重合の時間―反応率ならびに反応率―分子量の関係，(b)2官能性RAFT剤T2を用いたDiPFのRAFT重合の時間―反応率ならびに反応率―分子量の関係

バルク重合，80℃，[DiPF]/[MAIB]/[RAFT剤] = 200/0.35/1（モル比）

1.45～1.55であり，**DB1**存在下で生成したポリマー（M_w/M_n = 1.21～1.41）に比べるとやや大きな値であった。2分子停止の影響を軽減するため，高い**T1**濃度で重合を行ったところ，精密に制御された分子構造をもつPDiPFが生成し，**DB1**を用いた場合とほぼ同等の末端基導入率（> 98%）を有するポリマーが得られた。このように，トリチオカーボネート型RAFT剤の濃度を高くすることでジチオベンゾエート型RAFT剤と同等の程度の重合制御が可能であることがわかった。2官能性RAFT剤である**T2**を用いて1官能性の**T1**による重合と同様の条件で行ったところ，少ない開始剤量（[MAIB]/[**T2**] = 0.35）で重合は速やかに進行し，9時間重合後の反応率は92%に到達した（図10(b)）。得られたポリマーのM_nは重合率の増加とともに直線的に増加し，理論値ともよく一致した。多分散度は1.27～1.41であり，**T1**と比べて狭い分子量分布をもつことがわかった。**T2**から生成したポリマー（**PDiPF-T2**，M_n = 10,500，M_w/M_n = 1.28）が**DB1**と同等の90%以上の高い末端官能基導入率を保持することを確認し，これをマクロRAFT剤として使用して2EHAの重合を行ったところ，10時間の重合で反応率は83%に到達し，生成ポリマーのM_nは反応率の増加とともに直線的に増加し，理論値ともよく一致した。多分散度は比較的狭い値（1.27～1.41）となった。

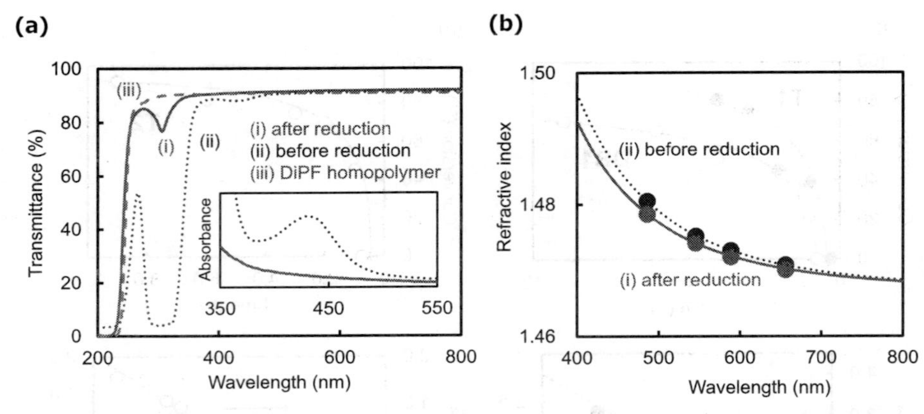

図 11　2 官能性 RAFT 剤 T2 を用いて合成したトリブロック共重合体の(a) UV-vis 透過率（フィルム厚さ 50 μm）。(i)還元前（点線），(ii)還元後（実線），(iii) MAIB のみを用いて合成した PDiPF（破線），(b)屈折率の波長依存性。(i)還元前（点線），(ii)還元後（実線）

ここで生成したポリマーの末端にはトリチオカーボネート基が結合しているため，固体や溶液状態で黄色を呈することが肉眼でも観察された。**PDiPF-T2** フィルムの紫外・可視光スペクトルの 280～360 nm および 370～470 nm の波長領域には強い吸収があり（図 11），*n*-ブチルアミンを用いてトリブロック共重合体の末端基をほぼ定量的に除去することができ，屈折率は低下した。また，末端基除去前後でアッベ数は 48.9 から 55.5 まで向上した。

このように，2 官能性 RAFT 剤 **T2** を用いた DiPF の RAFT 重合によって生成したポリマーの M_n はいずれも理論値とよく一致し，多分散度も狭く，末端基構造も十分に制御されていることがわかった。また，生成ポリマーをマクロ連鎖移動剤として用いて 2EHA を重合すると，M_n と組成比が制御されたトリブロック共重合体が効率よく得られた。トリブロック共重合体は黄色での着色が認められたが，還元剤で処理して末端基除去することによって無色化でき，最終生成物は高い透明性とアッベ数を示した。

6　おわりに

耐熱性を付与した高透明アクリルポリマーの材料設計に，リビングラジカル重合を含めた精密ラジカル重合が有効な例として，アクリル酸アダマンチル，マレイミド，フマル酸エステルの重合をとりあげ，生成ポリマーの耐熱性や光学特性について解説した。特に，リビングラジカル重合によるブロック共重合体の合成は，これらポリマー材料の光学特性と耐熱性の両方を活かすための精密分子設計の手法に欠かせない重合方法であり，高透明耐熱ポリマー材料の用途にあわせた精密分子設計にリビングラジカル重合がさらに活用されていくことが期待される。

文　　献

1) (a)松本章一，透明ポリマーの材料開発と高性能化（谷尾宣久監修），シーエムシー出版，p. 37 (2015)；(b)松本章一，工業材料，**66**(4)，38 (2018)
2) (a) S. Yamago, *Chem. Rev.*, **109**, 5051 (2009)；(b)河野和浩，日本接着学会誌，**52**，300 (2016)
3) (a) T. Inui, K. Yamanishi, E. Sato, and A. Matsumoto, *Macromolecules*, **46**, 8111 (2013)；(b)松本章一，日本接着学会誌，**50**，72 (2014)
4) (a) A. Matsumoto, S. Tanaka, and T. Otsu, *Macromolecules*, **24**, 4017 (1991)；(b) T. Otsu, A. Matsumoto, A. Horie, and S. Tanaka, *Chem. Lett.*, **20**, 1145 (1991)；(c) A. Matsumoto and T. Otsu, *Chem. Lett.*, **20**, 1361 (1991)
5) 松本章一，機能性モノマーの選び方・使い方事例集，技術情報協会，p. 247 (2017)
6) 石曽根隆，有機合成化学協会誌，**67**，156 (2009)
7) Y. Nakano, E. Sato, and A. Matsumoto, *J. Polym. Sci., Part A: Polym. Chem.*, **52**, 2899 (2014)
8) 松本章一，（蒲池幹治，遠藤剛，岡本佳男，福田猛監修），エヌ・ティー・エス，p. 456 (2010)
9) (a) E. Harth, C. J. Hawker, W. Fan, and R. M. Waymouth, *Macromolecules*, **34**, 3856 (2001)；(b) Y.-L. Zhao, C.-F. Chen, and F. Xi, *J. Polym. Sci., Part A: Polym. Chem.*, **41**, 2156 (2003)；(c) J. Lokaj, I. Krakovsky, P. Holler, and L. Hanykova, *J. Appl. Polym. Sci.*, **92**, 1863 (2004)；(d) S. Pfeifer and J.-F. Lutz, *J. Am. Chem. Soc.*, **129**, 9542 (2007)；(e) N. Baradel, O. Shishkan, S. Srichan, and J.-F. Lutz, *ACS Symp. Ser.*, **1170**, 119 (2014)；(f)佐藤浩太郎，上垣外正巳，高分子論文集，**72**，421 (2015)；(g) K. Nishimori, M. Ouchi, and M. Sawamoto, *Macromol. Rapid Commun.*, **37**, 1414 (2016)
10) (a)松本章一，久野美輝，山本大介，山本大貴，岡村晴之，高分子論文集（総合論文），**72**，243 (2015)，およびその引用文献；(b) A. Matsumoto, *ACS Symp. Ser.*, **1170**, 301 (2014)
11) (a) M. Hisano, K. Takeda, T. Takashima, Z. Jin, A. Shiibashi, and A. Matsumoto, *Macromolecules*, **46**, 3314 (2013)；(b) M. Hisano, K. Takeda, T. Takashima, Z. Jin, A. Shiibashi, and A. Matsumoto, *Macromolecules*, **46**, 7733 (2013)
12) S. Beppu, S. Iwasaki, H. Shafiee, A. Tagaya, and Y. Koike, *J. Appl. Polym. Sci.*, **131**, 40423 (2014)
13) D. Yamamoto and A. Matsumoto, *Macromol. Chem. Phys.*, **213**, 2479 (2012)
14) (a) K. Satoh, M. Matsuda, K. Nagai, and M. Kamigaito, *J. Am. Chem. Soc.*, **132**, 10003 (2010)；(b) M. Matsuda, K. Satoh, and M. Kamigaito, *J. Polym. Sci., Part A: Polym. Chem.*, **51**, 1774 (2013)；(c) M. Matsuda, K. Satoh, and M. Kamigaito, *Macromolecules*, **46**, 5473 (2013)
15) T. Soejima, K. Satoh, and M. Kamigaito, *J. Am. Chem. Soc.*, **138**, 944 (2016)
16) A. Matsumoto and T. Otsu, *Macromol. Symp.*, **98**, 139 (1995)
17) A. Matsumoto, N. Maeo, and E. Sato, *J. Polym. Sci., Part A: Polym. Chem.*, **54**, 2136 (2016)
18) K. Takada and A. Matsumoto, *J. Polym. Sci., Part A: Polym. Chem.*, **55**, 3266 (2017)
19) K. Takada and A. Matsumoto, to be submitted
20) (a) J. Chiefari, Y. K. Chong, F. Ercole, J. Krstina, J. Jeffery, T. P. T. Le, R. T. A. Mayadunne, G. F. Maijs, C. L. Moad, G. Moad, E. Rizzardo, and S. H. Tang, *Macromolecules*, **31**, 5559 (1998)；

(b) G. Moad, E. Rizzardo, and S. H. Thang, *Polymer*, **49**, 1079 (2008)；(c) G. Moad, *Polym. Chem.*, **8**, 177 (2017)

21) (a) T. Otsu, A. Matsumoto, K. Shiraishi, N. Amaya, and Y. Koinuma, *J. Polym. Sci., Part A: Polym. Chem.*, **30**, 1559 (1992)；(b) A. Matsumoto and T. Sumihara, *J. Polym. Sci., Part A: Polym. Chem.*, **55**, 288 (2017)

第2章　リビングラジカル重合による POSS含有ブロック共重合体の合成

早川晃鏡*

1　はじめに

高分子合成化学における付加重合は，適用可能なモノマーの種類や活性種が豊富であり，目的物となる高分子化合物に対し汎用性の高い重合系として広く知られている。その中でも，連鎖移動や停止反応が実質的に無視できる「制御された（Controlled）ラジカル重合」は，ラジカルを活性種とする「リビングラジカル重合」として，近年目覚ましい進展を遂げている。ここで述べるまでもなく，リビング重合は生長末端アニオンを活性種とするリビングアニオン重合を端に発展してきた重合系である。その最大の特徴のひとつは，ブロック共重合体の合成である。ポリマーの生長活性末端に新たなモノマーを加え，重合を続けることにより，異なるポリマー鎖が連結したブロック共重合体が得られる。リビングラジカル重合によるブロック共重合体の合成では，リビングアニオン重合で得られるポリマーの特徴に近い分子量規制や狭い分子量分布を望むことができる。さらに，必要試薬類の精製や合成操作はフリーラジカル重合と同程度で十分であることを考えると，容易さや手軽さもその特徴のひとつとして挙げられる。すでに複数のリビングラジカル重合が開発されており，例えば，原子移動ラジカル重合（Atom Transfer Radical Polymerization，ATRP）[1]，ニトロキシドを介した重合（Nitroxide-mediated Polymerization, NMP）[2]，可逆的付加－開裂連鎖移動重合（Reversible Addition/Fragmentation Chain Transfer Polymerization，RAFT）[3~5]，有機テルル化合物を用いる重合（Organotellurium-mediated Living Radical Polymerization，TERP）[6] などがよく知られている。目的に応じた重合法によって一次構造が精密に制御されたブロック共重合体が比較的容易に合成できるようになり，得られるポリマーの物性機能に基づいた新しい材料開発が積極的に試みられている。次世代半導体微細加工技術として注目されているブロック共重合体リソグラフィもそのひとつであり，要求特性に応じて分子構造設計されたブロック共重合体の創製について研究開発が進められている[7~12]。

高度情報化社会の発展は目覚ましく，身近なコンピュータやスマートフォンの快適さ，利便性の高さが日々の生活に浸透している。この原動力はエレクトロニクス技術の進展にあり，特に半導体の微細加工技術を駆使したデバイスの高集積化と高速化による電子機器の高性能化に基づいている。これまで，代表的な微細加工技術であるフォトリソグラフィ技術の絶え間ない発展が回路パターンの最小加工寸法の記録を何度も塗り替え，デバイスの高性能化に大きく貢献してきた。しかしながら，パターン幅のハーフピッチ（凸部のみの幅）が 10 nm を下回るサイズ

＊　Teruaki Hayakawa　東京工業大学　物質理工学院　材料系　教授

(sub-10 nm) の追求が始まってからは技術的にもコスト的にも難しい局面を迎えている。このような背景の下, 物質が自発的に構造を形成する自己組織化現象を活用する新しいリソグラフィ技術が注目されている[7~11]。ブロック共重合体が織りなす周期構造を微細加工に利用する“ブロック共重合体リソグラフィ”であり, 高解像度で安価な微細加工が実現できる新技術として期待が寄せられている。

本稿では, ブロック共重合体リソグラフィに用いる微細加工用材料として, 筆者らが取り組んでいるRAFT法によって得られるブロック共重合体の合成例と得られるポリマーの構造解析について紹介する[12]。

2 RAFT法によるPOSS含有ブロック共重合体の合成

2.1 POSS含有ブロック共重合体の分子設計

ブロック共重合体リソグラフィでは, 半導体基板上に形成されるブロック共重合体薄膜のミクロ相分離構造を直接に加工することでパターンが創出される。すなわち, 薄膜におけるミクロ相分離構造, 微細加工サイズ, レジスト性能, パターン解像度等の要求特性に応じた材料設計がブロック共重合体の分子構造設計に求められる。代表的なブロック共重合体リソグラフィ材料として, ポリスチレン-*b*-ポリメタクリル酸メチル (PS-*b*-PMMA) が広く知られている。PS-*b*-PMMAでは, シリコン基板上の薄膜において簡便な熱処理により明確なミクロ相分離構造が形成される。酸素プラズマによるドライエッチングによりエッチング耐性に優れるPSドメインが残存し, ミクロ相分離構造に基づいた凹凸パターンが得られる。さらに, PS-*b*-PMMAは薄膜ミクロ相分離構造において, 垂直配向ドメインを形成する。これは, PSおよびPMMAの表面自由エネルギーが同等程度であることに基づいていると考えられている。この垂直配向ドメインの形成は高解像度の微細加工パターンを得るためにきわめて重要である。一方で, PS-*b*-PMMAは薄膜におけるミクロ相分離構造の恒等周期長において, その最小サイズが次世代に求められる10 nm以細のパターン幅を生み出すには十分でなく, 求められる微細加工サイズの到達に課題を残している。

要求特性を十分に満たす新しいブロック共重合体の開発が求められている中, 筆者らはケイ素を含有したブロック共重合体に注目し材料研究に取り組んできた[12~19]。ポリヘドラルオリゴメリックシルセスキオキサン (Polyhedral Oligomeric Silsesquioxanes (POSS)) は三官能性シランを加水分解することで得られる組成式 $(RSiO_{1.5})_n$ の明確な構造の有機・無機複合体である。分子中に数多くのケイ素を含有しており, 酸素プラズマに対して高いエッチング耐性を示す。さらに, 単一分子量で構造が明確であるかご形POSSの多くは250℃程度以上の高い融点をもつ結晶性化合物であり, 広く一般の有機溶媒に対して高い溶解性を示すことも知られている。筆者らは, これらの性質を示すPOSSに着目し, POSSを含有したブロック共重合体が新しい世代のリソグラフィ材料に適切であると考え, 研究開発に取り組んできた。ここではその一例として,

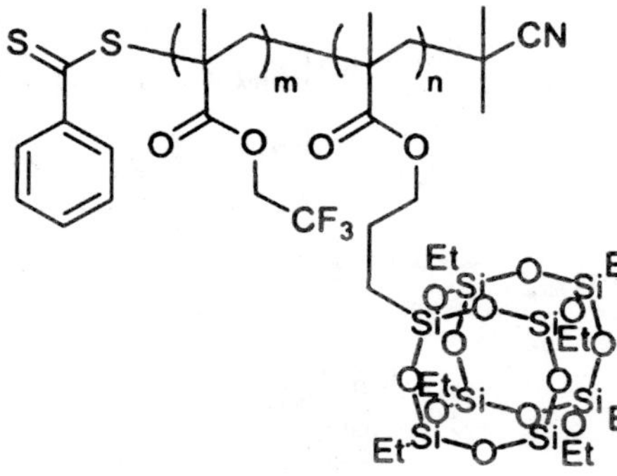

PMAPOSS-*b*-PTFEMA

図1　PMAPOSS-*b*-PTFEMAの化学構造式

POSS含有ポリメタクリレート（poly(POSS methacrylate), PMAPOSS）とフッ素含有ポリメタクリレート（poly(trifluoroethyl methacrylate), PTFEMA）からなるブロック共重合体（PMAPOSS-*b*-PTFEMA）について取り上げる（図1）。フッ素含有ポリマーであるPTFEMAを採用した理由は，薄膜ミクロ相分離構造における垂直配向ドメインの形成を求めたことにあった。PS-*b*-PMMAに倣い，PMAPOSSと同程度の表面自由エネルギーを示すPTFEMAをブロック共重合体の一成分とすることにより，ドメインの垂直配向が望めると考えた。またPTFEMAはPMAPOSSに比較して酸素プラズマに対するエッチング耐性が大幅に低いことから，容易に分解が進行し凹凸パターンを与えることも期待した。

2.2　RAFT法によるホモポリマーの合成

複数のリビングラジカル重合の中で，筆者らはRAFT法を取り上げ，ブロック共重合体の合成に取り組んだ。半導体リソグラフィによる微細加工過程において，金属成分を含む不純物の微量混入はパターンの欠陥を招く原因となることがある。RAFT法はその重合系に金属を含まず，またモノマーの適用範囲も広いことから，半導体リソグラフィ用の材料合成に適していると考えた。

目的とするPMAPOSS-*b*-PTFEMAの合成を実施するのに先立ち，それぞれのモノマーの重合条件について検討を行った（図2）。まず，フッ素含有モノマーであるTFEMAに対して適切なRAFT剤および重合溶媒の検討を行った。典型的なRAFT剤として報告例のある4-Cyano-4-[(dodecylsulfanylthiocarbonyl)sulfanyl]pentanoic acid（CDTPA），または2-Cyano-2-propyl benzodithioate（CPDB）を取り上げた。

TFEMAの重合は，開始剤にAIBN，RAFT剤にCDTPAを用い，60℃で24時間攪拌することにより行った。重合溶媒には，低極性溶媒としてトルエン，およびフッ素含有溶媒として1,1,1,3,3,3-Hexafluoro-2-propanol（HFIP）を検討した。メチルメタクリレート（MMA）や

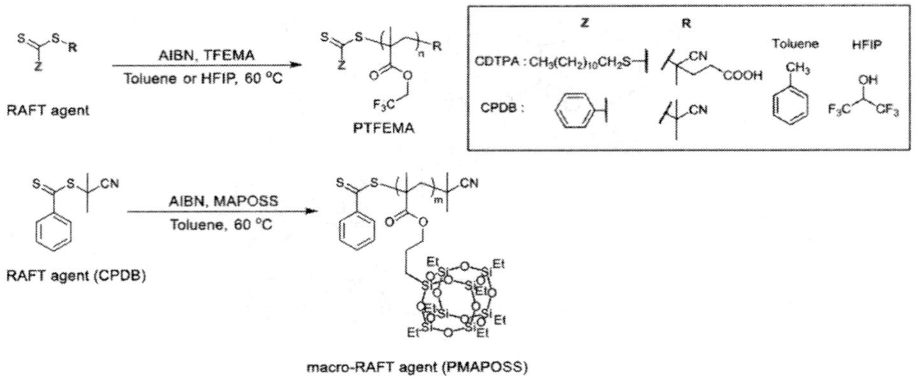

図2　TFEMA および MAPOSS の RAFT 法によるリビングラジカル重合

アルキルメタクリレートのような典型的なメタクリルモノマーには，低極性を示すトルエンが溶媒としてしばしば使用される。TFEMA の重合をトルエン中にて，異なる濃度（30 wt%，60 wt%，80 wt%）にて行った結果，より高濃度において，高分子量体の PTFEMA が得られることがわかった。得られたポリマーの分子量分散度（Mw/Mn）は重合後期で徐々に増加し，1.4 を超える値を示した。興味深いことに，得られた PTFEMA は極性の高いメタノールに溶解することがわかった。ポリメタクリレートの代表例である PMMA は一般にメタノールには溶解しない。これは，PTFEMA の $-CH_2CF_3$ 基によるポリマーの高極性化に基づいていることが示唆される。そこで，分子量分散度の狭いポリマーを得るために，フッ素系極性溶媒である HFIP を重合溶媒に用い重合を行った。その結果，Mw/Mn の値は約 1.3 までに減少した。

次に，RAFT 剤について検討を行った。CDTPA からより高い連鎖移動定数を示す CPDB を用い，重合中における停止反応の低減を狙い，より分散度の低いポリマーの合成を目指した。その結果，重合濃度 80 wt%の比較的高濃度では，Mw/Mn の値を約 1.2 まで低下させることに成功した。RAFT 剤として CDTPA を用いた場合と同様に，GPC 曲線は単峰性で対称性に優れたクロマトグラムを示した。得られたポリマーの NMR スペクトルにおいても，すべてのシグナルが明確に帰属できたことから，副生成物を伴うことなく目的物が得られたことが明らかとなった。

一方，MAPOSS の重合は，開始剤に AIBN，RAFT 剤に CPDB を用い，トルエン中，60℃で 24 時間撹拌することにより行った。得られたポリマーの分子量分散度（Mw/Mn）は 1.1～1.2 程度であり，比較的低い値を示した。

2.3　RAFT 法によるブロック共重合体の合成

ホモポリマー合成で得られた知見を基に，PMAPOSS-*b*-PTFEMA の合成を RAFT 法により行った（図3）。マクロ RAFT 剤として，先のホモポリマー合成で得られた PMAPOSS（Mn：4,000，Mw/Mn：1.12）を用いた。PMAPOSS 存在下，TFEMA の重合はトルエン／HFIP 共溶媒中，60℃，12 時間撹拌することによって行った。得られた PMAPOSS-*b*-PTFEMA は分散度

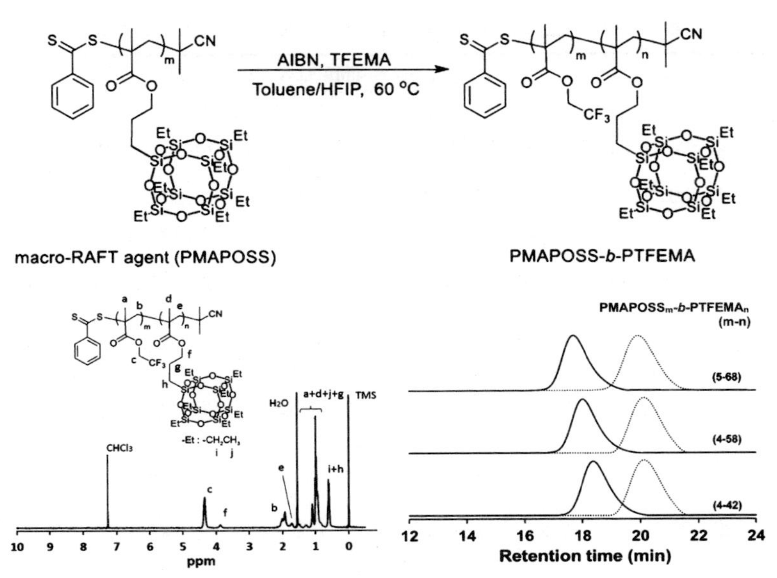

図3　RAFT 法による PMAPOSS-*b*-PTFEMA の合成スキーム，および得られたポリマーの ^{1}H NMR スペクトルとサイズ排除クロマトグラム

が概ね良好に制御されており，1.1～1.3 の範囲であった。得られたポリマーの ^{1}H，^{13}C，^{29}Si，^{19}F NMR スペクトルにおいても，すべてのシグナルが明確に帰属されたことから，目的とする PMAPOSS-*b*-PTFEMA が得られたことが明らかになった（表1）。

2.4　PMAPOSS-*b*-PTFEMA のバルクにおける高次構造解析

微細加工で得られるパターン形状のうち，特に線状パターンはその後の加工により幅広いデバイスへの利用が可能となる。すなわち，ブロック共重合体リソグラフィにおいては，ミクロ相分離で形成されるラメラ構造界面が基板面に対し垂直に配向した高次構造として薄膜で形成されることが望ましい。得られた PMAPOSS-*b*-PTFEMA の中からラメラ構造が形成されると考えられるサンプルを取り上げ，以下のバルクにおける高次構造解析を行った。ここでは，PMAPOSS の体積分率（$f_{PMAPOSS}$）が約 0.30 に相当する PMAPOSS-*b*-PTFEMA をバルク試料に用いた。バルク試料は，1.0 wt% の PMAPOSS-*b*-PTFEMA のクロロホルム溶液を調製した後，40℃にてゆっくりと溶媒を揮発させることにより作製した。高次構造解析は，小角 X 線散乱（SAXS），透過型電子顕微鏡（TEM）を用いて行った（図4）。十分に真空乾燥を施したサンプルを用い，SAXS 測定を行った。散乱パターンを方位角積分して一次元散乱プロファイルを与え，ブラッグ方程式（$q = 4\pi \sin(\theta/2)/\lambda$）を用いて解析した。ここで θ は散乱角であり，λ は波長である。散乱プロファイルは，ラメラ状形態に特徴的な一次ピークの整数倍（q^*）で $q : q^*$ 比を有する高次ブラッグピークを明確に示した。$d = 2\pi/q^*$ で定義される d 間隔は，q^* の位置から決定した。SAXS のプロファイルにおいて，低分子量体のサンプルになるに従い，ラメラ状ドメイン間

表1　RAFT 法により得られた PMAPOSS-*b*-PTFEMA の解析[a]

$PMAPOSS_m$-*b*-$PTFEMA_n$ (m-n)[a]	M_n (g/mol)[b]	PDI[b]	$f_{PMAPOSS}$[c]	Morphology[d]	$PMAPOSS_m$-*b*-$PTFEMA_n$ (m-n)[a]	M_n (g/mol)[b]	PDI[b]	$f_{PMAPOSS}$[c]	Morphology[d]
(3-171)	30,800	1.21	0.08	Disordered Sphere	(6-58)	14,100	1.19	0.35	Lamella
(21-141)	39,700	1.23	0.46	Lamella	(4-58)	13,200	1.13	0.29	Lamella
(11-124)	29,100	1.17	0.33	Lamella	(4-42)	10,300	1.15	0.36	Lamella
(11-121)	28,700	1.19	0.34	Lamella	(16-153)	38,100	1.24	0.37	PTFEMA-Cylinder
(11-117)	28,400	1.18	0.35	Lamella	(14-80)	24,400	1.16	0.50	PTFEMA-Cylinder
(10-108)	25,700	1.16	0.34	Lamella	(19-32)	20,100	1.35	0.77	PTFEMA-Cylinder
(11-99)	25,100	1.16	0.39	Lamella	(7-30)	10,600	1.19	0.57	PTFEMA-Cylinder
(5-97)	20,500	1.10	0.24	Lamella	(7-26)	9,900	1.19	0.60	PTFEMA-Cylinder
(6-79)	18,300	1.14	0.31	Lamella	(7-21)	8,800	1.21	0.65	PTFEMA-Cylinder
(5-84)	18,200	1.19	0.26	Lamella	(19-32)	20,100	1.35	0.77	PTFEMA-Sphere
(7-74)	17,800	1.15	0.35	Lamella	(17-21)	16,700	1.27	0.82	PTFEMA-Sphere
(6-73)	16,700	1.20	0.30	Lamella	(17-19)	16,100	1.32	0.84	PTFEMA-Sphere
(5-68)	15,600	1.10	0.31	Lamella	(15-11)	7,800	1.20	0.72	Disorder
(6-57)	14,500	1.11	0.38	Lamella					

[a] Degrees of polymerization were calculated from ^{1}H NMR spectra. [b] The number-average molecular weights (M_n) and molecular weight distributions (M_w/M_n) were obtained by GPC in THF based on PS standards. [c] Volume fractions were calculated using a density of 1.14 g cm^{-3} for PMAPOSS and 1.45 g cm^{-3} for PTFEMA in combination with the ^{1}H NMR data. [d] Morphologies in bulk were determined by SAXS.

隔が徐々に小さくなることがわかった。すなわち，得られたポリマーの一次構造と高次構造の相関が明確に示されていると言える。例えば，数平均分子量 Mn の値が 28,000 g mol^{-1} から 10,000 g mol^{-1} に低下するに従って，ラメラ状ドメインの間隔は 22 nm から 11 nm と狭まることがわかった。一方，得られたポリマーの中で低分子量体の $PMAPOSS_{15}$-*b*-$PTFEMA_{11}$（Mn：7,800，f_{PTFEMA}：0.28）は，高次の散乱ピークを示さず，明確な相分離構造が形成されないことが示唆された。

より視覚的な高次構造の解析も行うために，SAXS 測定で使用した同じサンプルを用い TEM 観察を行った。得られた TEM 画像は SAXS 測定結果を明確に支持するものであった。

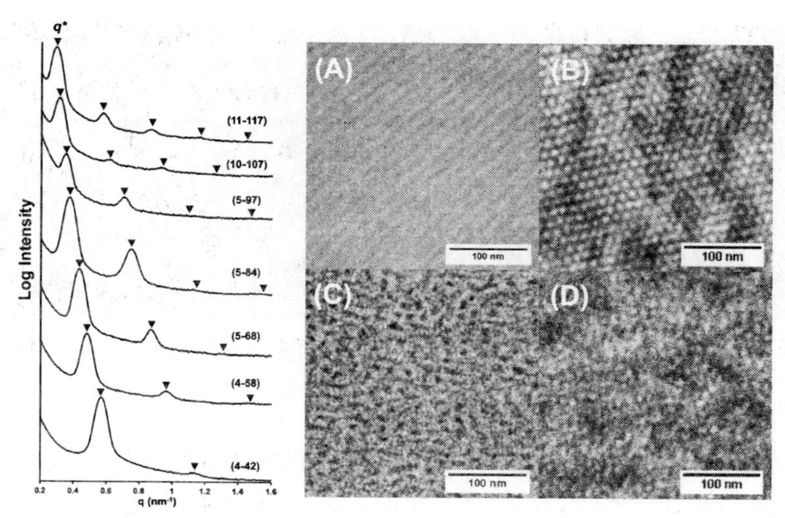

図4　PMAPOSS-*b*-PTFEMAのバルクサンプルにおける小角X線散乱プロファイルおよび透過型電子顕微鏡写真

2.5　PMAPOSS-*b*-PTFEMAの薄膜構造解析および誘導自己組織化（Directed Self-Assembly：DSA）

得られたPMAPOSS-*b*-PTFEMAのバルクにおける高次構造解析の結果を基に，薄膜作製およびその構造解析を原子間力顕微鏡（AFM），走査型電子顕微鏡（SEM），およびTEMを用いて行った。$PMAPOSS_5$-*b*-$PTFEMA_{97}$（ドメイン間距離：18 nm）の薄膜は，1.0 wt%のクロロホルム溶液からシリコンウェハ上にスピンキャスト膜（回転速度7,000 rpm，回転時間30秒間）を作製することによって調製した。その後，各所定温度にて熱処理を行った（(A) 110℃／3分間，(B) 130℃／3分間，(C) 110℃／24時間）。薄膜の周期長はAFM測定の高さプロファイルから決定した。その結果，$PMAPOSS_5$-*b*-$PTFEMA_{97}$では，ドメイン間隔18 nm（9 nm半ピッチ）のラメラ構造が指紋状に形成されることがわかった。また，このドメイン間隔はバルク試料で得られた値と良い一致を示すものであった。一方，ドメイン間隔はPTFEMAの分子量を制御することにより調製することが可能であった。$PMAPOSS_5$-*b*-$PTFEMA_{97}$のドメイン間距離18 nmに対し，$PMAPOSS_5$-*b*-$PTFEMA_{68}$では15 nm，$PMAPOSS_4$-*b*-$PTFEMA_{58}$では13 nm，$PMAPOSS_4$-*b*-$PTFEMA_{42}$では11 nmを示した。ドメイン間距離11 nmのミクロ相分離構造からは，エッチング後の凹凸パターンにおいて凸部の幅が5 nm程度のパターンが得られることがわかった（図5）。

ラメラ構造の垂直配向性について調べるために，SEMによる薄膜断面構造解析を行った。その結果，PMAPOSSとPTFEMAのそれぞれのドメインがシリコン基板面に対し垂直に配向していることが明らかになった。また，$PMAPOSS_5$-*b*-$PTFEMA_{97}$薄膜では，薄膜表面から基板底面に至るまでPTFEMAドメインのみを選択的にエッチングにより取り除くことができた。これは，薄膜の膜厚が10 nmから150 nm程度のサンプルにおいても同様であった。

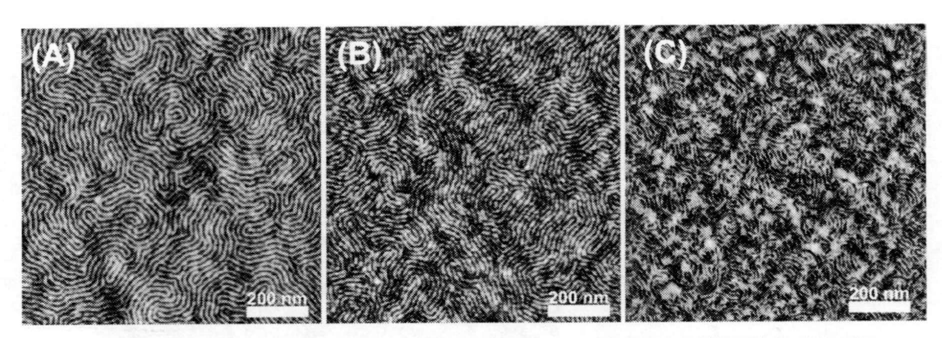

図5　PMAPOSS-*b*-PTFEMA の薄膜サンプルにおける原子間力顕微鏡写真（位相像）

薄膜に関する構造解析の結果を基に，PMAPOSS-*b*-PTFEMA の誘導自己組織化（Directed Self-Assembly，DSA）について検討した（図6）。あらかじめ従来の光リソグラフィ技術による微細加工によってパターン化された 300 mm ウェハを準備し，そのウェハ上に $PMAPOSS_5$-*b*-$PTFEMA_{68}$ のスピンキャスト膜を作製した。その後，空気中で 110℃，1 分間，また窒素雰囲気下 150℃にて 24 時間の熱処理を行った。続いて，酸素プラズマエッチングを施し，PTFEMA ドメインを選択的に除去した。図に示されるように，垂直配向ラメラ構造に由来するパターン幅 8 nm の構造が光リソグラフィによって微細加工されたガイドパターンに沿う形で配列されていることが明らかになった。

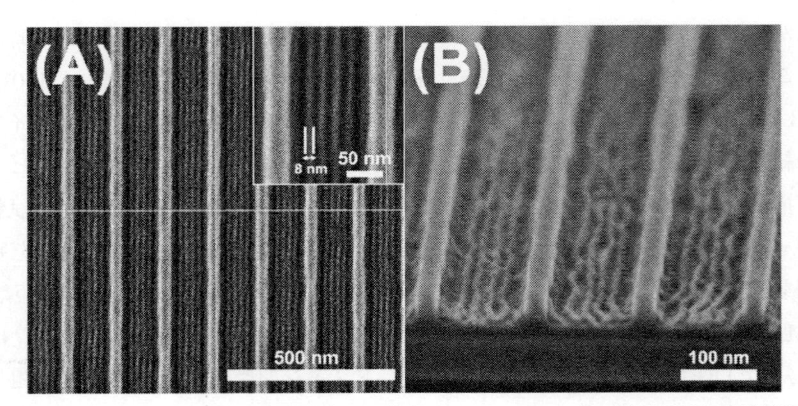

図6　PMAPOSS-*b*-PTFEMA の誘導自己組織化によるパターン像（走査型電子顕微鏡写真）

3　おわりに

リビングラジカル重合における RAFT 法により，次世代半導体微細加工用ブロック共重合体，PMAPOSS-*b*-PTFEMA の合成と得られたポリマーの構造解析について紹介した。半導体用微細加工用材料には，要求特性に基づくブロック共重合体の分子構造設計の他，分子量，分子量分布，組成比の精密な制御が求められる。本稿で紹介したように，RAFT法によるリビングラジカル重合によって得られたポリマーにおいても，精密に制御された高次構造が形成されることが明らかとなり，微細加工用材料としても十分に期待されることが示された。これらの知見を基に，さらに多様な目的に応じた様々なブロック共重合体の合成にもRAFT法をはじめとする他のリビングラジカル重合が適用できることから，精密に制御されたポリマーの創製とその材料開発研究への発展を今後に期待したい。

文　献

1) J. S. Wang, K. Matyjaszewski, *J. Am. Chem. Soc.*, **117**, 5614 (1995)
2) C. J. Hawker, A. W. Bosman, E. Harth, *Chem. Rev.*, **101**, 3661 (2001)
3) G. Moad, J. Chiefari, J. Krstina, A. Postma, R. T. A. Mayadunne, E. Rizzardo, S. H. Thang, *Polym. Int.*, **49**, 993 (2000)
4) G. Moad, E. Rizzardo, S. H. Thang, *Aust. J. Chem.*, **58**, 379 (2005)
5) G. Moad, E. Rizzardo, S. H. Thang, *Aust. J. Chem.*, **62**, 1402 (2009)
6) S. Yamago, *Chem. Rev.*, **109**(11), 5051 (2009)
7) R. Nakatani, H. Takano, A. Chandra, Y. Yoshimura, L. Wang, Y. Suzuki, Y. Tanaka, R. Maeda, N. Kihara, S. Minegishi, K. Miyagi, Y. Kasahara, H. Sato, Y. Seino, T. Azuma, H. Yokoyama, C. K. Ober, T. Hayakawa, *ACS Appl. Mater. Interfaces*, **9**(37), 31266 (2017)
8) I. W. Hamley, ed., in Developments in Block Copolymer Science and Technology, John Wiley & Sons, p. 1 (2004)
9) M. Park, C. Harrison, P. M. Chaikin, R. A. Register, D. H. Adamson, *Science*, **276**, 1401 (1997)
10) R. A. Segalman , H. Yokoyama, E. J. Kramer, *Adv. Mater.*, **13**, 1152 (2001)
11) S. O. Kim, H. H. Solak, M. P. Stoykovich, N. J. Ferrier, J. J. de Pablo, P. F. Nealey, *Nature*, **424**, 411 (2003)
12) R. Ruiz, H. Kang, F. A. Detcheverry, E. Dobisz, D. S. Kercher, T. R. Albrecht, J. J. de Pablo, P. F. Nealey, *Science*, **321**, 936 (2008)
13) T. Hirai, M. Leolukman, T. Hayakawa, M. Kakimoto, P. Gopalan, *Macromolecules*, **41**(13), 4558 (2008)
14) T. Hirai, M. Leolukman, C. C. Liu, E. Han, Y.-J. Kim, Y. Ishida, T. Hayakawa, M. Kakimoto, P. F. Nealey, P. Gopalan, *Adv. Mater.*, **21**(43), 4334 (2009)
15) T. Hirai, M. Leolukman, J. Sangwoo, R. Goseki, Y. Ishida, M. Kakimoto, T. Hayakawa, M. Ree, P. Gopalan, *Macromolecules*, **42**(22), 8835 (2009)
16) B.-C. Ahn, T. Hirai, J. Sangwoo, T.-C. Rho, K.-W. Kim, M. Kakimoto, P. Gopalan, T. Hayakawa, M. Ree, *Macromolecules*, **43**(24), 10568 (2010)
17) Y. Ishida, T. Hirai, R. Goseki, T. Tokita, M. Kakimoto, T. Hayakawa, *J. Polym. Sci., Part A: Polym. Chem.*, **49**(12), 2653 (2011)

18) Y. Tada, H. Yoshida, Y. Ishida, T. Hirai, J. K. Bosworth, E. Dobisz, R. Ruiz, M. Takenaka, T. Hayakawa, H. Hasegawa, *Macromolecules*, **45**(1), 292 (2012)
19) T. Seshimo, R. Maeda, R. Odashima, Y. Takenaka, D. Kawana, K. Ohmori, T. Hayakawa, *Sci. Rep.*, **6**, 19481 (2016)

第3章　異種材料接着を指向した表面開始制御ラジカル重合による表面改質

小林元康*

1　はじめに

金属と樹脂との接着のように異種材料接着は，複合材料が多用される現代の製品開発や短小軽薄を図る改善において不可欠かつ重要な技術である。しかし，物理化学的性質が全く異なる材料を接着するのは容易ではなく，様々な工夫が必要である。基本的に物体同士は十分な距離まで接近すると分子間力が働き，接着する。しかし，実際は表面に原子サイズレベルで微細な凹凸が存在しており，分子間力が作用する距離まで接近できないため，接着剤や粘着剤を用いて表面間の間隙を充てんすることで二物体を密着させている。また，接着剤が凹凸形状に沿って固化すればアンカー効果により接着強度は向上する。ただし，これが有効に機能するためには，接着剤が物体表面に濡れ拡がることが不可欠である。例えば，フッ素系樹脂に代表されるような撥水・撥油性を示す材料は表面自由エネルギーが低く，接着剤が濡れ拡がりにくい。そのため，表面に極性官能基を導入するなどの化学的処理により表面自由エネルギーを増大させ，表面を親水化する表面改質が必要である。また，導入した極性官能基により水素結合やクーロン力など分子間力以外の化学的相互作用も活用できれば，接着強度は増大する。

表面に官能基を導入し親水化する方法にはプラズマ処理や電子線照射，火炎処理などがあるが，中でも「表面開始重合法（grafting-from 法）」は近年大きな進歩を遂げている。これは材料表面に重合の開始基となる化学種を発生または結合させておき，これを起点としてモノマーを重合することで表面グラフトポリマーを得る方法である。ポリマーが表面にブラシ状に生成するため，ポリマーブラシとも呼ばれる[1]。このブラシ鎖の一端は共有結合など強固な結合で表面に固定されているため多少の摩擦や洗浄で剥離しにくく，ブラシ鎖の化学的性質を表面に反映させたまま長期間安定に改質効果を保持することができる。1990 年代後半，この表面開始重合法に制御ラジカル重合の技術が適用され，ブラシ鎖の一次構造制御のみならず，高いグラフト密度（単位面積当たりの高分子鎖数）を有するポリマーブラシが得られるようになり[2]，表面の物理化学的特性や機能を制御する自由度が飛躍的に向上した。特にグラフト密度は従来のフリーラジカル重合では得られなかった値に到達し，新しい表面特性も発現することが明らかになっている。そこで本章では，表面開始制御ラジカル重合を用いた親水性ポリマーブラシ表面の調製法と，表面の濡れ性および接着への応用について解説する。

---

*　Motoyasu Kobayashi　工学院大学　先進工学部　応用化学科　教授

2　表面開始制御ラジカル重合

表面開始重合には表面開始剤の固定化と重合反応の２つの工程がある。表面開始剤は材料と結合する官能基と重合開始能を有する官能基を合わせ持つ分子であり，材料に適した分子構造を選択する必要がある（図１）。例えば，ガラスやシリカ，シリコン基板に固定化するには活性シリル基を，ステンレスやチタニア，アルミナにはリン酸基を，合成樹脂にはカテコール基やアジド基を有する分子が用いられる。また，重合法として原子移動ラジカル重合（ATRP）や遷移金属錯体重合を用いる場合は重合開始基としクロロ基やブロモ基などのハロゲン基を，ニトロキシラジカル重合ではアルコキシアミンを，光イニファーター重合や可逆的連鎖移動（RAFT）重合ではジチオカルバメート基やチオカルボニル基を有する分子が用いられる。

一例として，シリコン基板に表面開始剤をシランカップリング反応により固定化し，表面開始ATRPによりポリカチオンブラシを調製する反応を図２に示した。溶液法による表面開始制御ラジカル重合を行う場合，表面開始剤の重合開始基と同じ官能基を有し，表面に固定されていないフリー開始剤を共存させることが一般的である。これは，材料表面に固定化されている表面開

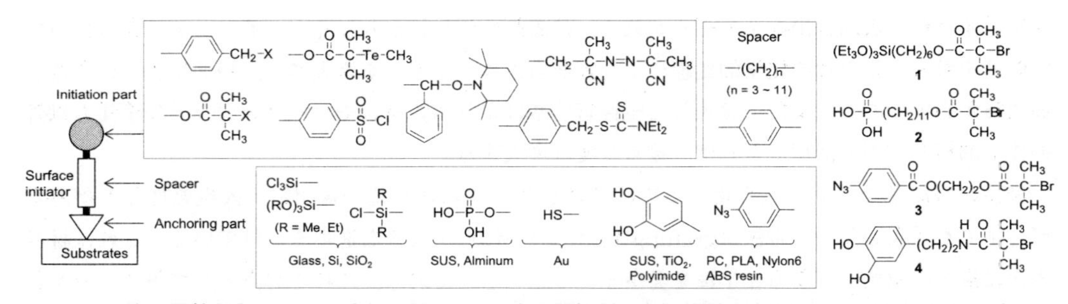

図１　表面開始制御ラジカル重合で用いられる表面開始剤の官能基群と具体的な分子構造例（**1**～**4**）

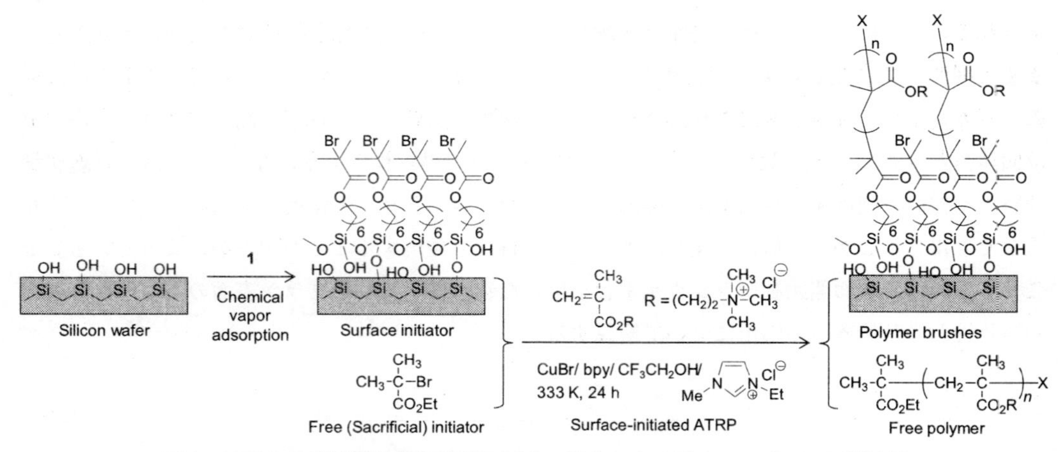

図２　MTAC の表面開始原子移動ラジカル重合によるポリマーブラシの調製例

始基の分子数は極端に少ないため，重合制御に適切な触媒濃度や生成ポリマーの重合度を制御できなくなるためである。厳密には，モノマー分子の拡散速度が溶液中と材料表面近傍では異なるため，表面開始剤とフリー開始剤から生成したポリマーの数平均分子量は完全には一致しない[3)]。しかし，実用的に支障が現れるほど大きな差異が生じるのは特殊な場合に限られる。実際に生成したポリマーブラシを加水分解により基板から単離し，フリー開始剤で得られたフリーポリマーの数平均分子量と比較するとほぼ同じであることが確認されている[4,5)]。

図3に示すようなイオン性基や水酸基，エチレングリコール基を有するモノマーの表面開始制御ラジカル重合を行うと親水性ポリマーブラシが材料表面に生成し，親水性表面が得られる。特に，イオン性モノマーから得られる高分子電解質ブラシは極めて高い表面自由エネルギーを示し，優れた濡れ性を示す[6)]。いずれもATRPによりポリマーが得られるが，分子量分布の狭いポリマーを得るにはいくつかの工夫が必要である。イオン性モノマーも生成する高分子電解質もその多くは水溶性であるが，有機溶媒に難溶であるものが多い。そのため，重合溶媒として水が用いられるが，水中でATRPを行うと銅触媒への配位子交換[7)]や過度な重合速度の加速をもたらすために，重合制御に至らず分子量分布の狭いポリマーを得ることは難しい。例えば（2-メタクリロイルオキシエチル）トリメチルアンモニウムクロリド（MTAC）のATRPで重合制御を達成するために，溶媒としてイソプロパノールを添加する方法[8)]や，イミダゾリウム塩化物塩やアンモニウム塩化物塩を含むトリフルオロエタノール（TFE）を用いる方法[9)]が提唱されている。なお，MTACのATRPにおいてメタノールを使用すると側鎖エステル基の交換反応が進行するため重合溶媒としては適さない[8)]。TFEと塩化物塩からなる混合溶媒はMTACに限らず，スルホベタイン[10)]やホスホベタイン[11)]などの双性イオンモノマーや非イオン性のメタクリル酸メチル（MMA）[12)] のATRPにも有効で，数平均分子量が10^5 g/mol以上で比較的狭い分子量分布$M_w/M_n < 1.20$を有するポリマーが得られる。

ガラスやシリコン基板以外の材料表面にも同様の方法でポリマーブラシを調製し，表面の親水化を図ることができる。ステンレス（SUS304）基板にはリン酸基を有する表面開始剤**2**（図1）[13)]

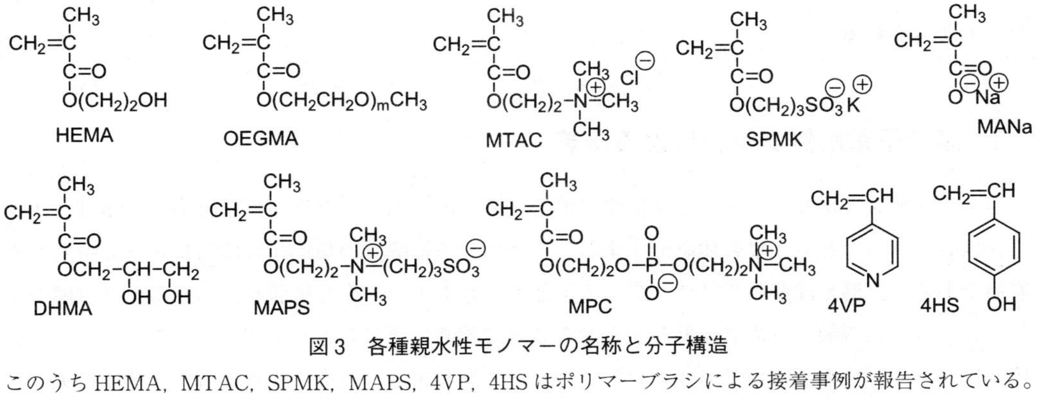

HEMA: $CH_2{=}C(CH_3)\text{-}C({=}O)\text{-}O(CH_2)_2OH$

OEGMA: $CH_2{=}C(CH_3)\text{-}C({=}O)\text{-}O(CH_2CH_2O)_mCH_3$

MTAC: $CH_2{=}C(CH_3)\text{-}C({=}O)\text{-}O(CH_2)_2\text{-}N^{\oplus}(CH_3)_3\ Cl^{\ominus}$

SPMK: $CH_2{=}C(CH_3)\text{-}C({=}O)\text{-}O(CH_2)_3SO_3^{\ominus}\ K^{\oplus}$

MANa: $CH_2{=}C(CH_3)\text{-}C({=}O)\text{-}O^{\ominus}\ Na^{\oplus}$

DHMA: $CH_2{=}C(CH_3)\text{-}C({=}O)\text{-}OCH_2\text{-}CH(OH)\text{-}CH_2OH$

MAPS: $CH_2{=}C(CH_3)\text{-}C({=}O)\text{-}O(CH_2)_2\text{-}N^{\oplus}(CH_3)_2\text{-}(CH_2)_3SO_3^{\ominus}$

MPC: $CH_2{=}C(CH_3)\text{-}C({=}O)\text{-}O(CH_2)_2O\text{-}P({=}O)(O^{\ominus})\text{-}O(CH_2)_2N^{\oplus}(CH_3)_3$

4VP: $CH_2{=}CH$-(4-pyridyl)

4HS: $CH_2{=}CH$-(4-hydroxyphenyl, OH)

図3　各種親水性モノマーの名称と分子構造

このうちHEMA，MTAC，SPMK，MAPS，4VP，4HSはポリマーブラシによる接着事例が報告されている。

(a) Non-modified PC (θ = 68°)

(b) PSPMK-grafted PC (θ = 6°)

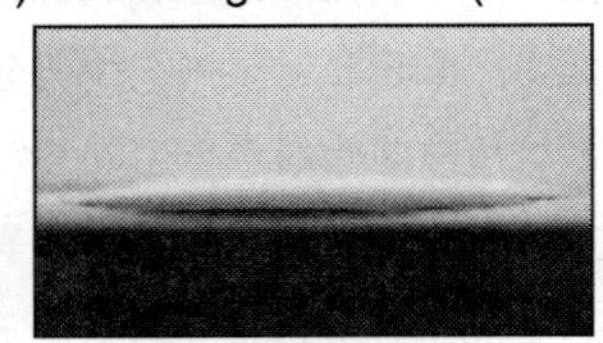

(c) Non-modified Nyron6 (θ = 72°)

(d) PSPMK-grafted Nyron6 (θ = 5°)

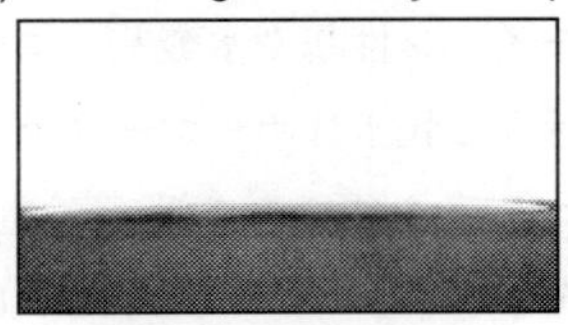

図4　各材料表面における静的対水接触角
(a)未処理ポリカーボネート（PC），(b)PSPMK ブラシ固定化 PC，
(c)未処理ナイロン 6，(d)PSPMK ブラシ固定化ナイロン 6

をトルエン中溶液法にて固定する。ナイロン 6，ポリカーボネート（PC），ポリ乳酸（PLA），ABS 樹脂にはアジド基を有する表面開始剤 **3** をスピンコートし紫外線を数分照射すると活性なフェニルナイトレンが生成し，樹脂と結合する。また，ポリイミドフィルムを化合物 **4** のトリスバッファー水溶液（pH = 8.3）に浸漬するとカテコール基が酸化重合することで重合開始基が固定化される。これらの基板を用いて AGET-ATRP によりメタクリル酸 3-スルホプロピルカリウム塩（SPMK）の表面開始重合を行うと PSPMK ブラシが生成し，いずれの基板も静的対水接触角は 10° 以下の低い値を示すような超親水性表面が得られる（図 4）。また，ポリ(フッ化ビニリデン-*co*-トリフルオロエチレン)（P(VDF-*co*-TrFE)）を ATRP の銅触媒溶液に浸漬すると，それ自身が重合開始種となってアクリル酸 *t*-ブチルなどのモノマーを重合し，表面にポリマーブラシを生成する[14]。生成物の ^{19}F NMR による解析から TrFE の一部の C-F 結合が開裂してラジカルを生成していると考えられている[15]。生成したポリアクリル酸 *t*-ブチルブラシを加水分解するとポリアクリル酸ナトリウム塩ブラシとなり，親水性表面を持つ P(VDF-*co*-TrFE) シートが得られる。

3　高分子電解質ブラシによる接着

ポリアニオンとポリカチオンを溶液中で混合すると静電引力相互作用により会合しポリイオンコンプレックス[16]という集合体を形成する。この高分子電解質の静電相互作用は物質の接着にも有用である[17]。例えば芹澤らはポリアニオンとポリカチオンの交互積層膜からなるナノ薄膜をシリコン基板上に調製し，両者を貼り合わせることで接着できることを見出している[18]。また，藤枝らはキトサンからなるポリイオンコンプレックスを利用して皮膚に接着するナノ薄膜を調製している[19]。さらに，菊池らはポリアニオン性ゲルとポリカチオン性ゲルを貼り合わせ，電位を印加することで両者が接着することを報告している[20]。高分子電解質ブラシ表面の相互作用についてCohen Stuart[21]やGeogheganらが検討している。Geogheganらは水中においてアンモニウム塩型ポリカチオンブラシとポリアクリル酸ゲルとの接着力をJohnson-Kendall-Roberts理論に基づく接触機構に基づいて評価しており[22]，水溶液のpHに応じて静電引力相互作用が変化し，接着強度が制御できることを報告している。

高原らはシリコン基板表面に膜厚約100 nmのポリアニオンブラシを，もう一方の基板にポリカチオンブラシを表面開始ATRPにより調製し，両者を図5のように2 μLの水を挟み込むように貼り合わせ（接触面積5 × 10 mm^2），500 g（4.9 N）の荷重を加えて室温で2時間静置すると接着することを報告している[23]。カチオン性PMTACブラシとアニオン性PSPMKブラシを貼り合わせた時の引張りせん断接着強さ（lap shear adhesion strength）は1.52 MPaを示し，PMTACブラシとポリ(メタクリル酸ナトリウム塩)（PMANa）ブラシの組み合わせでは1.08 MPaであった。1.0 MPaは約9.8 kg/cm^2に相当するため，図5の写真のように1.0 cm^2の接着面積で5 kgの重量物を吊り下げることが可能である。一方，比較実験として同種のブラシ，例えばポリアニオンブラシ同士を貼り合わせても接着強度は0.1 MPa以下であったことから，この接着にはアニオンとカチオンの静電引力相互作用が大きく寄与していることを意味している。

前述したように，高分子電解質ブラシはシリコン基板以外にも様々な材料表面にも調製することができるため，同様の静電引力相互作用を利用した異種材料接着が可能である。ここではPCやPLA，ABS樹脂，ガラスの表面にポリアニオンであるPSPMKブラシを調製し，ナイロン6やP(VDF-*co*-TrFE)，ステンレス，ガラス基板にポリカチオンであるPMTACブラシを表面開始ATRP法により調製した事例を紹介する。これらを適宜組み合わせて少量の水とともに貼り合わせた時の引張りせん断接着強度を図6に示す。材料により接着強度の差違があるものの，異種基材同士の組み合わせで接着していることが分かる。接着強度に違いが生じているのは表面粗

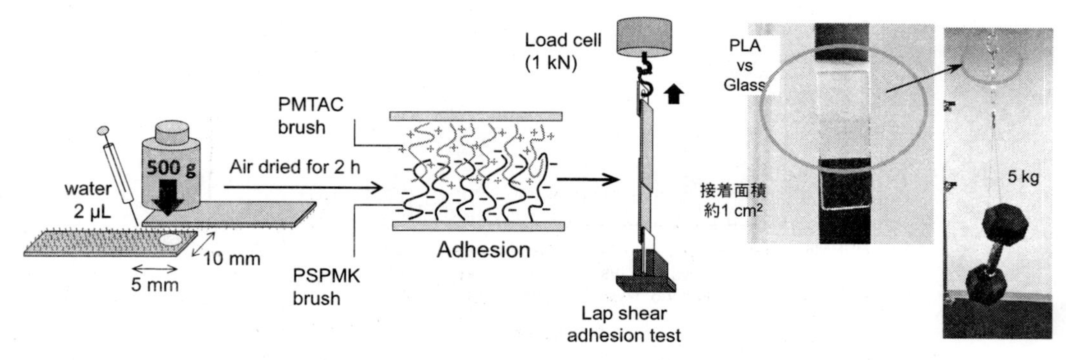

図5　ポリアニオンブラシとポリカチオンブラシによる接着方法とその実施例
（ポリ乳酸PLA基板とガラス基板との接着）
基板端の部分に水滴（2 μL）を挟み，荷重を加えて大気乾燥すると写真のように接着する。

さの影響が考えられる。シリコン基板以外の材料は平滑性に乏しいため，真の接着面積が貼り合わせた面積よりも小さく，十分な接着強度が得られなかった可能性がある。

この接着のユニークな点は接着と剥離を繰り返すことができる点にある。ポリアニオンとポリカチオンブラシにより接着した基板は水中でも剥がれることはなく安定であるが，0.5 M NaCl水溶液に浸すと剥離する。これは水溶液中の水和イオンが接着界面に浸透することでポリマーブラシ間の静電引力相互作用が弱められ，高分子鎖同士ではなく高分子鎖が低分子イオンとイオン対を形成するためエントロピーが増大の方向に進み，接着強度が低下した結果，剥離したと考えられる。また，ポリマーブラシ自体は基板表面に残存しており，剥離した基板を水で洗浄し，塩を除去してから貼り合わせると再び両者は接着する。

こうした繰り返し接着はスルホベタイン型高分子でも実現できる。Neohらはオゾンまたはアルゴンプラズマ処理したポリアニリン[24,25]やポリテトラフルオロエチレン[26]フィルム表面にスルホベタインモノマーを作用させ，ポリ(3-(*N*-2-メタクリロイルオキシエチル-*N*,*N*-ジメチル)アンモナートプロパンサルトン)（PMAPS）のグラフト層を調製した。このフィルム同士を少量の水とともに貼り合わせ大気乾燥させると双極子－双極子相互作用により接着することが報告されている。高原らもシリコン基板上に表面開始ATRPにより膜厚約100 nmのPMAPSブラシを調製し，333 Kの湯水中にて基板を貼り合わせた後，大気中で4.9 Nの荷重を加えて3時間静置すると強固に接着し，2.05 MPaの引張りせん断接着強度を示すことを確認している[27]。この時，PMAPSブラシは接着時の水温により接着強度が変化することも見出されている。これはPMAPSが水中において303 K付近に上限臨界相溶温度（UCST）を持つため[28]，PMAPSブラシは低温で収縮し，UCST以上の333 Kの湯水中では膨潤した分子鎖形態をしていることが要因である。そのため，PMAPSブラシは温度を刺激とした可逆的接着機能を発現する。

この他にもポリマーブラシ間の水素結合に基づく接着も報告されている。小林らは水素受容性基を有するポリ4-ビニルピリジン（P4VP）やポリ2-ビニルピリジン（P2VP）ブラシと，水素

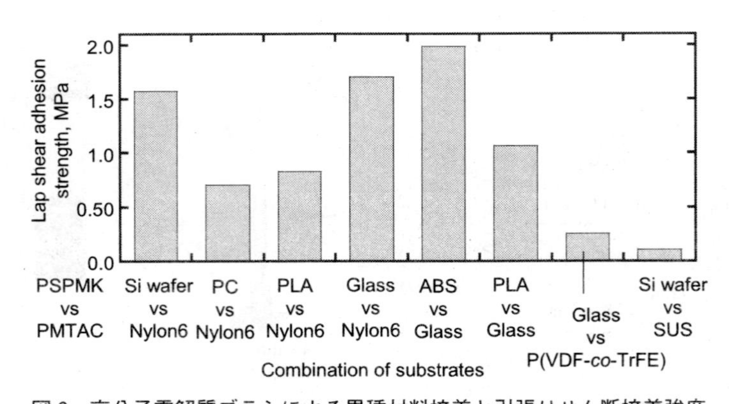

図6　高分子電解質ブラシによる異種材料接着と引張りせん断接着強度

それぞれの基材にPSPMKブラシおよびPMTACブラシを調製し，298 Kにて2 μLの水を接着界面に加えて貼り合わせた後，2時間大気乾燥し引張りせん断試験を実施。

供与性のOH基を有するポリ4-ヒドロキシスチレン（P4HS）やポリメタクリル酸2-ヒドロキシエチル（PHEMA）ブラシをシリコン基板上に表面開始ATRPにより調製し，少量の水とともに貼り合わせると接着することを見出している[29]。

4　今後の課題と展望

本章では表面開始制御ラジカル重合により調製した極性ポリマーブラシが水を媒介とし，有機溶剤を介在させることなく異種材料同士を接着させる機能について紹介した。金属やガラス，合成樹脂など幅広い材料に適用可能な低環境負荷型の接着法への応用が期待される。ただし，この高分子電解質ブラシを対向するように貼り合わせて接着させる手法には，接着界面に関する課題がいくつも残されている。一般的に，クーロン力に基づく静電引力相互作用は非常に強い相互作用であり，仮に接着界面近傍の全てのイオン性基が相互作用に関与しているのであれば，接着強度は現行の数MPaではなく数十倍の値に達することが予想される。官能基間距離や比誘電率の値による変動を考慮したとしても，実際に接着に寄与している官能基数がグラフト分子鎖数より少ない，または，静電引力相互作用を低減させる因子が存在している可能性が考えられる。例えば，PMTACブラシとPSPMKブラシとの接着界面では両者の対イオンが無機塩を形成し，これが高分子鎖間の静電相互作用を低減させている可能性がある。また，この接着は無溶媒では生じない。接着時に挟み込む水はポリマーブラシを膨潤させ，接着界面におけるブラシ鎖同士の混合と接近を促している。PMAPSブラシの場合，温水中で接着強度が増大したのは，UCST以上の水中でブラシ鎖が膨潤し，対向するブラシ鎖同士が混合しやすくなることで接着に関与する官能基数が増えたことが理由ではないかと考えられる。これらの結果は，ポリマーブラシによる接着にはブラシ鎖間の化学的相互作用だけでなく，ブラシの膨潤構造に伴うブラシ鎖同士の相互貫入など接着界面における分子鎖構造も接着強度に大きく寄与していることを示唆している。つまり，ポリマーブラシの自由末端の運動性や分子鎖構造，グラフト密度，分子量分布などの因子が接着強度に与える影響を実験的に明らかにする必要がある。そのためには一次構造の明確なポリマーブラシが必要であり，表面開始制御重合に基づく分子設計が欠かせないのである。

文　　献

1) A. M. Granville, W. J. Brittain, Polymer Brushes: Synthesis, Characterization, Applications (Eds: R. C. Advincula, W. J. Brittain, K. C. Caster, J. Rühe, pp. 35-50, Wiley-VCH, Weinheim, Germany (2004)
2) Y. Tsujii, K. Ohno, S. Yamamoto, A. Goto, T. Fukuda, *Adv. Polym. Sci.*, **197**, 1-46 (2006)

3) S. Turgman-Cohen, J. Genzer, *Macromolecules*, **45**, 2128-2137 (2012)
4) T. V. Werne, T. E. Patten, *J. Am. Chem. Soc.*, **121**, 7409-7410 (1999)
5) J. Pyun, S. Jia, T. Kowalewski, G. D. Patterson, K. Matyjaszewski, *Macromolecules*, **36**, 5094-5104 (2003)
6) M. Kobayashi, Y. Terayama, H. Yamaguchi, M. Terada, D. Murakami, K. Ishihara, A. Takahara, *Langmuir*, **28**, 7212-7222 (2012)
7) N. V. Tsarevsky, T. Pintauer, K. Matyjaszewski, *Macromolecules*, **37**, 9768-9778 (2004)
8) Y. Li, S. P. Armes, X. Jin, S. Zhu, *Macromolecules*, **36**, 8268-8275 (2003)
9) M. Kobayashi, M. Terada, Y. Terayama, M. Kikuchi, A. Takahara, *Macromolecules*, **43**, 8409-8415 (2010)
10) Y. Terayama, M. Kikuchi, M. Kobayashi, A. Takahara, *Macromolecules*, **44**, 104-111 (2011)
11) M. Kobayashi, M. Terada, Y. Terayama, M. Kikuchi, A. Takahara, *Isr. J. Chem.*, **52**, 364-374 (2012)
12) T. Ishikawa, A. Takenaka, M. Kikuchi, M. Kobayashi, A. Takahara, *Macromolecules*, **46**, 9189-9196 (2011)
13) A. Maliakal, H. Katz, P. M. Cotts, S. Subramoney, P. Mirau, *J. Amer. Chem. Soc.*, **127**, 14655-14662 (2005)
14) T. Kimura, M. Kobayashi, M. Morita, A. Takahara, *Chem. Lett.*, **38**, 446-447 (2009)
15) M. Kobayashi, Y. Higaki, T. Kimura, F. Boschet, A. Takahara, B. Ameduri, *RSC Advances*, **6**, 86373-86384 (2016)
16) A. F. Thünemann, M. Müller, H. Dautzenberg, J. -F. Joanny, H. Löwen, *Adv. Polym. Sci.*, **166**, 113-171 (2004)
17) G. Sudre, L. Olanier, Y. Tran, D. Hourdet, C. Creton, *Soft Matter*, **8**, 8184-8193 (2012)
18) T. Date, T. M. Ishikawa, K. Hori, K. Tanaka, T. Nagamura, M. Iwahashi, T. Serizawa, *Chem. Lett.*, **38**, 660-661 (2009)
19) T. Fujie, Y. Okamura, S. Takeoka, *Adv. Mater.*, **19**, 3549-3553 (2007)
20) T. Asoh, A. Kikuchi, *Chem. Comm.*, **46**, 7793-7795 (2010)
21) E. Spruijt, M. A. Cohen Stuart, J. van der Gucht, *Macromolecules*, **43**, 1543-1550 (2010)
22) R. L. Spina, M. R. Tomlinson, L. Ruiz-Pérez, A. Chiche, S. Langridge, M. Geoghegan, *Angew. Chem. Int. Ed.*, **46**, 6460-6463 (2007)
23) M. Kobayashi, M. Terada, A. Takahara, *Soft Matter*, **7**, 5717-5722 (2011)
24) Z. F. Li, E. T. Kang, K. G. Neoh, K. L. Tan, C. C. Huang, D. J. Liaw, *Macromolecules*, **30**, 3354-3362 (1997)
25) Z. H. Ma, H. S. Han, K. L. S. Tan, E. T. Kang, K. G. Neoh, *Int. J. Adhes. & Adhes.*, **19**, 359-365 (1999)
26) E. T. Kang, J. L. Shi, K. G. Neoh, K. L. Tan, D. J. Liaw, *J. Polym. Sci.: Part A Polym. Chem.*, **36**, 3107-3114 (1998)
27) M. Kobayashi, A. Takahara, *Polym. Chem.*, **4**, 4987-4992 (2013)
28) D. N. Schulz, D. G. Peiffer, P. K. Agarwal, J. Larabee, J. J. Kaladas, L. Soni, B. Handwerker, R. T. Garner, *Polymer*, **27**, 1734-1742 (1986)
29) H. Yoshioka, C. Izumi, M. Shida, K. Yamaguchi, M. Kobayashi, *Polymer*, **119**, 167-175 (2017)

第4章　リビングラジカル重合によるジャイアントベシクルの合成

遊佐真一*

1　はじめに

近年リビングラジカル重合法の発展により，さまざまな高分子のデザイン・合成が可能になってきた。リビングラジカル重合法の中でも，交換連鎖移動の機構に基づいた可逆的付加－開裂連鎖移動（RAFT）型ラジカル重合法は，水溶性の官能基を含むモノマーを水中で重合できることから，古くから親水性高分子の合成に用いられてきた[1)]。例えば側鎖にスルホネートイオンを含むアニオン性のポリ(2-アクリルアミド-2-メチルプロパンスルホン酸ナトリウム)（PAMPS）や[2)]，側鎖に4級アンモニウム塩を含むカチオン性のポリ(メタクリロイルアミノプロピルトリメチルアンモニウムクロリド)（PMAPTAC）[3)] などが水中でのRAFT重合で合成され，分子量分布（M_w/M_n）のせまいポリマーが得られている。さらにRAFT重合を利用することで，多くの二重親水性ジブロック共重合体も合成されている。このような構造の制御された二重親水性ジブロック共重合体により，マイクロメーターサイズのジャイアントベシクルを自発的に形成する例を紹介する。

2　ポリイオンコンプレックスによるジャイアントベシクル形成

RAFT重合を用いることで，側鎖にホスホリルコリン基を含むベタイン型ポリマーのポリ(2-メタクリロイロキシエチルホスホリルコリン)（PMPC）ブロックと[4)]，アニオン性のPAMPSブロック，またはカチオン性のPMAPTACブロックによる反対電荷を持つジブロック共重合体(PMPC-PAMPSおよびPMPC-PMAPTAC）を合成できる（図1(a)）[5)]。PMPCはベタイン型ポリマーで，側鎖にアニオン性のホスホネートアニオンと，カチオン性の4級アンモニウムの両方を持つ。これら側鎖の電荷は単一ポリマー鎖内で打消しあうため，水中でPMPCは電荷を持たない水溶性ポリマーとして振舞う。反対電荷を持つPMPC-PAMPSおよびPMPC-PMAPTACの水溶液を，両者の電荷を中和するように混合すると，ポリマー間の静電相互作用で，自発的にポリイオンコンプレックス（PIC）会合体を形成する。ブロック共重合体中のPMPC，PAMPS，PMAPTAC全てのブロックの重合度（DP）が100量体の場合，水中での混合により，流体力学的半径（R_h）が19 nm程度の球状のPICミセルを形成する（図1(b)）。このPICミセルは，コアが水に不溶なPAMPSブロックとPMAPTACブロックによるPIC会合体で，その周囲を親

*　Shin-ichi Yusa　兵庫県立大学　大学院工学研究科　准教授

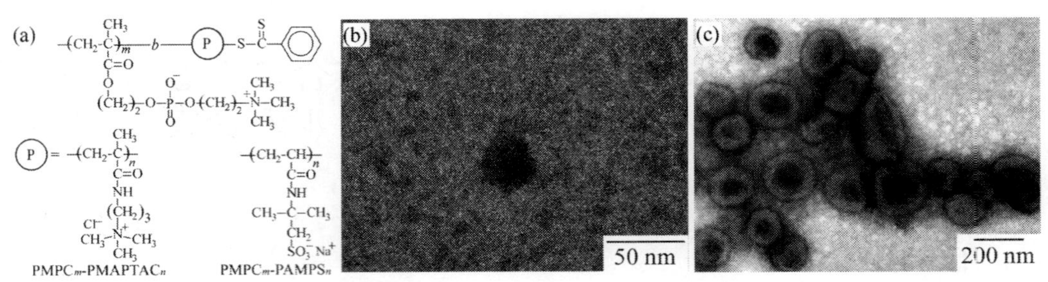

図1 (a)反対電荷を持つジブロック共重合体（PMPC-PAMPS および PMPC-PMAPTAC）の化学構造と，(b)PIC ミセルおよび，(c)PIC ベシクルの TEM 観察

水性の PMPC シェルが覆った形状の球状ミセルの構造を持つ。PMPC 側鎖のホスホベタインの電荷は PMPC 鎖内で中和されているため，PIC ミセル形成には関与せずに，PIC ミセルを安定に分散するために機能する。また静的光散乱（SLS）測定で PIC ミセルの分子量を求めて，これを各ブロック共重合体の分子量で割ることで，一つの PIC ミセルを形成するポリマー鎖の本数である会合数（N_{agg}）は，37 と見積もることができた。

ところで PIC 会合体の形状と，ポリマーの化学構造の関係については，通常の両親媒性ジブロック共重合体の場合に近いと考えられる[6]。つまり両親媒性ジブロック共重合体の場合，親水性ブロックの DP の減少および，疎水性ブロックの DP の増加に伴い会合体の形状は，球状ミセル，ワーム状ミセル，ベシクルへと変化する。この状況を PMPC-PAMPS および PMPC-PMAPTAC による PIC 会合体にあてはめて考えると，PMPC の DP の減少およびイオン性ブロックの DP の増加に伴い，球状ミセル，ワーム状ミセル，ベシクルへと形状が変化すると予想される。そこで PMPC の DP を 20 量体に減少して，PAMPS および PMAPTAC の DP を 200 量体に増加したジブロック共重合体を RAFT 重合で合成した。両者の水溶液をイオン性ブロックの電荷を中和するように混合すると R_{h} が 78 nm で，N_{agg} が 7770 の PIC ベシクルを形成した（図1(c)）[7]。この PIC ベシクルの膜は，膜の外側と内側に親水性の PMPC 鎖が存在し，膜内部は PAMPS と PMAPTAC による PIC で形成された3層構造だと推測される。

PMPC-PAMPS および PMPC-PMAPTAC の静電相互作用で形成される PIC 会合体の水溶液に食塩（NaCl）などの塩を添加すると，静電相互作用が遮蔽されるため PIC 会合体は解離すると予想される。実際に PMPC-PAMPS および PMPC-PMAPTAC で形成された PIC ミセルの場合，水溶液中への NaCl の添加量の増加に伴い，0.4 M 以上の NaCl の添加で R_{h} が減少し始めて，0.8 M 以上で各ジブロック共重合体のユニマー状態の R_{h} と同じ値になる（図2）。つまり NaCl の濃度が 0.8 M より高い水中では，PIC ミセル形成のためのドライビングフォースである PAMPS と PMAPTAC の静電相互作用が完全に遮蔽されて，ユニマー状態に解離する。

PIC ベシクルの場合も PIC ミセルと同様に NaCl の添加量の増加に伴い，静電相互作用が遮蔽されるため，1.3 M 以上の NaCl 濃度になると，ベシクル構造は完全に解離してユニマー状態の R_{h} と同じ値になった（図2）。しかし PIC ミセルの場合と異なり，PIC ベシクルの水溶液に

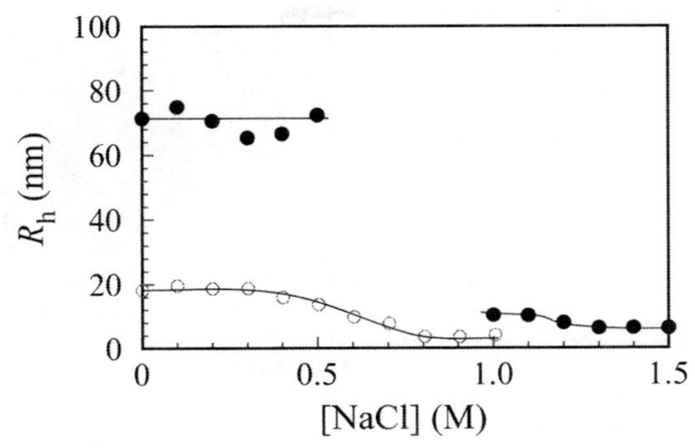

図2　添加した食塩の濃度（[NaCl]）とPICミセル（○）および
PICベシクル（●）の流体力学的半径（R_h）の関係

NaClを添加していくと，0.5 M以上のNaCl濃度で一度溶液が白濁して，さらにNaClを添加すると，1.0 M以上で再び透明に戻った。NaCl濃度が0.5から1.0 Mの間では，濁りが強すぎるため動的光散乱（DLS）によるR_h測定はできなかった。濁った状態の水溶液を光学顕微鏡で観察すると，大きさは不均一だが平均すると30 μmの球状の液滴を観測できた。また濁った水溶液を一日静置すると，液滴が合一して下層に集まり，2相に分離した。これらの状況から光学顕微鏡で観測された液滴はポリマー濃厚相のコアセルベートだと考えられる。

PICベシクルの水溶液にNaClを添加していく場合は，NaCl濃度の増加に伴い会合体形成のドライビングフォースである静電相互作用が弱くなり，最終的にはユニマー状態になる。もし最初から高濃度のNaClを含む水溶液にPMPC-PAMPSおよびPMPC-PMAPTACを溶解して，透析により徐々にNaClを取り除き純水に近づけた場合，どのような会合体を生じるのかは，とても興味深い問題である。1.5 MのNaClを含む水溶液にPMPCのDPが20量体でイオン性ブロックDPが200量体の反対電荷のジブロック共重合体を溶解し，DLSを測定すると，R_hは11 nm程度になり，ユニマー状態のR_hと同じ値だった。つまり1.5 MのNaClを含む水中では，静電相互作用が働かず，各ポリマー間の相互作用のない状態で溶解する。この溶液をNaClは通すが，ポリマー鎖は通り抜けることができないポアサイズの透析膜を用いて，純水に対して透析を行うと，溶液中のNaClのみが除かれて溶媒が純水に近づく。この際，図2のR_hとNaCl濃度の関係から推測すると，NaCl濃度の減少に伴い，1.0 Mより低いNaCl濃度になったときに，コアセルベーションが起こると考えられる。コアセルベーションが起こると同時に，PAMPSブロックとPMAPTACブロックによる静電相互作用が強く働くため，熱力学的に非平衡なまま固定化される。会合状態が固定化された後で，さらにNaCl濃度を低下しても，会合状態に変化を生じない。このような状況で透析を行い，溶媒を完全に純水に置換すると，R_h = 600 nm程度のジャイアントベシクルが観測された（図3）。透析法により一度形成されたジャイアントベシクルは，純水中で濃度を希釈してもサイズの変化は観測されなかった。また，透析を行う際に蛍光ラベル化した電荷を持たないゲスト分子のデキストラン（分子量70,000）を共存した状態で

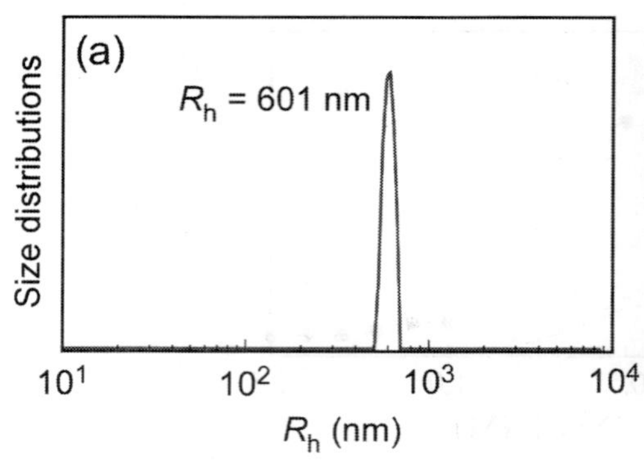

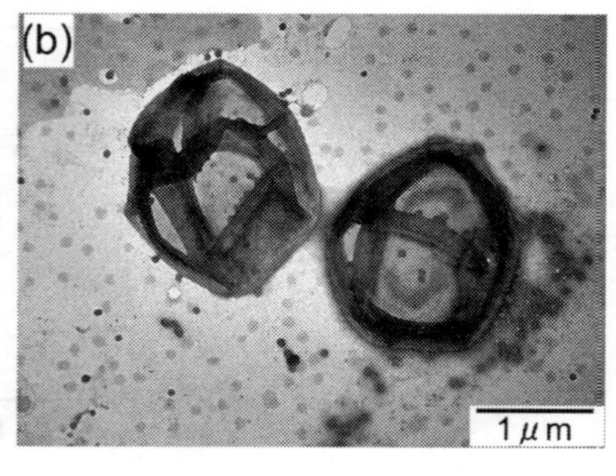

図3 (a)反対電荷を持つジブロック共重合体（PMPC-PAMPS および PMPC-PMAPTAC）の透析で作製したジャイアントベシクルの流体力学的半径（R_h）の分布と，(b) TEM 観察

ジャイアントベシクルを作製すると，蛍光ラベル化デキストランをジャイアントベシクルの空孔内部に取込める。ジャイアントベシクルはサイズが大きいため，ゲスト分子を取込んだ個々のジャイアントベシクルを直接蛍光顕微鏡で観測できる。

3 pH応答ジブロック共重合体によるジャイアントベシクル形成

RAFT 重合で pH 応答性のポリ(*N,N*-ジエチルアミノエチルメタクリレート)（PDEAEMA）ブロックと，ポリ(6-アクリルアミドヘキサン酸ナトリウム)（PAaH）ブロックからなるジブロック共重合体（PDEAEMA-PAaH）を合成できる（図4(a)）[8]。このポリマー中の PDEAEMA ブロックは，酸性の水中で，側鎖の3級アミノ基がプロトン化して親水性となり，塩基性では脱プロトン化するため疎水性に変化する。一方 PAaH ブロックは，酸性の水中で側鎖のヘキサン酸がプロトン化して疎水性となり，塩基性の水中で脱プロトン化してカルボキシレートイオンを生成するために親水性に変化する。PDEAEMA ブロックおよび PAaH ブロックの DP が約100量体のジブロック共重合体の水溶液は，pH 4 以下の水中でプロトン化して疎水性になった PAaH ブロックがコアで，プロトン化して親水性になった PDEAEMA ブロックがシェルのコアーシェル型ミセルを形成して水に溶解するので透過率（%T）は100%になる（図4(b)）。このときコアーシェル型ミセルの R_h は 29 nm だった。また，pH 10 以上の塩基性の水中では，脱プロトン化して疎水性になった PDEAEMA ブロックがコア，イオン化した PAaH ブロックがシェルのコアーシェル型ミセルを形成するため%T は100%になる。このときの R_h は 36 nm だった。つまり，pH 応答性の PDEAEMA-PAaH は，酸性と塩基性でコアとシェルが入れ替わったミセルを形成する。このように外部刺激で，コアとシェルが入れ替わるミセルはシゾフレニックミセルやきまぐれミセルと呼ばれることがある[9]。

pH 変化に応じてコアとシェルが交換したことを確かめるため，pH 3 と 10 のときの臨界会合濃度（CAC）を測定した。CAC を決定するために，疎水性蛍光プローブの *N*-フェニル-1-ナフ

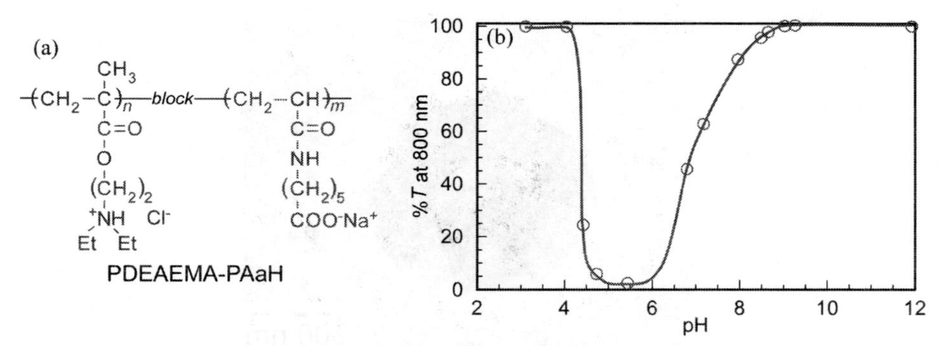

図4　(a)pH 応答性ジブロック共重合体（PDEAEMA-PAaH）の化学構造と，
(b)ポリマー溶液の 800 nm の透過率（%T）の pH 依存性

チルアミン（PNA）を用いた。PNA の蛍光極大波長は，疎水環境下で短波長シフトする。一方 PNA が水中など親水的環境に存在する場合，蛍光極大波長は長波長に観測される。一定濃度の PNA 存在下，PDEAEMA-PAaH の pH 3 と 10 の水中で，ポリマー濃度を変化しながら，PNA の蛍光を測定した。ポリマー濃度が低い場合，PNA を取込める疎水場がないので，蛍光極大波長は長波長側に観測される。ポリマー濃度を増加すると，CAC 以上の濃度でポリマーが会合し始めて，PNA を取込める疎水場を形成するため，PNA の蛍光極大波長は短波長シフトする。この PNA の蛍光極大波長が短波長シフトし始めるポリマー濃度が CAC となる。pH 3 および 10 のときの CAC は，それぞれ 2 mg/L と 0.8 mg/L だった。pH の変化に伴い CAC の値が変わったのは，コアとシェルが入れ替わったミセルを形成したためだと考えられる。

pH 4～10 の間では，PDEAEMA および PAaH どちらのブロックもイオン化するため，静電相互作用による会合で PIC を形成して水に不溶となり %T は低下する（図4(b)）。pH 4～10 の間で生じる PIC 会合体は，1.1 M 以上の NaCl の添加で解離してユニマー状態になる。そこで 1.1 M の NaCl を含む pH 6 の水中に PDEAEMA-PAaH をユニマー状態で溶解し，この溶液を純水に対して透析した。このとき NaCl のような低分子は通過するが，PDEAEMA-PAaH は透過できない透析膜を使用した。透析後の水溶液の TEM 観察を行うと，直径が約 1 μm のジャイアントベシクルが観測された（図5）。PDEAEMA-PAaH を pH 6 の純水に溶解すると，強い濁りを生じて不均一な会合体を生じるが，NaCl 水溶液から純水に対して透析するとジャイアントベシクルを形成した。またジャイアントベシクルのゼータ電位を測定すると，マイナスの値を示したので PAaH ブロック側鎖のカルボキシル基が一部イオン化して，ベシクルの最表面に存在していると考えられる。このイオン化のため，ジャイアントベシクルは凝集せずに水に分散できる。ジャイアントベシクル形成のメカニズムは次のように考えられる。1.1 M の NaCl を含む溶液中で，ユニマーとして溶解していた PDEAEMA-PAaH 溶液から NaCl を除いていくと，徐々に PDEAEMA ブロックと PAaH ブロック間の静電相互作用が強くなり，熱力学的に非平衡であるにも関わらず，静電相互作用で会合状態が固定化され，ジャイアントベシクルが形成された

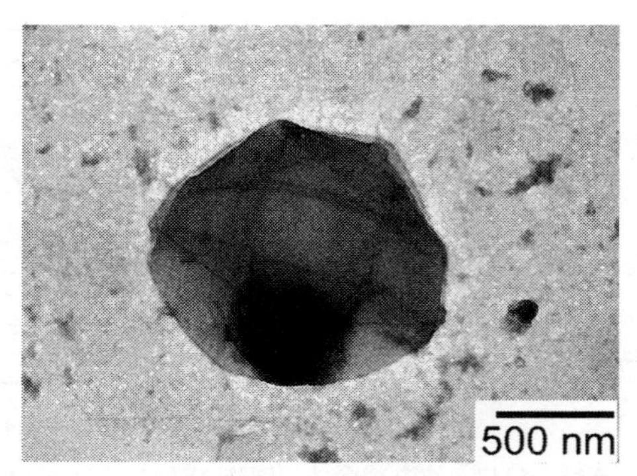

図5　pH 応答性ジブロック共重合体（PDEAEMA-PAaH）の透析で作製したジャイアントベシクルの TEM 観察

と考えられる。プロトン化した PDEAEMA と PAaH の pK_a は，それぞれ 7.3[10] と 6.7[11] である。したがって pH 6 の水中では，PDEAEMA および PAaH ブロックのどちらもある程度イオン化しているが，全ての３級アミノ基とカルボキシル基がイオン化しているわけではない。したがって静電相互作用だけでなく疎水性相互作用も働き，複雑な相互作用によりジャイアントベシクルは形成されている。ジャイアントベシクルを調製する際，最初の PDEAEMA-PAaH の NaCl 水溶液中に，電荷を持たない水溶性の蛍光ラベル化デキストランを共存したまま，純水に対して透析を行うと，ジャイアントベシクルの空孔内部に蛍光ラベル化デキストリンを内包できる。蛍光ラベル化ゲスト分子を内包したジャイアントベシクルは，蛍光顕微鏡で容易に直接観察できる。

4　おわりに

ここでは RAFT 重合で構造を制御して合成した二重親水性ジブロック共重合体によるジャイアントベシクルの作製について紹介した。最初に反対電荷の PMPC-PAMPS および PMPC-PMAPTAC を NaCl 水溶液中で混合して，純水に対して透析することでジャイアントベシクルを作製できることを示した。また，pH 応答性の PDEAEMA-PAaH を，両方のブロックがチャージを持つ pH 6 の状態で，NaCl 水溶液に溶解し，純水に対して透析することでジャイアントベシクルを作製できることを示した。透析という簡単な操作で，ほぼ粒径のそろったジャイアントベシクルを作製できるため，今後さまざまな分野への応用が期待される。

文　献

1) C. L. McCormick, A. B. Lowe, *Acc. Chem. Res.*, **37**, 312 (2004)
2) S. Yusa, Y. Shimada, Y. Mitsukami, T. Yamamoto, Y. Morishima, *Macromolecules*, **36**, 4208 (2003)
3) S. Yusa, Y. Konishi, Y. Mitsukami, T. Yamamoto, Y. Morishima, *Polym. J.*, **37**, 480 (2005)
4) S. Yusa, K. Fukuda, T. Yamamoto, K. Ishihara, Y. Morishima, *Biomacromolecules*, **6**, 663 (2005)
5) K. Nakai, M. Nishiuchi, M. Inoue, K. Ishihara, Y. Sanada, K. Sakurai, S. Yusa, *Langmuir*, **29**, 9651 (2013)
6) M. Motornov, Y. Roiter, I. Tokarev, S. Minko, *Prog. Polym. Sci.*, **35**, 174 (2010)
7) K. Nakai, K. Ishihara, M. Kappl, S. Fujii, Y. Nakamura, S. Yusa, *Polymers*, **9**, 49 (2017)
8) R. Enomoto, M. Khimani, P. Bahadur, S. Yusa, *J. Taiwan Inst. Chem. Eng.*, **45**, 3117 (2014)
9) N. S. Vishnevetskaya, V. Hildebrand, B.-J. Niebuur, I. Grillo, S. K. Filippov, A. Laschewsky, P. Müller-Buschbaum, C. M. Papadakis, *Macromolecules*, **50**, 3985 (2017)
10) V. Bütün, S. P. Armes, N. Billingham, *Polymer*, **42**, 5993 (2001)
11) Y. Wang, Y. Li, Y. Li, J. Wang, Z. Li, Y. Dai, *J. Chem. Eng. Data*, **46**, 831 (2001)

第5章　リビングラジカル重合による両親媒性ポリマーの合成と精密ナノ会合体の創出

寺島崇矢*

1　はじめに

両親媒性ポリマーは，水中で自己組織化してミセルやベシクルなどのナノ構造体を形成し，カプセル化材料などへと応用できる機能性高分子として重要である[1~5]。両親媒性ポリマーにより目的とする構造体や物性，機能を創出するには，分子量や組成，モノマー連鎖配列，分岐構造などの一次構造を制御することが鍵となる。近年，様々な精密重合系が開発され，今では合成高分子の一次構造を自在に制御できる時代にある。なかでもリビングラジカル重合は，開始剤／触媒系を適切に選択すると，機能性モノマーを保護することなく精密に重合できるため，機能性高分子の合成に特に有効である[6~8]。これまで筆者らは，金属触媒によるリビングラジカル重合（原子移動ラジカル重合）[6,7]を用いて，様々な一次構造の両親媒性ポリマーを合成してきた（図1）[9~13]。

そこで本稿では，金属触媒リビングラジカル重合を用いた両親媒性ポリマー（ランダム，グラジエント，ブロック，環化，星型）の合成と，これらのポリマーの自己組織化や機能について概説する。ここでは，親水性ポリエチレングリコール（PEG）鎖を有する両親媒性ポリマーを中心に述べる。

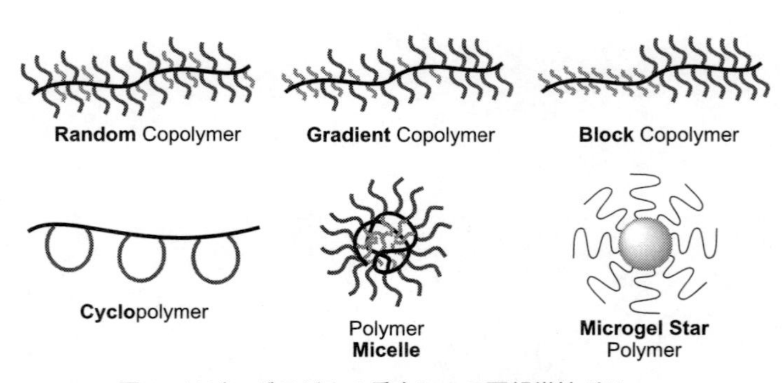

図1　リビングラジカル重合による両親媒性ポリマー

2　両親媒性ランダムコポリマー

親水性PEG鎖と疎水性アルキル基や機能基を側鎖に持つ両親媒性ランダムコポリマーは，鎖

* Takaya Terashima　京都大学　大学院工学研究科　高分子化学専攻　准教授

長や組成を制御し，側鎖構造を設計すると，水中や有機溶媒中にて自己組織化し，サイズの揃ったミセル会合体やナノ構造体を形成する（図２）[13〜25]。

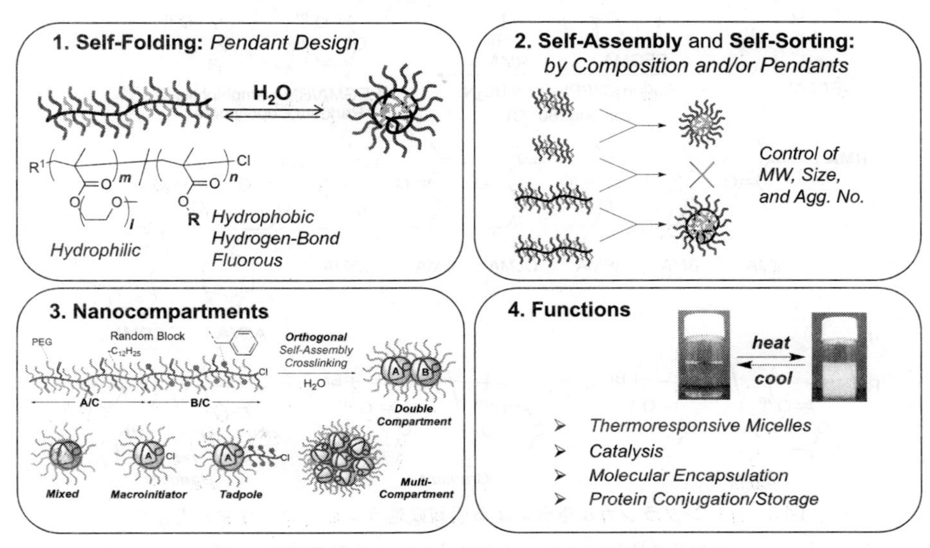

図２　両親媒性ランダムコポリマーの自己組織化と機能

2.1　精密合成

親水性 PEG 鎖（オキシエチレンユニット数：約 8.5）と疎水性アルキル基を持つ両親媒性ランダムコポリマーは，ルテニウム触媒により精密に合成できる。例えば，$Ru(Ind)Cl(PPh_3)_2/n\text{-}Bu_3N$ 触媒と塩素型開始剤を組み合わせ，トルエン中 80℃で親水性 PEG 鎖を持つメタクリレート（PEGMA）と疎水性アルキルメタクリレート（RMA，側鎖 R の炭素数：1〜18）を共重合すると，両モノマーは速やかに消費され，分子量分布の狭い良く制御されたランダムコポリマーが得られる（$M_w/M_n < 1.2$，図３）[14〜19]。この共重合では，PEGMA と RMA が仕込み比（$[PEGMA]_0/[RMA]_0$）によらず等速度で消費される。このことから，モノマー反応性がほぼ等しく（r_1：〜1，r_2：〜1），生成ポリマーは親水性基と疎水性基の連鎖分布に偏りのないランダム共重合体であることがわかる。

適切な触媒系を選択すると，アクリレート型[20]やアクリルアミド型[21]の両親媒性ランダムコポリマーも合成できる。一方，メタクリレート型 PEGMA とドデシルアクリレートを共重合すると，モノマー反応性の違いにより，PEGMA がドデシルアクリレートに対して優先的に消費される[20]。その結果，疎水性モノマーユニットの割合が開始末端から成長末端にかけて緩やかに増加する傾斜組成を持つ両親媒性グラジエントコポリマーが生成する。従って，様々な組成において，連鎖分布に偏りのない両親媒性ランダムコポリマーを得るには，同じ反応性のモノマーを組み合わせることが重要である。

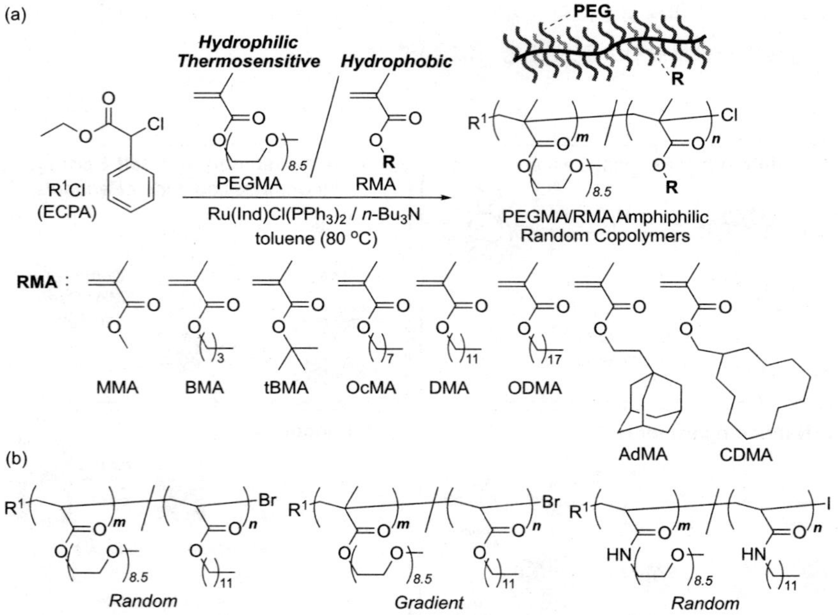

図3　リビングラジカル重合による両親媒性ランダムコポリマーの合成
(a)メタクリレート型，(b)アクリレート型，メタクリレート／アクリレート型，アクリルアミド型

また，ルテニウム触媒を用いると，PEGMA と水素結合性ウレア基（BPUMA）[22] やアミド基[23]を持つメタクリレート，またはパーフルオロアルキル基（$-C_6F_{13}$）を持つメタクリレート（13FOMA）[24,25] ともランダム共重合でき，水素結合性やフルオラス性を併せ持つ両親媒性ランダムコポリマーも合成できる（図4）。

2.2　一分子折り畳みによるユニマーミセル

親水性 PEG 鎖を持つ両親媒性ランダムコポリマーは，疎水性基（または機能基）のモル比をおよそ 50 mol%以下に設計すると，容易に水に溶解し，疎水性基が集積化したミセルを形成する。疎水性ドデシルメタクリレート（DMA）を 40 mol%含む PEGMA/DMA ランダムコポリマーは，重合度（DP）を 200 程度に設計すると，水中で疎水性側鎖が自己集合して一分子で折り畳まれ，サイズが小さく，疎水性コアを持つユニマーミセルを形成する（M_w = ～100,000, R_h = ～5 nm）[14,17]。このミセルのサイズと構造は，多角度光散乱－サイズ排除クロマトグラフィー（SEC-MALLS）や動的光散乱，小角 X 線散乱測定により決定された。このミセルは，比較的高濃度（～60 mg/mL）においても安定に存在する。

一方，水素結合性ウレア基を持つポリマーは，疎水性効果と水素結合を駆動力としてミセル化できるため，水中のみならず水素結合に有効なクロロホルム中でも効率的にユニマーミセル（球状構造）を形成する[22]。さらに，パーフルオロアルキル基を持つポリマーは，水中ではフルオラ

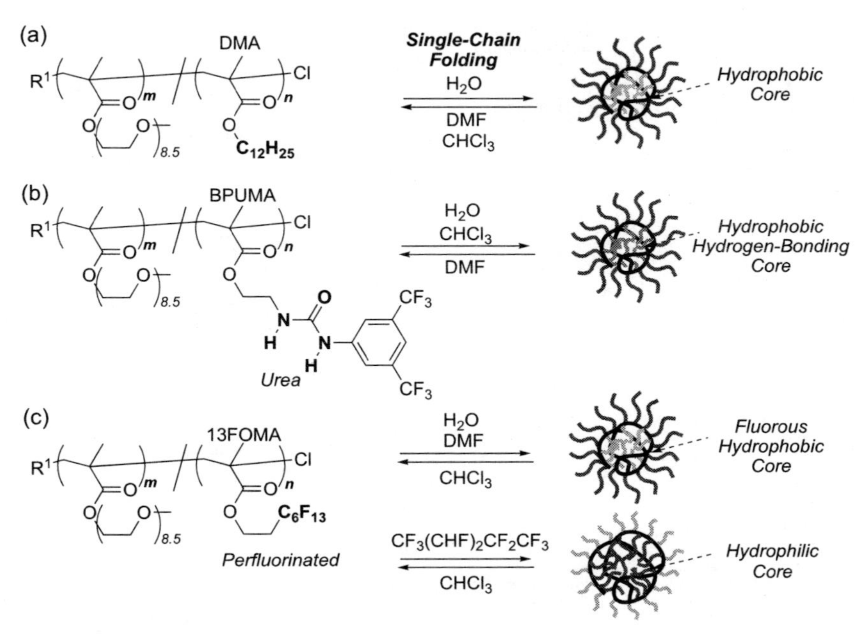

図4　両親媒性ランダムコポリマーによるユニマーミセル

(a)疎水性コアミセル，(b)疎水性／水素結合性コアミセル，(c)フルオラス性／疎水性コアミセルと親水性コアミセル

ス性／疎水性コアのミセルを形成し，一方，フッ素系溶媒（*2H*,*3H*-パーフルオロペンタン）中では親水性PEG鎖が集積化したコアを持つ逆ミセルを形成する[24]。このように，両親媒性ランダムコポリマーは，側鎖を設計すると，様々な溶媒環境で可逆的にユニマーミセルを形成する。また，通常の両親媒性ブロックコポリマーと比べ，生成するミセルのサイズが非常に小さいことも特徴である。

2.3　精密自己組織化による多分子会合ミセル

PEGMA/DMAランダムコポリマーは，水中でユニマーミセルを形成するのみならず，鎖長と組成を制御すると，サイズや会合数を自在に制御可能な多分子会合ミセルを形成する[17~19]。PEGMA/DMA（40 mol%）ランダムコポリマー（重合度：DP = 44～424）の分子量を*N*,*N*-ジメチルホルムアミド（DMF）中と水中でSEC-MALLSにより評価した（図5(a)）。DMF中では，重合度の増加につれて高分子量側にSEC曲線がシフトするが，水中では重合度が190以下のポリマーは，ほぼ同一のピークトップ分子量を示した[17]。さらに，光散乱検出器より，これらのポリマーの絶対分子量はほぼ10万で一定となった（図5(b)）。また，その会合体の分子量は，重合度190のポリマーが形成するユニマーミセルと同じであった。これら一連の特異な自己組織化挙動は，以下のように要約される。

(1)　本コポリマーは，分子内会合と分子間会合の間に明確な臨界鎖長を持ち，その臨界鎖長は

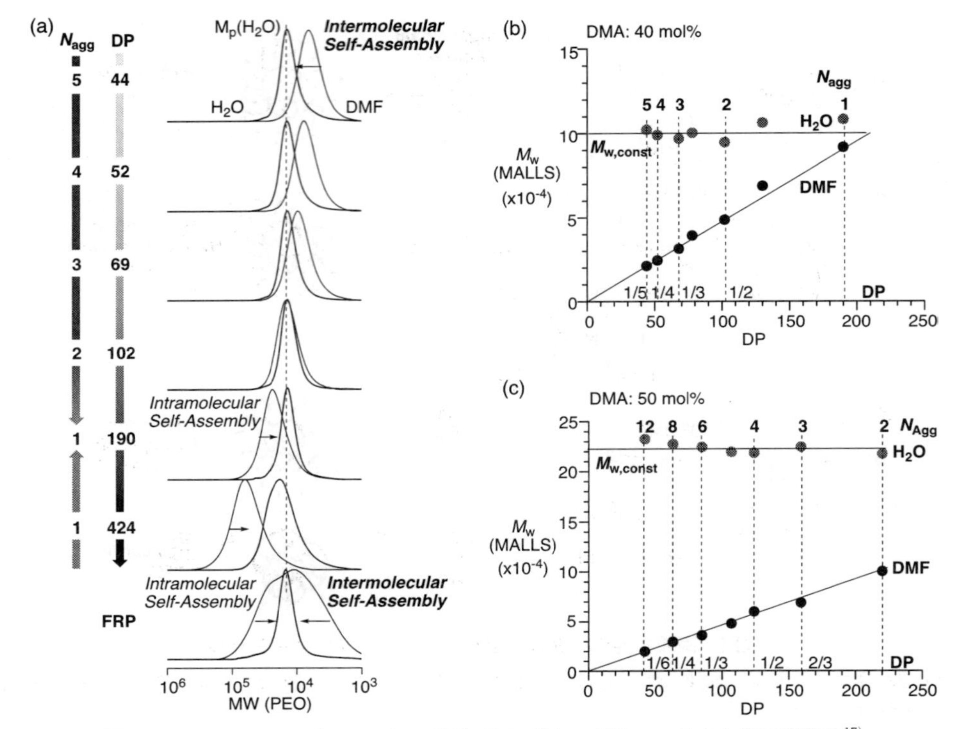

図5　PEGMA/DMA（40 or 50 mol%）ランダムコポリマーの水中自己組織化[17]
(a) DMA を 40 mol% 含むポリマーのサイズ排除クロマトグラフィー（水中と *N,N'*-ジメチルホルムアミド（DMF）中），(b)，(c)ポリマーの分子量（M_w：光散乱より）と重合度（DP）の関係

疎水性 DMA の組成の増加につれて増大する。

(2)　ユニマーミセルを形成する臨界鎖長以下の場合，鎖長に依存せず一定サイズ・分子量の会合体を形成し，そのサイズは組成のみに依存して決定される（図5(b)，(c)）。

(3)　本コポリマーが形成する多分子会合体のサイズと分子量は，疎水性 DMA 組成の増加とともに増加する（図5(c)）。

(4)　組成と鎖長の調節により，ミセルの会合数を予測して精密に制御できる（N_{agg} = 1, 2, 3 etc.）。

また，「組成によりミセルサイズが決定される」という特徴から，ある鎖長以下の場合，ポリマーの分子量分布（鎖長のばらつき）は，もはやミセル会合体のサイズ分布にほとんど影響を与えない（図5(a)，FRP）。実際，フリーラジカル共重合（FRP）で合成した分子量分布の広い PEGMA/DMA ランダムコポリマーも，水中では分子量分布が狭くなり，そのサイズはリビングラジカル重合で合成したポリマー（DP = 44～190）のミセルと同じになる[17]。これは，鎖長の短いポリマーは多分子で会合し，鎖長の長いポリマーは分子内で折り畳まれ，結果として，同一サイズのミセル会合体に収束するためである。このように，ランダム共重合体を用いると，リビング重合を用いずともサイズが制御されたミセルを創出できる。このような自己組織化は，ブチル基やオクチル基など他のアルキル基を持つランダムコポリマー[17~21]やイオン性親水性基を持つ交互共重合体[26]においても普遍的に起こる。

さらに，PEGMA/DMA ランダムコポリマーは，異なる組成のポリマーを混合しても（例，DMA = 30, 50 mol%），同一組成のポリマー同士で選択的に自己組織化（自己認識）し，サイズの異なるミセル会合体として共存することが明らかとなっている[17]。このようなセルフソーティング（self-sorting）挙動は，通常，明確な分子認識を実現する超分子化合物において報告され[27~30]，このように単純な両親媒性ポリマーの会合における報告例はなく，本系は革新的な自己組織化システムと言える。

2.4　温度応答性ミセル

PEG 鎖とアルキル基（炭素数：1〜18）を持つランダムコポリマーは，水中で自己組織化してサイズの揃ったミセル会合体を形成するのみならず，温度上昇に伴い，可逆的かつシャープに LCST（下限臨界溶液温度）型相分離挙動を示す（図 6(b)）[14~21]。また，組成やアルキル基の構造をチューニングすると，ミセル会合体のサイズと温度応答性（曇点：Cp）を自在に制御できる（図 6(a)）。例えば，PEGMA/DMA ランダムコポリマー（DP：〜100）の場合，疎水性 DMA の組成が 20 mol%から 50 mol%に増加するにつれて，水中でのミセルサイズが増加し（M_w = 60,000〜220,000），Cp が 85℃ から 62℃ に低下する[17,18]。また，アルキル基の構造と組成を制御すると，同一サイズで Cp の異なるミセルや，同じ Cp を示してサイズの異なるミセルなど，サイズと温度応答性を独立して制御できる[18]。

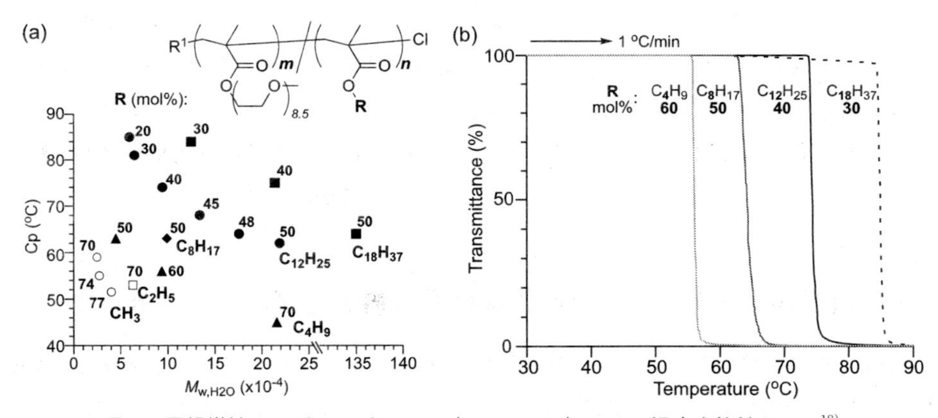

図6　両親媒性ランダムコポリマー（DP：〜100）による温度応答性ミセル[18]
(a)アルキル側鎖と組成によるミセルサイズと曇点の制御，(b)ミセル水溶液の LCST 型相分離挙動
([polymer] = 4 mg/mL in H_2O, λ = 670 nm, heating = 1 ℃/min)

2.5 ナノ構造構築と機能

両親媒性ランダムコポリマーは，単純なミセル会合体のみならず，複数のナノドメインを持つマルチコンパートメントミセルやタドポールポリマーなど，特殊なナノ構造体も構築できる（図2）[31]。また，両親媒性ランダムコポリマーをベースとするミセル会合体は，特異な活性を示す高分子触媒[23,32~34]やバイオ材料（タンパク質の担持材料，安定化材料）[35,36] などへも応用されている。

3 タンデム重合による両親媒性グラジエントコポリマー

一般に，傾斜組成を持つグラジエントコポリマーは，①反応性の異なるモノマーのリビング共重合や②リビング重合へのコモノマーの連続添加により合成される[37~41]。一方，筆者らは機能性グラジエントコポリマーを自在に合成する新手法として，モノマーの選択的エステル交換反応を組み合わせたタンデムリビングラジカル重合を開発した[42~48]。この手法を用いると，PEG 鎖を持つ両親媒性グラジエントコポリマーを自在に合成できる。

メタクリル酸メチル（MMA）をチタンアルコキシド（$Ti(O\textit{i}\text{-}Pr)_4$）と PEG 存在下，ルテニウム触媒によりリビングラジカル重合すると，重合の進行と同時に，重合溶液中の MMA（モノマー）が Ti 触媒により PEGMA へと選択的にエステル交換される（ポリマー側鎖はエステル交換を受けない）[44]。その結果，重合溶液中のモノマー組成が連続的に変化し（時間経過とともに PEGMA 組成が増加），この変化に対応した傾斜配列を持つ両親媒性グラジエントコポリマーが得られる（図7）。本系では，エステル交換反応の速度と重合速度を完全に同期させると，開始末端から成長末端にかけて PEGMA の組成がほぼ直線的に 0 から 100% まで変化するグラジエントコポリマーが生成する。また，PEG 鎖長と傾斜配列の調節により，親水性と疎水性のバランスも制御できる。本タンデム重合系には，様々なメタクリレートとアルコールを組み合わせることができ，両親媒性[44]やフルオラス性[46,47]，水素結合性[48]などの機能をグラジエントコポリマーに付与できる。このような機能性グラジエントコポリマーは，対応するランダムやブロックコポリマーとは異なる熱物性（幅広いガラス転移温度領域）[45]，自己組織化や相分離挙動[47]を示すことが明らかにされており，特異な物性を持つ材料として期待される。

4 末端選択的エステル交換と両親媒性局所機能化ブロックコポリマー

$Ti(O\textit{i}\text{-}Pr)_4$ 触媒を用いたエステル交換反応は，エステル基質のカルボニル基周辺の立体的要因に反応性が左右される[43,49,50]。実際，上述の通り，メタクリレートモノマーのタンデム重合では，モノマーのみがエステル交換され，そのポリマー側鎖はエステル交換されない。一方，$Ti(O\textit{i}\text{-}Pr)_4$ 触媒とアルコール（ROH）を組み合わせ，塩素末端型ポリメタクリル酸メチル（PMMA-Cl）のエステル交換反応を検討すると，ポリマーの開始末端基と塩素末端近傍のモノ

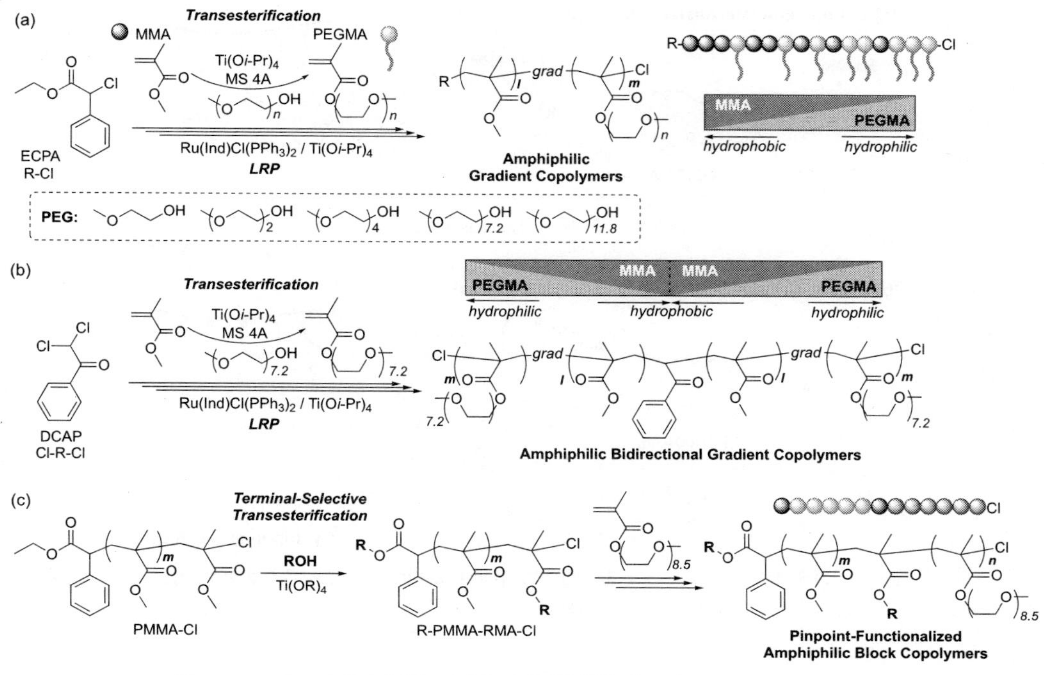

図7　エステル交換を利用した(a), (b)両親媒性グラジエントコポリマーと
(c)両親媒性界面機能化ブロックコポリマーの合成

マーユニットのみが選択的にエステル交換され，塩素末端型テレケリックポリマー（R-PMMA-RMA-Cl）が得られる（図7(c)）[51]。そこで，このテレケリックポリマーをマクロ開始剤に用いてPEGMAを重合すると，疎水性と親水性セグメントの界面をRMAモノマー一分子で機能化した両親媒性ブロックコポリマーを合成できる。本システムは，ブロックコポリマーの界面を局所的に機能化する一般的手法として意義深い。

5　両親媒性環化ポリマー

環化ポリマーは，環状骨格がモノマーユニットとして連なった直鎖ポリマーを指し，通常，二官能性モノマー（ジビニル化合物）の環化重合により合成される[52~58]。この環化ポリマーは，通常の直鎖ポリマーと比べ剛直で，環状骨格の空孔を利用した分子認識など，特異な機能が期待される[55]。一方，分子間架橋などの副反応なしに合成するには，ジビニル化合物の分子内環化反応を促進する必要があり，比較的長いスペーサーのジビニル化合物を用いた大環状化は，一般に困難であった。

そこで，筆者らは大環状PEG骨格を持つ環化ポリマーを効率的に合成できる新規環化重合系を開発した（図8）[59,60]。PEGスペーサーを持つジメタクリレート（PEG6DMA）にカリウムカ

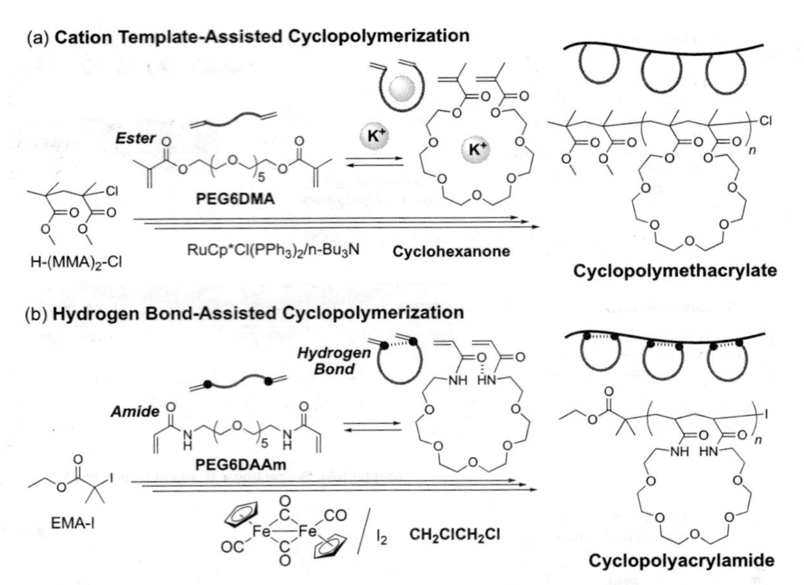

図8　(a)カチオンテンプレートまたは(b)水素結合を利用した精密ラジカル環化重合による大環状骨格ポリマーの合成

チオン（K^+）をテンプレートとして組み合わせると，PEG6DMA は K^+ を 1：1 で認識した[59)]。これにより，二つのオレフィンが近接化した動的な擬似環状モノマーが形成され，これをルテニウム触媒によりリビングラジカル環化重合すると，24 員環の大環状骨格ポリマーを得ることができる。このカチオンテンプレート環化重合は，最大 30 員環の環化ポリマーまで適用できる。また，得られたポリマーは，擬似ポリクラウンエーテルとして作用し，有機溶媒中で環状 PEG 空孔ユニットにより金属カチオンを効率的に認識する（PEG 空孔／Li^+，Na^+，K^+，Rb^+ = 1/1 認識，PEG 空孔／Cs^+ = 2/1 認識）。この環化ポリマーは，PEG 鎖のため水に溶解し，温度応答性（LCST 型相分離挙動）も示す。また，PEG 鎖をスペーサーに持つジアクリルアミド（PEG6DAAm）は，ハロゲン溶媒中で効率的に分子内水素結合し，その溶媒条件下で環化重合すると，大環状骨格ポリアクリルアミド（24 員環）を与える[60)]。このポリマーは，アミド基で機能化された擬似ポリクラウンエーテルと言える。これらの両親媒性環化ポリマーは，機能性空孔材料としての展開が期待される。

6　両親媒性ミクロゲル星型ポリマー

ミクロゲル星型ポリマーは，多数の直鎖枝ポリマーで囲まれたミクロゲル核を中心に持つため，特異なナノ空間を持つ機能性高分子と言える[9～11,61～79)]。これまで，リビングラジカル重合を用いてミクロゲル核に様々な機能基（金属錯体[68～72)]，PEG[73,74)]，4 級アンモニウム塩[75)]，パーフルオロアルキル基[76～78)]，イミン結合[79)]など）を集積化した星型ポリマーが合成されてきた。これらのポリマーは，高活性でリサイクル可能な高分子触媒（ナノリアクター）[68~72] や選択的な分子捕捉と放出が可能なナノカプセル[74~78]として利用できる。星型ポリマーの溶解性は，枝ポリマーにより調節でき，例えば，疎水性ポリメタクリル酸メチルを枝に用いると有機溶媒（トルエン，クロロホルムなど）に溶解し，親水性PEG鎖を用いると，水やアルコールにも容易に溶解する。従って，ミクロゲル星型ポリマーは，ポリマーの溶解性とミクロゲル機能場を独立して設計できる特徴を持つ。

例えば，PEG鎖を持つ塩素末端型マクロ開始剤（PEG-Cl，M_n = ~5,000）に比較的少量のエチレングリコールジメタクリレート（EGDMA；架橋剤）とパーフルオロオクチルメタクリレート（13FOMA）を加え（$[PEG\text{-}Cl]_0/[EGDMA]_0/[13FOMA]_0 = 1/10/10$），ルテニウム触媒により架橋すると，フルオラス性ミクロゲル核を持つ両親媒性星型ポリマーが得られる（M_w = 940,000，M_w/M_n = 1.13，N_{arm} = 87，図9(a)）[76]。このポリマーは，フルオラス性コアを持つにも関わらず，親水性枝のため水やアルコールに均一に溶解する。さらに，このポリマーは，水中でフッ素系界面活性剤を選択的に捕捉し，溶媒変化により捕捉化合物を放出するナノカプセルとして作用する（図9(b)）。このように，フルオラス性ミクロゲルを持つ両親媒性星型ポリマーは，生体毒性や蓄積性が懸念されるフッ素系界面活性剤[80]の除去材料として有効であることが見出されている[78]。

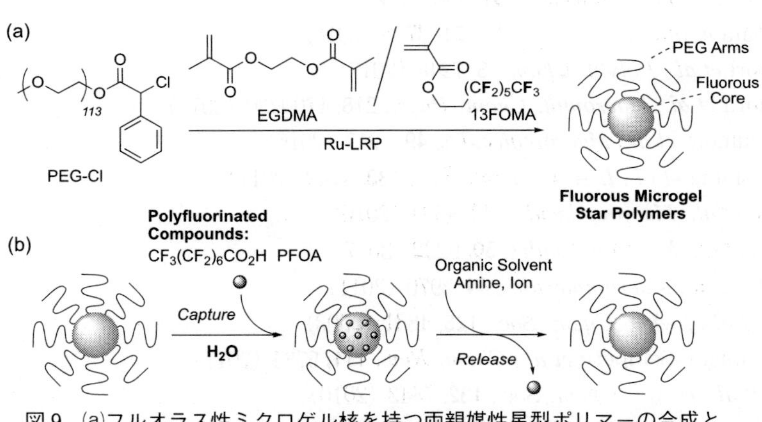

図9　(a)フルオラス性ミクロゲル核を持つ両親媒性星型ポリマーの合成と
(b)フルオラス性星型ポリマーによるフッ素系界面活性剤の捕捉と放出

7　おわりに

本稿では，金属触媒リビングラジカル重合を用いた様々な両親媒性ポリマーの精密合成と，両親媒性ポリマーの自己組織化ならびに機能について概説した。リビングラジカル重合法の目覚ましい発展により，今や，様々な一次構造の両親媒性ポリマーを自在に合成できる時代にある。今後，このような両親媒性ポリマーを用いて，革新的な機能性材料が開発されることを期待したい。

文　献

1) D. E. Discher *et al.*, *Science*, **297**, 967 (2002)
2) S. Jain *et al.*, *Science*, **300**, 460 (2003)
3) A. V. Kabanov *et al.*, *Angew. Chem. Int. Ed.*, **48**, 5418 (2009)
4) L. Li *et al.*, *Chem. Commun.*, **50**, 13417 (2014)
5) A. Nazemi *et al.*, *J. Am. Chem. Soc.*, **138**, 4484 (2016)
6) M. Ouchi *et al.*, *Chem. Rev.*, **109**, 4963 (2009)
7) K. Matyjaszewski *et al.*, *J. Am. Chem. Soc.*, **136**, 6513 (2014)
8) G. Moad *et al.*, *Aust. J. Chem.*, **65**, 985 (2012)
9) T. Terashima, *Polym. J.*, **46**, 664 (2014)
10) T. Terashima *et al.*, *ACS Symp. Seri.*, **1170**, 255 (2014)
11) 寺島崇矢，高分子論文集，**70**，432 (2013)
12) 甲田優太ほか，高分子論文集，**72**，691 (2015)
13) 寺島崇矢ほか，高分子論文集，**74**，265 (2017)
14) T. Terashima *et al.*, *Macromolecules*, **47**, 589 (2014)
15) T. Sugita *et al.*, *Macromol. Symp.*, **350**, 76 (2015)
16) T. Terashima *et al.*, *Polym. J.*, **47**, 667 (2015)
17) Y. Hirai *et al.*, *Macromolecules*, **49**, 5084 (2016)
18) S. Imai *et al.*, *Macromolecules*, **51**, 398 (2018)
19) M. Shibata *et al.*, *Macromolecules*, **51**, 3738 (2018)
20) G. Hattori *et al.*, *Polym. Chem.*, **8**, 7248 (2017)
21) Y. Kimura *et al.*, *Macromol. Chem. Phys.*, **218**, 1700230 (2017)
22) K. Matsumoto *et al.*, *Macromolecules*, **49**, 7917 (2016)
23) T. Terashima *et al.*, *J. Am. Chem. Soc.*, **133**, 4742 (2011)
24) Y. Koda *et al.*, *Macromolecules*, **49**, 4534 (2016)
25) J. H. Ko *et al.*, *Macromolecules*, **50**, 9222 (2017)
26) M. Ueda *et al.*, *Macromolecules*, **44**, 2970 (2011)
27) A. Wu *et al.*, *J. Am. Chem. Soc.*, **125**, 4831 (2003)
28) M. M. Sanfont-Sempere *et al.*, *Chem. Rev.*, **111**, 5784 (2011)
29) A. Pal *et al.*, *J. Am. Chem. Soc.*, **132**, 7842 (2010)
30) W. Makiguchi *et al.*, *Nat. Commun.*, **6**, 7236 (2015)
31) M. Matsumoto *et al.*, *J. Am. Chem. Soc.*, **139**, 7164 (2017)
32) M. Artar *et al.*, *J. Polym. Sci. Part A : Polym. Chem.*, **52**, 12 (2014)
33) M. Artar *et al.*, *ACS Macro Lett.*, **4**, 1099 (2015)
34) Y. Azuma *et al.*, *ACS Macro Lett.*, **6**, 830 (2017)
35) Y. Koda *et al.*, *Polym. Chem.*, **6**, 240 (2015)
36) Y. Koda *et al.*, *Polym. Chem.*, **7**, 6694 (2016)
37) K. Matyjaszewski *et al.*, *J. Phys. Org. Chem.*, **13**, 775 (2000)
38) H. Lee *et al.*, *Macromolecules*, **38**, 8264 (2005)
39) K. Seno *et al.*, *J. Polym. Sci. Part A : Polym. Chem.*, **46**, 6444 (2008)

40) J. Kim *et al.*, *Macromolecules*, **39**, 6152 (2006)
41) M. M. Mok *et al.*, *Macromolecules*, **41**, 5818 (2008)
42) K. Nakatani *et al.*, *J. Am. Chem. Soc.*, **131**, 13600 (2009)
43) K. Nakatani *et al.*, *J. Am. Chem. Soc.*, **134**, 4373 (2012)
44) Y. Ogura *et al.*, *Macromolecules*, **50**, 822 (2017)
45) Y. Ogura *et al.*, *ACS Macro Lett.*, **2**, 985 (2013)
46) Y. Ogura *et al.*, *Polym. Chem.*, **8**, 2299 (2017)
47) Y. Ogura *et al.*, *Macromolecules*, **51**, 864 (2018)
48) Y. Ogura *et al.*, *Macromolecules*, **50**, 3215 (2017)
49) J. Otera, *Chem. Rev.*, **93**, 1449 (1993)
50) T. Okano *et al.*, *Bull. Chem. Soc. Jpn.*, **66**, 1863 (1993)
51) Y. Ogura *et al.*, *J. Am. Chem. Soc.*, **138**, 5012 (2016)
52) G. B. Butler *et al.*, *J. Polym. Sci. Part A: Polym. Chem.*, **38**, 3451 (2000)
53) T. Kodaira, *Prog. Polym. Sci.*, **25**, 627 (2000)
54) K. Yokota *et al.*, *Macromol. Chem. Phys.*, **196**, 2383 (1995)
55) U. Tunca *et al.*, *Prog. Polym. Sci.*, **19**, 233 (1994)
56) Y. Gao *et al.*, *Angew. Chem. Int. Ed.*, **56**, 450 (2017)
57) B. Ochiai *et al.*, *J. Am. Chem. Soc.*, **130**, 10832 (2008)
58) Y. Jia *et al.*, *Macromolecules*, **44**, 6311 (2011)
59) T. Terashima *et al.*, *Nat. Commun.*, **4**, 2321 (2013)
60) Y. Kimura *et al.*, *J. Polym. Sci. Part A: Polym. Chem.*, **54**, 3294 (2016)
61) J. M. Ren *et al.*, *Chem. Rev.*, **116**, 6743 (2016)
62) H. Gao *et al.*, *Prog. Polym. Sci.*, **34**, 317 (2009)
63) H. Gao, *Macromol. Rapid Commun.*, **33**, 722 (2012)
64) K. Y. Baek *et al.*, *Macromolecules*, **34**, 7629 (2001)
65) A. W. Bosman *et al.*, *J. Am. Chem. Soc.*, **125**, 715 (2003)
66) T.Shibata *et al.*, *J. Am. Chem. Soc.*, **128**, 7497 (2006)
67) Y.Chi *et al.*, *J. Am. Chem. Soc.*, **130**, 6322 (2008)
68) T. Terashima *et al.*, *J. Am. Chem. Soc.*, **125**, 5288 (2003)
69) T. Terashima *et al.*, *Angew. Chem. Int. Ed.*, **50**, 7892 (2011)
70) T. Terashima *et al.*, *Macromol. Rapid Commun.*, **33**, 833 (2012)
71) T. Terashima *et al.*, *J. Polym. Sci. Part A: Polym. Chem.*, **48**, 373 (2010)
72) T. Terashima *et al.*, *J. Polym. Sci. Part A: Polym. Chem.*, **49**, 1061 (2011)
73) T. Terashima *et al.*, *J. Am. Chem. Soc.*, **136**, 10254 (2014)
74) T. Terashima *et al.*, *Chem. Lett.*, **43**, 1690 (2014)
75) K. Fukae *et al.*, *Macromolecules*, **45**, 3377 (2012)
76) Y. Koda *et al.*, *J. Am. Chem. Soc.*, **136**, 15742 (2014)
77) Y. Koda *et al.*, *Polym. Chem.*, **6**, 5663 (2015)
78) Y. Koda *et al.*, *ACS Macro Lett.*, **4**, 377 (2015)
79) Y. Azuma *et al.*, *Macromolecules*, **50**, 587 (2017)
80) A. B. Lindstrom *et al.*, *Environ. Sci. Technol.*, **45**, 7954 (2011)

第6章　リビングラジカル重合を用いた機能性高分子微粒子の合成

南　秀人*

1　はじめに

高分子微粒子は，媒体に分散したエマルション状態で得られ，塗料，接着剤といったフィルム形態で大量に使われている。一方，電子情報，化粧品，バイオテクノロジーなどといったいわゆる先端的工業分野において電子ペーパーの表示材料，トナーや酵素固定化担体といった微粒子形態のままでの機能性材料としても注目されている。しかしながら，このような微粒子材料は機能を付与するために，不均一系合成で得られる単純な単一成分の真球状粒子だけでなく，粒子表面や内部モルフォロジー制御が必要であり，これまで多くの研究が行われている。

本書の主題である制御／リビングラジカル重合（リビングラジカル重合）は，これまで均一系である溶液重合や塊状重合での検討において，分子量・分子量分布制御など高分子の精密設計について多くの研究が進められてきた。さらに，リビングイオン重合とは違い，ラジカル重合の特徴である温和な重合条件や官能基を有するモノマーの重合も可能である特徴を保持していることから，工業的にも多く用いられている乳化重合や懸濁重合などの（水媒体）不均一系に適用する研究について盛んに行われるようになってきた[1,2]。そのような中，不均一系での精密高分子合成という観点だけでなく，得られる粒子のモルフォロジー制御（コア／シェル粒子，中空粒子，多層粒子など）という観点からもリビングラジカル重合の特徴を利用した報告が多く見られるようになってきた。粒子中でのブロックポリマー合成や重合開始位置を限定できることなどから，通常のラジカル重合では困難であった微粒子のモルフォロジー制御についても可能となることが期待される。本章ではリビングラジカル重合を用いた機能性微粒子合成の研究について紹介する。

2　リビングラジカル重合による架橋粒子

一般に通常のラジカル重合により架橋モノマーを重合すると生長ラジカル付近に自身のビニル基が沢山存在するため，分子内架橋が優先的に起こる。そのため重合初期からゲルが生成し，得られる高分子架橋体は不均一な架橋構造が導入される。一方，リビングラジカル重合では，重合初期において一次鎖が短く，生長ラジカル付近のペンダントビニルの濃度が低くなるため，架橋反応が遅くなる。その結果，通常のラジカル重合とは違い，均一な網目構造が形成されることになり，その均一性は力学物性に影響を及ぼすことが報告されている（図１）[3]。大久保らは，そ

＊　Hideto Minami　神戸大学　大学院工学研究科　応用化学専攻　准教授

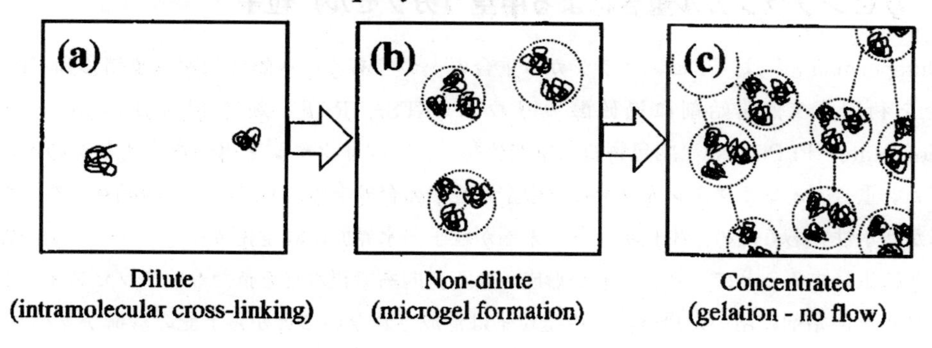

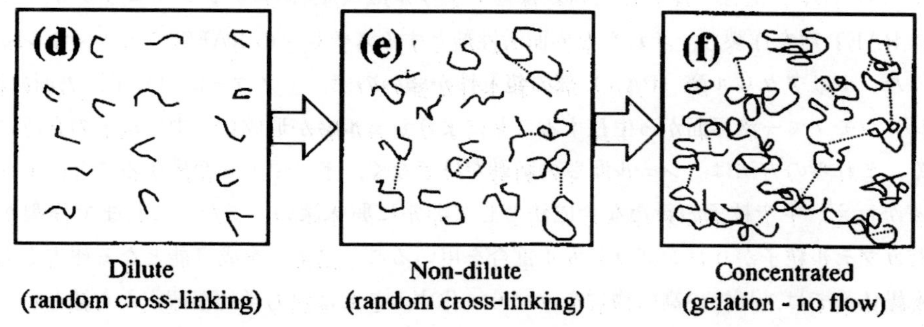

図1　通常のラジカル重合とリビングラジカル重合による架橋反応の違い
(Reprinted with permission from *Macromolecules*, **32**, 95-99 (1999)
Copyright 1999 American Chemical Society.)

の概念を粒子系に導入するため，ジビニルベンゼンをモノマーに懸濁重合系にて架橋高分子微粒子を通常のラジカル重合とリビングラジカル重合（ニトロキシル法，NMP）で作製した。得られた約 10 μm の粒子の圧裂強度の比較評価を行ったところ，通常系の粒子は重合の進行に伴う圧裂強度の変化はほとんど見られないのに対して，NMP 系の粒子では重合に伴い，圧裂強度が上昇する傾向が見られた[4]。これは，架橋構造の違いによる影響である。バルク系と同様に通常系では重合初期からマイクロゲル形成されるのに対して，NMP 系ではより均一な架橋ネットワークが形成されるためであると考えられる。Matyjaszewski らは，懸濁重合系ではなく，逆相ミニエマルション重合系に原子移動ラジカル重合（ATRP）を適用し，親水性ポリマーゲル粒子の合成を報告している。得られたハイドロゲル粒子は，通常系で作製した粒子と比較して非常に大きな膨潤挙動が観察され，リビングラジカル重合系で作製した粒子が均一な網目構造を有していることを示している[5]。

3 リビングラジカル重合による中空（カプセル）粒子

Klumperman ら[6]は，リビングラジカル重合の一つである可逆的付加開裂連鎖移動（RAFT）重合を利用して，開始剤に過硫酸カリウム（KPS），RAFT 剤に Phenyl 2-propyl phenyl dithioacetate（PPPDTA），内包物質（中空化材）にイソオクタンを用いたスチレンのミニエマルション重合でイソオクタンカプセル（中空）粒子の合成を報告している。開始剤末端である硫酸基が親水性であるため，生長ポリマー末端が粒子／水界面に固定化され，モノマー滴の外側から内側に生長することによりシェルが形成される。同系で親水基を持たないアゾビスイソブチロニトリルを開始剤に用いた場合は，中空粒子は形成されないことから上記の機構が支持される。Luo ら[7]は同様の手法でより強くモノマー滴（粒子）／水界面にポリマーを固定化させるため，あらかじめ RAFT 重合で作製した両親媒性アクリル酸（AA)-スチレンブロックオリゴマーのマクロ RAFT 剤を作製し，それらを界面活性剤とするスチレンの RAFT ミニエマルション重合を行った。ポリアクリル酸（PAA）部の親水性が強いので，モノマー滴（粒子）表面に存在し，スチレンがモノマー滴界面から生長することによりシェル層が形成し，中空粒子の合成に成功している。これらの方法は，シェル厚さの制御だけでなく，モノマーを変換することにより機能付加などが行え，中空粒子の新たな合成法として非常に興味深い。また，これまで作製が困難であったカプセル粒子がリビングラジカル重合を用いることにより合成可能となる報告もある。一般に水媒体系では，極性の高い物質をカプセル化することは熱力学的な観点から難しい。Stöver ら[8]は，極性の高いジフェニルエーテルなどを内包物質としたカプセル粒子を合成するために，ベースモノマーであるメタクリル酸メチル（MMA）と親水性モノマーの共重合体オリゴマーを溶液重合にて作製し，次いで架橋性モノマーであるエチレングリコールジメタクリレートを添加したものを懸濁重合することにより，シェルとなるポリマーがより極性が高くなり，油／水界面に吸着および積層しやすくすることでシェル層を形成する工夫をした。しかし，懸濁重合を通常のラジカル重合で行うと架橋反応が急速に進行するため，熱力学的に安定な構造が得られず，カプセル粒子が得られないのに対して，ATRP を用いることでカプセル粒子の合成に成功している。大久保ら[9]は蓄熱材カプセルへの応用としてヘキサデカンカプセル粒子を独自のカプセル化法（相分離自己組織化法）により作製しているが，その際，カプセル化することによる不凍ヘキサデカン量の増加と過冷却が問題となっていた。その解決方法により大きなカプセル粒子にすることを明らかにしているが，同法では 10 ミクロン以上では多孔質になりカプセル化が困難であった。しかし，リビングラジカル重合を利用することにより，30 ミクロン程度の大粒径カプセル粒子の合成に成功している（図 2）。これは，上記と同様にリビングラジカル重合のゲル化速度が遅いために，生成するポリマーが界面へ拡散して熱力学的に安定になる充分な時間をとることで，シェルの形成を促した結果であると考察されている。

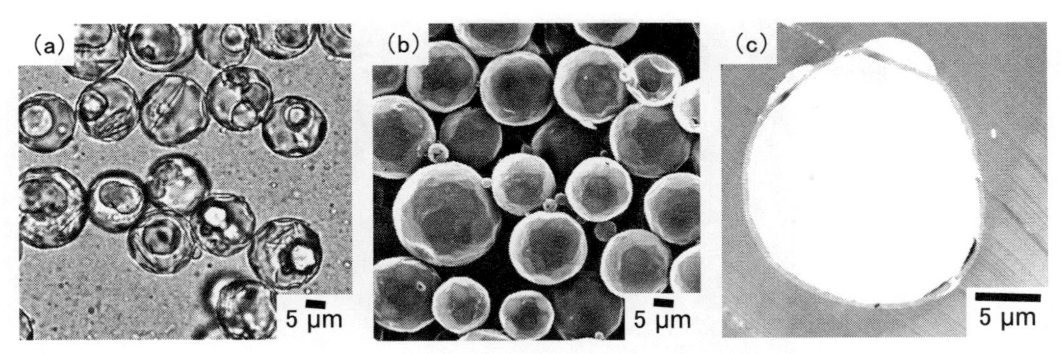

図2　マイクロサスペンションAGET ATRPで作製したヘキサデカンをカプセル化したポリジメタクリル酸エチレングリコール粒子の光学(a)，走査型電子顕微鏡(b)，切片サンプルの透過型電子顕微鏡写真(c)

4　リビングラジカル重合による内部モルフォロジーの制御

異種高分子が一つの粒子に存在する複合粒子は，ほとんどの高分子同士が相溶しないことから粒子内で相分離構造を形成し，熱力学的または速度論的な条件により様々なモルフォロジーを取ることが知られている。一般に，粒子作製時において，粒子内の粘度が十分に低い場合，相分離構造が熱力学的に安定な状態で形成する。例えば2種類の高分子の極性によって，コアシェル粒子やヤヌス粒子などが得られることがよく知られている。その際，それぞれの高分子成分からなるブロックポリマーなどの相溶化剤が存在するとそのモルフォロジーが大きく変化する。Asuaらはポリスチレン／ポリメタクリル酸メチル（PS/PMMA）複合粒子を合成するときに（ミニエマルション重合とシード乳化重合）通常ラジカル系で合成するとHemispherical（ヤヌス）構造を取るのに対して，NMPを用いるとコアシェル構造に変化することを報告している。これは，重合中にブロックポリマーが粒子内に作製され，それが相溶化剤となり，よりポリマー／ポリマー界面積が大きくても熱力学的に安定な構造を取ったためである[10)]。また，大久保らはシード重合法にリビングラジカル重合を適用することにより非常にユニークな構造の粒子の合成に成功している[11)]。シードとなる一段階目の重合にメタクリル酸イソブチルのATRPをミニエマルション系で用い，重合終了後，二段階目にスチレンを吸収させ，スチレンのシード乳化重合をさらにATRPで行ったところ，図3に示すようにポリメタクリル酸イソブチルとポリスチレンが交互に粒子中心部から積層したような玉葱状の多層構造粒子が直接合成可能であることを報告した。その後の検討でこのような多層構造の生成には，作製されるブロックポリマーの分率，重合温度が非常に重要なファクターであることも明らかにした[12)]。また，Charleuxらは NMP を用いて（制御剤SG1を使用）同様にミニエマルション重合とシード乳化重合により作製したジブロックおよびトリブロックポリマー粒子についても条件によっては，同様に多層構造が観察されることを報告している[13)]。

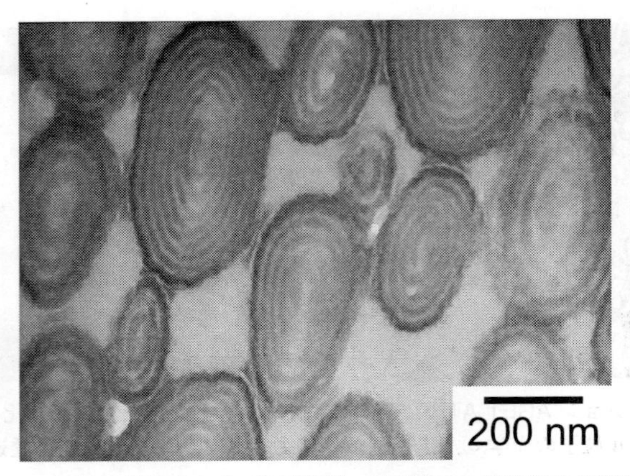

図3　ATRP法により一段階で作製された"玉葱状"多層粒子の超薄切片の透過型電子顕微鏡写真
(PS部分をRuO_4にて染色)

5　リビングラジカル重合による粒子表面性質制御

高分子微粒子は，比表面積が大きく，その表面性質は粒子自体の機能性だけでなく，分散体のコロイド特性についても大きく影響する。そのためこれまで粒子表面の修飾としてはシード重合だけでなく，シランカップリング剤や有機反応を利用した様々な修飾方法が行われている。その一つとして表面のグラフト化による改質がある。グラフト化には，粒子表面の官能基とグラフト化するポリマーの官能基を反応させ粒子に結合する"grafting-to"法と表面に開始基を分布させて，そこからポリマーを生長させる"grafting-from"法（表面開始グラフト重合）がある。"grafting-to"法ではグラフトさせるポリマー分子鎖の広がりにより，表面へ高密度にグラフト化させるのは困難であるが，福田らは，リビングラジカル重合を用いた表面開始グラフト重合を用いることにより，表面に高密度にグラフト化された"濃厚ポリマーブラシ"の合成を報告している[14]。この濃厚ブラシは，最高でポリマー本来の伸び切り鎖長の90％にも達する状態でグラフト化されていることを明らかにしており，物性（耐高圧縮，極低摩擦表面）について，従来の高分子表面にはない非常に特徴的な性質を示すことを報告している。近年，微粒子表面の表面性質制御にリビングラジカル重合を用いた"grafting-from"法が数多く報告されている。リビングラジカル重合による表面修飾は，粒子表面に開始基を導入し，重合法を選択すれば，媒体での重合を抑制することができ，効率よく粒子表面に，かつ精密に分子量が制御された高分子鎖を導入することができる。大野らはATRPを用いて濃厚ブラシを付与した単分散シリカ微粒子がコロイド結晶を形成することを見出し[15]（図4），隣接粒子間の距離はグラフト鎖の鎖長を反映して，分子量とともに増大することを明らかにした。さらに，コア部を溶解させた中空粒子の合成や，濃厚ブラシ表面がタンパク質の吸着抑制の性質を有していることを利用して血中に長期間滞留できる生体材料への展開も行っている[16]。辻井，佐藤らは，イオン液体を高分子化したもの

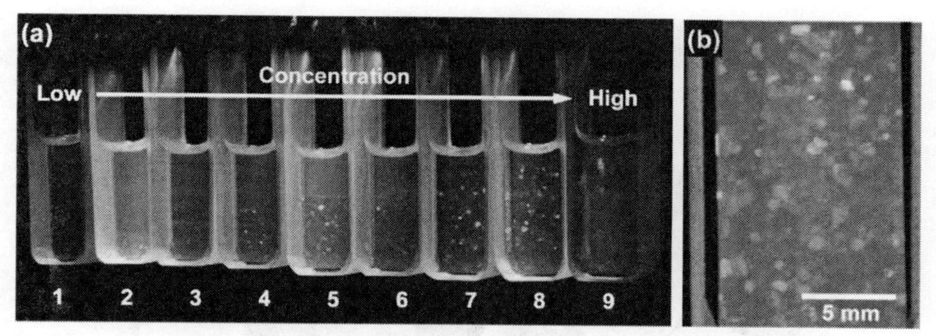

図4　シリカ粒子（130 nm）から表面開始グラフト重合によりポリメタクリル酸メチル（M_n = 158,000）をグラフト化させた濃厚ブラシ粒子分散液の粒子体積分率（0.0785〜0.111）によるコロイド結晶形成の影響

（b：サンプル8の拡大）

（ポリイオン液体）を単分散シリカ微粒子に濃厚ブラシとして高密度にグラフト化させ，キャストすることにより，高イオン伝導性の疑似コロイド固体膜を与えることを報告している。ブラシ鎖末端が高い分子運動性を有することから，それら末端が連続したハニカム状ネットワークを形成して，効率的なイオン伝導チャネルとして働くことを示している（固体イオン伝導性（0.17 mS/cm））[17]。川口らはリビングラジカル重合の一つであるイニファータ基を高分子微粒子表面に固定し，刺激応答性を有する共重合体ヘア粒子[18]や分子インプリント粒子[19]を作製している。谷口らは，ATRP開始基を表面に有する粒子を作製し，それら粒子表面から糖残基を有するポリマーのグラフト化[20]やメタクリル酸2-(ジメチルアミノ)エチル（DMAEMA）を表面グラフト化させた。さらにDMAEMAの触媒活性を利用することにより，それらをテンプレートとしたシリカ，チタニアや金ナノコロイドなどの無機化合物との効率的な複合化に成功している[21]。さらに大久保らは，PMMAをシードにスチレンとATRPの開始基である臭素基を有するメタクリル酸2-(2-ブロモイソブチリルオキシ)エチルの共重合体（P(S-BIEM)）をシード重合した後，得られた複合粒子を溶剤蒸発法により半分に相分離した真球状（ヤヌス状）のPMMA/P(S-BIEM)（1/1，w/w）マクロ開始剤粒子を作製した。この粒子は，粒子表面にATRP開始基が一様にあるのではなく，ポリスチレン半球面にのみ存在することになる。この粒子を用いてDMAEMAの表面開始activator generated by electron transfer（AGET）-ATRP法を行うことでP(S-BIEM)側のみにPDMAEMA相を有するキノコ型の両親媒性PMMA/P(S-BIEM)-*g*-PDMAEMA粒子を合成している（図5）[22]。形態がユニークであるだけでなく，PDMAEMAが親水性であるため粒子自体が親水／疎水の界面活性剤粒子となる。さらにPDMAEMAが温度やpHに対して水への溶解性を変化させる刺激応答性を有していることから粒子型機能性界面活性剤としての応用についても示している[23]。

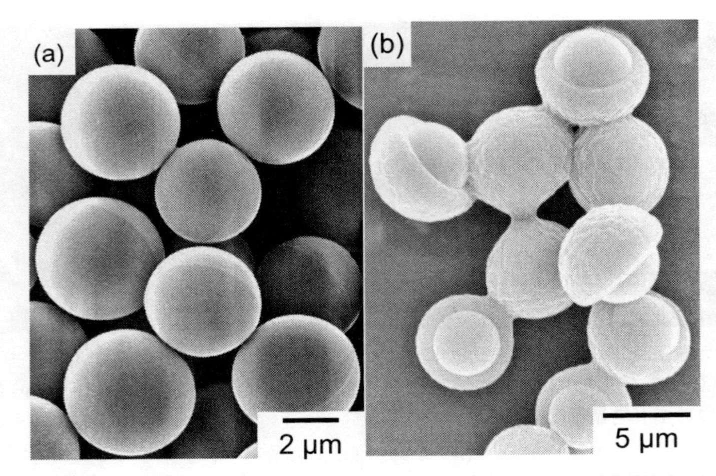

図5　溶媒蒸発法により作製したPMMA/P(S-BIEM)(a)およびDMの表面開始AGET-ATRPにより作製したPMMA/P(S-BIEM)-b-PD(b)複合粒子の走査型電子顕微鏡写真

6　重合誘起自己組織化法（PISA）による微粒子の合成

乳化重合は，そのメカニズムから水相に分散しているモノマー滴からモノマーが重合場であるミセル（ポリマー粒子）に水相をとおして移行し，重合が進行するが，リビングラジカル重合を乳化重合系に適用する場合，モノマーだけでなく制御剤（NMP：ニトロキシド，ATRP：遷移金属触媒／リガンド，RAFT：RAFT剤）も同様にミセルに移動する必要がある。しかしながら，それぞれの水溶性の違いなどから，その制御が困難であり，リビングラジカル重合の乳化重合への適用はこれまで困難とされてきた。しかし，Hawkettらは親水性モノマーであるアクリル酸（AA）が数個付加したRAFT剤をあらかじめ作製し，その水溶液中で微量溶解した疎水性モノマーのアクリル酸ブチル（BA）を重合させた。リビングラジカル重合により水中でPAA-PBAブロックポリマーが生成するが，このポリマーは両親媒性であり，重合の進行とともに疎水性のBAユニット数が増加すると疎水性ユニットが自己会合（self-assembly）してRAFT剤を含んだミセルを形成し，その中にモノマーが取り込まれて重合進行することで乳化重合への適用を可能とした[24]。この方法と基本的には同じ原理であるが，水だけでなく溶媒親和性のあるポリマー（オリゴマー）をマクロRAFT剤として，その溶媒にモノマーは溶解するがポリマーは析出するような組合せを選択すると，上記と同様に重合の進行とともに重合誘起自己組織化（Polymerization-Induced Self-Assembly：PISA）が起こり，ナノ粒子が生成する。このような方法で得られる粒子の形状は，それぞれのブロックの大きさの割合により，球状，ワーム状，ベシクル状など様々な形態を有する微粒子（nano-objects）が合成され（図6），それぞれの形態により分散体のマクロ物性も変化する[25,26]。このような形状は，界面活性剤の会合挙動を表す，パッキングパラメータの概念をブロックポリマーへ拡張することにより，溶媒におけるそれぞれ

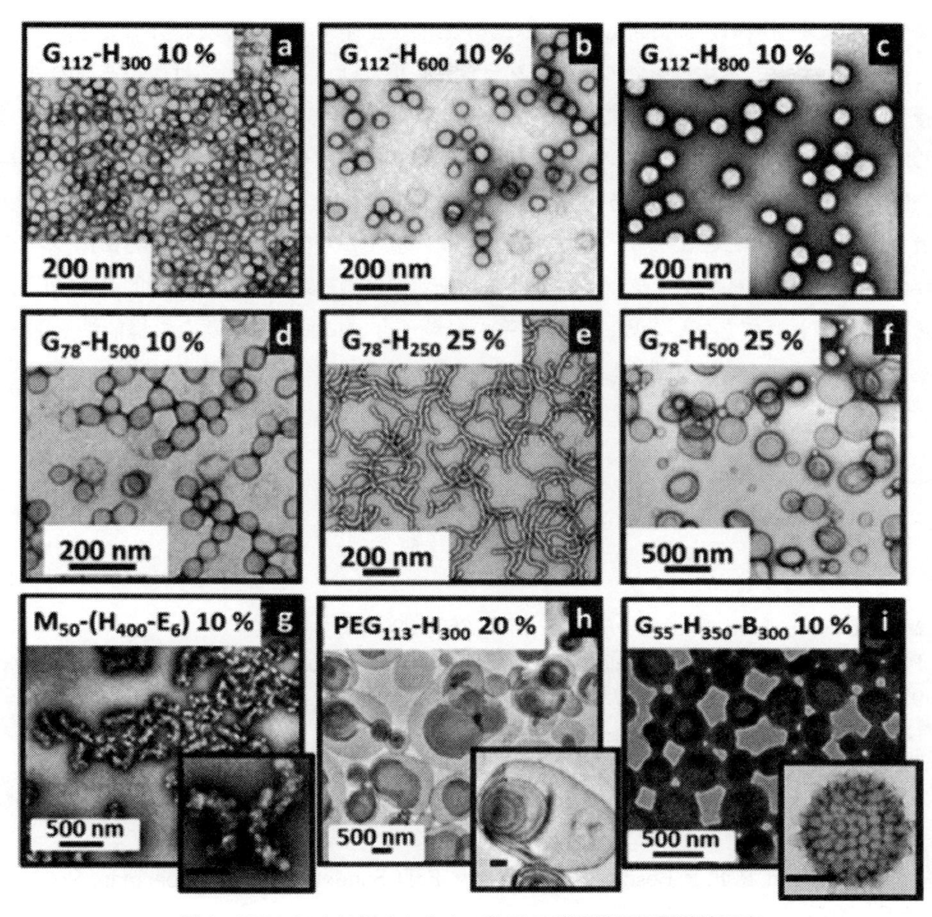

図6　PISAにより得られたナノ粒子の透過型電子顕微鏡写真
(G, H, M, E, Bはそれぞれ, メタクリル酸グリシジル, メタクリル酸2-ヒドロキシプロピル, 2-メタクリロイルオキシエチルホスホリルコリン, ジメタクリル酸エチレングリコール, メタクリル酸ベンジルのユニットおよび数を表している)

のブロック成分の体積比から合理的に説明できる[27]。また, リビングラジカル重合であることから, 重合率に伴い重合度が変化することや溶媒組成により体積分率も変化することにより, 重合の進行に伴って, 球状からワーム状, ベシクル状へと変化する系も報告されている。まさに, リビングラジカル重合系の特徴を活かした微粒子設計法として注目されている。

7　おわりに

以上のようにリビングラジカル重合を微粒子合成に適用することにより, 従来までのラジカル重合では作製困難であったユニークな構造や物性を有する高分子微粒子の合成が可能となり, 機能性高分子微粒子材料の設計に新しいコンセプトとして応用できることを紹介してきた。紙面の都合上，省略したが，不均一系でのリビングラジカル重合は，系によっては微小液滴の中で重合が進行するためバルク系とは異なる速度や分子量制御ができることも報告されている[28)]。また，生成したポリマー中にリビングラジカルの制御剤である金属種や硫黄分が残存することによる物性への影響やポリマーの着色などがリビングラジカル重合の欠点として挙げられるが，不均一系の特徴をうまく活かすことにより，生成するポリマー粒子から簡便に除去する方法についても提起されている[29,30)]。リビングラジカル重合はこれまで主に均一系で多くの基礎的および応用的観点から研究が行われてきているが，不均一系の微粒子合成においても新たな機能性を創発するツールとしてさらなる発展を期待している。

文　献

1) M. F. Cunningham, *Prog. Polym. Sci.*, **33**, 365 (2008)
2) P. B. Zetterlund, S. C. Thickett, S. Perrier, E. Bourgeat-Lami, M. Lansalot, *Chem. Rev.*, **115**, 9745 (2015)
3) N. Ide, T. Fukuda, *Macromolecules*, **32**, 95 (1999)
4) T. Tanaka, T. Suzuki, Y. Saka, P. B. Zetterlund, M. Okubo, *Polymer*, **48**, 3836 (2007)
5) J. K.Oh, C. Tang, H. Gao, N. V. Tsarevsky, K. Matyjaszewski, *J. Am. Chem. Soc.*, **128**, 5578 (2006)
6) A. J. P. van Zyl, R. F. P. Bosch, J. B. McLeary, R. D. Sanderson, B. Klumperman, *Polymer*, **46**, 3607 (2005)
7) F. Lu, Y. Luo, B. Li, *Macromol. Rapid Commun.*, **28**, 868 (2007)
8) M. M. Ali, H. D. H. Stöver, *Macromolecules*, **36**, 1793 (2003)
9) T. Suzuki, T. Mizowaki, M. Okubo, *Polymer*, **106**, 182 (2016)
10) V. Herrera, R. Pirri, J. R. Leiza, J. M. Asua, *Macromolecules*, **39**, 6969 (2006)
11) Y. Kagawa, H. Minami, M. Okubo, J. Zhou, *Polymer*, **46**, 1045 (2005)
12) Y. Kagawa, P. B. Zetterlund, H. Minami, M. Okubo, *Macromol. Theory Simul.*, **15**, 608 (2006)
13) J. Nicolas, A. V. Ruzette,C. Farcet, P. Gerard, S. Magnet, B. Charleux, *Polymer*, **48**, 7029 (2007)
14) Y. Tsujii, K. Ohno, S. Yamamoto, A. Goto, T. Fukuda, *Adv. Polym. Sci.*, **197**, 1 (2006)
15) K. Ohno, T. Morinaga, S. Takeno, Y. Tsujii, T. Fukuda, *Macromolecules*, **39**, 1245 (2006)
16) K. Ohno, T.Akashi, Y.Tsujii, M.Yamamoto, Y.Tabata, *Biomacromolecules*, **13**, 927 (2012)
17) T. Sato, T. Morinaga, S. Marukane, T. Narutomi, T. Igarashi, Y. Kawano, K. Ohno, T. Fukuda, Y. Tsujii, *Adv. Mater.*, **23**, 4868 (2011)
18) S. Tsuji, H. Kawaguchi, *Langmuir*, **21**, 2434 (2005)
19) H. Ugajin, N. Oka, T. Okamoto, H. Kawaguchi, *Colloid Polym. Sci.*, **291**, 109 (2013)

20) T. Taniguchi, M. Kasuya, Y. Kunisada, T. Miyai, H. Nagasawa, T. Nakahira, *Colloids Surf. B: Biointerfaces*, **71**, 194 (2009)
21) T. Taniguchi, T. Kashiwakura, T. Inada, Y. Kunisada, M. Kasuya, M. Kohri, T. Nakahira, *J. Colloid Interface Sci.*, **347**, 62 (2010)
22) T. Tanaka, M. Okayama, Y. Kitayama, Y. Kagawa, M. Okubo, *Langmuir*, **26**, 7843 (2010)
23) T. Tanaka, M. Okayama, H. Minami, M. Okubo, *Langmuir*, **26**, 11732 (2010)
24) C. J. Ferguson, R. J. Hughes, D. Nguyen, B. T. T. Pham, R. G. Gilbert, A. K. Serelis, C. H. Such, B. S. Hawkett, *Macromolecules*, **38**, 2191 (2005)
25) S. Sugihara, A. Bianazs, S. P. Armes, A. J. Ryan, A. L. Lewis, *J. Am. Chem. Soc.*, **133**, 133 (2011)
26) J. N. Warren, S. P. Armes, *J. Am. Chem. Soc.*, **136**, 10174 (2014)
27) M. Antonietti, S. Förster, *Adv. Mater.*, **15**, 1323 (2003)
28) P. B. Zetterlund, M. Okubo, *Macromol. Theory Simul.*, **16**, 221 (2007)
29) E. Bultz, M. Ouchi, K. Nishizawa, M. F. Cunningham, M. Sawamoto, *ACS Macro Lett.*, **4**, 628 (2015)
30) H. Minami, K. Shimomura, T. Suzuki, K. Sakashita, T. Noda, *Macromolecules*, **47**, 130 (2014)

第7章　水酸基含有ビニルエーテル類の精密ラジカル重合と機能

杉原伸治*

1　はじめに

側鎖に水酸基を有するビニルエーテルポリマーは，機能化可能な水酸基を有しているばかりでなく，水溶性あるいは温度応答性ポリマーとしても有用である。このようなポリマーは細胞毒性がなく，ポリビニルアルコール（PVA）代替品としての工業的価値も高い。従来は水酸基を保護したビニルエーテル類をカチオン重合し，その保護を外すことで水酸基含有ポリビニルエーテルを得ていたが，最近の重合の発展により，工業的に有用なフリーラジカル重合で精密かつ直接ビニルエーテル類の重合ができるようになった[1~8]。

2　ビニルエーテル類の単独ラジカル重合が可能になるまで

ビニルエーテル類は，電子供与性の置換基を有するため，カチオン重合性モノマーに分類される。また図1に示す水酸基を有するモノマーや化合物は，カチオン重合触媒に対して停止反応を誘発する。

カチオン重合の開始剤の一つであるプロトン酸等を水酸基含有ビニルエーテルに反応させても

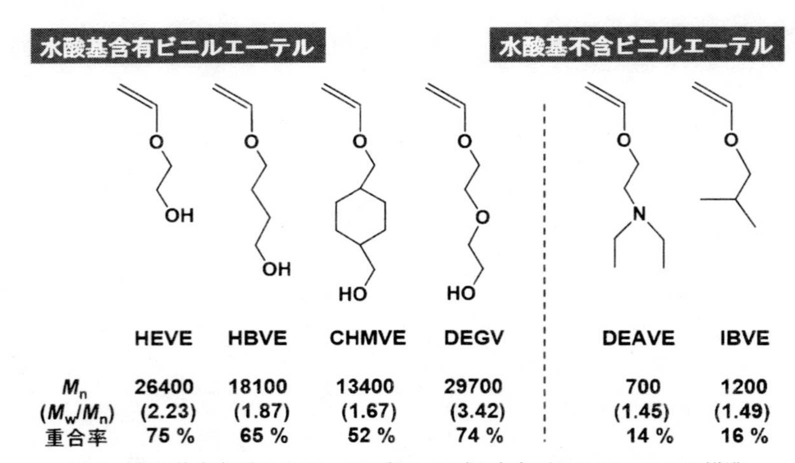

図1　水酸基含有ビニルエーテル類および不含有ビニルエーテルの構造

[モノマー]$_0$/[V-601]$_0$ = 500/1，70℃，16時間バルク重合した結果[1]も併記（PSt換算）。

*　Shinji Sugihara　福井大学　学術研究院工学系部門　准教授

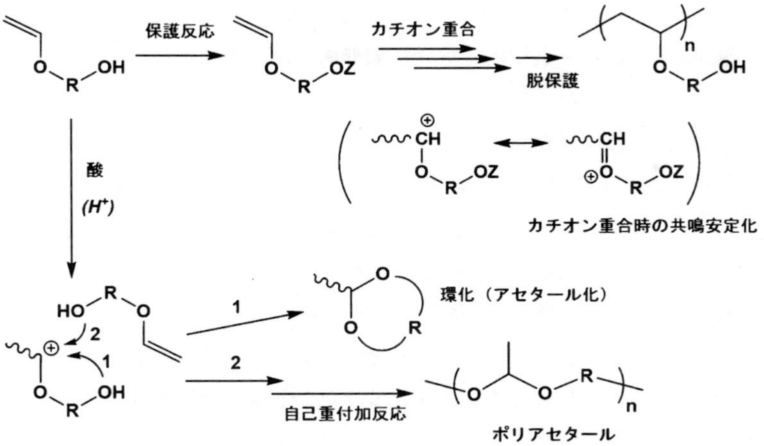

図２　水酸基含有ビニルエーテル類の重合
（文献１より引用，改変）

ポリマーは得られる。しかし，ビニル重合ではなく自己重付加反応によりポリアセタールを生成する[9,10]。そのため，水酸基を有するビニルエーテル重合体を得る場合，主としてカチオン重合法が用いられる。まず水酸基を保護したモノマーを合成し，カチオン重合した後に脱保護し，側鎖に水酸基を有する目的のポリビニルエーテルを得る（図２）[11〜13]。しかしカチオン重合は，β-脱離等の副反応を抑制するために通常０℃以下の低温で行われ，工業的スケールでは反応熱により温度制御が容易ではない。さらに，無水かつ不活性ガス中で反応させる必要がある等の欠点を有する。故に，ラジカル重合を用いたポリビニルエーテルの合成方法が求められていた。

実際，ビニルエーテルは強い電子受容性モノマーと化学量論的に錯体を形成し，交互ラジカル共重合する例がある[14〜16]。一方，ビニルエーテルのラジカル単独重合性そのものは相当低く，たとえ反応してもオリゴマーしか得られない。2008年に松本らは，ラジカル重合で得たn-ブチルビニルエーテル（NBVE）のオリゴマーをマトリックス支援レーザー脱離イオン化質量分析により分析し，(1)式のβ-開裂や水素引き抜き反応等の副反応を頻繁に併発することを報告している[17]。その際，NBVEのラジカルバルク重合で得たポリマーは，$[\mathrm{NBVE}]_0/[2,2'\text{-アゾビスイソブチロニトリル}]_0 = 1000/1$で，重合度約41，わずか2.1%の重合率であった。

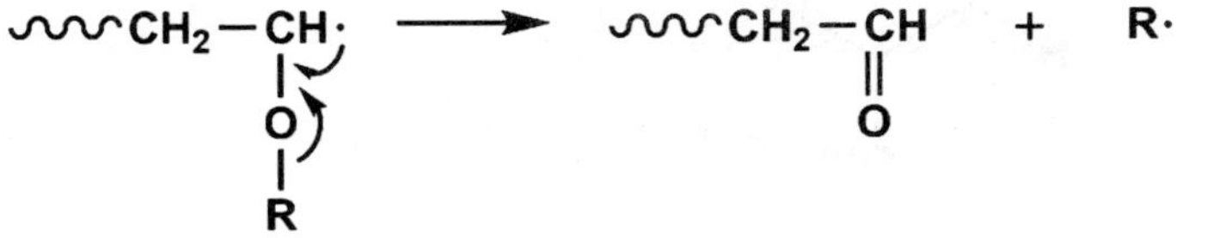

$$\sim\!\sim CH_2-\overset{\cdot}{C}H(-O-R) \longrightarrow \sim\!\sim CH_2-CH{=}O + R\cdot \qquad (1)$$

これらの単独重合や電子受容性モノマーとのラジカル交互共重合結果は，ビニルエーテル上の生成ラジカルが非常に不安定である（反応性が相当高い）ことに起因する。蒲池らがESR[18]や

ab initio 計算[19]により，ビニルエーテル上のラジカルは平面 sp^2 混成からずれ，sp^3 混成に近いことを報告しているが，これを裏付ける重合結果であった。故に，ビニルエーテルは，連鎖移動剤[20]，ラジカルグループトランスファー重合のモノマー[21]として利用されることがあっても，単独ビニル重合された例はほぼ存在しない。

1998 年，宮本らによりオリゴエチレングリコールメチルビニルエーテルのラジカル溶液重合が報告されている[22]。これは，水やアルコールを用い，2,2'-アゾビス(2-メチルプロピオンアミジン)二塩酸塩をラジカル重合開始剤として，最高 M_n = 6,600，重合率 7 %を得た報告である。論文中の ^{1}H NMR スペクトルには，アセタールをわずかに含んでいるようにも見え，得られた重合率も相当低い。しかし，水やホルムアミドをオキシエチレンと水素結合させることで，ビニル基の反応性を低下させ重合を進行させようと試みたことは，水酸基含有ビニルエーテルの単独ラジカル重合のヒントになった。

3　水酸基含有ビニルエーテル類のフリーラジカル重合

ビニルエーテル類に直接溶解するアゾ開始剤（2,2'-アゾビス(イソ酪酸)ジメチル，V-601）を用い，図 1 に示す水酸基含有ビニルエーテルのフリーラジカルバルク重合したところ，50％以上の重合率で高分子量を得ることができた[1,4]。これらの重合結果を図 1 中に併記した（M_n, M_w/M_n および重合率）。各ビニルエーテルモノマーを同軸二重試料管に入れ，使用溶媒の影響のない環境下，20℃でビニルプロトン（**H^a～H^c**）のシフト値を調べた。ビニル上の H シグナルは，重合がほとんど進行しない水酸基不含ビニルエーテル IBVE や DEAEVE に比べ，いずれも低磁場側へとシフトしていた。また，重合を低温（20℃）で LED（365 nm）を用いて光ラジカル重合したところ，重合速度が遅くなったが高分子量を得ることができた（M_n = 51,000，M_w/M_n = 1.86，重合率 11％，重合時間 48 h）。このような結果から，水酸基含有ビニルエーテル類のラジカルビニル重合の進行は，モノマー側鎖の水酸基とビニルエーテル酸素との間の OH…O 水素結合に因るものと考えた（図 3）。すなわち，ビニル基隣接エーテル酸素への直接的な水素結合は，生成ラジカルの反応性を下げ，β-開裂や水素引き抜き反応等の副反応を抑え，延いてはビニル

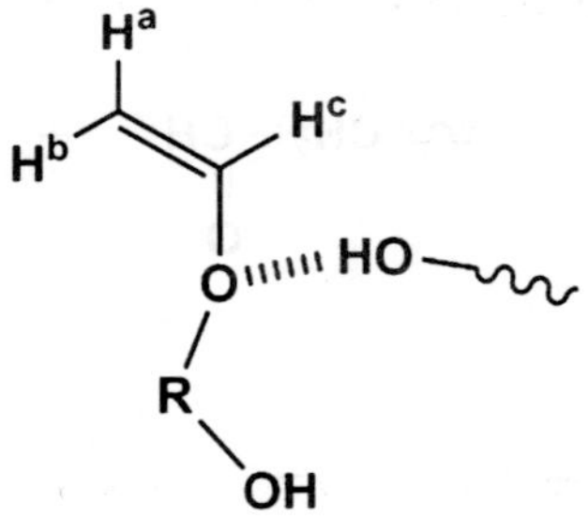

図 3　水酸基含有ビニルエーテル（間）の水素結合

エーテルのラジカル重合を進行させたと考えられる。

そこで，電子アクセプターとして水素結合可能な水を溶媒として用い，100％重合率達成可能な重合系を構築した。一般に，有機溶媒を用いたフリーラジカル重合では，重合系中のモノマー濃度が増大するにつれ重合速度は加速する。さらに高分子化による粘度変化で高分子ラジカルの拡散が困難になり，重合速度を大きく加速することもある[23)]。本系でもHEVEを例として種々のモノマー濃度で水中にてラジカル重合した。その結果は有機溶媒系の重合とは異なり，高濃度化よりもむしろモノマー濃度を下げることで重合が加速した（図４）[2,7)]。このような加速挙動は，他の水溶性のラジカル重合可能なモノマーでも見られることが多く，パルスレーザーを用いたPulse-laser-Polymerization（PLP）-SEC[24)]やDFT計算[25)]等でその理由が推測されている。

図４より，HEVEの水系ラジカル重合では40～60重量％のHEVEモノマー濃度範囲で100％重合率を達成した。モノマー間およびモノマーと水分子間の水素結合の作用によりビニルプロトンの電子密度を低下させているため，水とモノマーで疑似集合化し，ルイス酸のような働きにより副反応を頻発する可能性も予想された。しかし，50％ HEVE水溶液の^{13}C核の縦緩和時間測定から，水による流動化作用が見られたため，重合の遷移状態においても水が頻度因子を増し，重合速度を増大させ，重合率100％に到達したと推測した。ただし，ビニルエーテルは，酸性条件下で容易にアセタールを生成するため，最適pH $<$ 7を満たす必要があり，反応混合物のpHに十分注意する必要がある。またアルコール類も溶媒として利用可能であるが，水のような重合加速は見られなかった。

さらに，水素結合系を利用することで，図５に示す共重合体の直接ラジカル重合による合成に成功している[2,6,8)]。これらのモノマーの組み合わせは３通りに大別できる。①反応性比の近い非

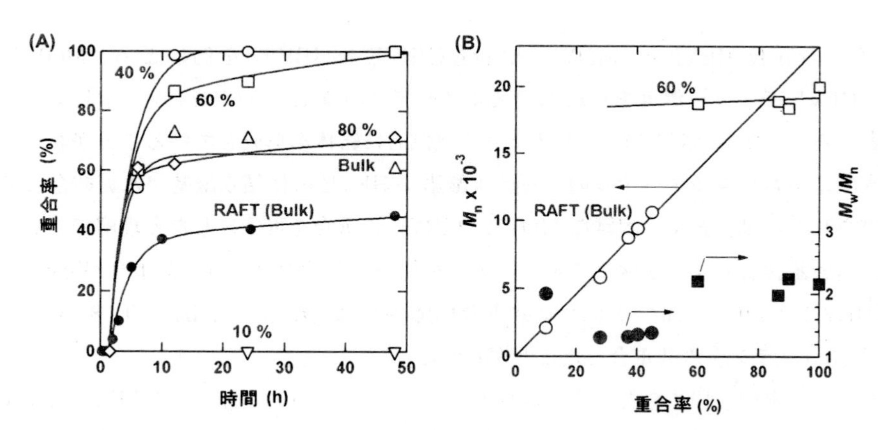

図４　様々なモノマー濃度におけるHEVEの水中フリーラジカル重合（70℃，pH～7），(A)重合時間と重合率の関係および(B)その重合率に対するM_nとM_w/M_n変化

（文献２より引用，改変）

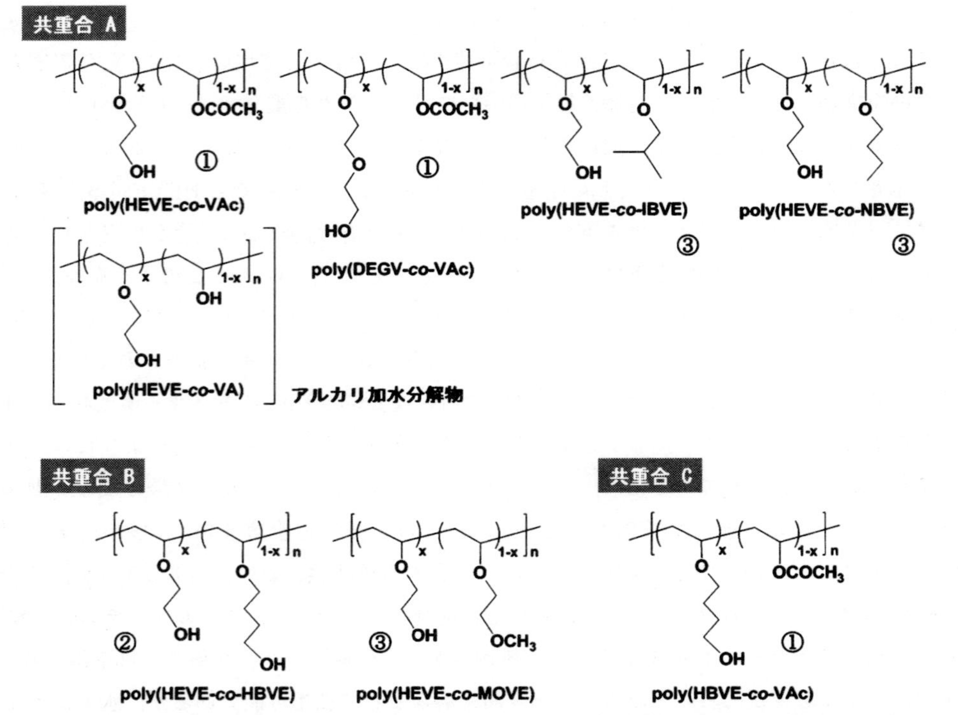

図5　水酸基含有ビニルエーテルとのラジカル共重合によって得られた種々のLCST型温度応答性ポリマー

共役モノマーの組み合わせ，②ラジカル重合可能な水酸基含有ビニルエーテル同士の組み合わせ，③ほぼ単独重合しない水酸基不含ビニルエーテル類と水酸基含有モノマーの組み合わせである。

例えば③の poly(HEVE-*co*-MOVE) や poly(HEVE-*co*-IBVE) を例にとる。MOVE または IBVE と HEVE モノマー濃度を連続的に変化させて ^{1}H NMR の測定を行い，Job プロットを作成したところ，いずれもほぼ1：1モノマーで疑似的に錯体を形成していることがわかった。つまり，水酸基不含ビニルエーテルのエーテル酸素に HEVE の側鎖水酸基が水素結合していることが示唆され，従来単独重合困難な MOVE や IBVE の重合を可能にしたと理解できる。このことから，水酸基含有および不含ビニルエーテルを組み合わせたラジカル共重合が可能になった。実際の HEVE と MOVE 間のラジカル共重合反応性比は，$r_{\mathrm{HEVE}} = 1.05 \pm 0.08$，$r_{\mathrm{MOVE}} = 0.99 \pm 0.16$ であり，ランダム共重合したことがわかる。

このように，水や水酸基を有するビニルエーテルの OH…O 水素結合の利用は，ビニルエーテルの単独重合ならびにビニルエーテル共重合を進行させることがわかった。これは，従来の様々な高分子のテキストに記載されている「ビニルエーテルのラジカル単独重合性“×”」[26] を覆す結果である。

4　水酸基含有ビニルエーテル類のRAFTラジカル重合

水酸基含有ビニルエーテルのフリーラジカル単独重合が進行したことから，適切なRAFT剤を選択することで，制御ラジカル重合を進行させることができる。RAFT（Reversible Addition–Fragmentation Chain Transfer）重合は，リビングラジカル重合の一種で，1998年にCSIROのグループにて見出された重合法である[27,28]。適切な連鎖移動剤（RAFT剤）の存在下，一般的なフリーラジカル重合に可逆的な付加開裂型の連鎖移動反応（RAFT平衡）を介し，狭い分子量分布で高い末端官能基率のポリマーを得ることができる。

水酸基含有ビニルエーテルの場合，生長ラジカルが非常に不安定で反応性が高いため，できるだけ平衡を可逆的に移動させることで，生長ラジカルからの副反応を抑え，RAFT重合が進行する系を模索した。その結果，ビニルエステル等のラジカル重合に効果的なジチオカルバメート系RAFT剤（CMPCD）が有効であった[1,5]。CMPCDのアミノ基は，生成する中間体ラジカルの電子密度を増加させ，中間体ラジカルを不安定化させ開裂速度を速める効果がある。一方，図6に記載の共鳴構造によりチオカルボニルチオ化合物が安定化しており，さらにビニルエーテルラジカルも水素結合により若干安定化できることから，C=S二重結合への生長ラジカルの付加速度を減少させることができる。このようなバランスにより水酸基含有ビニルエーテルのRAFTラジカル重合を可能にした。図6にその重合機構を簡略化したもの，前述の図4に重合結果（図中のRAFT）を併記した。この結果を利用し，酢酸ビニル等とのブロックコポリマー

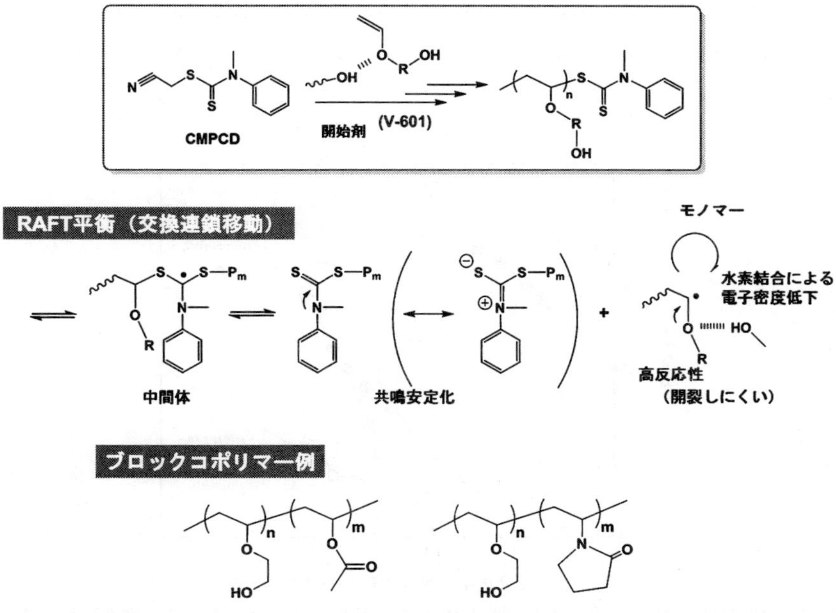

図6　水酸基含有ビニルエーテルのRAFTラジカル重合およびそれによって合成可能なブロックコポリマー例

の合成も可能になった。このRAFT重合におけるα末端は，V-601およびCMPCDの両端が検出されるが，ω末端（RAFT末端）はCMPCD由来のものがほとんどであるため（> 94%），定量的にブロックコポリマーが得られる。

5 種々の水酸基含有ビニルエーテルを含むポリマーの合成・機能・応用

水酸基含有ビニルエーテル類の特徴はその溶解性にある。PHEVEやPDEGVEは水溶性ポリマーであり，PHBVEは40℃付近に温度応答性を示す。いずれのポリマーも線維芽細胞を用いたMTT試験による細胞毒性検査から，生体適合性高分子として知られているPEOと同様に毒性がないことも確認できており，これらのポリマーの幅広い応用展開が期待できる。例えば，図5に示す共重合群A～Cは，いずれも組成比率によって温度応答性ポリマー（LCST型）になり，低温では水に溶解するが，曇点（T_{PS}）を超えると水に不溶になり相分離する。共重合Aは親水性と疎水性モノマーの組み合わせ，共重合Bは親水性と温度応答性モノマーの組み合わせ，共重合Cは温度応答性と疎水性モノマーの組み合わせであり，T_{PS}を0～100℃の間で設定可能である（図7）[2,6,8]。

PHEVEは28℃付近にガラス転移温度（T_g）を有する水溶性ポリマーである。同程度の分子量のPVAよりもT_gは低くアモルファスであり，容易に水に溶解する。さらに，PVAはポリ酢酸ビニル（PVAc）の加水分解物であるが，PHEVEは対応モノマーHEVEから直接合成できるため，わざわざ保護モノマーを用いる必要もない。このような特徴を利用し，PHEVEを立体安定化剤とするソープフリー乳化重合を行った[3]。VAc，MMA，EA，Stのいずれをコアモノマーとして用いても，PHEVEをシェルとしたコアーシェル微粒子が合成できる。図8にはPHEVE

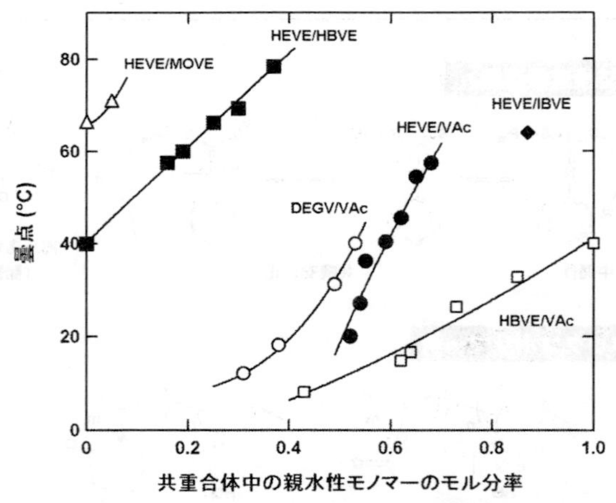

図7 水酸基含有ビニルエーテルをユニットとするランダムコポリマー水溶液（図5）の曇点（LCST）
（文献2より引用，改変）

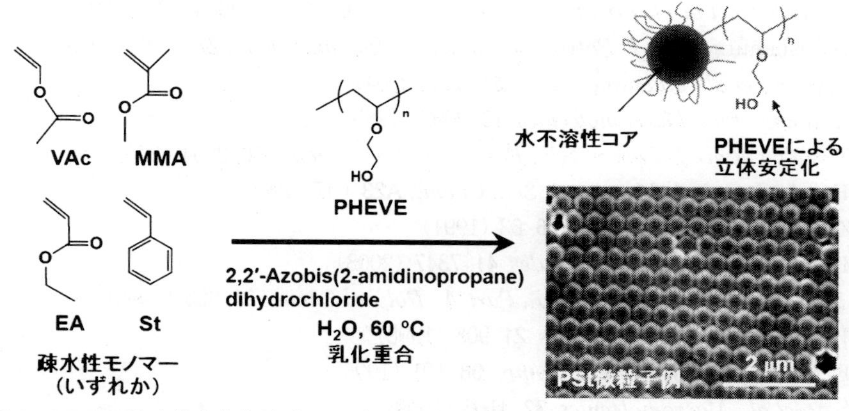

図8　PHEVE を立体安定化剤（シェル）とする種々の疎水性（コア）モノマーの乳化重合，得られるポリスチレン微粒子 SEM 像
（文献3より引用，改変）

を用いて合成した PSt 微粒子の SEM 像を示す。PHEVE が水系で100％重合可能であることから，ワンポットで HEVE → PHEVE → 微粒子の合成が可能であった。さらに，PHEVE が安定に微粒子を生成するため，微粒子径は比較的均一であり，PHEVE 間に十分な水素結合が働くため，乾燥後に得られる微粒子は配列し，構造色を呈することも確認された。さらに RAFT ラジカル重合が進行するため，精密な重合誘起自己組織化を利用したブロックコポリマー PHEVE-*b*-PVAc ナノ粒子も合成した。

今後は，水酸基不含ビニルエーテルの単独ラジカル重合・精密重合や特殊なナノ組織体の合成等への利用，医用材料への展開等，本重合系が大いに発展し応用されていくと考えられる。

文　　献

1）S. Sugihara *et al.*, *Macromolecules*, **49**, 1563 (2016)
2）S. Sugihara *et al.*, *Macromolecules*, **50**, 8346 (2017)
3）S. Sugihara *et al.*, *Macromolecules*, **51**, 1260 (2018)
4）S. Sugihara, T. Masukawa, *PCT Int. Appl.*, WO2013121910 A1 20130822
5）S. Sugihara, *PCT Int. Appl.*, WO2016181872 A1 20161117
6）S. Sugihara, *PCT Int. Appl.*, WO2016181873 A1 20161117
7）S. Sugihara, N. Yoshida, *PCT Int. Appl.*, WO2017006817 A1 20170112
8）N. Yoshida, S. Sugihara, *PCT Int. Appl.*, WO2017110634 A1 20170629
9）H. Zhang *et al.*, *J. Polym. Sci., Part A: Polym. Chem.*, **38**, 3751 (2000)

10) T. Hashimoto *et al.*, *J. Polym. Sci., Part A: Polym. Chem.*, **40**, 4053 (2002)
11) T. Higashimura *et al.*, *J. Polym. Sci., Part A: Polym. Chem.*, **27**, 2937 (1989)
12) S. Sugihara *et al.*, *Macromolecules*, **37**, 336 (2004)
13) S. Aoshima *et al.*, *Macromolecules*, **18**, 2097 (1985)
14) E. Mishima *et al.*, *J. Polym. Sci., Part A: Polym. Chem.*, **50**, 2254 (2012)
15) K. Fujimori *et al.*, *J. Macromol. Sci., Chem.*, **A23**, 647 (1986)
16) J.-Z. Yang *et al.*, *Polym. Int.*, **26**, 63 (1991)
17) T. Kumagai *et al.*, *Macromolecules*, **41**, 7347 (2008)
18) M. Kamachi *et al.*, *J. Polym. Sci., Part A: Polym. Chem.*, **24**, 925 (1986)
19) T. Fueno *et al.*, *Macromolecules*, **21**, 908 (1998)
20) G. F. Meijis *et al.*, *Macromol. Symp.*, **98**, 101 (1995)
21) T. Sato *et al.*, *Macromolecules*, **32**, 4166 (1999)
22) M. Miyamoto *et al.*, *Macromol. Chem. Phys.*, **199**, 119 (1998)
23) V. G. V. Schulz *et al.*, *Makromol. Chem.*, **1**, 106 (1947)
24) I. Lacík *et al.*, *Macromolecules*, **36**, 9355 (2003)
25) B. De Sterck *et al.*, *Macromolecules*, **43**, 827 (2010)
26) G. Odian, Principles of Polymerization, 4th ed., p. 200, John Wiley & Sons (2004)
27) J. Chiefari *et al.*, *Macromolecules*, **31**, 5559 (1998)
28) G. Moad *et al.*, *Aust. J. Chem.*, **58**, 379 (2005)

第8章　ポリマーバイオマテリアルの合成と医用材料への展開

岩﨑泰彦*

1　はじめに

最近，バイオ・医療分野を指向したマテリアル（バイオマテリアル）の調製にリビングラジカル重合（CLRP：Controlled/living radical polymerization）を用いた提案が多くなされるようになっている。CLRPはイオン重合に比べ非常に多くのビニルモノマーに適用でき，ポリマーの分子量調節だけでなく，組成やトポロジーの制御，官能基化が行えるため，医用デバイスの表面処理，薬物輸送担体の設計，生体分子との複合化，バイオセンシングのための分子認識界面の構築など様々なマテリアルの調製に展開できる。

本章では，バイオマテリアル設計におけるCLRPの利用について最近のトピックスを交えながら紹介する。

2　薬物担体の設計

ポリマーナノ粒子はリン脂質二重膜から構成されるリポソームと同様に患者の体内で薬剤を疾患部位に輸送する薬物担体として精力的に研究・開発が進められている。ポリエチレングリコール（PEG）とポリ(D,L-ラクチド)のブロックコポリマーで脂溶性のパクリタキセルを可溶化したGenexol®-PMは代表的なポリマーミセル型のナノ粒子製剤であり，韓国で承認・実用化され，米国でも臨床研究が進行している[1)]。PEGは脂溶性薬剤の可溶化や血中滞留性の改善に効果を示し，血流が豊富ながん組織へのEPR（enhanced permeability and retention）効果による受動的ターゲッティングが期待されることから，多くのナノ粒子のシェル形成に利用されている[2,3)]。一方，最近の研究において生体内でのPEGが酸化されることや，PEGの抗原性についての指摘もあり，PEGの構造制御やPEGに代わるポリマーの検討も進められている[4~6)]。ナノ粒子を利用して確実な薬物送達を行うためには粒子のサイズ制御が極めて重要となる。血管外漏出にともなう正常な組織への影響を防ぐために＞2~6 nmの大きさが必要となり[7)]，がん組織への浸潤を考慮すると50 nm以下が望ましい[8,9)]。一般的なフリーラジカル重合では生成ポリマーの分子量に分布が生じ，また，ポリマーの分子形態を制御することも困難である。一方，CLRPを適応することにより生成ポリマーの分子量分布は著しく狭くなり，末端や側鎖に導入された官能基を使い特殊な構造をもつポリマーの合成が可能になる[10)]。

＊　Yasuhiko Iwasaki　関西大学　化学生命工学部　化学・物質工学科　教授

図1にCLRPを適応して合成可能となるポリマーの形態を示す。これらのユニークな構造は薬物担体の設計にも役立っている。ブロックコポリマーはナノ粒子を調製するために最も広く利用されている形態であり，通常，分子間力によってナノ粒子を形成するように各ブロックが設計される。代表的なCLRPである原子移動ラジカル重合（ATRP）と可逆的付加開裂連鎖移動（RAFT）重合ともに2段階で異なるモノマーを重合するか，マクロ開始剤（ATRPの場合）もしくはマクロ連鎖移動剤（RAFTの場合）を用いることにより，ブロックコポリマーを合成できる[11,12]。各ブロックの鎖長によってミセルやベシクルといった集合状態の異なるナノ粒子が形成されるため，分子量の制御を可能にするCLRPは，分子設計において極めて有用である。星型ポリマーは多官能性開始剤や連鎖移動剤を用いて合成される。均一性の高いポリマーが得られる利点がある反面，アームの数を増やしすぎるとカップリング反応が起こってしまう。ポリマーブラシは幹ポリマーをマクロ開始剤やマクロ連鎖移動剤として利用することにより合成できる。幹ポリマーの組成により，ブラシの密度をコントロールでき，“Grafting from”法を採用することにより高密度なブラシ構造が得られる。なお，ポリマーブラシも星型ポリマーと同様にブラシ間のカップリング反応に注意を払う必要がある。大環状ポリマーは線状ポリマーと比較すると，分子鎖末端がなく，慣性半径や流体力学的半径が小さくなるユニークな性質をもち，血中滞留性にも優れていることも明らかにされている。大環状高分子の合成は線状ポリマーの末端を分子内で反応させるか，あらかじめ合成した環状分子を拡大する方法によって合成される。CLRPは，分子量の揃ったテレケリックポリマーの合成を可能にするため，前者にとって都合が良い。具体

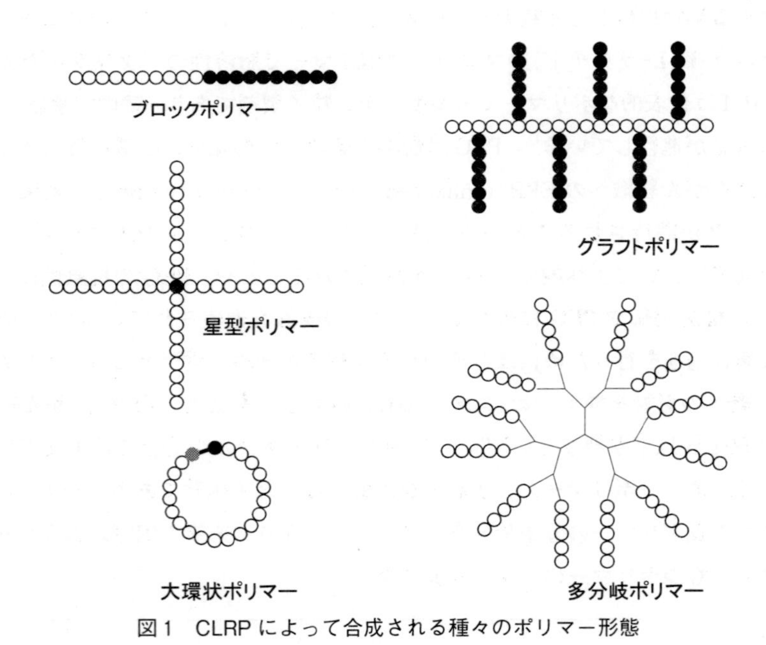

図1　CLRPによって合成される種々のポリマー形態
（文献10）の図を参照）

的には，アルキンとハロゲンを併せもつ重合開始剤を用いてATRPでポリマーを合成し，末端のハロゲンをアジドに変換し，アルキンとアジドのクリック反応させる方法[13]や末端にチオラクトンを有するRAFTを用い，ポリマーを合成後，温和な条件でアミンを作用させることにより環化させる方法[14]など，様々な手法が報告されている。一方，後者においても制御重合が検討されているが，現状ではモノマー種が限られている。デンドリマーにも代表される多分岐ポリマーは多くの末端基を利用した表面機能化が容易に行える。最近ではデンドリマーをマクロ開始剤やマクロ連鎖移動剤として外殻に水溶性ポリマーを修飾した薬物担体も設計されている[15,16]。このようにCLRPによって多彩なポリマーが合成され，これらのポリマーをそのままもしくはビルディングブロックとしてナノ粒子を調製することによって，サイズ，化学構造，薬物放出機能など，薬物担体に求められる特徴の最適化が可能になる。

3　バイオコンジュゲーション

タンパク質やペプチドの物理的および生物学的安定性を改善する手法の一つに水溶性ポリマーとの複合化がある。PEG修飾はその代表例であり，スクシンイミド基やマレイミド基をもつPEGをタンパク質のアミノ基やチオール基に反応させ複合体を調製する[17]。CLRPの進展によりPEG以外の様々なポリマーによるバイオコンジュゲーションが実施されている。図2にCLRPを利用してタンパク質との複合体を調製する主な方法を示す[18]。(1)はあらかじめ合成したポリマーをタンパク質と複合化する“Grafting to”型の手法であり，タンパク質と合成高分子の複合体を調製する方法として最も一般的である。CLRPの特徴としてポリマー末端に官能基が誘導されるため，これをタンパク質と反応する官能基に変換することにより複合体の形成が可能になる。具体的にはRAFT剤のジチオエステルをチオール基に変換し，これとジビニルスルホンを反応させタンパク質のチオール基と反応させる方法やあらかじめ活性エステル基やマレイミド基をもつATRP開始剤を利用する方法が用いられる。(2)はタンパク質にあらかじめ修飾した重合開始基よりモノマーを重合する“Grafting from”型の模式図である。この方法では活性エステル基やマレイミド基をもつATRP開始剤をタンパク質と複合化し，種々のモノマーをタンパク質の表面から重合する。タンパク質を複合化したRAFT剤の合成も報告されている。(3)はポリマー末端とタンパク質を反応させるのではなく，モノマーユニットにタンパク質と反応する置換基をもたせタンパク質と複合体を形成させる“Grafting through”型であり，活性エステル基を側鎖にもつポリマーとタンパク質を反応させたり，あらかじめタンパク質に重合性基を導入し，タンパク質をモノマーとして利用したりする方法が報告されている[19]。

合成ポリマーをタンパク質に修飾する目的は，タンパク質の活性を損なうことなく構造を安定化することであるため，複合体を形成させる際にタンパク質の変性や凝集を惹起させてはいけない。そのため，複合化には遊離のシステイン残基，末端のアミノ基，タンパク質特有のリガンドが反応サイトとして選択される。合成ポリマーをタンパク質の複合体化することにより，分解酵

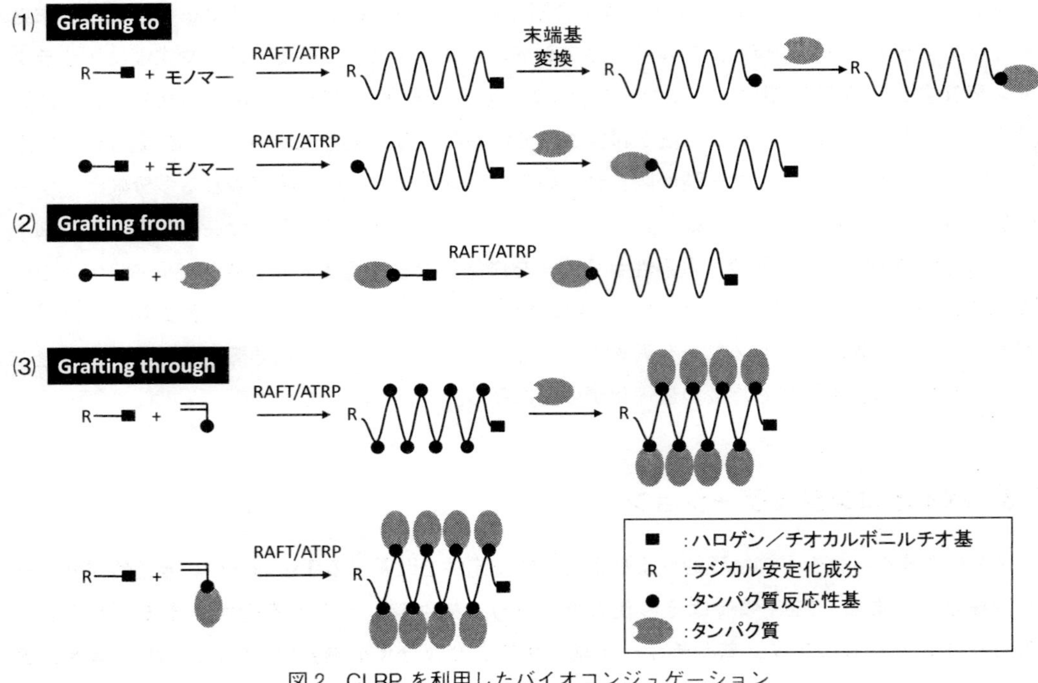

図2 CLRP を利用したバイオコンジュゲーション
（文献18）の図を参照）

素に対する耐性や血中滞留性が向上することが期待される。すでにPEG修飾化タンパク質ではこれらの効果が確認されており，CLRPを用いることにより種々の化学構造をもつポリマーをタンパク質に複合化することができるようになるため，タンパク質の安定化に加え標的指向性の付与や複合体形状の高度化も期待される。タンパク質製剤としての利用だけでなく，タンパク質の複合化技術を固体表面に転用することにより，タンパク質を素子としたバイオセンサの構築も可能になる[20]。

4 生分解性ポリマー

生分解性は最終的に生体内から消去されることが望まれるバイオマテリアルにおいて最も重要な性質と言える。脂肪族ポリエステルに代表される生分解性ポリマーは一般に開環重合や重縮合で合成され，これらの重合法では分子量の制御が比較的困難であるのと同時に，モノマーの純度や水などの夾雑物がポリマー生成に影響を与えやすいため反応条件を厳密に制御しなければならない。これに対し，ラジカル重合は酸素や重合阻害剤を取り除くことにより，比較的広範な反応条件を許容する。一般にCLRPにはビニルモノマーが適用され，得られるポリマーの主鎖は炭素－炭素結合からなり，この結合は生理的環境下では極めて安定であるため，分解吸収されることが望まれるポリマーには向かない。一方，図3に示すような環状ケテンアセタール類をラジカル開環重合することにより，ポリエステルが得られる。すでに多くのモノマーについての報告があり，詳細については他の優れた総説を参照されたい[21,22]。環状ケテンアセタールの制御重合はWeiらによるニトロオキシドを介したものが初期の報告である[23]。tert-ブチルペルオキシドと2,2,6,6-テトラメチル-4-ピペリジル-1-オキシル（TEMPO）を用い，2-メチレン-1,3-ジオキソラン（MDO）を重合した。この条件では分子量8,000程度の重合体が得られているものの，反応条件における過酸化物の半減期を考慮すると制御重合が達成されているとは言い難い。また，TEMPOとMDOの重合ではTEMPOが重合禁止剤として働く傾向が強く，高分子量の重合体を得ることが難しい。その後，ATRPによる2-メチレン-4-フェニル-1,3-ジオキソラン（MPDO）の制御重合が報告されたが[24]，リビング性の評価が不十分であった。開環ラジカル重合において最も信頼性の高いモノマーの一つが5,6-ベンゾ-2-メチレン-1,3-ジオキセパン（BMDO）である。Yuanらはα-ブロモブチレートを開始剤として，またCu(I)Br/2,2-bipyridineを触媒／リガンドとしたATRPによりBMDOを重合した[25]。この重合では収率が70%程度まで擬1次プロットが良好な直線性を示し，数平均分子量と収率の相関関係も直線的であった。BMDOのラジカル開環重合では開始剤により生成したラジカルがBMDOに付加すると環状のラジカルが生じるが，このラジカルは直ちに開環し，安定なベンジルラジカルに移行すると考えられ，生成したポリマーに環構造は含まれない。この重合では開始剤効率も高く，分子量の制御をモノマーと開始剤の比と収率で厳密に制御することができる。BMDO以外にも様々な環状モノマーの制御開環ラジカル重合が検討されているが，多くは分子量の小さい重合体に限られている。

一方，BMDOとビニルモノマーと共重合することにより部分的に主鎖が分解するポリマーの精密合成も検討されている。Lutzらは2-(2-メトキシエトキシ)エチルメタクリレート（MEO_2MA）とオリゴ(エチレングリコール)メタクリレート（OEGMA）とBMDOのランダム共重合体をATRPにより合成した[26]。MEO_2MAとOEGMAの共重合体はLCST型の温度応答性を示すことが知られており，BMDOを加えることによって分解性を付与した。メタクリレートに比べBMDOの共重合反応性は低かったが，分子量が1万以上で分子量分布の比較的狭い

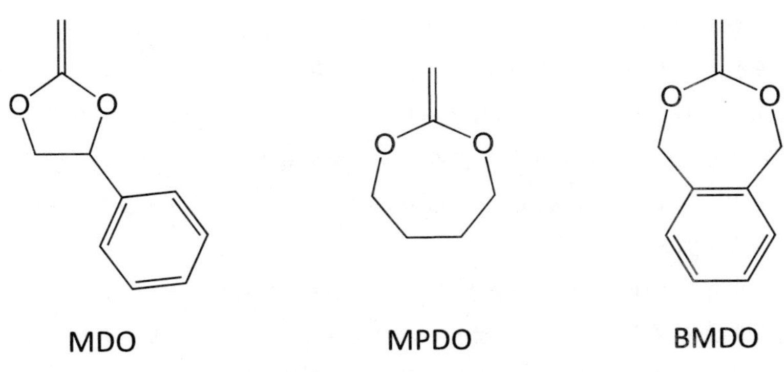

図3　代表的な環状ケテンアセタールモノマー

様々な組成の共重合体が得られた。共重合組成によりLCSTを厳密に制御でき，細胞毒性もPEGと同等であることが示された。他にも様々なビニルモノマーとの共重合体がATRP, RAFT，ニトロキシドを介したラジカル重合（NMP）で合成されており[22]，それらのシークエンス制御もランダム共重合体のみならずブロック共重合やグラフトなど多様である。

5 表面改質（抗ファウリング，抗菌性）

CLRPの発展にともない固体表面のポリマー修飾の様相も大きく変化した。ポリマーによる表面改質技術の多くはあらかじめ合成したポリマーを基板上に被覆したり，化学的に固定したりするものが一般的であり，前者では被覆安定性が，また，後者では排除体積効果による修飾ポリマーの表面密度が制限され，基板の性質が改質後も表面特性として現れることが課題として挙げられた。これらの課題を克服するためにプラズマや光を利用した基材表面からモノマーをグラフト重合する手法も検討されているが，修飾されたポリマー鎖の構造を詳細に理解できないといった欠点があった。これに対し，CLRPを利用することにより，排除体積効果の影響を受けずに高密度かつ構造が明確なポリマーブラシを調製することが可能になった。この手法は前出した“Grafting from”型表面修飾法として現在では非常に多くの研究が展開されている。最も一般的な手法はATRP開始剤を基材表面に固定し，表面からCLRPを進行させるものである。現在，CLRPを利用した高密度ポリマーブラシの作成は，様々な材料分野で利用されているが，医療を指向した応用例としては，非特異的なタンパク質や細胞の粘着を抑制する非ファウリング表面や抗菌性表面の調製に有効であることが示されている。

非ファウリング表面を調製するために用いられるモノマーとして，双性イオン型モノマーが挙げられる。図4に代表的な双性イオン型モノマーの化学構造を示した。これらのモノマーはいずれも表面開始ATRPやRAFTに供することが可能であり，修飾後の固体表面は良好な非ファウリング性を示す。これらの研究の初期に筆者らは，ポリ(2-メタクリロイルオキシエチルホスホリルコリン)（PMPC）の高密度ブラシの調製に成功した[27]。ブロモイソブチリル基をもつ有機シラン（BDCS）を合成し，シリコン基板表面に固着させた。このシリコン基板を塩化銅(Ⅰ)，ビピリジン，遊離の開始剤を溶解した極性溶媒に浸漬し，不活性ガス雰囲気下でMPCを添加する。その後，室温で緩やかに撹拌し，重合を行った。重合時間にともないポリマーブラシの厚さは直線的に上昇し，数ナノメートルのスケールでポリマーブラシの厚みを制御することができた。また，BDCSを反応させた基板にマスクを介し紫外線を照射しBDCSを部分的に除去したところBDCSが残っているところのみATRPが進行し，ポリマーブラシの分布を2次元で制御することができる（図5）。

このパターン化した表面上でマウス繊維芽細胞を培養してみたところ，ポリマーブラシのない箇所には多く細胞が粘着しているのに対し，ポリマーブラシ上では細胞の粘着が完全に抑制され，パターンにそって細胞の粘着を制御することができた（図5）。細胞接着に重要な役割を果

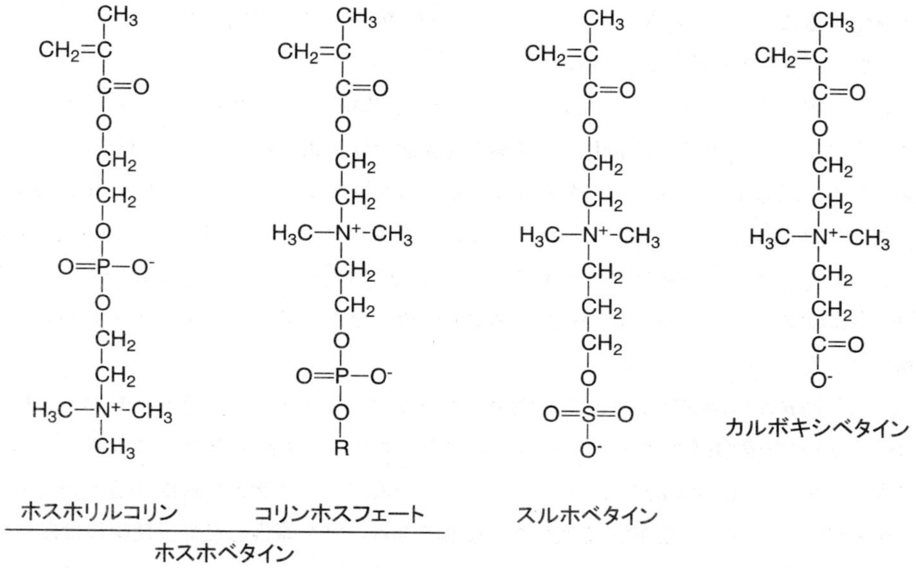

ホスホリルコリン　コリンホスフェート　スルホベタイン　カルボキシベタイン

ホスホベタイン

図４　双性イオンモノマー

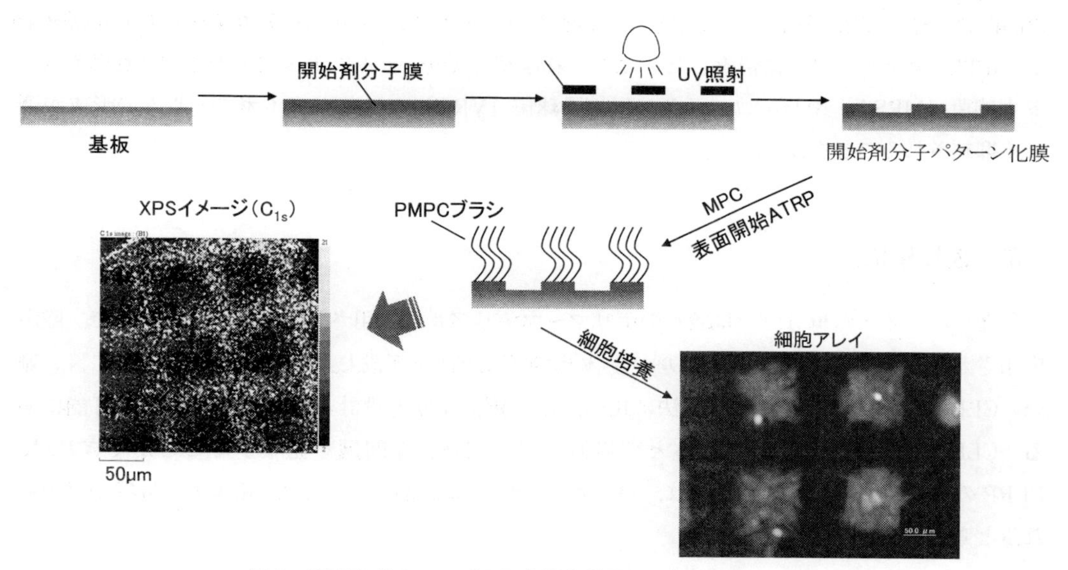

図５　高密度ポリマーブラシ表面を利用した細胞のアレイ化

たしているタンパク質吸着について調べたところ，同様なパターンが確認され，PMPCブラシ表面では，わずか数ナノメートルのグラフト鎖によりタンパク質や細胞の付着を抑制できることが明らかとなった。高密度MPCポリマーブラシのタンパク質抑制効果はFengらによっても詳細に検討され，PMPCの分子量や密度によってタンパク質の吸着量が減少すること，また高密度ブラシ化することにより，MPCのコポリマーを被覆した従来の方法に比べ有意にタンパク質吸着が抑制されることが明らかにされた[28]。

Zhangらはカルボキシベタインのポリマーブラシを作成し，この表面が抗ファウリングのみならず，特定のタンパク質を固定化した生理活性界面の構築に利用できることを示した[29]。カルボキシベタインは図4に示すように分子末端にカルボキシル基をもつため，1-エチル-3-(3-ジメチルアミノプロピル)-カルボジイミドとN-ヒドロキシスクシンイミド（EDC/NHS）で活性化することにより，タンパク質のアミノ基とアミド結合を形成することが可能になる。他の双性イオン型分子にはタンパク質を直接固定化できないため，カルボキシベタインポリマーのユニークな特徴と言える。

一方，抗菌性表面の調製にはカチオン性モノマーが有効である[30]。4級アンモニウム基をもつモノマー（QA）を表面開始グラフト重合することにより，抗菌性を獲得できる例がこれまでに数多く報告されている。DongらはQAのポリマー（PQA）のブラシを磁性粒子の表面に形成させ，これを用い水溶液中に存在する微生物を殺傷できることを報告した[31]。使用後は磁石で回収できることから水処理への利用が期待される。一方，インプラントやカテーテルなどの医療器具の使用においては微生物の付着が感染を引き起こすため，これを阻止しなければならない。ZhouらはSI-ATRP法によってPQAを表面グラフトしたシリコーン製カテーテルを尿路感染症（UTI）モデルマウスに留置したところ，未処理のカテーテルに比べてメチシリン耐性黄色ブドウ球菌（MRSA）やバンコマイシン耐性腸球菌（VRA）の付着やバイオフィルムの形成が著しく抑制されることを認めた[32]。

6 おわりに

現在，バイオ・医療分野では多くのポリマーマテリアルが使用されている。その一方で，臨床応用されているポリマーマテリアルが生体と良好な界面を形成しているとは依然として言い難い。CLRPは従来のポリマー合成法に比べ，より精密な分子設計と高度な構造制御を可能にする。CLRPの特徴を活かして生体との界面で生じる様々な問題を克服することができれば，CLRPの重要性が今以上に認識され，バイオマテリアル設計においてより積極的な展開が進められると考えている。

文　　献

1) H. Cabral *et al.*, *J. Control. Release*, **190**, 465 (2014)
2) Y. Bae *et al.*, *Adv. Drug Deliv. Rev.*, **61**, 768 (2009)

3) M. Longmire *et al.*, *Nanomedicine*, **3**, 703 (2008)
4) P. E. Lipsky *et al.*, *Arthritis Res. Ther.*, **16**, R60 (2014)
5) P. Zhang *et al.*, *J. Control. Release*, **244**, 184 (2016)
6) R. K. Jain, *Cancer Metastasis Rev.*, **6**, 559 (1987)
7) Y. Qi *et al.*, *Nat. Biomed. Eng.*, **1**, 0002 (2016)
8) T. T. Goodman *et al.*, *Int. J. Nanomedicine*, **2**, 265 (2007)
9) S. D. Perrault *et al.*, *Nano Lett.*, **9**, 1909 (2009)
10) C. E. Wang *et al.*, *J. Control. Release*, **219**, 345 (2015)
11) D. J. Siegwart *et al.*, *Prog. Polym. Sci.*, **37**, 18 (2012)
12) B. D. Fairbanks, *Adv. Drug Deliv. Rev.*, **91**, 141 (2015)
13) B. A. Laurent *et al.*, *J. Am. Chem. Soc.*, **128**, 4238 (2006)
14) M. M. Stamenović *et al.*, *Polym. Chem.*, **4**, 184 (2013)
15) Y. Zhao *et al.*, *Macromolecules*, **37**, 8854 (2004)
16) C. Y. Hong *et al.*, *J. Polym. Sci. A*, **43**, 6379 (2005)
17) P. B. Lawrence *et al.*, *Curr. Opin. Chem. Biol.*, **34**, 88 (2016)
18) G. N. Grover *et al.*, *Curr. Opin. Chem. Biol.*, **14**, 818 (2010)
19) B. S. Sumerlin, *ACS Macro Lett.*, **1**, 141 (2012)
20) J. H. Seo *et al.*, *RSC Adv.*, **7**, 40669 (2017)
21) S. Agarwal, *Polym. Chem.*, **1**, 953 (2010)
22) A. Tardy *et al.*, *Chem. Rev.*, **117**, 1319 (2017)
23) Y. Wei *et al.*, *Chem. Mater.*, **8**, 604 (1996)
24) C.-Y. Pan *et al.*, *Macromol. Chem. Phys.*, **201**, 1115 (2000)
25) J.-Y. Yuan *et al.*, *Macromolecules*, **34**, 211 (2001)
26) J.-F. Lutz *et al.*, *Macromolecules*, **40**, 8540 (2007)
27) R. Iwata *et al.*, *Biomacromolecules*, **5**, 2308 (2004)
28) W. Feng *et al.*, *Langmuir*, **21**, 5980 (2005)
29) Z. Zhang *et al.*, *Biomacromolecules*, **7**, 3311 (2006)
30) A. Muñoz-Bonilla *et al.*, *Prog. Polym. Sci.*, **37**, 281 (2012)
31) H. Dong *et al.*, *Biomacromolecules*, **12**, 1305 (2011)
32) C. Zhuo *et al.*, *ACS Appl. Mater. Interfaces*, **9**, 36269 (2017)

第9章　ラジカル的な炭素－炭素結合交換反応を用いる自己修復性ポリマー

大塚英幸*

1　はじめに

高分子材料は，私達の日常生活に必要不可欠な身近な製品から最先端の科学技術を支える材料まで，その用途は多岐にわたっており，今後も需要の増加が見込まれる。高分子材料には，強度・耐久性・寿命のさらなる改善による信頼性・安全性の向上が求められているが，これを実現するには，大きく分けて2つの戦略がある。1つは高分子材料の強度や耐疲労性といった耐久性を向上させる，オーソドックスではあるが極めて効果的な手法であり，具体的には強固な結合や相互作用，剛直な分子骨格，結晶構造，などが巧みに利用されてきた。もう1つは，高分子材料に生じた小さな傷を「材料自身が修復する」ことで致命的な破壊に繋がることを防ぐ，「自己修復性」を高分子に付与させる革新的な手法である（図1）。自己修復性ポリマーは，人の手による修復や取り替えが困難あるいは望ましくない用途への展開が特に期待されている。こうした自己修復性ポリマーは極めて魅力的な概念に基づくものであるが，実現は難しいと考えられてきたため，長い間「夢の材料」と位置づけられてきた。しかしながら，今世紀に入り急速に研究が進展し，一気に現実味を帯びてきている。自己修復性ポリマーの設計には，①高分子表面に受けた凹み傷を弾性エネルギーに変換し，時間の経過とともに弾性力の復元により元の状態へと修復する方法，②モノマー入りの修復剤を汎用高分子マトリクス中にマイクロカプセルなどを利用して事前

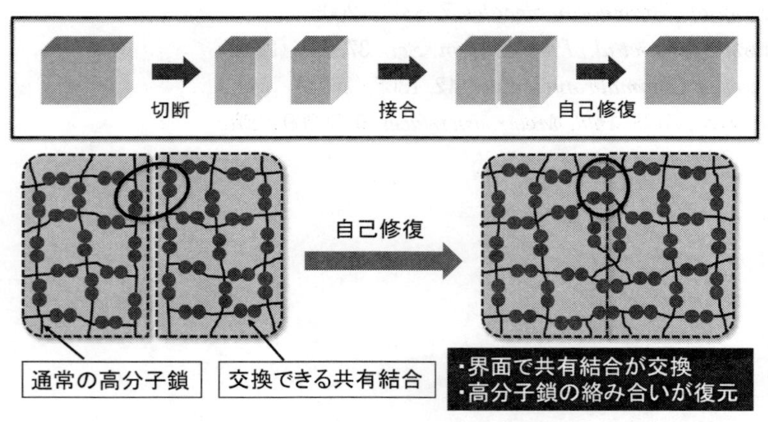

図1　自己修復性ポリマーと結合交換反応に基づく修復メカニズムの模式図

＊　Hideyuki Otsuka　東京工業大学　物質理工学院　応用化学系　教授

に導入しておく方法，③高分子の分子鎖骨格そのものに修復性の分子骨格（可逆的な共有結合や分子間相互作用）を導入する方法，などが知られている[1〜3]。本章では，③に示す方法のうち，ラジカル的なプロセスにより交換可能な炭素－炭素結合を有する自己修復性ポリマーの設計について紹介する。修復のメカニズムは図１に示すように比較的単純であり，架橋高分子骨格中に導入された「特殊な分子骨格」中の結合交換反応が接合界面で進行し，最終的には高分子鎖の絡み合いが進み力学物性が回復するというものである。まずは，交換可能な炭素－炭素結合を含む「特殊な分子骨格」について，その特徴と反応性を述べる。

2　ジアリールビベンゾフラノン（DABBF）の特徴と反応性

エタンの水素の一部を芳香環で置換したマルチアリールエタンは，芳香環による共鳴安定化と立体効果のために中央の炭素－炭素結合がラジカル的に開裂しやすい。マルチアリールエタンの一種であるジアリールビベンゾフラノン（DABBF）誘導体の中心炭素間の結合解離エネルギーは小さく，室温条件においても開裂と再結合の平衡状態にあることが知られている[4,5]。この平衡系に存在する化学種はDABBFとアリールベンゾフラノン（ABF）ラジカルのみであるため（図２），ラジカル種の官能基許容性を考慮すると，この平衡系は化学的環境からの影響を受けにくいことが予想できる。さらに，ABFラジカルは通常の炭素中心ラジカルと比較して，空気中でも極めて安定であることが報告されている[6〜10]。電子スピン共鳴（ESR）測定によって，解離したDABBF誘導体の割合が求められているが，その割合は極めて低い。室温より少し高い50℃においても，解離率は0.01％以下であり，99.99％以上の大部分が結合状態（DABBF側）

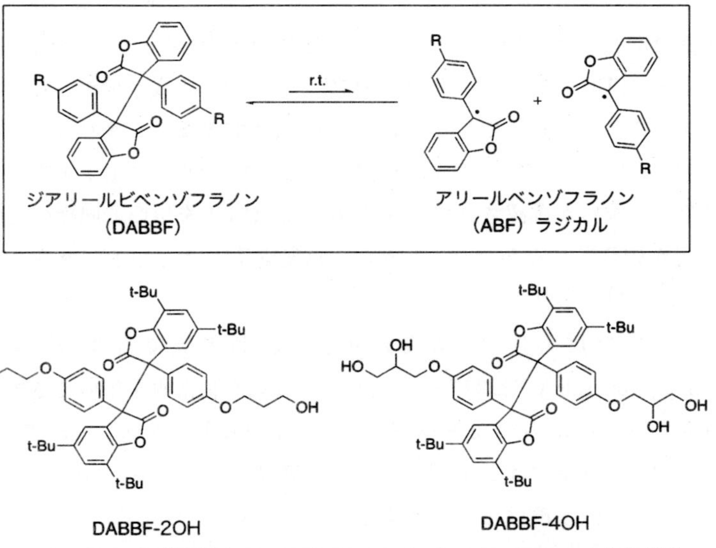

R
O
O
r.t.
ジアリールビベンゾフラノン
（DABBF）
アリールベンゾフラノン
（ABF）ラジカル
t-Bu
HO
OH
DABBF-2OH
DABBF-4OH

図２　DABBFの化学平衡とDABBF-2OHおよびDABBF-4OHの化学構造

に偏っている。ESR測定により求められたDABBFの中心炭素間の結合解離エネルギーは，誘導体の種類や溶媒によって多少値は異なるが，およそ20～25 kcal/molである。これらの値は通常の共有結合，例えばエタンの炭素－炭素結合（90 kcal/mol）よりも小さく，水素結合（2～7 kcal/mol）よりも大きな値である。従来，DABBF誘導体に関しては，酸化防止能に関する研究やレーザーフラッシュフォトリシス研究などが行われてきたが，最近になって室温・空気中で交換可能な動的共有結合ユニットとしても機能することが明らかとなった[11,12]。

3 DABBF骨格を有する自己修復性ポリマー

3.1 DABBF骨格を有する架橋高分子の合成と反応性

DABBF誘導体をもつ架橋高分子の合成は，2つの水酸基を有するDABBF-2OHと4つの水酸基を有するDABBF-4OHをもとに行われた（図2）。両末端にイソシアネート基をもつポリプロピレングリコール（PPG, M_n = 2,400）とDABBF-4OHとの重付加反応により，DABBF含有架橋ポリウレタン（DABBF-XPU1）が合成された（図3(a)）[11]。また，ヘキサメチレンジイソシアネート，ポリエチレングリコール（PPG, M_n = 1,000），DABBF-4OHの反応により，DABBF含有架橋ポリウレタン（DABBF-XPU2）が合成された（図3(b)）[12]。さらに，ヘキサメチレンジイソシアネート，PPG（M_n = 2,700），DABBF-2OH，トリエタノールアミンから，DABBF含有架橋ポリウレタン（DABBF-XPU3）が合成された（図3(c)）[13]。DABBF-XPU1とDABBF-XPU2に関しては，それぞれDABBFをビスフェノールAに置換した対照架橋ポリウレタン（Control-XPU1とControl-XPU2）もそれぞれ合成された（図3(d)，(e)）。

得られた架橋ポリウレタンに関して，DABBF由来の反応性を確認するために脱架橋実験と膨潤実験が行われた。*N,N*-ジメチルホルムアミド（DMF）に溶解させた過剰量のDABBF-4OHの溶液中にDABBF-XPU1を浸漬し，室温・空気中で静置すると，24時間後にはサイズ排除クロマトグラフィー（SEC）測定で，可溶性の高分子量成分の生成が検出されている。この成分は脱架橋が進行することで生成した直鎖状高分子や，僅かに架橋したオリゴマーであると考えられている。さらに，反応後の溶液の^{1}H NMR測定においてもPPGに由来するピークが観測されたため，脱架橋反応の進行が確認されている。Control-XPU1を用いて同様の実験を行っても，脱架橋反応の進行が確認されなかったことから，脱架橋反応はDABBF骨格の交換反応に由来するものであると結論付けられる[11]。

このような特異な反応性は，架橋高分子の膨潤実験でも顕著に観測されている。DABBF-XPU2とControl-XPU2に関して，いくつかの有機溶媒を用いてさまざまな温度下での膨潤挙動が評価されている。DABBF-XPU2は，テトラヒドロフラン（THF）やDMF，1,4-ジオキサン中で膨潤し，低温では24時間程度で平衡膨潤に達するが，35℃や45℃といった温度では平衡に達せずに膨潤し続ける挙動が観測されている。一方で，DABBF骨格をもたないControl-XPU2は，全ての温度において24時間程度で平衡膨潤に達して膨潤度もほとんど同じ

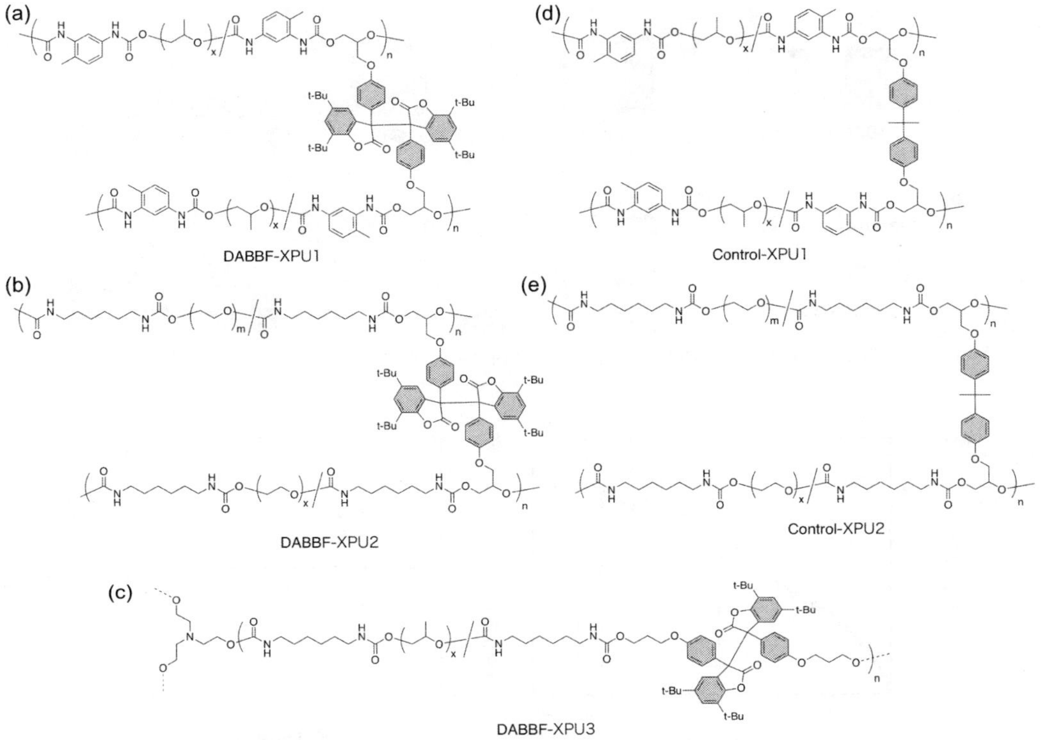

図3　DABBF骨格を有する架橋ポリマーおよび対照ポリマーの化学構造

値を示したことから，DABBF-XPU2の膨潤挙動の温度依存性はDABBFの交換反応に由来する特異な挙動であると考えられている[12]。

これらの結果から，DABBF含有架橋高分子中のDABBFは室温・空気中において平衡状態にあり，自発的に結合組み換えを行いながら，ネットワーク構造を再編成していることが明らかにされている。人間の体温やそれに近い穏和な温度での架橋高分子の構造再編成は，自己修復性やリサイクル性の他にもアクチュエータなどの生体材料やドラッグデリバリーシステムでの徐放材料といった応用も期待される。

3.2　DABBF骨格を有する自己修復性高分子ゲルの設計

架橋ポリウレタンDABBF-XPU1をDMFで膨潤した化学ゲルにおいて，室温・空気中での自己修復挙動が評価されている。図4は，DABBF-XPU1ゲルとControl-XPU1ゲルの室温・空気中における自己修復の様子である。ブロック状のDABBF-XPU1ゲル（修復挙動を見やすくするために色素で着色されている）を半分に切断後，断面同士を素早く接合し，室温・空気中で24時間静置すると，切断面はほとんど見えなくなり，手で引っ張っても容易には破断しないほど修復している様子がわかる[11]。一方で，DABBF骨格をもたないControl-XPU1ゲルは，同様

図4 (a) DABBF-XPU1 ゲルと(b) Control-XPU1 ゲルの自己修復挙動（写真）

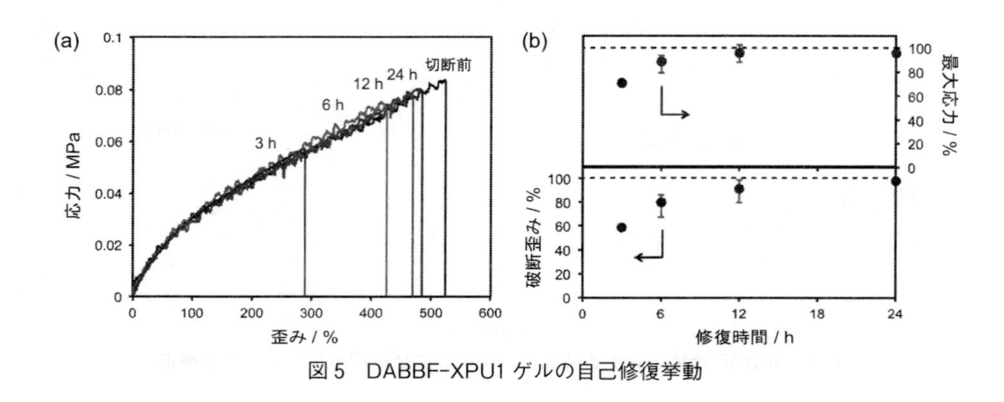

図5 DABBF-XPU1 ゲルの自己修復挙動

の操作後に手で引っ張るとすぐに破断しており，自己修復挙動は観測されていない。

DABBF-XPU1 ゲルの修復挙動は引張試験によって定量的に評価されている。図5(a)は種々の修復時間における応力－歪み曲線，図5(b)は修復時間に対する破断歪みと最大応力の回復率である。修復時間の増加とともに応力－歪み曲線は元の曲線へと近づき，24 時間後には破断歪みと最大応力ともに90%以上の回復率を示している。さらに，修復初期の試験片は測定時に切断・修復部で破断するのに対して，24 時間修復後の試験片は，ランダムな位置で破断することが明らかにされている。これらの結果から，切断・修復部が切断前の元の状態にまで回復していることが確認できた。一方で，Control-XPU1 ゲルは 120 時間修復後であっても，破断歪みで 3 %程度の回復にとどまり，DABBF-XPU1 ゲルの自己修復が DABBF の結合交換特性に起因していることは明らかである[11]。

3.3 DABBF 骨格を有する自己修復性バルク高分子の設計

架橋ポリウレタン DABBF-XPU3 のバルク（無溶媒系）サンプル（図6(a)）において，穏和な環境下での自己修復挙動が評価されている。DABBF-XPU3 の自己修復は室温でもある程度は進行するが，上述のゲル系と比較すると分子鎖の拡散が遅く 24 時間では完結しないことが明

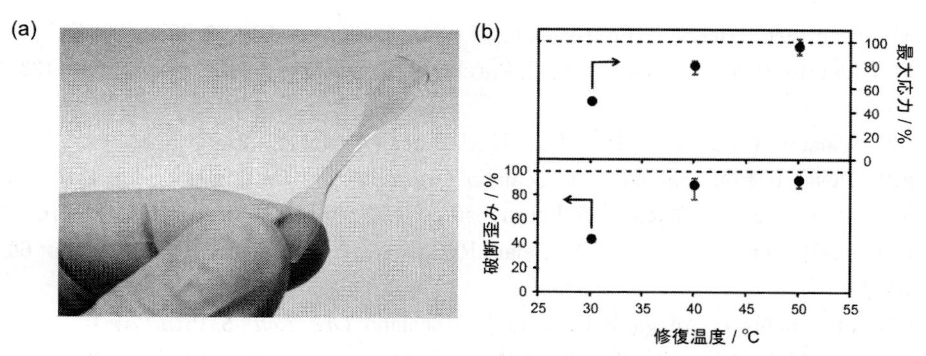

図6　DABBF-XPU3のバルクフィルムの写真と自己修復挙動（24時間後）の温度依存性

らかになったため，50℃における自己修復実験が行われた。図6(b)は種々の温度におけるDABBF-XPU3フィルムの自己修復による破断歪みと最大応力の回復率である。50℃では24時間後に破断歪みと最大応力ともに90%以上の回復率を示している[13]。また，DABBF-XPU3のフィルム表面を針でスクラッチしてできた傷の自己修復挙動も光学顕微鏡観察によって行われており，50℃で12時間修復したサンプルでは，傷がほとんど見えなくなることが明らかにされた。さらに，強化材として機能するセルロースナノクリスタルとDABBF-XPU3をコンポジット化させることで，自己修復性を維持しながらフィルムの高強度化を実現できることが明らかにされた[14]。

4　おわりに

本章では，穏和な条件で結合組み換え挙動を示すDABBF骨格を利用した自己修復性ポリマーを紹介した。共有結合は多種多様であり，今回のDABBF骨格以外にも，分子設計によりさまざまな分子骨格を利用することが可能である[15]。自己修復という現象には，結合組み換え反応の反応性のみならず，高分子鎖のモビリティ，架橋密度，架橋形式など，多くの因子が存在している。リビングラジカル重合系の研究と同様に，大きな設計指針はすでに確立されており，もはや「夢の材料」ではなくなった自己修復性ポリマーが，さらに発展することを期待したい。

文　　献

1)　新谷紀雄監修，最新の自己修復材料と実用例，シーエムシー出版（2010）
2)　東レリサーチセンター，自己修復性材料 ―工業材料の高機能化―，TRC LIBRARY（2016）
3)　大塚英幸，高分子，**65**，624（2016）

4) M. Frenette, C. Aliaga, E. Font-Sanchis, J. C. Scaiano, *Org. Lett.*, **6**, 2579 (2004)
5) M. Frenette, P. D. MacLean, L. R. C. Barclay, J. C. Scaiano, *J. Am. Chem. Soc.*, **128**, 16432 (2006)
6) J. C. Scaiano, A. Martin, G. P. A. Yap, K. U. Ingold, *Org. Lett.*, **2**, 899 (2000)
7) E. V. Bejan, E. Font-Sanchis, J. C. Scaiano, *Org. Lett.*, **3**, 4059 (2001)
8) E. Font-Sanchis, C. Aliaga, K. S. Focsaneanu, J. C. Scaiano, *Chem. Commun.*, 1576 (2002)
9) E. Font-Sanchis, C. Aliaga, E. V. Bejan, R. Cornejo, J. C. Scaiano, *J. Org. Chem.*, **68**, 3199 (2003)
10) E. Font-Sanchis, C. Aliaga, R. Cornejo, J. C. Scaiano, *Org. Lett.*, **5**, 1515 (2003)
11) K. Imato, M. Nishihara, T. Kanehara, Y. Amamoto, A. Takahara, H. Otsuka, *Angew. Chem. Int. Ed.*, **51**, 1138 (2012)
12) K. Imato, T. Ohishi, M. Nishihara, A. Takahara, H. Otsuka, *J. Am. Chem. Soc.*, **136**, 11839 (2014)
13) K. Imato, A. Takahara, H. Otsuka, *Macromolecules*, **48**, 5632 (2015)
14) K. Imato, J. C. Natterodt, J. Sapkota, R. Goseki, C. Weder, A. Takahara, H. Otsuka, *Polym. Chem.*, **8**, 2115 (2017)
15) 例えば，A. Takahashi, R. Goseki, H. Otsuka, *Angew. Chem. Int. Ed.*, **56**, 2016 (2017)

第10章　クリック反応およびリビングラジカル重合による機能性微粒子の調製

谷口竜王*

1　はじめに

高分子材料は従来から構造体などのバルク材料として利用されてきたが，近年ではエレクトロニクス分野にまで応用範囲を広げている。特に比表面積が大きな高分子微粒子は，バイオセンシングやドラッグデリバリーシステムなどのバイオメディカル分野での応用が盛んに行われている。高分子微粒子の機能発現および物性向上には，組成，大きさや形状，内部構造，表面特性を制御することが不可欠であり，用途に適合する材料の組成，大きさや形状を決定し，適切な高分子微粒子合成法を選択しなければならない。しかし，高分子微粒子のさらなる機能化に対し，一段階合成プロセスでは要求される機能を付与することは困難になってきており，高分子微粒子の表面を改質する様々な試みが精力的に検討されている。

高分子微粒子の表面修飾法としては，① Layer-by-Layer（LbL）法による被覆，②グラフト鎖の導入，③化学結合を介した機能団の導入，などがある。①の LbL 法は，主に静電相互作用を利用して，正または負に荷電した高分子を交互に積層して，材料表面を被覆する手法である[1~4]。②のグラフト鎖の導入には，大きく分けて２つの方法により微粒子表面に高分子鎖を導入することができる。ひとつは，表面から高分子鎖を生長させる grafting-from 法と呼ばれる手法である。もうひとつは，あらかじめ合成した高分子を微粒子表面に導入する grafting-to 法と呼ばれる手法である。リビングラジカル重合の進展とともに，grafting-from 法によるグラフト鎖の導入が盛んになってきている[5~15]。③の化学結合を介した機能団の導入とは，縮合反応などにより微粒子表面に機能団を導入する手法である[16~20]。近年は，反応する官能基どうしの選択性が高く，それら以外の官能基に対して寛容であり，反応条件が温和であるクリック反応（click chemistry）により，２つの分子を結合させる手法が多数報告されている。

応用範囲が広く今後の発展が望まれるという観点から，高分子微粒子の表面修飾による機能化には，リビングラジカル重合によるグラフト鎖の導入，およびクリック反応による機能団の化学的導入が有力な手法であると考えられるため，本稿ではこれらに焦点を当てた最近の研究を紹介する。

---

*　Tatsuo Taniguchi　千葉大学大学院　工学研究院　准教授

2　クリック反応およびリビングラジカル重合による高分子微粒子の表面修飾と機能創出

リビングラジカル重合とは，分子量分布が狭く分子量の制御が可能なラジカル重合であり，近年活発に研究開発が行われている重合法である。リビングラジカル重合では，低濃度ではあるもののラジカルが常時存在し，生長末端どうしのカップリングや水素引き抜き反応なども起こるため，リビングアニオン重合のような完全なリビング重合ではない。しかし，操作が簡便であり，比較的分子量分布の狭いポリマーをリビング的に生成することができることから，リビングラジカル重合を利用した高分子材料の開発はさらなる発展を続けると予想される。リビングラジカル重合の手法としては，原子移動ラジカル重合（atom transfer radical polymerization：ATRP）[21~42]，可逆的付加開裂連鎖移動（reversible addition fragmentation chain transfer：RAFT）重合[43~54]，ニトロキシド媒介重合（nitroxide-mediated polymerization：NMP）[55~63] などがあげられる。適用できるモノマーの種類など，各重合手法の特徴は第I編を参照されたい。

grafting-to 法によりグラフト鎖を導入する場合，あらかじめ調製した高分子鎖と基材表面の両方にお互いが化学的に結合する官能基を導入しておく必要がある。特に，グラフト高分子鎖の末端に結合可能な官能基を導入するという観点からは，リビングラジカル重合は従来までの重合法よりも grafting-from 法では，基材表面にリビングラジカル重合の開始点となる官能基を導入する必要がある。厳密には高分子の組成と溶媒の組み合わせにより異なるものの，一般に線状高分子は溶液中でランダムコイル状態をとることが多く，伸びきった状態をとることは稀である。したがって，線状高分子は微粒子表面においてマッシュルーム型などの丸まった構造をとりやすく，grafting-to 法による高密度なグラフト鎖の導入は難しいとされる。一方，grafting-from 法では表面にある開始基ラジカルがモノマーに付加して生長するというメカニズムであるため，開始基が有効に消費されやすく，表面から高密度でグラフト鎖を生長させることができる。基材に高分子微粒子を用いる場合には，コアとなる高分子微粒子の合成段階で適切な開始基となる原料（モノマー）を添加する方法，または微粒子合成後に表面に開始基の導入を行う方法のどちらかを選択しなければならない。

クリック反応による機能団の導入では，官能基の選択性や適用できる溶媒を考慮して反応条件を検討する必要がある。一方で，2つの分子を結合させる理想的な反応（反応する官能基以外の官能基に対して寛容，温和な反応条件，水を含めた多様な溶媒を適用可能）も常に求められてきた。Sharpless らはこれらの特徴を有し，高収率で副反応が起こりにくい反応を総称してクリック反応と名付けた[64]。この名は，カチッと音がする（clicking）ように2つの分子を繋ぎ合わせることに由来している。図1に代表的なクリック反応を示す。

クリック反応のなかでは，アジド－アルキン環化付加反応は最もよく知られた反応であり，機能性材料のみならず創薬にも用いられるなど幅広い分野で応用されている[65,66]。アジド化合物と末端アルキン化合物との反応は，銅を触媒として用いることによって室温でも容易に反応が進行

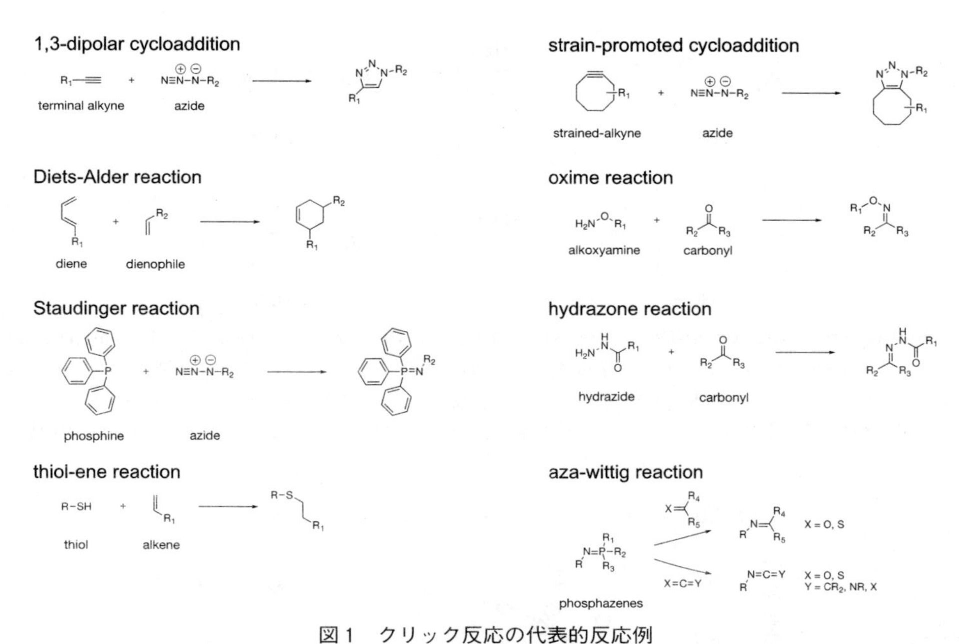

図1　クリック反応の代表的反応例

し，銅触媒アジド－アルキン環化付加（copper-catalyzed azide-alkyne cycloaddition：CuAAC）反応と呼ばれている。1回の反応で1個の銅原子が関与するメカニズムが報告されていたが，現在は銅原子が2個関与するメカニズムが提唱されている[67]。銅を触媒として使用しない場合は反応が非常に遅いものの，シクロオクチン誘導体など歪みのあるアルキン化合物を用いた場合には，温和な条件で反応が進行する。生体毒性のある銅を触媒として使用しないこの手法は，バイオメディカル分野に用いる材料の合成にも利用される。

2.1　アジ化ナトリウムを用いた α-ハロエステル基のアジド基への変換

現在までに使用されているATRP開始基の多くは，2級および3級の α-ハロエステル基である。ハロゲン化アルキルの求核置換反応は，一般に3級＜2級＜1級の順で進行するため，はじめに2級および3級の α-ハロエステル基を有する低分子モデル化合物を用いて，均一系でのアジド化反応の進行を検証した（図2）[68~70]。重水中で，2級の α-ハロエステル基を有する2-ヒドロキシエチル2-クロロプロピオネート（HECP，25 mM），および3級の α-ハロエステル基を有する2-ヒドロキシエチル3-クロロイソブチレート（HCiB，25 mM）に NaN_3（50 mM）を反応させた。3級の α-ハロエステル基を有するHCiBでも求核置換反応が進行し，2-ヒドロキシエチル2-アジドイソブチレート（HAiB）が生成したものの，一般的な求核置換反応と同様に，2級の α-ハロエステル基を有するHECPの方が速く反応が進行し，2-ヒドロキシエチル2-アジドプロピオネート（HEAP）が生成することがわかった（図3）。なお，NaN_3 の共役酸である HN_3 の pK_a は4.65であり，アジ化水素酸の共役塩基であるアジ化ナトリウムの水溶液は弱塩基

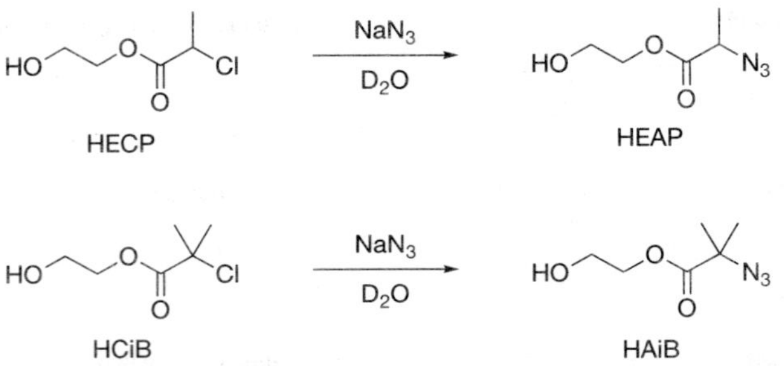

図2　2級のα-ハロエステル基を有する2-ヒドロキシエチル2-クロロプロピオネート（HECP），および3級のα-ハロエステル基を有する2-ヒドロキシエチル3-クロロイソブチレート（HCiB）のアジドイオンとの求核置換反応（アジド化反応）による2-ヒドロキシエチル2-アジドプロピオネート（HEAP），および2-ヒドロキシエチル2-アジドイソブチレート（HAiB）の生成

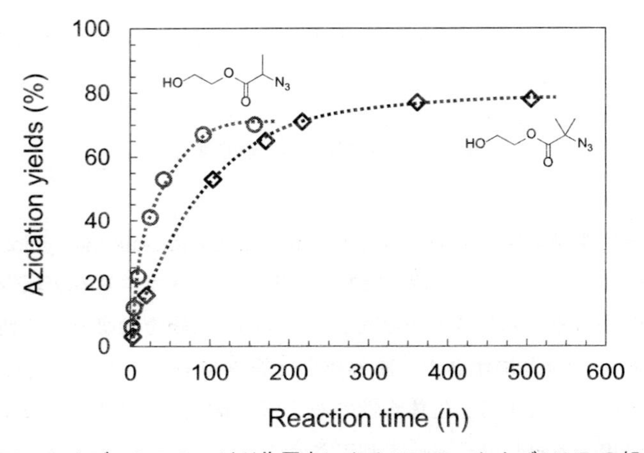

図3　HECPおよびHCiBのアジド化反応によるHEAP，およびHAiBの転化率曲線

性を示すことから[71]，HEAPおよびHAiBの加水分解も並行して進行し，3.5 ppm付近に加水分解により生成したエチレングリコールのシングルピークが出現した。また，HECPのアジド化物HEAPのFT-IRスペクトルには，HECPでは観察されなかった2,116 cm^{-1}付近にアジド基に由来する鋭い吸収が現れており，吸収ピークの出現と消失によりCuAAC反応のモニタリングが可能であることが示された。一方，HECPおよびHCiBの両低分子モデル化合物の転化率は70～80％程度にとどまった。この実験では原料と比較してアジドイオンが圧倒的に多いわけではなく（$[HECP]_0/[NaN_3]_0 = [HCiB]_0/[NaN_3]_0 = 25$ mM/50 mM（= 1/2）），アジド基への置換反応とともにアジドイオンも減少するため，エステルの加水分解が進行しやすかったと考えられる。後述の高分子微粒子表面のATRP開始基の濃度は，今回の低分子モデル実験で使用したHECPおよびHCiBの濃度よりもはるかに低い上，低分子よりも運動性の低い高分子の耐加水分解性は高く[72]，加水分解が高分子微粒子のATRP開始基の定量に及ぼす影響は小さいと考

えられる。以上より，2級のα-ハロエステル基を有するHECPの方がアジド化されやすいことから，高分子微粒子表面のATRP開始基に2級のα-ハロエステル基を用いることにした。

2.2　ATRP開始基を有するカチオン性およびアニオン性高分子微粒子の合成

ATRP開始基を有するカチオン性およびアニオン性高分子微粒子は，スチレンのソープフリー乳化重合に，ATRP開始基として2級のα-ハロエステル基を有するモノマー2-(2-クロロプロピオニルオキシ)エチルメタクリレート（CPEM）を添加するshot-addition法を組み合わせて合成した（図4(a)，(b)）[73~75]。イオン交換水（102 g）に，モノマーとしてstyrene（34 mmol），重合速度の向上および高分子微粒子の分散安定性を向上させるカチオン性モノマーとして*N*-*n*-ブチル-*N*,*N*-ジメチル-*N*-(2-メタクリロイルオキシ)エチルアンモニウムブロミド（C_4DMAEMA, 3.4 μmol），カチオン性の重合開始剤としてV-50（500 μmol）を用い，ソープフリー乳化重合を開始した。重合を開始して4時間後にCPEM（1.7 mmol）を添加し，6時間重合を続けた。重合開始から10時間後に氷冷して重合を停止した。DLSにより測定した流体力学的粒径はd_h = 397 ± 38 nmであった。アニオン性のP(St-CPEM)微粒子も，カチオン性微粒子の調製とほぼ同様の操作により調製した。重合開始剤としてアニオン性のKPS（510 μmol）を用いたスチレン（34 mmol）のソープフリー乳化重合を開始し，重合開始から4時間後にCPEM（1.7 mmol）を添加し，アニオン性高分子微粒子P(St-CPEM)（d_h = 503 ± 49 nm）を得た。

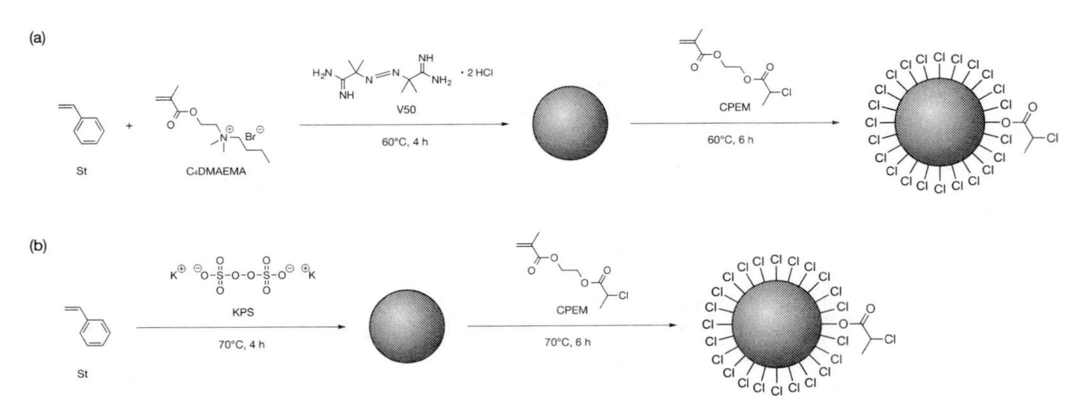

図4　ソープフリー乳化重合とshot-addition法の組み合わせによるATRP開始基を有する(a)カチオン性高分子微粒子P(St-CPEM-C_4DMAEMA)，および(b)アニオン性高分子微粒子P(St-CPEM)の合成

2.3　高分子微粒子表面のATRP開始基のアジド化

カチオン性高分子微粒子P(St-CPEM-C_4DMAEMA)およびアニオン性高分子微粒子P(St-CPEM)の水分散液（0.50 wt%）にNaN_3（50 mM）を添加し，50℃で加熱しながら撹拌し，ATRP開始基のアジド化を行った。低分子モデル化合物HECPの場合と同様に，高分子微粒子の表面に存在するATRP開始基のアジド化の進行をFT-IRにて定性的に評価した。NaN_3処理

後の P(St-CPEM-C_4DMAEMA)-N_3 では，2,100 cm^{-1} 付近と 2,040 cm^{-1} に吸収ピークが現れた。2,100 cm^{-1} 付近のピークは，CPEM の Cl 基が N_3 基に置換されたことを示している。一方，2,040 cm^{-1} 付近のピークは，カチオン性微粒子を合成した際の対アニオンである Cl^- および Br^- が N_3^- に置換され，出現したピークであると考えられる。そこで，NaBr 水溶液で微粒子を遠心分離・再分散のプロセスを 3 回行い，微粒子を洗浄したところ，2,100 cm^{-1} 付近のピークは残ったまま，2,040 cm^{-1} 付近のピークは消失した。したがって，2,040 cm^{-1} 付近のピークはイオン交換された N_3^- イオンに起因することが示された。以降，アジド化後の微粒子を遠心分離・再分散で精製する際には，NaBr もしくは NaCl 水溶液を用いた。NaN_3 によるアジド化における FT-IR スペクトルの経時変化を観察したところ，反応開始 3 時間後から 2,100 cm^{-1} 付近に吸収が現れ，24 時間後にはこの吸収ピークは明確になり，ほぼ一定の強度に達した（図 5(a)）。したがって，アジド化反応を数十時間行うことで，カチオン性高分子微粒子の表面のほぼ全ての ATRP 開始基の塩素原子がアジド基に置換されると考えられる。アニオン性微粒子 P(St-CPEM) のアジド化についても同様に吸収変化を観察したところ，408 時間でアジド基に由来するわずかな吸収が観測され，960 時間経過後に確認できるまでに吸収ピークが増大した（図 5(b)）。同じ ATRP 開始基構造を有する高分子微粒子でも，カチオン性の微粒子とアニオン性の微粒子ではアニオン性求核剤による求核置換反応の速度が大きく変わることから，高分子微粒子に特有の表面電荷の影響を考慮する必要があることが明らかになった。

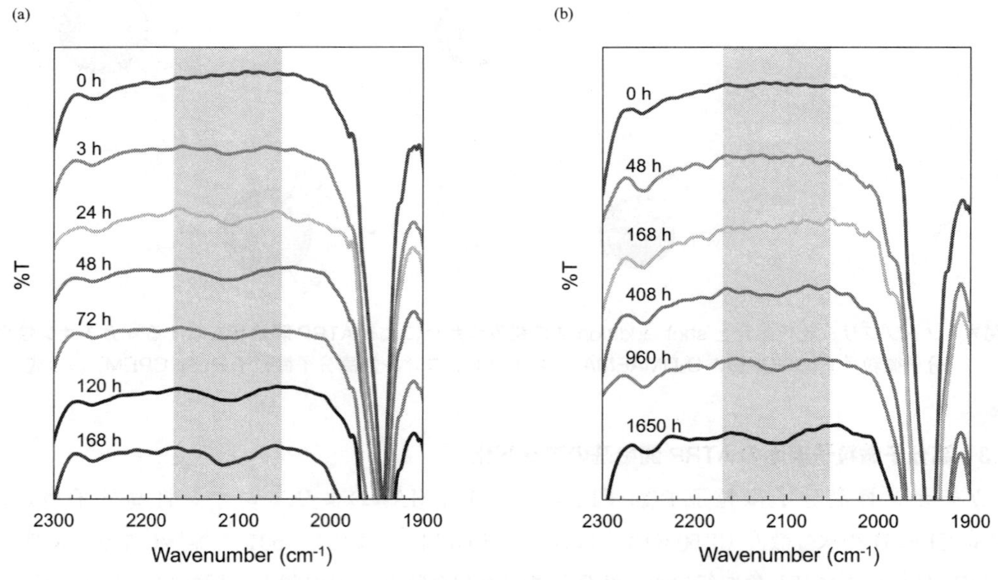

図 5　NaN_3 を反応させた(a)カチオン性高分子微粒子 P(St-CPEM-C_4DMAEMA)，および(b)アニオン性高分子微粒子 P(St-CPEM) の FT-IR スペクトルの経時変化

2.4　CuAACを利用した蛍光ラベル化によるATRP開始基の表面濃度およびグラフト密度の評価

NaN_3を用いて表面のATRP開始基をアジド基に変換した高分子微粒子P(St-CPEM-C_4DMAEMA)-N_3およびP(St-CPEM)-N_3を得ることができたので，水／メタノール混合溶媒中で三重結合を有するダンシル誘導体（5-(*N,N*-ジメチルアミノ)-*N'*-(プロパン-2-イン-1-イル)ナフタレン-1-スルホンアミド：ダンシル-アルキン）とのクリック反応により，高分子微粒子の蛍光ラベル化を行った。しかし，高分子微粒子が凝集するだけでなく，疎水性吸着したダンシル-アルキンを洗浄により除去することができなかった。そこで，P(St-CPEM-C_4DMAEMA)-N_3およびP(St-CPEM)-N_3をTHFに溶解した後，ダンシル-アルキンとのCuAACにより蛍光ラベル化を行った（図6）。ダンシル-アルキンの発光強度より，ATRP開始基の表面濃度を計算した（表1）。ATRP開始基の表面濃度は，カチオン性高分子微粒子で0.21 groups/nm^2，アニオン性高分子微粒子で0.15 groups/nm^2となった。滴定法により算出したアニオン性高分子微粒子のATRP開始基の表面濃度は0.14 groups/nm^2であった。ソープフリー乳化重合とshot-addition法とを組み合わせた本手法が，シード粒子にポリスチレン粒子を用いた2-(メチル-2'-クロロプロピオネート)エチルアクリレートのシード重合[76]，4-クロロメチルスチレンのマイクロエマルション重合[77]よりもATRP開始基の表面濃度は低くなった原因として，重合開始後4時間後にCPEMを添加したことがあげられる。カチオン性微粒子およびアニオン性微粒子合成におけるCPEMを添加時のスチレンの転化率はそれぞれ30%および40%であり，重合系内に残存するスチレンとの共重合により多くの開始基が微粒子内部に埋没していると考えられる。しかし，Wuらの報告によれば[78]，高分子ブラシのグラフトには開始基の表面濃度は十分であることから，2-ヒドロキシエチルアクリレート（HEA）の表面開始ATRPを行った。1.0 wt%に希釈した高分子微粒子分散液（10 mL）にHECP（7.5 μmol），$CuCl_2 \cdot 2H_2O$（5 μmol），トリス(2-ピリジルメチル)アミン（TPMA，7.5 μmol）を溶解させた。その後，HEA（2.0 mmol）を加え，30℃で撹拌しながらAscA水溶液10 μL（50 mM）を加えて，重合を開始した。5分おきに10 μLのAscA水溶液を添加し，反応開始から50分後に大気解放を行い，重合を停止させた。^{1}H NMR測定により，得られたカチオン性高分子微粒子P(St-CPEM-C_4DMAEMA)-*g*-PHEAおよびアニオン性高分子微粒子P(St-CPEM)-*g*-PHEAの組成を求めたところ，P(St-CPEM-C_4DMAEMA)-*g*-PHEAおよびP(St-CPEM)-*g*-PHEAのスチレンに対するHEAのグラフト量は，それぞれ2.3 mol%および1.6 mol%であった。また，HECPから生長したフ

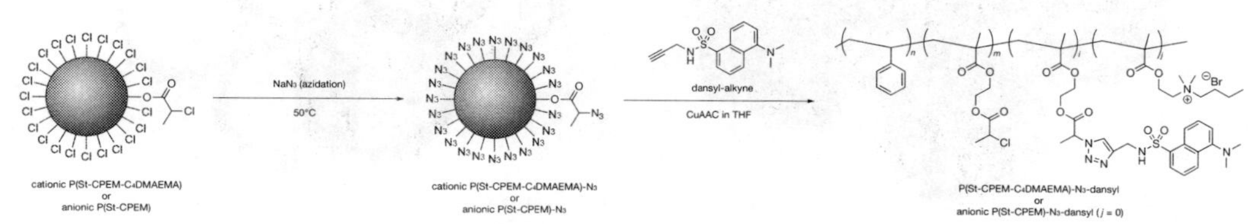

図6　カチオン性高分子微粒子P(St-CPEM-C_4DMAEMA)，およびアニオン性高分子微粒子P(St-CPEM)のNaN_3によるアジド化とTHF溶液中におけるダンシル-アルキンとのCuAACによる蛍光ラベル化

リーポリマーの分子量は，カチオン性 P(St-CPEM-C_4DMAEMA) およびアニオン性 P(St-CPEM) では，それぞれ $M_n = 5{,}970$（$M_w/M_n = 1.5$）および $M_n = 5{,}300$（$M_w/M_n = 1.4$）であった。したがって，カチオン性高分子微粒子およびアニオン性高分子微粒子における PHEA グラフト密度は 0.16 chains/nm^2 および 0.15 chains/nm^2 であり，開始基効率は 76％および 99％であると算出することができた（表1）。

表1　カチオン性高分子微粒子 P(St-CPEM-C_4DMAEMA) およびアニオン性高分子微粒子 P(St-CPEM) の ATRP 開始基の表面濃度およびグラフト密度

sample name		d_h	S	CPEM content		ATRP initiating group density			graft polymer density	
		[nm]	[m^2/g]	[mol% to St]	surface/total [mol%]	[groups/nm^2]	[nm^2/group]	[μmol/g]	[chains/nm^2]	[nm^2/chain]
cationic	P(St-CPEM-C_4DMAEMA)	397	14.4	5.5	1.1	0.21[a]	4.7[a]	5.1[a]	0.16	6.1
anionic	P(St-CPEM)	503	11.4	5.4	0.6	0.15[a] 0.14[b]	6.5[a] 7.1[b]	2.9[a] 2.7[b]	0.15	6.7

a) measured in this study
b) measured by conductometric titration method

3　高分子微粒子表面のグラフト鎖による機能発現

高分子微粒子表面からの ATRP によるグラフト重合では，目的とする用途に適合するモノマーを適切に選択することが重要である。我々のグループでは，2-(*N,N*-ジメチルアミノ)エチルメタクリレート（DMAEMA）をグラフトさせた高分子微粒子の無機材料との複合化に関する検討を行ってきた[79~81]。PDMAEMA が水溶液中でプロトン化（$pK_a = 7.4$）すると，

図7　PDMAEMA グラフト鎖を有するコアーシェル粒子をテンプレートに用いた (a)チタニア複合粒子，および(b)チタニア中空粒子の TEM 写真

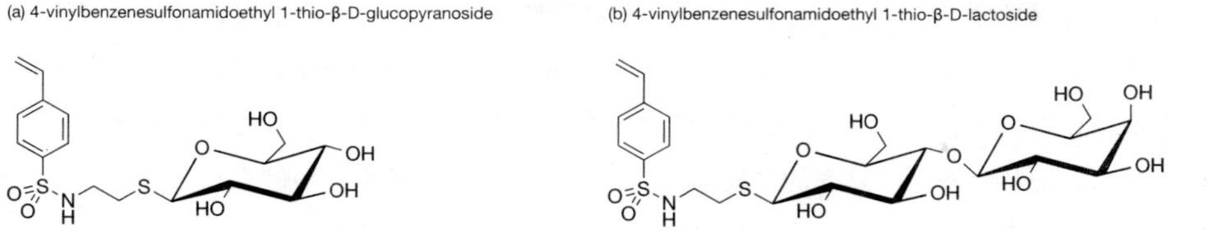

(a) 4-vinylbenzenesulfonamidoethyl 1-thio-β-D-glucopyranoside

(b) 4-vinylbenzenesulfonamidoethyl 1-thio-β-D-lactoside

図8　(a)グルコース残基を有する4-ビニルベンゼンスルホンアミドエチル 1-チオ-β-D-グルコピラノシド，および (b)ラクトース残基を有する4-ビニルベンゼンスルホンアミドエチル 1-チオ-β-D-ラクトシドの化学構造式

PDMAEMA周辺における水酸化物イオンの局所濃度が高いことから，PDMAEMAシェル層内で選択的にシリカやチタニアなどの前駆体である金属アルコキシドが加水分解と重縮合が進行し，シェル層に金属酸化物が堆積した有機／無機複合粒子を得ることができる。また，ポリマー成分を熱分解すると，中空径と厚みが独立に制御された無機中空粒子を得ることもできた（図7）。

また，バイオメディカル分野への応用の一例として，高分子微粒子表面からの4-ビニルベンゼンスルホンアミドエチル 1-チオ-β-D-グルコピラノシドおよび4-ビニルベンゼンスルホンアミドエチル 1-チオ-β-D-ラクトシドのATRPを行い，グルコース残基およびラクトース残基を導入されたコアーシェル型の高分子微粒子のレクチンの分子認識について検討した（図8）[82～84]。グルコース残基およびラクトース残基が導入された高分子微粒子は，それぞれコンカナバリンA（Con A）およびピーナッツレクチン（PNA）を添加した際にのみ凝集が進行し，沈殿が生じた。Con AならびにPNAは水中で四量体を形成していることから，粒子に結合した際に粒子間架橋により凝集が促進されたためと考えられる。なお，グラフト鎖をもたない高分子微粒子にCon AまたはPNAを加えると，非特異吸着による凝集が観察されたことから，親水性の高い糖鎖高分子グラフト鎖の構築により，糖鎖に対する特異的な認識能を付与できただけでなく，非特異的なタンパク質の結合が抑制されることがわかった。

4　おわりに

本稿では，ATRP開始基を有する高分子微粒子の合成，表面開始ATRPによるグラフト鎖の導入，クリック反応による高分子微粒子の表面構造の評価に関する知見，ならびにグラフト層を利用した機能性材料への応用例を紹介した。イニファーター重合に端を発するリビングラジカル重合の研究は，より簡便で温和な条件下で構造規制された高分子を合成することができる精密重合に受け継がれている。最近のATRPに関連する研究では，金属触媒濃度を下げるだけでなく，メタルフリーなどの手法も開発されており，凝集を抑制し，分散安定性を維持しなければならない微粒子やエマルションなど高分子分散材料の表面修飾への応用が進展することが期待される。一方，クリック反応は有機溶媒中だけでなく水中でも速やかに進行することから，細胞やタンパクの標識などバイオメディカル分野での利用が広がっているが，詳細な反応機構の解明，プロパルギル基を有する有機化合物，および毒性の銅触媒を用いる必要がない三重結合を有する歪みの大きな有機化合物の合成など，周辺技術との相補的・相乗的な進展が求められると思われる。高分子材料の表面特性解析，効率的に反応が進行する表面の設計指針の確立などを通して，無機材料や生体材料との機能性高分子複合材料の開発につながることを期待したい。

文　　献

1) T. Mauser *et al.*, *Macromol. Rapid Commun.*, **25**, 1781 (2004)
2) C. J. Huang *et al.*, *Soft Matter*, **7**, 10850 (2011)
3) C. Ma *et al.*, *Anal. Chim. Acta*, **734**, 6 (2012)
4) J. Shi *et al.*, *Macromol. Biosci.*, **13**, 494 (2013)
5) S. Yamamoto *et al.*, *Macromolecules*, **33**, 5608 (2000)
6) K. Min *et al.*, *J. Polym. Sci., Part A: Polym. Chem.*, **40**, 892 (2002)
7) W. Feng *et al.*, *Biomaterials*, **27**, 847 (2006)
8) Y. Tsujii *et al.*, *Adv. Polym. Sci.*, **197**, 1 (2006)
9) V. Mittal *et al.*, *Eur. Polym. J.*, **43**, 4868 (2007)
10) K. Nagase *et al.*, *Langmuir*, **24**, 511 (2008)
11) Y. Zou *et al.*, *Macromolecules*, **42**, 4817 (2009)
12) S. Wang *et al.*, *Langmuir*, **25**, 13448 (2009)
13) M. Jonsson *et al.*, *Eur. Polym. J.*, **45**, 2374 (2009)
14) T. Taniguchi *et al.*, *Colloids Surfaces B: Biointerfaces*, **71**, 194 (2009)
15) P. Akkahat *et al.*, *Langmuir*, **28**, 5302 (2012)
16) S. Berger *et al.*, *Macromolecules*, **41**, 9669 (2008)
17) A. S. Goldmann *et al.*, *Macromolecules*, **42**, 3707 (2009)
18) P. Rungta *et al.*, *Soft Matter*, **6**, 6083 (2010)
19) C. J. Huang *et al.*, *Soft Matter*, **7**, 10850 (2011)
20) K. Ouadahi *et al.*, *J. Polym. Sci., Part A: Polym. Chem.*, **50**, 314 (2012)
21) J. S. Wang *et al.*, *J. Am. Chem. Soc.*, **117**, 5614 (1995)
22) M. M. Guerrini *et al.*, *Macromol. Rapid Commun.*, **21**, 669 (2000)
23) M. Kamigaito *et al.*, *Chem. Rev.*, **101**, 3689 (2001)
24) K. Matyjaszewski *et al.*, *Chem. Rev.*, **101**, 2921 (2001)
25) N. K. Jayachandran *et al.*, *Macromolecules*, **35**, 4247 (2002)
26) K. Min *et al.*, *J. Polym. Sci., Part A: Polym. Chem.*, **40**, 892 (2002)
27) G. Zheng *et al.*, *Macromolecules*, **35**, 6828 (2002)
28) G. Zheng *et al.*, *Macromolecules*, **35**, 7612 (2002)
29) D. Bontempo *et al.*, *Macromol. Rapid Commun.*, **23**, 417 (2002)

30) H. B. Sonmeza *et al.*, *React. Funct. Polym.*, **55**, 1 (2003)
31) B. F. Senkal *et al.*, *Eur. Polym. J.*, **39**, 327 (2003)
32) W. Jakubowski *et al.*, *Macromolecules*, **38**, 4139 (2005)
33) W. Jakubowski *et al.*, *Macromolecules*, **39**, 39 (2006)
34) Y. Chen *et al.*, *Adv. Funct. Mater.*, **15**, 113 (2005)
35) E. T. Kang *et al.*, *Ind. Eng. Chem. Res.*, **44**, 7098 (2005)
36) W. Tang *et al.*, *Macromolecules*, **39**, 4953 (2006)
37) J. K. Oh *et al.*, *Macromolecules*, **39**, 3161 (2006)
38) J. K. Oh *et al.*, *J. Polym. Sci., Part A: Polym. Chem.*, **44**, 3787 (2006)
39) W. A. Braunecker *et al.*, *Prog. Polym. Sci.*, **32**, 93 (2007)
40) W. Tang *et al.*, *Macromolecules*, **40**, 1858 (2007)
41) H. Ahmad *et al.*, *Langmuir*, **24**, 688 (2008)
42) T. Taniguchi *et al.*, *Colloids Surfaces B: Biointerfaces*, **71**, 194 (2009)
43) J. Chiefari *et al.*, *Macromolecules*, **31**, 5559 (1998)
44) R. T. A. Mayadunne *et al.*, *Macromolecules*, **32**, 6977 (1999)
45) T. R. Darling *et al.*, *J. Polym. Sci., Part A: Polym. Chem.*, **38**, 1706 (2000)
46) J. Jagur-Grdozinski *et al.*, *React. Funct. Polym.*, **49**, 1 (2001)
47) E. L. Madruga *et al.*, *Prog. Polym. Sci.*, **27**, 1979 (2002)
48) T. Hu *et al.*, *J. Phys. Chem. B*, **106**, 6659 (2002)
49) L. Barner *et al.*, *J. Polym. Sci., Part A: Polym. Chem.*, **42**, 5067 (2004)
50) S. Perrier *et al.*, *J. Polym. Sci., Part A: Polym. Chem.*, **43**, 4347 (2005)
51) G. Moad *et al.*, *Aust. J. Chem.*, **58**, 379 (2005)
52) J. B. McLeary *et al.*, *Soft Matter*, **2**, 45 (2006)
53) G. Moad *et al.*, *Polymer*, **49**, 1079 (2008)
54) Handbook of RAFT Polymerization, Ed., C. Barner-Kowollik, Wiley-VCH (2008)
55) D. H. Solomon *et al.*, US4581429 (1986)
56) M. K. Georges *et al.*, *Macromolecules*, **26**, 2987 (1993)
57) J. C. Hodges *et al.*, *J. Comb. Chem.*, **2**, 80 (2000)
58) C. J. Hawker *et al.*, *Chem. Rev.*, **101**, 3661 (2001)
59) H. Fischer *et al.*, *Angew. Chem., Int. Ed. Engl.*, **40**, 1340 (2001)
60) A. Goto *et al.*, *Prog. Polym. Sci.*, **29**, 329 (2004)
61) A. Studer *et al.*, *Chem. Rec.*, **5**, 27 (2005)
62) D. H. Solomon *et al.*, *J. Polym. Sci., Part A: Polym. Chem.*, **43**, 5748 (2005)
63) K. Bian *et al.*, *J. Polym. Sci., Part A: Polym. Chem.*, **43**, 2145 (2005)
64) V. V. Rostovtsev *et al.*, *Angew. Chem. Int. Ed.*, **41**, 2596 (2002)
65) M. Meldal *et al.*, *Chem. Rev.*, **108**, 2952 (2008)
66) B. S. Sumerlin *et al.*, *Macromolecules*, **43**, 1 (2010)
67) B. T. Worrell *et al.*, *Science*, **340**, 457 (2013)
68) J. P. Dulcere *et al.*, *J. Org. Chem.*, **55**, 571 (1990)
69) J. P. Richard *et al.*, *J. Am. Chem. Soc.*, **113**, 5871 (1991)
70) V. A. Glushkov *et al.*, *Pharm. Chem. J.*, **35**, 11 (2001)

71) 日本化学会編, 改訂3版 化学便覧 基礎編Ⅱ, Ⅱ-338 (1984)
72) H. Tsuji *et al., Biomacromolecules,* **2**, 597 (2001)
73) T. Taniguchi *et al., Colloids Surfaces B: Biointerfaces,* **71**, 194 (2009)
74) M. Kasuya *et al., J. Polym. Sci., Part A: Polym. Chem.,* **51**, 4042 (2013)
75) M. Kasuya *et al., Polymer,* **55**, 5080 (2014)
76) K. N. Jayachandran *et al., Macromolecules,* **35**, 4247 (2002)
77) K. Ouadahi *et al., J. Polym. Sci., Part A: Polym. Chem.,* **50**, 314 (2012)
78) T. Wu *et al., Macromolecules,* **36**, 2448 (2003)
79) T. Taniguchi *et al., J. Colloid Interface Sci.,* **347**, 62 (2010)
80) T. Taniguchi *et al., J. Colloid Interface Sci.,* **368**, 107 (2012)
81) T. Taniguchi *et al., Colloid Polym. Sci.,* **291**, 215 (2013)
82) T. Taniguchi *et al., Colloids Surfaces A: Physicochem. Eng. Aspects,* **369**, 240 (2010)
83) M. Kohri *et al., Eur. Polym. J.,* **47**, 2351 (2011)
84) M. Kohri *et al., J. Colloid Sci. Biotechnol.,* **2**, 45 (2013)

第11章　光精密ラジカル重合を用いる高分子の設計と合成

吉田絵里*

1　はじめに

光重合は，太陽光をエネルギー源にできる環境にクリーンな重合法であり，かつ局所的な応用が可能であるといった熱重合にはない特徴を持つ。光ラジカル重合は，光のON-OFFの切り替えによって重合の進行－停止を制御できる点で，光イオン重合と異なる。光リビングラジカル重合の研究は，大津らによるイニファーター触媒を用いる重合法に端を発するが[1]，本章では，光リビングラジカル重合の中でも分子量を高度に制御できる，代表的な光精密ラジカル重合法とこれらの重合を用いた高分子設計を中心に述べる[2]。

2　ニトロキシドを用いる光精密ラジカル重合法

ニトロキシドを触媒とするリビングラジカル重合では，生長末端ラジカルとニトロキシドの間で再結合－解離を繰り返すことにより，連鎖移動反応と停止反応を抑制する。代表的な安定ニトロキシドである2,2,6,6-テトラメチルピペリジン-1-オキシル（TEMPO）は，熱重合では単独でも効率よく生長末端ラジカルの対ラジカルとなって重合を制御するが，光励起状態では本来の活性の高いラジカルとなるため，生長末端ラジカルとの間での解離が困難になり重合が進行しにくくなる。そこで，通常は光酸発生剤として用いられる光感受性オニウム塩をTEMPOに対する光電子移動剤に用いて，励起状態でTEMPOを一時的にカチオンやアニオンに変換することにより生長末端ラジカルとの解離を促進し，室温での光リビングラジカル重合を可能にした[3,4]。光感受性オニウム塩には，ジアリルヨードニウム塩やトリアリルスルホニウム塩，鉄－アレン錯体が用いられる[5]。これらの塩や錯体はTEMPOと同程度の酸化還元電位を持ち，励起状態でTEMPOと電子移動を起こしやすい性質に基づいている。その電子移動には，ジアリルヨードニウム塩やトリアリルスルホニウム塩に対してはTEMPOの酸化側の電子伝達系が[6]，鉄－アレン錯体に対しては還元側のそれが使われる（図1）。これらのオニウム塩やその断片がポリマーの構造中に存在しないことから，オニウム塩や錯体は重合の加速のみに関与することがわかっている。生成するポリマーの分子量分布は，オニウム塩の種類や置換基に依存し，溶解性にはほとんど依存しない。トリアリルスルホニウム塩を用いた重合結果の一例を表1に示す。この重合により分子量分布1.4前後のポリマーが得られることがわかる。トリアリルスルホニウム塩は，

＊　Eri Yoshida　豊橋技術科学大学　大学院工学研究科　環境・生命工学系　准教授

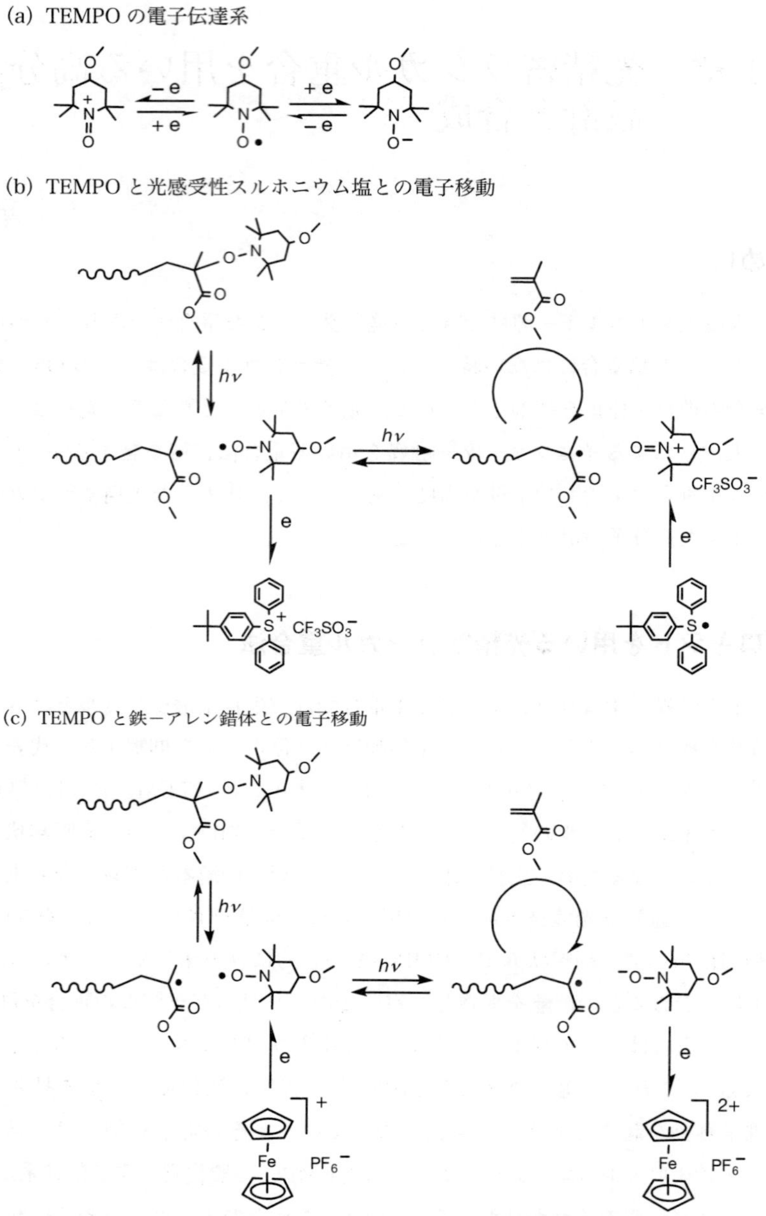

(a) TEMPO の電子伝達系

(b) TEMPO と光感受性スルホニウム塩との電子移動

(c) TEMPO と鉄―アレン錯体との電子移動

図1　TEMPO の電子伝達系と励起状態での電子移動

TEMPO 非存在下では光カチオン重合開始剤として働くが，TEMPO 存在下では選択的に TEMPO の電子移動剤として働き，光カチオン重合開始剤としての機能を失う。実際，トリアリルスルホニウム塩を添加したアゾ開始剤によるメタクリル酸グリシジルの重合では，TEMPO 非存在下ではビニル基のラジカル重合とエポキシ基のカチオン重合が同時に進行しゲルを生じる

表1　トリアリルスルホニウム塩を用いたメタクリル酸メチルの重合結果

R^1–$S^+(R^2)$–C_6H_5　　^-O–$S(=O)_2$–CF_3

R^1	R^2	溶解性	モノマー転化率（%）	Mn[a]	Mw/Mn[a]
C_6H_5–	C_6H_5–	I	63	12,200	1.42
CH_3–C_6H_4–	C_6H_5–	S	52	10,200	1.39
$(CH_3)_3C$–C_6H_4–	C_6H_5–	S	58	11,000	1.43
CH_3O–C_6H_4–	C_6H_5–	I	62	11,000	1.50
C_6H_5–O–C_6H_4–	C_6H_5–	S	46	9,810	1.45
C_6H_5–S–C_6H_4–	C_6H_5–	S	80	427,000[b] 14,000	3.64[b] 1.70
CH_3S–C_6H_4–	CH_3–	S	66	12,200	1.45
$(CH_3)_3C$–O–C(=O)–CH_2–O–C_6H_4–	C_6H_5–	S	58	12,600	1.44
F–C_6H_4–	C_6H_5–	S	64	11,400	1.45
Cl–C_6H_4–	C_6H_5–	I	53	11,000	1.44
Br–C_6H_4–	C_6H_5–	S	70	12,100	1.49
I–C_6H_4–	C_6H_5–	I	62	10,100	3.14
$(CH_3)_3C$–O–C(=O)–CH_2–O–$C_{10}H_6$–	C_6H_5–	I	73	13,200	2.40

重合：室温，6時間　S：可溶，I：難溶　[a]標準ポリメタクリル酸メチルによるGPC換算
[b]二峰性曲線　面積比：Mn(427,000：14,000) = 0.26：0.74

が，TEMPO存在下ではビニル基のみが重合した溶解性のポリマーを与える[7)]。生成するポリマーの分子量分布はアゾ開始剤の構造にも依存し，比較的吸光度係数が大きく半減期温度の低い開始剤で，より分子量が制御されたポリマーが得られる。開始剤の構造と分子量分布との関係を表2に示した。

表2　各種アゾ開始剤を用いたメタクリル酸メチルの重合結果

開始剤	$T_{1/2}$[a]（℃）	λ_{max}[b]（nm）	吸光度係数ε	モノマー転化率（%）	Mn	Mw/Mn
AIBN	65	345	12.3	36	41,900	1.62
V-59	67	348	15.8	71	51,800	8.54
V-65	51	348	20.4	56	14,400	1.64
V-40	88	350	16.5	99	196,000	4.42
r-AMDV	30	348	28.3	58	11,000	1.43
		253	3.50			
m-AMDV	30	341	17.2	56	11,400	1.41
		253	5.47			
V-601	66	363	19.1	47	58,700	1.60
		253	11.5			
VAm-110	110	376	31.9	22	52,700	1.59
		258	167.7			
CMTMP	—[c]	257	3.43	86	92,200	5.31

重合：室温，6時間　[a]10時間半減期温度　[b]イソブチル酸メチル中　[c]Unknown

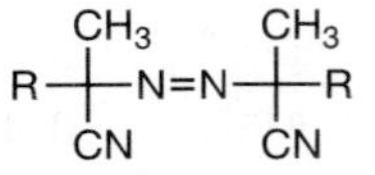

AIBN: R = CH_3
V-59: R = CH_2CH_3
V-65: R = $CH_2CH(CH_3)_2$

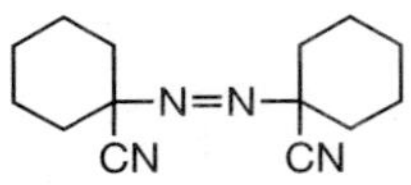

V-40

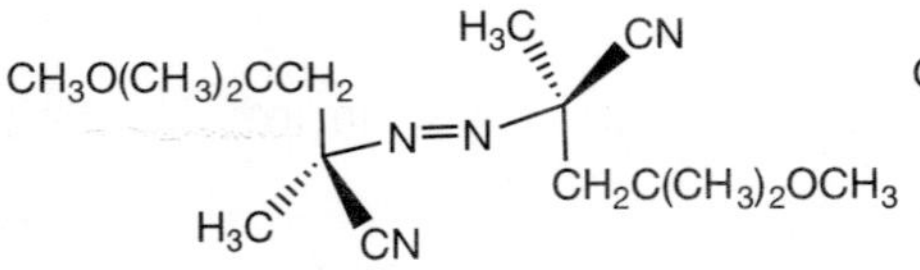

***r*-AMDV**

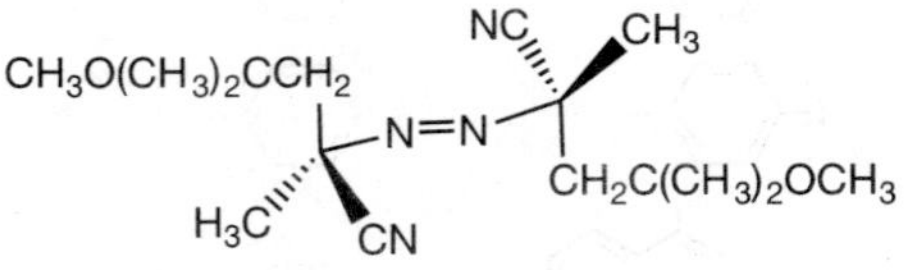

***m*-AMDV**

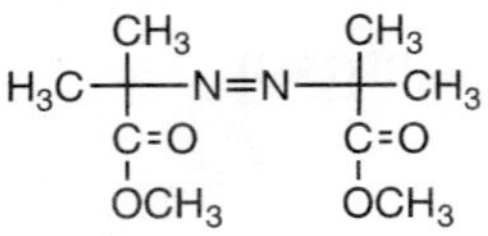

V-601

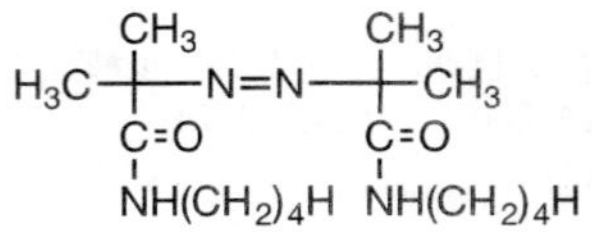

VAm-110

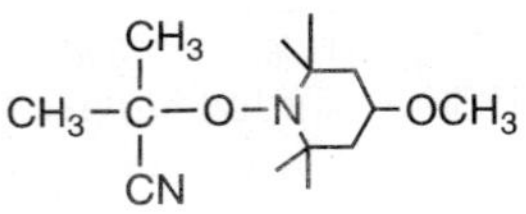

CMTMP

このように，オニウム塩とアゾ開始剤の選択により重合を室温で行うことができるため，TEMPOによる熱重合では高温での不均化停止によってポリマーが得られない種々のメタクリル酸エステル類に，この光リビングラジカル重合法を適用できる。モノマーとして，メタクリル酸メチル（MMA），イソプロピル，*tert*–ブチル[8]，ジメチルアミノエチル[9]，グリシジル[7]などの重合が報告されている。また，水溶性のアゾ開始剤やトリアリルスルホニウム塩を用いて，分子量分布は多少広がるが，メタクリル酸[10]やメタクリル酸ナトリウム[11]のアルコール溶液や水溶液中での重合のリビング性も確認されている。

このTEMPOによる光精密ラジカル重合法を利用して，さまざまな高分子設計が行われている。ポリスチレンの側鎖に担持したTEMPOをメディエーターとしてMMAを重合したグラフト共重合体や，リビングカチオン重合で得られたポリテトラヒドロフラン（PTHF）の末端にTEMPOを導入した高分子化TEMPOをMMAの重合に用い，PTHFとポリメタクリル酸メチル（PMMA）とのジブロック共重合体などが合成されている。また，分散重合によりPMMAの球状ミクロ粒子が得られている。さらに，メタクリル酸（MAA）の重合で得られたポリメタクリル酸（PMAA）をプレポリマーとして，MMAとMAAのランダムブロック共重合をメタノール水溶液中で行う分散重合により，両親媒性のPMAA–*b*–P(MMA–*r*–MAA)ジブロック共重合体が生成と同時に自己組織化を起こす重合誘導型自己組織化法を用いて，マイクロサイズのジャイアントベシクルが得られている[12]。この自己組織化法を用いて，ジブロック共重合体のセグメント鎖長や，疎水性セグメントであるP(MMA–*r*–MAA)のMMA/MAA組成比，重合溶媒であるメタノール水溶液中の水含有量，攪拌速度などにより，球状ベシクルをはじめ[12,13]，楕円状[14]，ワーム状[13,15]，カップ状[15]，鍵状ベシクル[13]，さらに，シート構造[16]，絨毛構造[17]，吻合管状ネットワーク構造[18]など，さまざまな分子集合体が設計され合成されている（図２）。これ

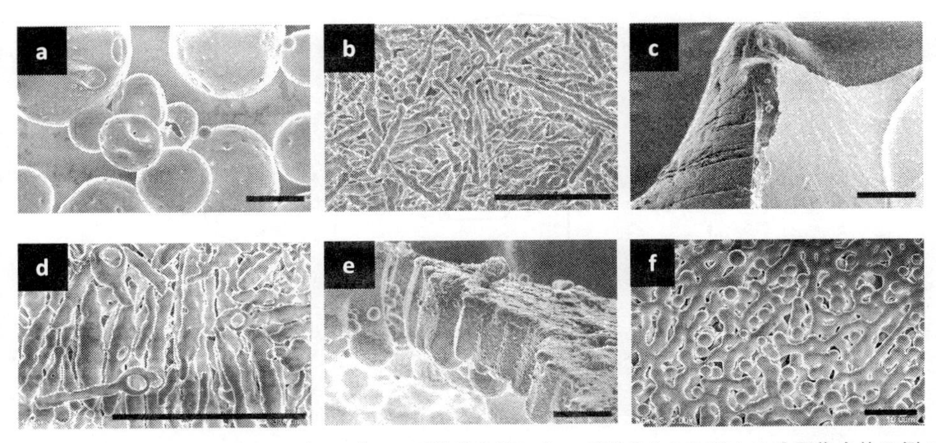

図２　PMAA–*b*–P(MMA–*r*–MAA) ジブロック共重合体によって形成された種々の分子集合体の例：(a)球状ベシクル，(b)ワーム状ベシクル，(c)シート構造，(d)鍵状ベシクル，(e)絨毛構造，(f)吻合管状ネットワーク構造。スケール：5 μm

らの重合誘導型自己組織化でも，重合のリビング性が保たれる。これらの分子集合体は，いずれも大きさや構造，温度[12,18]やpH[19]に対する刺激応答挙動が，赤血球やゴルジ体，小胞体などの細胞や細胞小器官と類似していることから，両親媒性ジブロック共重合体を用いた新しい生体膜モデルとなっている。この光精密ラジカル重合による分子設計を通して，生体膜上で起こる種々の現象，例えば，サイトーシスの発芽分離[19,20]や膜輸送[21]をジャイアントベシクルの膜上で発現させることに成功している。さらに，ジブロック共重合体の疎水セグメントと同一の構造を持つランダム共重合体によるベシクルの形態変化を利用した新奇なコレステロールモデルや[22]，高分子電解質によるベシクルの分裂を利用して，発芽分離を誘発する膜タンパク質に対する人工モデルが創製されている[23]。一方，共重合体の親水－疎水バランスに基づくベシクルの形態変化が，共重合体の疎水エネルギーの算出により明らかにされている[24]。

3　光照射で進行するRAFT重合による光精密ラジカル重合法

光照射のもとで進行するRAFT重合は，光励起された生長末端がホモリティックに開裂して連鎖移動剤ラジカルと生長末端ラジカルを生成する光RAFT重合と，励起状態の光触媒から生長末端への電子移動（PET）を伴うPET-RAFT重合に大別される[2]。両者とも重合を制御する連鎖移動剤には，ジチオエステルやジチオカーバメート，トリチオカーボネート，キサントゲン酸エステルなどの硫黄化合物が用いられ，分子量が高度に制御されたポリマーを与える（$Mw/Mn < 1.1$）。光RAFT重合には通常，光重合開始剤が使用される。一方，PET-RAFT重合の光触媒にはレドックス触媒が用いられ，触媒から生長末端への1電子移動により連鎖移動剤アニオンが生成し，この連鎖移動剤アニオンから基底状態に戻った触媒へ逆向きの1電子移動に

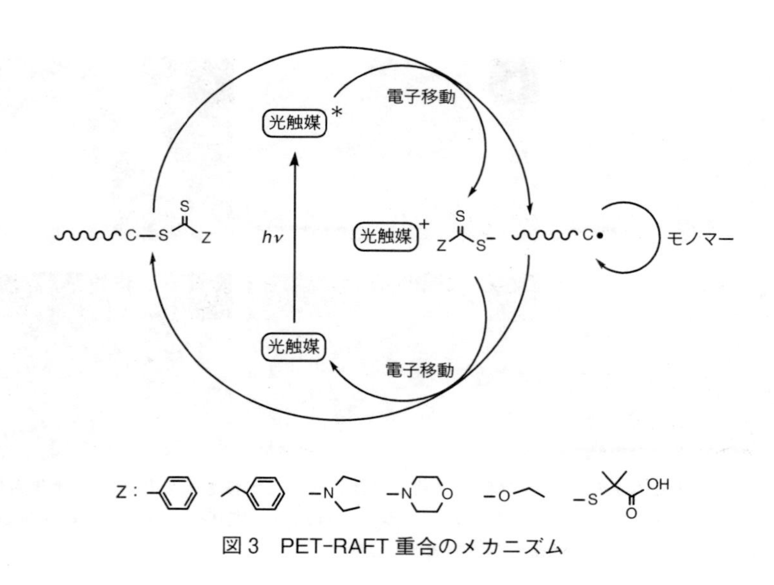

図3　PET-RAFT重合のメカニズム

よって連鎖移動剤ラジカルが生成する。この連鎖移動剤ラジカルが，モノマーが付加した新たな生長末端ラジカルと結合を形成することにより重合が制御される（図3）。光レドックス触媒には，Ir錯体やRu錯体，Zn-ポルフィリン錯体，TiO_2などの金属触媒の他に，エオシンYなどの蛍光色素や，光合成細菌の1種である紅色細菌が含有するバクテリオクロロフィルaなどの有機触媒が用いられている[25]。この光精密ラジカル重合法により，ランダム共重合体，ブロック共重合体，ランダム－ブロック共重合体，ブロック－ランダム－ブロック共重合体など各種共重合体が設計されている。また，光レドックス触媒と連鎖移動剤との照射光の波長による選択的な光電子移動を利用して，主鎖の重合と側鎖の重合を波長によって区別したグラフト共重合体が合成されている（図4）[26]。さらに，ポリマーブラシによる表面改質にも応用され，表面近傍あるい

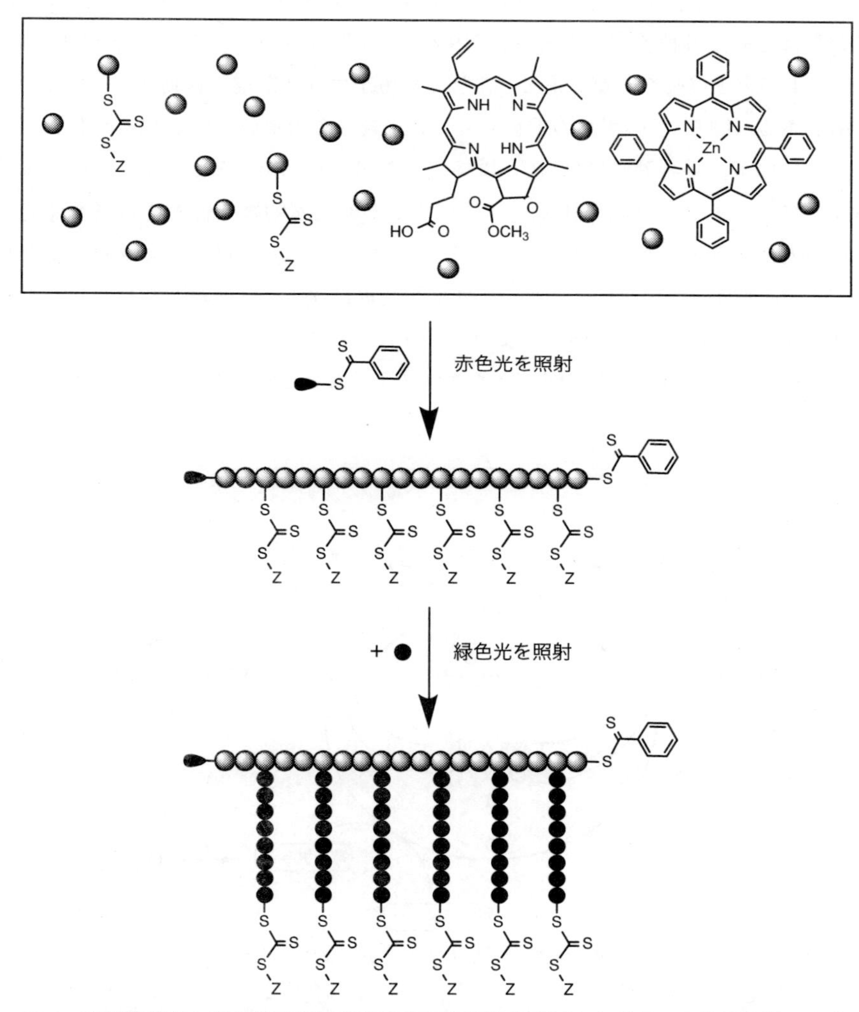

図4　連鎖移動剤と光触媒の電子移動の波長選択性を利用したグラフト共重合体の合成

はブラシの先端部分のみが架橋されたグラフトポリマーネットワークの合成や[27]，ガス状モノマーの固体表面への精密重合[28]，細胞への応答挙動を示す表面の創製が報告されている[29]。一方，PET-RAFT 重合の分散重合により粒度分布の極めて狭い球状ミクロ粒子が得られ，免疫タンパク質に効率よく結合する基質となることが見出されている[30]。重合誘導型自己組織化法を利用した分子設計では，球状ミセルやワーム状ミセル，ナノサイズのベシクルが合成されている[31]。

4　光原子移動ラジカル重合による光精密ラジカル重合法

光原子移動ラジカル重合（光 ATRP）は，RAFT 重合と同様に，光重合開始剤を用いる光開始型 ATRP と，電子移動によって活性種が再生される光レドックス型 ATRP に分けられる[32]。前者の重合には，市販の光重合開始剤であるベンゾフェノンや 2,2-ジメトキシ-2-フェニルアセトフェノンをはじめ，各種色素や Irgacure819 などが用いられる。一方，後者の重合には，Cu^I 錯体のリガンドが電子移動剤となる系と，添加した電子供与体が電子移動剤として使われる 2 通りの重合系がある（図 5）。いずれの重合でも，分子量分布の狭い（$Mw/Mn < 1.1 \sim 1.2$）ポリマーが得られている。重合触媒には，Cu 以外にも Ir や Fe，Ru，Au，Nb などの金属錯体が用いられるが，フェノチアジン誘導体やペリレンなどの非金属触媒を使用する系も開発されている。これらの光精密ラジカル重合を利用して，セグメント数が 10 段のデカブロック共重合体や（図 6）[33]，アーム数が 21 のスターマルチブロック共重合体[34]，分子鋳型ポリマーからなるナノ粒子やナノ複合体[35]が合成されている。また，シリコンウェハー上への精密なマイクロおよびナノパターンの形成や，表面傾斜や勾配，マイクロプリズムなどの特性を持ったパターン表面の創製に応用されている[36]。

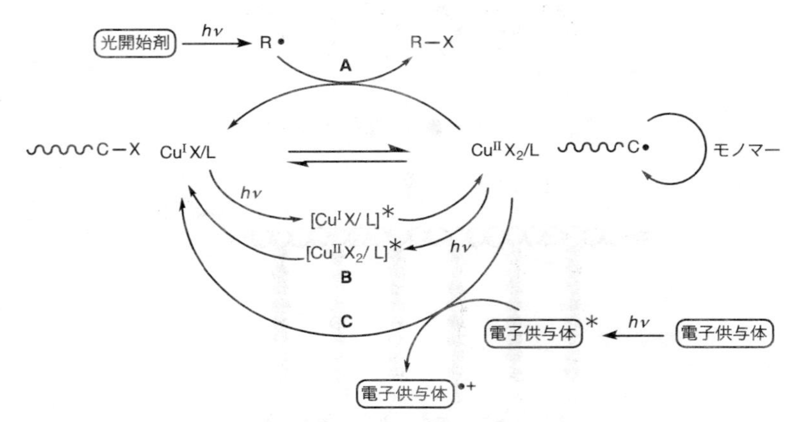

図 5　光 ATRP のメカニズム

A：光開始型，B，C：光レドックス型（$Cu^{II} X_2/L$ は，B：励起された $[Cu^{II} X_2/L]^*$ による還元，C：電子供与体による還元の 2 種類がある

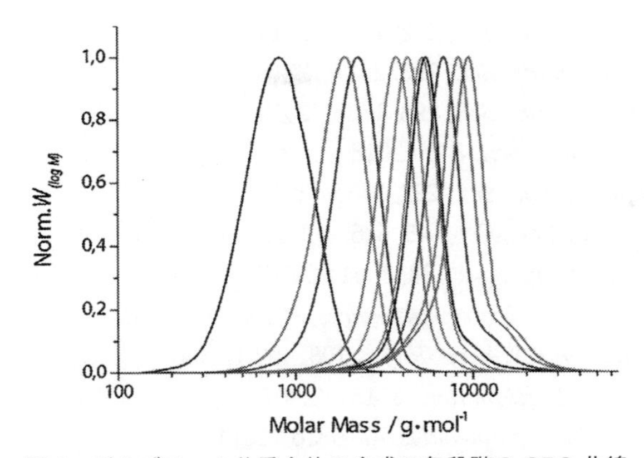

図6　デカブロック共重合体の合成の各段階のGPC曲線

PMA-PtBA-PMA-PDEGA-PMA-PtBA-PMA-PDEGA-PnBA-PDEGA
PMA：ポリアクリル酸メチル，PtBA：ポリアクリル酸 *tert*-ブチル，
PDEGA：ポリアクリル酸ジ(エチレングリコール)エチルエーテル，
PnBA：ポリアクリル酸 *n*-ブチル

文　　献

1) T. Otsu, *J. Polym. Sci., Part A: Polym. Chem.*, **38**, 2121 (2000) (review)
2) J. A. Johnson *et al.*, *Chem. Rev.*, **116**, 101671 (2016) (review)
3) E. Yoshida, *Colloid Polym. Sci.*, **286**, 1663 (2008)
4) E. Yoshida, *Colloid Polym. Sci.*, **287**, 767 (2009)
5) E. Yoshida, *Polymers*, **4**, 1125 (2012) (review)
6) E. Yoshida, *Open J. Polym. Chem.*, **4**, 47 (2014)
7) E. Yoshida, *Polymers*, **4**, 1580 (2012)
8) E. Yoshida, *Colloid Polym. Sci.*, **290**, 661 (2012)
9) E. Yoshida, *Colloid Polym. Sci.*, **290**, 965 (2012)
10) E. Yoshida, *Open J. Polym. Chem.*, **3**, 16 (2013)
11) E. Yoshida, *ISRN Polym. Sci.*, **2012**, 630478 (2012)
12) E. Yoshida, *Colloid Polym. Sci.*, **291**, 2733 (2013)
13) E. Yoshida, *Colloid Polym. Sci.*, **293**, 249 (2015)
14) E. Yoshida, *Colloid Polym. Sci.*, **293**, 3641 (2015)
15) E. Yoshida, *Colloid Polym. Sci.*, **294**, 1857 (2016)
16) E. Yoshida, *Colloid Polym. Sci.*, **292**, 763 (2014)
17) E. Yoshida, *Colloid Polym. Sci.*, **293**, 1841 (2015)
18) E. Yoshida, *ChemXpress*, **10**, 118 (2017)
19) E. Yoshida, *Colloid Polym. Sci.*, **293**, 649 (2015)

20) E. Yoshida, *Colloid Polym. Sci.*, **292**, 1463 (2014)
21) E. Yoshida, *Colloid Polym. Sci.*, **293**, 2437 (2015)
22) E. Yoshida, *Colloid Polym. Sci.*, **293**, 1835 (2015)
23) E. Yoshida, *Colloid Surf. Sci.*, **3**, 6 (2018)
24) E. Yoshida, *Colloid Polym. Sci.*, **292**, 2555 (2014)
25) C. Boyer *et al.*, *Chem. Soc. Rev.*, **45**, 6165 (2016) (review)
26) J. Xu *et al.*, *J. Am. Chem. Soc.*, **138**, 3094 (2016)
27) N. D. Spencer *et al.*, *Adv. Mater. Interfaces*, **1**, 1300007 (2014)
28) T. Endo *et al.*, *Macromol. Chem. Phys.*, **205**, 492 (2004)
29) K. S. Anseth *et al.*, *Acta Biomater.*, **3**, 151 (2007)
30) M. A. Winnik *et al.*, *Macromolecules*, **47**, 6856 (2014)
31) C. Boyer *et al.*, *Adv. Sci.*, **4**, 1700137 (2017) (review)
32) K. Matyjaszewski *et al.*, *Prog. Polym. Sci.*, **62**, 73 (2016) (review)
33) T. Junkers *et al.*, *ACS Macro Lett.*, **3**, 732 (2014)
34) T. Junkers *et al.*, *Polym. Chem.*, **7**, 2720 (2016)
35) K. Haupt *et al.*, *Angew. Chem. Int. Ed.*, **54**, 5192 (2015)
36) C. J. Hawker *et al.*, *Angew. Chem. Int. Ed.*, **52**, 6844 (2013)

第1章　リビングラジカル重合法を用いた高機能ポリマー“TERPLUS”の開発

河野和浩*

1　はじめに

ラジカル重合反応は，多くのビニルモノマーを穏和な条件下で重合できる汎用性を持っているため，工業的に広く用いられていることは周知の通りである。しかしながら従来のラジカル重合では成長末端の制御がなされていないため，生成するポリマーの分子量分布や構造を制御することは困難である。これに対し，リビングラジカル重合（LRP）は本来ラジカル重合が有している多くの極性官能基と共存できる汎用性と，モノマーや溶媒の純度などにあまり影響されない簡便性とを保ちつつ，成長末端の制御を行うことが可能な重合法である。このことから生成するポリマーの分子量とその分布を制御して合成することができる。また，“活きた”重合末端を利用することで，ブロック共重合体の合成や，重合末端の選択的な変換反応を行うことができる。さらにはグラフト，櫛形，多分岐重合体などの様々なモルフォロジーを持つマクロ分子を制御して合成することも可能であることから，ナノテクノロジーを支える機能性高分子材料合成の基盤技術となることが期待されている。

2　有機テルル化合物を用いるリビングラジカル重合法（TERP 法）[1]

我々は京都大学の山子茂教授のグループと共に，有機テルル化合物をプロモーターとして使用するリビングラジカル重合法（TERP 法：Organo tellurium-mediated living radical polymerization）の研究開発を行ってきた。その結果，この重合技術は学術的に高い新規性を持つのみならず，実際の産業界で要求されている種々の重合体の合成においても，大変有効であることが明らかになってきた。

TERP 法の反応機構は，従来のリビングラジカル重合機構とは異なり，熱解離機構と交換連鎖機構が共存していることが確認されており，この特異的な性質により，この重合法の最大の特長である高い汎用性が発現される。

〈特長〉

・重合可能なモノマー種が多い：汎用モノマーはもちろんのこと，他のリビングラジカル重合手法では制約のある非共役モノマーや，極性官能基を有するモノマーへの適用が可能。

・高分子量領域での高度な制御が可能：他のリビングラジカル重合手法では制御困難な，分子

* Kazuhiro Kawano　大塚化学㈱　研究開発本部　機能性高分子研究所　所長補佐

量数十万～百万という超高分子量領域での制御が可能。
- 機能性ポリマー設計範囲が広がる：適用モノマー種の豊富さ，適用分子量領域の広さから，従来の重合技術では決して成し得ることができなかった機能性ポリマー（精密制御されたブロックポリマー，ランダムポリマー）の合成が可能。
- 工業化が容易：ハンドリング性に優れるため，数tレベルの製造においても，ラボスケールと同品質のポリマーが得られる。

表1に汎用的なビニルモノマーの代表であるメタクリル酸メチル（MMA），スチレン（St）およびアクリル酸n-ブチル（BA）の重合結果を示す。いずれのモノマーに対しても，一般的なラジカル重合同様の穏和な重合条件下で，工業的に使用されている様々な重合方法（溶液重合，バルク重合，懸濁重合）を用い，制御良く重合可能である。なかでもnBAの場合，数平均分子量（Mn）で70万に近い超高分子量領域でも，分子量分布（Mw/Mn）が1.3台と高度な制御が実施可能である。もう一つ特徴的な結果として，水を媒体に用いる懸濁重合に適用しても，まったく問題なく重合制御が可能ということが挙げられる。

次に従来の一般的なリビングラジカル重合では制御しにくいと言われている極性モノマーの重合結果を図1に示す。カルボキシル基，水酸基，アミノ基，アミド基およびニトリル基などの極性官能基を有するビニルモノマーを，いずれも保護することなく直接重合することができる。これ以外にも非共役モノマーも重合可能であり，適用できるモノマー種の広さを示す一例である。

次いでリビング重合の特長であるブロック共重合体の合成例を図2に示す[2)]。TERP法を用いた場合，重合順序に制限はなく，A-BブロックもB-Aブロックも問題なく重合可能であり，これ以外にも，A-B-A，A-B-Cなどのトリブロック共重合体も合成することができる。同様に，分子量50万という高分子量のブロック共重合体の合成も可能である。

表1　TERP法による汎用モノマーの重合例

Entry	モノマー (equiv.)	重合法	重合条件 [℃/hr]	転化率 [%]	Mn	Mw/Mn
1	MMA (100)	溶液重合	50/20	99	12,800	1.17
2	MMA (2,000)	懸濁重合	60/22	93	200,600	1.22
3	St (300)	懸濁重合	90/27	99	25,800	1.11
4	St (3,000)	懸濁重合	90/77	97	154,000	1.55
5	BA (100)	バルク重合	50/22	99	12,800	1.17
6	BA (4,000)	バルク重合	50/13	96	482,700	1.37
7	BA (8,000)	バルク重合	50/41	95	692,200	1.37

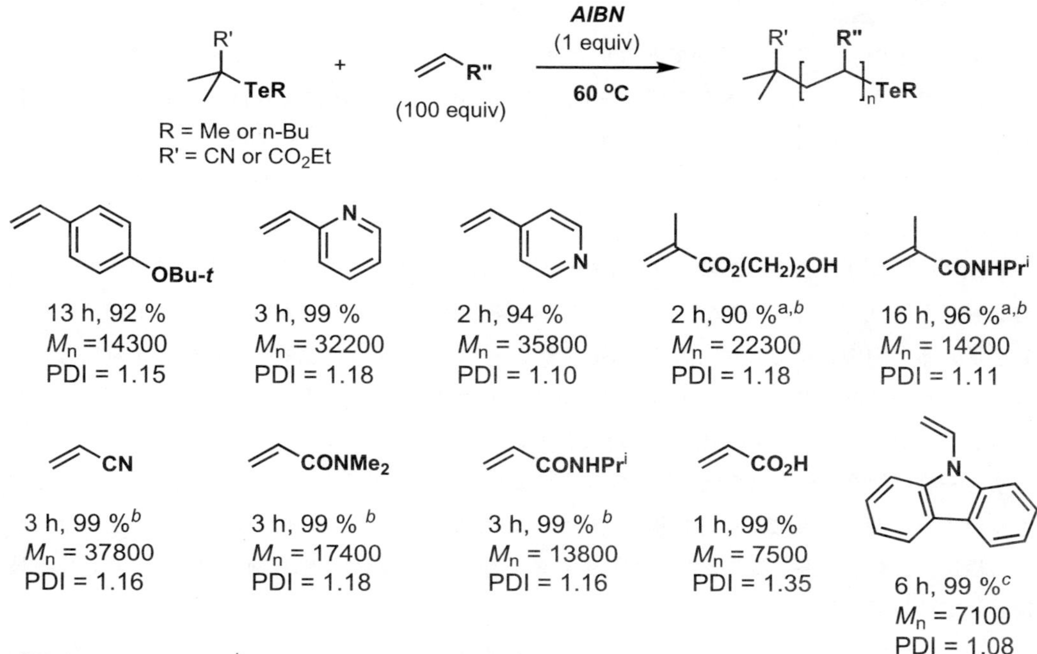

図１　TERP 法による極性ポリマーの重合例

⑴ブロック共重合体重合例

⑵高分子量ブロック共重合体重合例

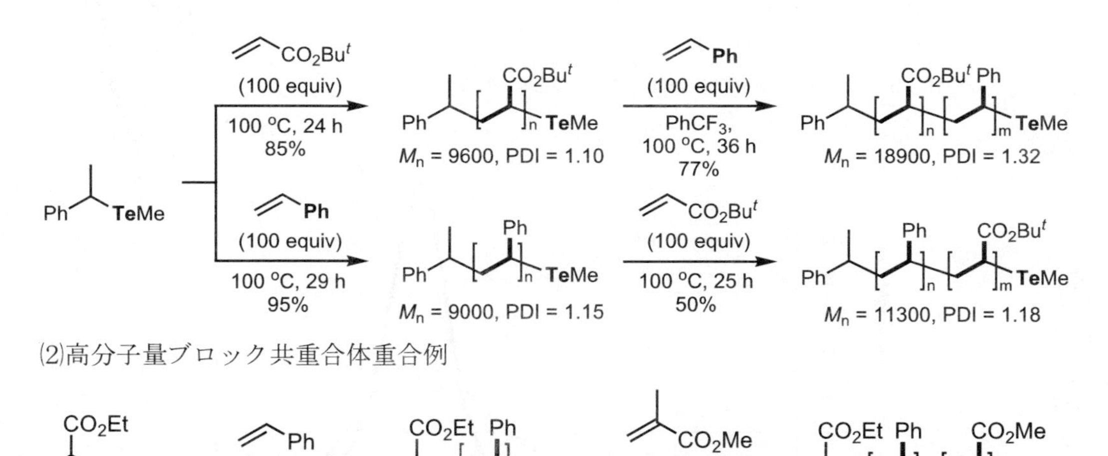

図２　TERP 法によるブロックポリマーの重合例

3　粘着剤開発への応用

我々はTERP法の特長の一つである超高分子量領域での分子量分布制御を活用できる用途として粘着剤に着目した。粘着剤の開発を行うにあたり，TERP法により得られるポリマーの特長確認を目的に，粘着剤のモデル化合物としてBAのホモポリマーをTERP法ならびにフリーラジカル重合（FRP）法により合成し，得られたポリマーについて粘着物性の比較を行った。結果を表2に示す。

TERP法により合成された粘着剤はFRP品と比較し，剥離力が約半分になっている他，保持力試験で10倍以上の保持時間を示しており，凝集力が向上することがわかった。TERP法では分子量分布が制御されており，図3のGPCチャートに示すように粘着剤中の低分子量成分（オリゴマー）が低減されている。TERP法により合成された粘着剤はオリゴマーの量が低減されることで，ポリマー鎖同士の絡み合いが大きくなり，凝集力として発現したと考えられる。

また一般に粘着剤の樹脂組成では架橋反応により凝集力を上げるために，架橋反応点としてのカルボキシル基や，水酸基を含む極性モノマーが共重合される。前述の通りTERP法ではこれらの極性官能基を保護することなく共重合することができるため，粘着剤を制御よく重合する技術として適している。

表2　重合法による粘着物性の差異

重合法	分子量		剥離力 N/25 mm	ボールタック	保持力 40℃ × 1 kg
	Mw	Mw/Mn			
TERP	581,600	**1.24**	**7.4**	5	**26 min**
FRP	703,800	3.44	16.6	6	2 min

被着体：SUS BA板　粘着物性評価法：JIS Z0237-2000

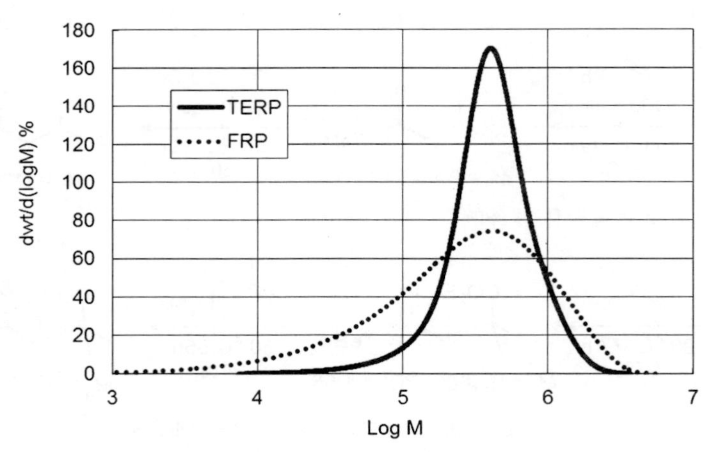

図3　重合法による分子量分布の差異（GPCチャート）

粘着剤のモデル化合物としてBAとメタクリル酸2-ヒドロキシエチル（2-HEMA）とのコポリマー（重量比95/5）について分子量の異なる試料を合成し，粘着物性を評価した結果を表3に示す。

TERP法では架橋反応点として水酸基を有する2-HEMAを各高分子鎖中に均一に導入することが可能である。このため分子量だけでなく，架橋システムの精密制御が可能となり，その結果として得られた粘着剤はオリゴマー成分が低減され，かつ未架橋部分がないため，凝集力に優れた粘着層が形成される。この結果，FRP品と比較し耐熱性に優れ，剥離時の被着体汚染が低減されることがわかった。

一方で剥離力についてはFRP品が低い結果となっている。この結果については図4に示すように，FRP品は分子量分布が広いため，TERP品と比較し，バルク成分の架橋密度が高くなることが原因と考えている。つまり，FRP品は架橋密度が高いためバルクの応力緩和効果が小さく，剥離エネルギーが界面剥離に移行するのに対し，TERP品は偏りのないネットワークの形成により架橋密度が低くなることで優れた応力緩和性を発現することから，バルクの応力緩和にエネルギーを費やした後，界面剥離に移行するため剥離力が大きくなっているものと考える。

次にモデル化合物としてBAとアクリル酸4-ヒドロキシブチル（4-HBA）の共重合体（重量

表3　P(BA-*co*-HEMA)の粘着物性比較

重合法	Mw (× 10^3)	Mw/Mn	剥離力［N/25 mm］/糊残り*				ボールタック	保持力〔min〕	
			23℃，30 min		80℃，24 hr			80℃	100℃
TERP	230	1.39	6.81	A	11.97	B	6	＞1,440	＞1,440
	560	1.53	3.81	A	8.22	A	6	＞1,440	＞1,440
	958	1.91	2.85	A	5.41	A	2	＞1,440	＞1,440
FRP	721	**6.36**	1.65	**C**	2.1	**C**	5	**16**	—

被着体：SUS BA板
*糊残り：A…被着体表面の汚染なし，B…被着体表面に曇り，C…明らかな汚染（凝集破壊）
配合条件：ポリマー固形分100部に対し架橋剤としてコロネートL-55E（イソシアネート系硬化剤，東ソー㈱製）を4部配合。
基材：25 μm厚PET　乾燥後膜厚：25 μm　被着体：SUS BA板
試験方法：JIS Z0237-2000

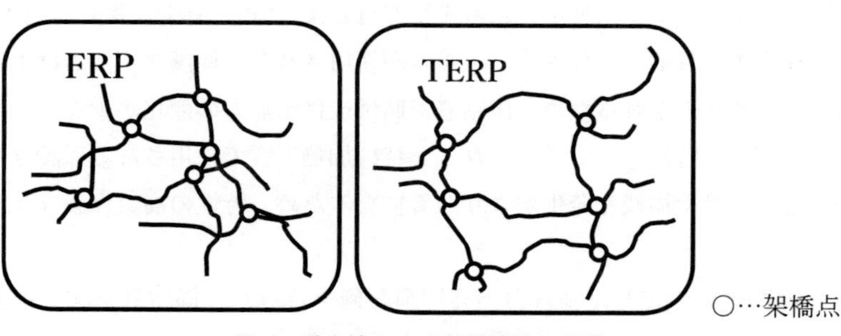

図4　重合法による架橋構造の差異

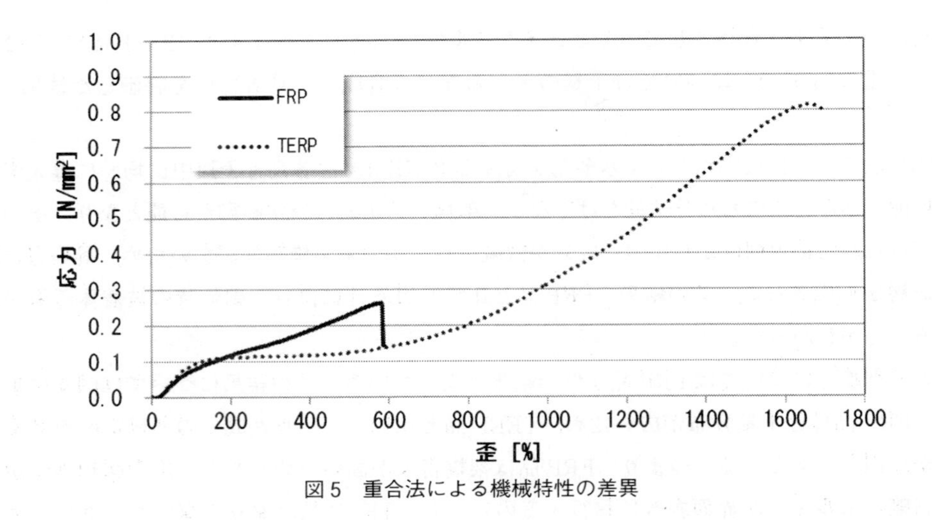

図5　重合法による機械特性の差異

比98/2）についてTERP法ならびにFRP法により合成し，架橋後のゲル分率が80%になるよう調製した試料の機械特性（引っ張り試験）を評価した結果を図5に示す。

TERP法により合成された粘着剤はFRP品と比較し，プラトー領域が長く，破断強度，破断伸びが大きい。前述の通り，TERP法では脆弱なオリゴマー成分が低減されているため機械特性が改善されたと考えられる。

4　TERP法を応用した粘着剤

我々は前記結果を踏まえ，TERP法を応用した粘着剤を展開している。下記に特長を示す。

① 耐熱性・耐汚染性に優れる（粘着剤成分中のオリゴマーの低減）

② 高い凝集力（粘着剤成分中のオリゴマーの低減）

③ 高伸張・追随性（架橋成分の均一導入）

以下，代表グレードについて紹介する。

基本製品群となるTERPLUS 100シリーズは主に光学，電子材料部品の工程保護フィルム用途で展開を進めている。

フラットパネルディスプレイに使用される光学部材には，加工・輸送・保管時のキズ・ホコリ・汚染・腐蝕から保護する目的で工程保護フィルムが使用される。保護フィルムは不要となった段階で光学部材から剥離除去されるため，微粘着で貼付後に剥離力の変化が少ないこと，被着体に糊残りがないことが要求特性として挙げられる。特に加熱工程で使用される保護フィルムは加熱されることで剥離力上昇や糊残り発生がより顕著になるため，特性の高い保護フィルムが求められる。

加熱工程後の再剥離を想定した剥離力上昇抑制評価を行った評価結果を図7に示す。被着体（SUS BA板）に貼付し，室温剥離から150℃×1時間加熱後の剥離力変化を評価した結果，市

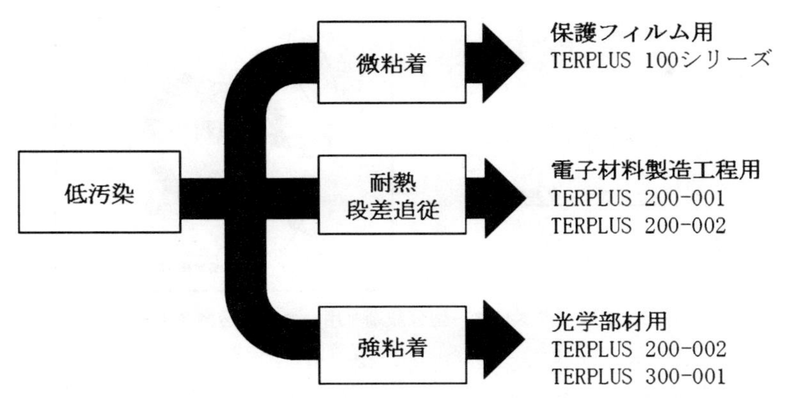

主な用途：光学フィルム関連粘着剤，電子材料関連粘着剤等

図6　TERPLUS 粘着剤代表グレード一覧

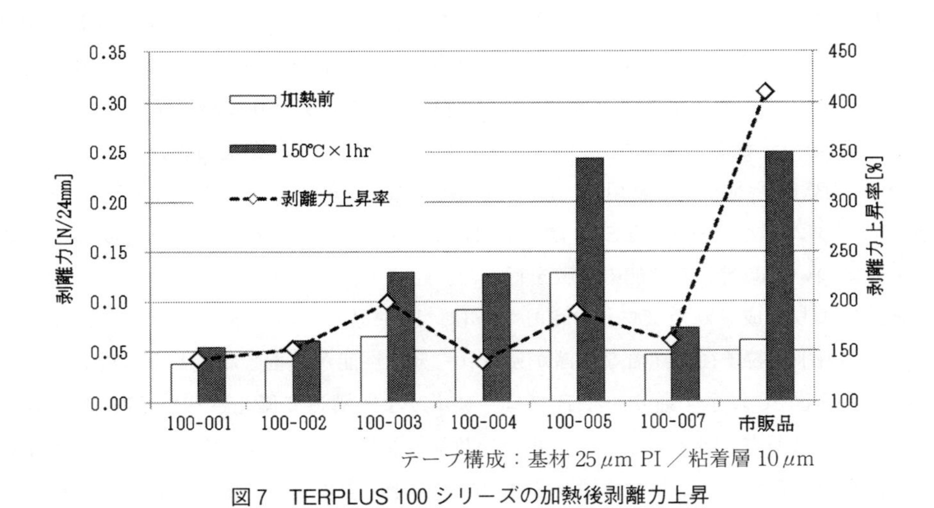

テープ構成：基材 25 μm PI／粘着層 10 μm

図7　TERPLUS 100 シリーズの加熱後剥離力上昇

販粘着剤では約4倍近く剥離力が上昇したのに対し，TERPLUS 100 シリーズではすべて2倍以内の剥離力上昇で抑制された。

5　顔料分散剤開発への応用

我々は TERP 法の特長である極性官能基を有するモノマーの重合制御とブロック共重合体の設計自由度の高さを活かし，顔料分散剤開発への応用展開を行っている。

通常顔料は凝集体の形をとっており，塗料やインクを製造する場合には顔料分散剤を配合して解凝集処理および分散安定化が行われる。顔料分散剤にブロック共重合体を用いることで，図8に示すように理想的な形での顔料分散が可能になると考えられる。顔料分散剤の設計をするにあたり，A-B ジブロック共重合体の A セグメントとして顔料表面への吸着性に優れる成分を，B

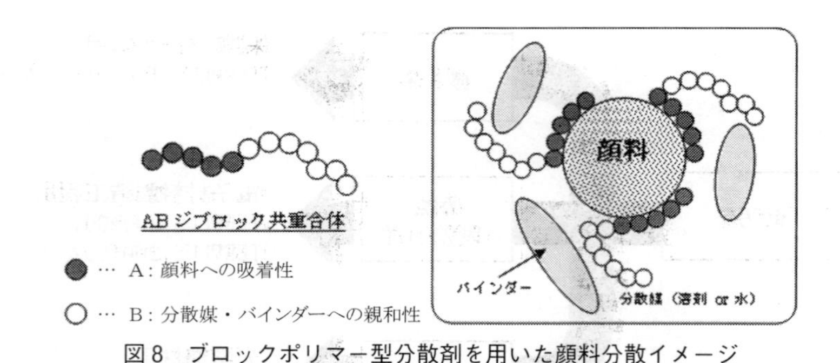

図8　ブロックポリマー型分散剤を用いた顔料分散イメージ

セグメントとして分散媒およびバインダー樹脂との親和性に優れる成分をそれぞれ適切に選択し，適切な分子量とすることで，より高度な分散性能の制御が可能となる。

顔料分散剤の開発を行うにあたり，TERP 法により得られるポリマーの特長確認を目的に，顔料としてカーボンブラックを用い，モデル化合物での比較評価を行った。表面が酸性処理されたカーボンブラックを使用することから，吸着成分としてメタクリル酸ジメチルアミノエチル（DMAEMA）を，溶媒として酢酸エチルを使用することから，溶媒親和成分としてメタクリル酸 n–ブチル（BMA）をそれぞれ用い，DMAEMA/BMA（重量比 10/90）のコポリマーとして，FRP 法でランダムポリマーを，TERP 法で A–B ブロックポリマーをそれぞれ合成した。得られたポリマーについて顔料分散性能の比較を行った。結果を図 9 に示す。

TERP 法により合成されたブロックポリマーは，FRP 法により合成されたランダムポリマーと比較し，顔料平均粒子径の顕著な低減が見られ，分散性能が改善したことを示唆している。

このことから図 10 に示す通り，A–B ブロックポリマー構造で偏在された DMAEMA セグメントが顔料表面に多点で吸着することで顔料分散剤の顔料表面からの脱離を防止し，BMA セグメントが溶媒中に親和し，ポリマー鎖を広げて顔料同士の再凝集を防止することで，顔料分散剤として機能発現していると考えられる。

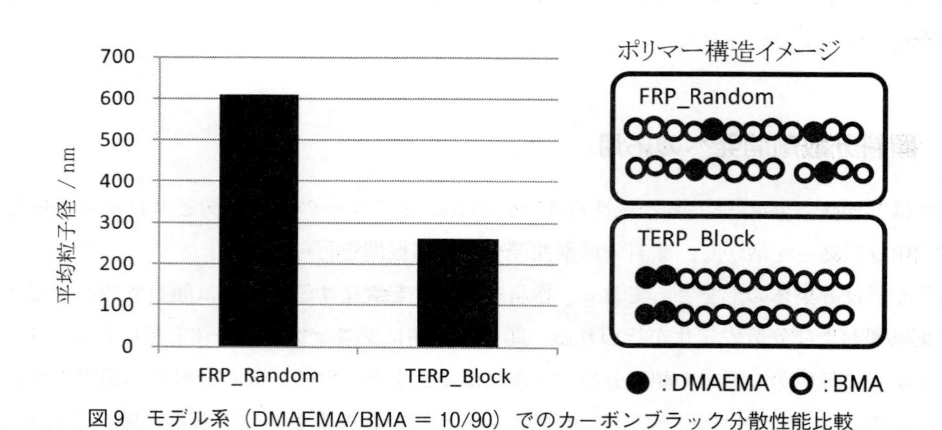

図9　モデル系（DMAEMA/BMA = 10/90）でのカーボンブラック分散性能比較

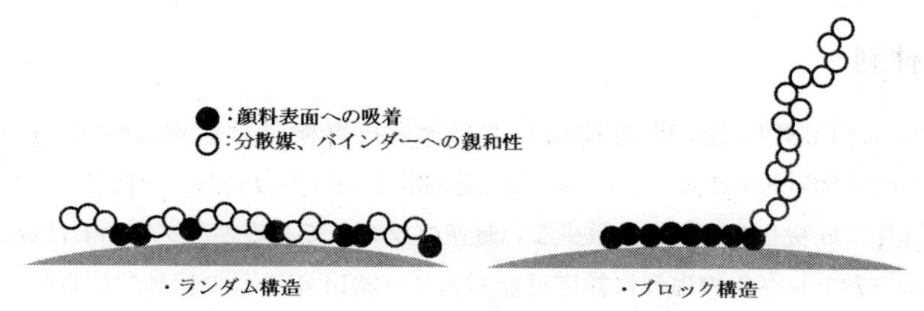

図10　ポリマー構造の差異による顔料表面への吸着イメージ

6　TERP法を応用した顔料分散剤

我々は前記結果を踏まえ，TERP法を応用した顔料分散剤を展開している。下記に特長を示す。

① 顔料表面，溶媒およびバインダーに応じた最適な分子設計

② 有機顔料および無機顔料を脱凝集で安定化

③ 貯蔵安定性（分散安定性）が向上

④ 相容化成分の設計による機能化可能（現像性，再溶解性等）

以下，代表グレードについて紹介する。

表4　TERPLUS顔料分散剤代表グレード

	名称	酸価(mgKOH/g)	アミン価(mgKOH/g)	溶媒	固形分(wt%)	適用顔料		
						金属酸化物	CB*3	有機顔料
溶剤系	TERPLUS D1200	—	100～115	PMA*2	50～60	○	○	○
	TERPLUS D1410	—	75～90	PMA*2	50～60	○	○	○
	TERPLUS D1420	—	55～70	PMA*2	50～60	○	○	○
	TERPLUS MD1000	75～90	—	PMA/MP*2	35～45	○		○
水系	DISPER AW300P	110～130*1	—	水	15～25		○	○
	DISPER AW31P	90～110*1	—	水	15～25		○	○

*1：中和前酸価
*2：PMA…プロピレングリコール1-モノメチルエーテル2-アセテート
MP…プロピレングリコール1-モノメチルエーテル
*3：カーボンブラック
用途：カラーフィルター顔料分散剤，インクジェット顔料分散剤，塗料用顔料分散剤，無機微粒子分散剤等

7　生産体制

大塚化学ではTERPLUSの市場開拓および量産技術検討を進めた結果，徳島工場内にTERPLUS専用プラントを建設するに至った。量産化が困難と言われていたリビングラジカル重合技術を工業化に成功した，世界に数少ない量産プラントである。当プラントは数百kgレベルからの試作から数tレベルの生産に対応可能であり，2014年5月の稼動開始以降，粘着剤および顔料分散剤について生産を行っている。

8　まとめ

今回リビングラジカル重合法（TERP法）を用いた粘着剤を紹介した。分子量を制御することにより従来のラジカル重合法と比較し，特徴的な物性を示すことが確認された。

今後TERP法は，化学・電子・光学・医療などの最先端分野に用いられる機能性ポリマーの製造技術として大変有用な手段になると考えられる。例えばミクロ相分離構造やミセル構造などの高次構造制御によるポリマー材料の高機能化や，光・温度応答性，導電性等の機能性部位が導入されたポリマー材料の合成など色々な応用展開が期待される。

文　　献

1）S. Yamago, *Chem. Rev.*, **109**, 5051 (2009)
2）S. Yamago, K. Iida, J. Yoshida, *J. Am. Chem. Soc.*, **124**, 13666 (2002)

第2章　原子移動ラジカル重合を利用したテレケリックポリアクリレートの開発

中川佳樹*

1　序論

高分子重合における成長末端での副反応を限りなく抑制し，重合活性を安定して維持するリビング重合は，アカデミアにおける高分子重合研究の重要なターゲットである。一方，産業界においては，いかに重合が制御されたかということよりも，それにより，どのような構造のポリマーが合成され，どのような特性や機能を発現させることができるか，そしてそれらが市場価値を有するかが重要である。リビング重合においては，全ての成長末端が均一に重合を継続することにより，モノマーと開始剤の比により設計した分子量のポリマーが得られ，全てのポリマーの分子量がほぼ同一となり，分子量分布が非常に狭くなる。このように非常に構造が制御された，“美しい”ポリマーが得られるだけでは，産業界での価値にはならない。分子量の制御により，粘度や流動性等のレオロジー特性が向上し，より成型精度の高い樹脂成型体が得られたりすることに繋がって初めて価値を得る。また，リビング重合においては，成長末端の構造が均一であることも特徴であり，これを利用してポリマー末端に有用な官能基を導入することが可能になる。本稿では，この分子量制御および末端構造制御を利用して，製品開発を実施した。更にリビング重合では，重合させるモノマーを切り替えていくことにより，異なるセグメントを繋げたブロックポリマーを合成することが可能になり，産業的に利用されている。

リビング重合は，比較的安定な活性種であるアニオン重合から開発されてきた。この技術の産業利用としては，スチレンとブタジエンのブロックポリマーSBS等の熱可塑エラストマーが挙げられる。ガラス転移点が常温より高い“硬い”ポリスチレンブロック（PSt）と，室温より低い“柔らかい”ポリブタジエンブロック（PBd）を，PSt-PBd-PStの構造で繋ぎ，PStブロックが物理架橋点となり，エラストマー物性を発現する。これはリビング重合により初めて実現できたものであり，大きな市場を創生した。

続いて，アニオンよりも活性が高く，制御が困難なカチオン重合のリビング重合が開発された。不活性種（ドーマント種）−活性種（アクティブ種）の平衡反応を利用し，非常に活性が高い成長末端の炭素カチオンが制御された。また，副反応も発生しやすいため，−80℃程度の超低温での重合が必要とされることが多い。モノマー種としては，ビニルエーテルについてアカデミアでの研究例が多いが，産業的にはイソブチレンの有用性が高い。イソブチレンの重合は基本的にカ

* Yoshiki Nakagawa　㈱カネカ　Performance Polymers Solutions Vehicle　MS部　MS部長

チオン重合で行われ，生成するポリイソブチレン（PIB）は低Tgポリマーとしては，最もガスバリア性の高い材料の一つであり，市場価値を有する。この特性を利用して，末端に架橋性官能基を有するポリイソブチレン系液状樹脂や，PSt-PIB-PSt（SIBS）系熱可塑エラストマーが㈱カネカにより開発された。製品名は，それぞれ，エピオン，SIBSTARである。両素材共に，上述の通りPIB骨格の特徴である高ガスバリア性を活かした用途中心に産業利用が進んでいる。

アニオン，カチオンと続いて，リビングラジカル重合が1990年代半ばに開発された。ラジカル重合は，工業的に最も利用されている重合技術の一つである。しかし，非常に活性が高く，リビング重合化の難易度は最も高い。特に最大の副反応として，成長末端の炭素ラジカル同士のカップリング反応がある。これを抑制するためには，ラジカル濃度を極端に低くする必要がある。しかし，単にラジカル開始剤を少なくするだけではリビング重合は実現できない。リビングカチオン重合と同様に，ドーマント種－アクティブ種の平衡反応の利用が基本原理となる。

ニトロキシドを介したラジカル重合（Nitroxide-Mediated Polymerization：NMP）がまず見出された後，原子移動ラジカル重合[1~3]，可逆的付加－開裂連鎖移動重合（Reversible Addition/Fragmentation Chain Transfer Polymerization：RAFT）が矢継ぎ早に見出され，リビングラジカル重合の研究は一気に活況を呈した。学術分野だけでなく，産業界からも注目され，技術を開発した大学が設置したコンソーシアム等と連携し，工業化に向けた研究が精力的に実施された。学術分野では，現在でも，関連する研究論文は増加傾向にある。重合技術以外の研究において，分子量や末端構造が精密に制御されたポリマーを必要とする際の有用なツールとして，有機合成化学におけるクロスカップリング反応やクリック反応のように，広く利用されてきている。一方，工業化の事例は，徐々に増えつつあるが，まだ多くはない。一般的に新規素材の開発には，非常に長期間を要する。また，重合技術の産業利用は，最終製品を見てもわかりにくく，公表されない場合もある。これらが，まだ工業化事例が少ない原因の一つではあるが，最大の課題は，リビングラジカル重合を利用して新たに生み出す製品の市場価値が，設備コストを含めた製造コストを十分に上回ることであり，どんなものを開発し工業化すれば，この課題を解決できるかである。筆者らは，末端に架橋性官能基を有するテレケリックポリアクリレート（製品名：カネカTAポリマー®／カネカXMAP®　図1）をターゲットとし，原子移動ラジカル重合を利用して工業化に成功した。

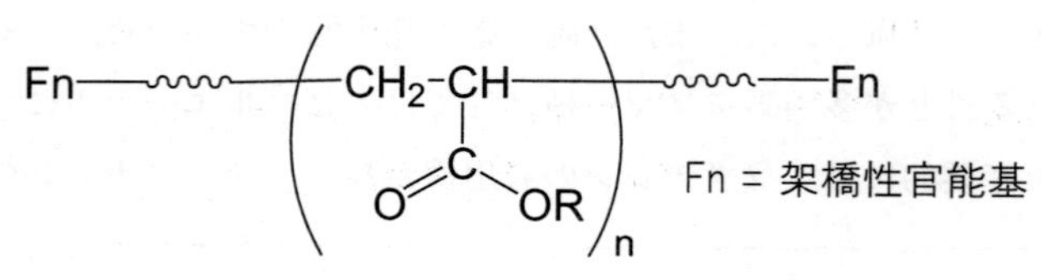

図1　テレケリックポリアクリレートの構造

2　テレケリックポリアクリレートの開発の背景

筆者の所属する企業では，多様な機能性材料を開発し，製造している。代表的な製品の一つが，末端に架橋性シリル基を有するテレケリックポリエーテル（一般名称：変成シリコーン，製品名：MSポリマー®）（図2）である。主要なグレードのシリル基は，メチルジメトキシシリル基であり，このメトキシ基は，錫化合物等の触媒存在下，空気中の湿分で加水分解され，他の基と脱水縮合し，シロキサン結合を形成する。主鎖のポリエーテルは，低いガラス転移温度（Tg）を有し，分子量も低い（数千〜数万）ため，元は無溶剤で液状のポリマーが，三次元ネットワークを形成しゴム弾性を発現する，液状ゴムである。MSポリマー®は，建築用シーラントや弾性接着剤等の主原料として，世界中で広く利用されている。MSポリマー®は，競合素材であるシリコーンやウレタンに対して高耐久性や非汚染性等で差別化力を有しているが，耐熱性や耐光性に課題がある。これらの課題は，主鎖のポリエーテル構造にあると考えられ，より熱や光に対して強靱な主鎖が求められていた。その候補としては，低Tgのポリアクリレートが考えられたが，工業化可能なポリアクリレートの制御重合技術は存在せず，両末端に定量的に架橋性官能基を導入することは困難であった。筆者らは，このテレケリックポリアクリレートの製造を可能とする技術を継続的に探索しており，原子移動ラジカル重合技術に出会った時点で，明確なターゲットをイメージすることができた。そして，検討の結果，原子移動ラジカル重合技術は，テレケリックポリアクリレートの製造に非常に適した特性を有することが確認され，工業化技術の確立に成功した。更に，開発したテレケリックポリアクリレートは，期待された耐熱性や耐光性を高いレベルで有しており，高い市場価値が確認された。

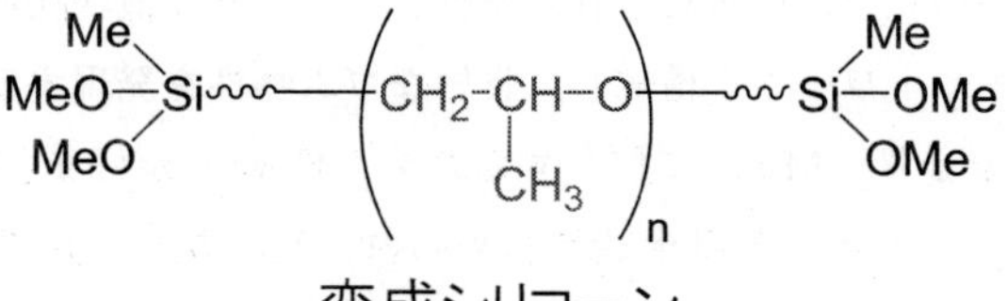

図2　変成シリコーン（MSポリマー®）の構造

3　工業化技術

原子移動ラジカル重合の反応機構を図3に示す。開始剤や成長末端のハロゲン基等の脱離基が，金属触媒によりラジカル的な脱離－付加平衡状態を形成し，脱離状態で発生する炭素ラジカルがアクリレート等のビニルモノマーを重合する。平衡状態は脱離基が付加した状態，すなわち不活性でラジカルが出ていない状態に大きく偏っており，系中の活性ラジカル濃度は非常に低く，ラジカル重合の最大の副反応であるラジカル－ラジカルカップリングは良く抑制される。ま

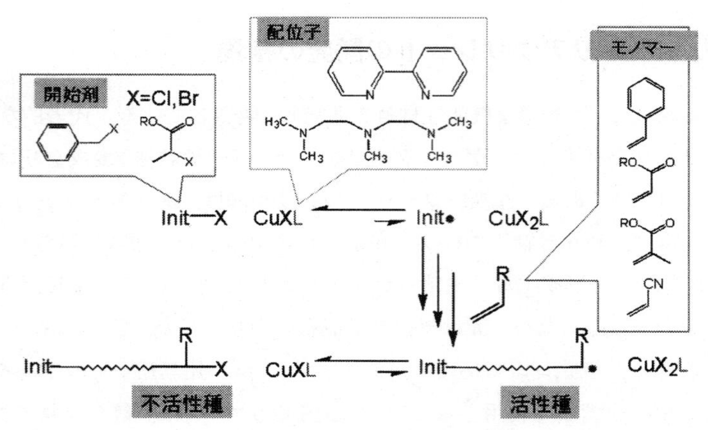

図3　原子移動ラジカル重合の機構

た，平衡反応は非常に速く，開始剤およびそこから発生したポリマーの成長末端の全ては均等に活性化される。その結果として，開始剤効率が高く，分子量がモノマー／開始剤比で制御でき，分子量分布も狭くなる。

原子移動ラジカル重合は，以下に示す点において，テレケリックポリアクリレートの工業化に適していると考えている。①アクリレートの重合制御，②狭い分子量分布，③末端ハロゲン基の存在，④高重合度，⑤開始剤の構造，⑥触媒種。

① アクリレートの重合制御：リビングラジカル重合技術は，その技術により，各種ビニルモノマーの得意不得意がある。原子移動ラジカル重合は，幅広いモノマー種に適用可能であるが，特にアクリレートで高いレベルの重合制御が可能である。

② 狭い分子量分布：液状ゴムに求められる特性として，元の液状状態では低粘度で，硬化後は均一な三次元ネットワークを構成し，良好なゴム物性を発現することが挙げられる。粘度は，重量平均分子量（Mw）に依存するため，低Mwが好ましい。良好なゴム物性を発現するためには，大きな網目構造が求められ，高い数平均分子量（Mn）が好ましい。これらの両立のためには，Mw／Mn値が小さくなることが必要であり，すなわち，狭い分子量分布が求められる。

③ 末端ハロゲン基の存在：テレケリックポリアクリレートの合成では，主鎖の重合後に末端に架橋性官能基を導入する必要がある。原子移動ラジカル重合の成長末端に存在するハロゲン基は，各種の有機合成化学反応により，官能基への変換が可能である。

④ 高重合度：学術論文では，ある程度の重合度までは良好な重合制御ができていても，高重合度では副反応の影響が大きくなる場合が往々にしてある。高重合度段階では，モノマー濃度が低下するために見かけの重合速度は低下し，その分，副反応の影響は原理的に高まる。一方，工業的には，プロセス的にもコスト的にもできるだけ高い重合度が求められる。アクリレートの原子移動ラジカル重合では，95％以上の高重合度段階まで到達しても良好

な重合制御が維持できる。

⑤　開始剤の構造：原子移動ラジカル重合の開始剤は，ベンジル位やエステルのα位にハロゲン基が置換した化合物であり，工業的に多種多様な化合物が安価に供給されている。リビングラジカル重合では，数平均分子量はモノマー数／開始剤数で決まるため，分子量が数10万～数100万の高分子量ポリマーを合成する場合には，開始剤のコスト影響は薄まるが，筆者らのテレケリックポリアクリレートのように，分子量が数千～数万の場合には，大きく影響する。この点で，原子移動ラジカル重合は他の技術に比べて優位である。

⑥　触媒種：上述の反応機構のように，原子移動ラジカル重合では，金属錯体触媒により，絶妙な平衡反応制御が実現されている。しかし，この金属錯体触媒は，精密な錯体合成によって調整されたものではなく，通常，重合系中で臭化銅や塩化銅等の金属塩に対し，配位子であるポリアミン等を混合するだけで形成される。原理的には，均一触媒でありながら，金属錯体触媒の大部分が不均一状態にある点では，機構が複雑化していることはあるが，触媒の供給性やコスト面では，工業化に適した技術であると言える。

以上のように，原子移動ラジカル重合は，テレケリックポリアクリレートの製造に非常に適した技術であると認識しているが，筆者らが開発を開始した時点では，アクリレートの重合においては，学術的にも課題が存在し，制御技術，スケールアップ，コストダウン等の工業化のための多くの課題が存在した。筆者らは，これらの課題を解決すると共に，末端官能基導入技術も開発し，原子移動ラジカル重合技術およびテレケリックポリアクリレートの工業化に世界で初めて成功した。

当社におけるテレケリックポリアクリレートの工業化のポイントとしては，①重合制御技術，②官能基導入技術，③精製技術（重合触媒除去技術）が挙げられる。以下に順に説明する。

①　重合制御技術：精度の高い重合活性制御技術，スケールアップに伴う発熱制御技術，原料品質管理（モノマー，触媒，溶媒等）等の開発により確立された。原子移動ラジカル重合は，ラボレベルでは，数分から数時間の比較的短時間で，分子量分布等をよく制御しながら，重合を完結することができる。しかし，スケールアップに伴い重合熱の除熱が困難となり，除熱が不十分であると分子量分布の拡大や末端構造の均一性低下等の問題が発生する。最終製品品質において，分子量分布の広がりは粘度上昇に繋がり，末端構造の均一性低下は官能基導入率の低下に直結する。また，工業的には重合度をできる限り高めたいが，生産効率を上げるために重合時間はできるだけ短くする必要がある。特に重合終期に近づくと，モノマー濃度が低下していくために，単位時間あたりのモノマー消費率は低下する。この終期の重合速度を高めるために重合活性を高めると，初期の重合速度が高くなりすぎ，前述の除熱問題が発生する。筆者らは，触媒等の工夫により，重合活性を任意に制御する技術の開発により，モノマー濃度や除熱能力に合わせた適切な重合速度を保つことに成功した。工業的な生産においては，バッチ毎の重合時間のばらつきが小さいことも重要である。このばらつきの抑制には，モノマー，触媒，溶媒，開始剤等の原料品質管理

が重要であることを把握し，安定した生産を実現した。図4に，工業的スケールでの重合例を示す。重合度に比例して，数平均分子量は上昇する一方，分子量分布は非常に低く制御されている。この良好な制御は，重合度が95%以上でも維持されている。図5に，重合されたポリマーのGPCチャート例を示す。非常に分子量分布が狭い単分散のポリアクリレートが，製造できている。

② 官能基導入技術：テレケリックポリマー合成において，最も重要な技術である。既述の通り，原子移動ラジカル重合の特徴である成長末端のハロゲン基を足がかりに，有機合成化学技術を応用し，ポリマー末端に後述の多様な官能基を，高効率かつ工業的に許容可能なプロセスおよびコストで導入することに成功した。

③ 精製技術：重合触媒除去は，原子移動ラジカル重合技術の課題と言われている。標準的な重合条件では，数1,000 ppmレベルの金属触媒を使用し，反応混合物は暗緑色であり，この除去は必須である。ラボレベルでは，ポリマーの再沈殿やカラム吸着で触媒除去を実施しているが，工業的には実施困難である。筆者らは，種々の精製技術を駆使し，残存金

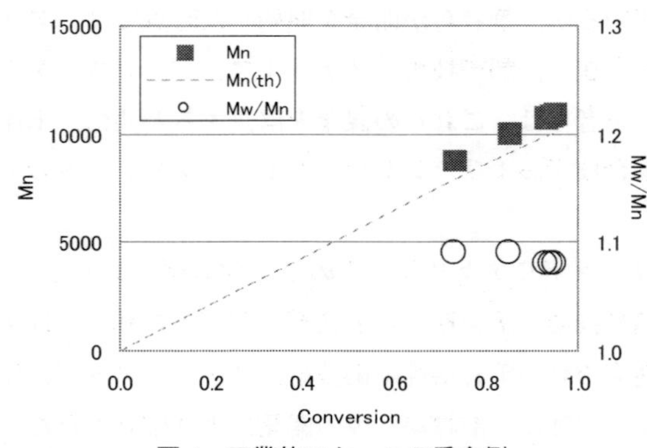

図4　工業的スケールの重合例

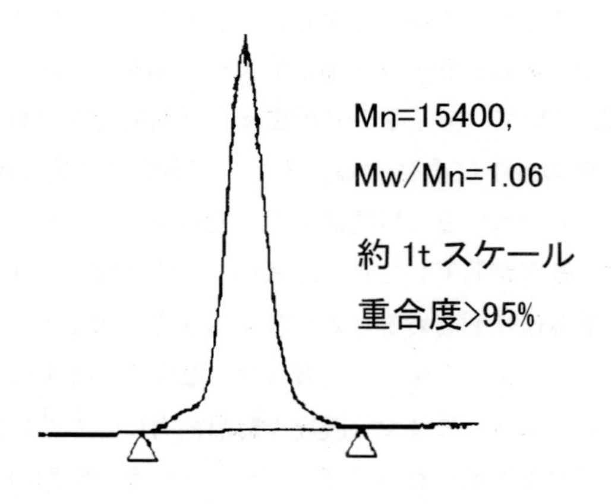

図5　工業的スケール重合体のGPCチャート例

属量を 1 ppm 以下レベルまで工業的に低下させることに成功した。近年，超高活性触媒を微量使用し，還元剤により持続的に失活した触媒を活性化させる ARGET ATRP や，ICAR ATRP 技術が開発された。これらの技術では触媒量を数 10 ppm 程度まで減量することが可能であり，触媒精製の負荷は低下できる。

4　特性と用途

当社のテレケリックポリアクリレートには，大きく分けて 3 種類の末端架橋性官能基（図 6）があり，それぞれ硬化形式が異なる。

S タイプは，前述のシリコーンや変成シリコーンと同様に，縮合型硬化するグレードである。

A タイプは，加熱付加型硬化するグレードである。活性化されていないアルケニル基に対し，Si-H 基を複数個有する硬化剤が，白金触媒存在下，加熱によるヒドロシリル化反応を起こし，短時間で硬化する。C/M タイプは，(メタ)アクリロイル基を有し，UV 照射等によりラジカル重合型で硬化する。

数千〜数万の分子量のポリマーの両末端にのみ官能基が存在するため，官能基濃度は非常に低いが，ほぼ定量的に架橋反応し，硬化させることができる。

末端官能基は，ポリマー合成段階で，非常に高い割合で導入できていることを確認しているが，硬化後のゲル分率でも評価している。前述の各種の硬化技術により硬化させたポリマーを，トルエン等の主鎖の良溶媒に浸漬し，ゲル化していない成分を抽出した後に乾燥させ，ゲル化した割合を分析する。どの官能基でも 95〜98％の高いゲル分率を与え，末端官能基導入率および架橋反応共に，非常に高いレベルにあることが確認された。

テレケリックポリアクリレートは，次のような多くの優れた特性を有している。①無溶剤で常温液状，②高ゲル分率，③高耐熱性，④高耐候（光）性，⑤ガラス耐侯接着性，⑥良好な UV 硬化性，⑦低硬化収縮率，⑧非汚染性，⑨耐油・耐薬品性，⑩低圧縮永久歪み，⑪繰返し圧縮伸張疲労耐性，⑫衝撃吸収性，⑬ガスバリア性，⑭エポキシ相溶性等。

これらの多くは，分子設計段階から期待されたポリアクリレート主鎖に由来する特性であり，

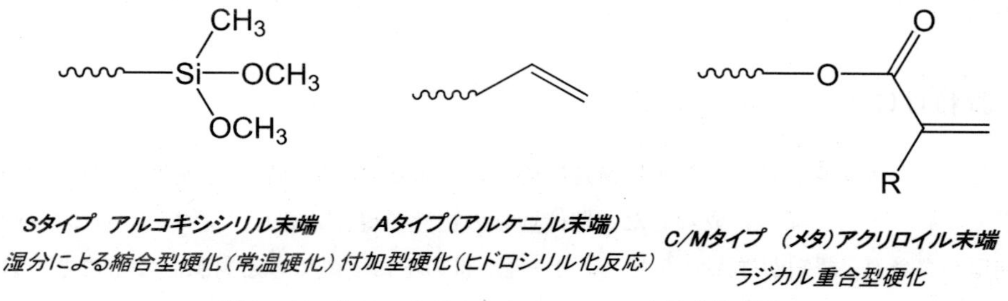

図 6　テレケリックポリアクリレートの末端官能基種

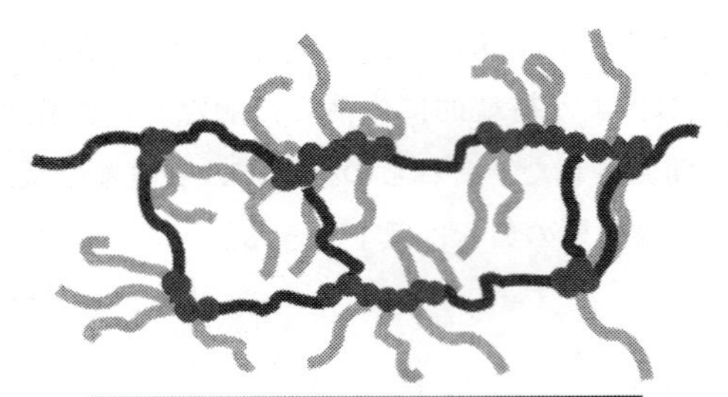

図7　ソフトゲルの構造イメージ

その特性を液状ゴムとして余さず発現できるように，精密に制御されたテレケリックポリアクリレート構造として製造されている。もし，末端官能基の導入方法や導入率，また，架橋反応が不適当であれば，そこが欠陥となり，十分な耐熱性や耐候（光）性が発現されない。また，これらの多くは，シーラント，接着剤，ガスケットやコーティング材等として求められる総合的な物性を発現させるために，多くの添加剤を配合している。もちろん，本稿で述べてきた原子移動ラジカル重合による精密な構造制御がその中核にあるが，配合技術により薄まっている部分もある。

精密な構造制御がダイレクトに反映される特性および用途例として，UV 硬化ソフトゲルによる衝撃および振動吸収材が挙げられる。アクリロイル基を両末端に有するポリマーと，片末端のみに有するポリマーをブレンドし，UV 硬化させると，3次元ネットワーク構造から多数の自由鎖（ダングリング鎖）が生えた構造を有する，非常に柔軟なゲル（ソフトゲル）が得られる（図7）[4]。これは溶剤や可塑剤等の粘性体を含まないゲルでありながら，ダングリング鎖が粘性体のように振る舞い，非常に高い衝撃吸収性や制震性等の特異な物性を発現する。このゲルの特性は，両末端ポリマーおよび片末端ポリマーの分子量およびブレンド比により，任意に制御可能である。しかも，非常に柔軟でありながら，網目構造自体は強固なネットワークを形成しているため，圧縮永久歪みが小さく復元性が高い。すなわち，使用時にへたらない。また，一般にソフトゲルは，その柔軟性ゆえに成形加工が容易ではないが，このポリマーは，型に入れ，UV 硬化させることで容易に目的の形状に成形可能である。

5　おわりに

原子移動ラジカル重合により精密に構造制御され，末端に架橋性官能基を有するテレケリックポリアクリレートの工業化に成功した。期待通りの物性発現を確認し，グローバルに多様な用途での利用がなされ，認知が進んできた。より一層，世の中に貢献できる材料となることを目指し，技術開発および市場開発を続けていく。

文　　献

1) Wang, J. S., Matyjaszewski, K., *J. Am. Chem. Soc.*, **117**, 5614 (1995)

2) Matyjaszewski, K., Xia, J., In Handbook of Radical Polymerization, Matyjaszewski, K., Davis, T. P., Eds., Wiley, 523 (2002)

3) Kato, M., Kamigaito, M., Sawamoto, M., Higashimura, T., *Macromolecules*, **28**, 1721 (1995)

4) Yamazaki,H., Takeda, M., Kohno, Y., Ando, H., Urayama, K., Takigawa, T., *Macromolecules*, **44**(22), 8829 (2011)

第3章　リビングラジカル重合の工業化と応用例

有浦芙美*

1　はじめに

ブロックコポリマーの合成を可能とするリビング重合技術は1950年代よりアニオン重合によるものが最初に精力的に研究され，多くの新規な精密ブロックコポリマーの合成が報告された[1]。しかしながら低温での重合が必要であることや，水分や原料中の不純物の精製が必要であること，モノマー種が限定される，など工業的生産には技術ハードルが高いとされている。

ラジカル重合法は，任意の条件でラジカルを発生する開始剤を用いることにより幅広い種類のモノマーを効率的に重合させてポリマーを得る方法であり，多くの汎用ポリマーの工業的な製造方法として確立している。水や不純物に影響を受けにくいラジカル重合では溶剤やモノマーの精製が不要であり，溶液重合，塊状重合，乳化重合，懸濁重合など幅広い製法が適用できることもコストが重要な工業的観点から見ると大きなメリットである。しかしながら一般的なラジカル重合では再結合，不均化のような停止反応が避けられないため，ブロックコポリマーなどのポリマー一次構造の精密制御は非常に難しいとされていた。しかしながら1990年代より精力的にリビングラジカル重合の研究がなされ，いくつもの有望なリビングラジカル重合機構が報告されている。詳細は他書籍を参照されたい[2]が，ここではアルケマ社で取り組んできた工業的リビング重合技術の内容及び応用例について紹介する。

2　アルケマのNMP機構：BlocBuilder® MA

安定ニトロキシドラジカルを媒体とするリビング重合法（NMP）はリビングラジカル重合の中でももっとも歴史が長く，1990年ごろにTEMPOタイプのNMPの研究が活発に行われた。NMPではニトロキシドラジカルとポリマー成長末端ラジカルが反応して不活性なドーマント種を生成することによりラジカル成長速度を制御する。この不活性化反応は通常のモノマーの付加反応と比較して十分に早い速度で起こるため，通常のラジカル重合のように停止反応が起こらない。また，ニトロキシドラジカルは酸素ラジカルとの反応が遅いため酸素障害を受けにくいこともリビング性を実現するには優位であるが，TEMPOの場合重合速度が遅く，使用できるモノマーがスチレンに限られることが工業化には障害であった。アルケマではより重合速度の速く汎

＊　Fumi Ariura　アルケマ㈱　京都テクニカルセンター　コーポレートR&D
ディベロップメントエンジニア

用性のある新しいタイプのニトロキシドの探索を行い，数々の実験及び理論両方からのアプローチによりかさ高い立体的な障害を持つニトロキシドが優れたラジカルの安定性と再解離速度のバランスを実現することを発見した[3]。新しいニトロキシドはSG1と呼ばれ，SG1にメタクリル酸を結合して得られるアルコキシアミンはBlocBuilder® MAという製品名で2005年に上市された。BlocBuilder® MAの構造と熱解離機構を図1に示す。図2はBlocBuilder® MAを用いて重合が確認されているモノマー種の例である。アクリル，スチレン種は優れたリビング性を維持できるが，メタクリル種の場合，リビング性を保つことが難しく，最後はフリーラジカル重合との競合となるため，メタクリル種は最終ブロックとして導入する必要がある。

BlocBuilder® MAを用いるNMPは他のリビングラジカル重合と比較しても反応機構のシンプ

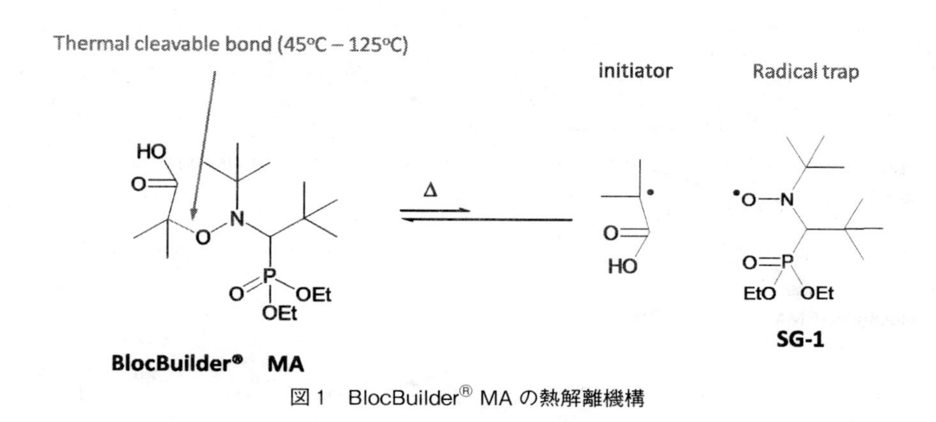

図1　BlocBuilder® MAの熱解離機構

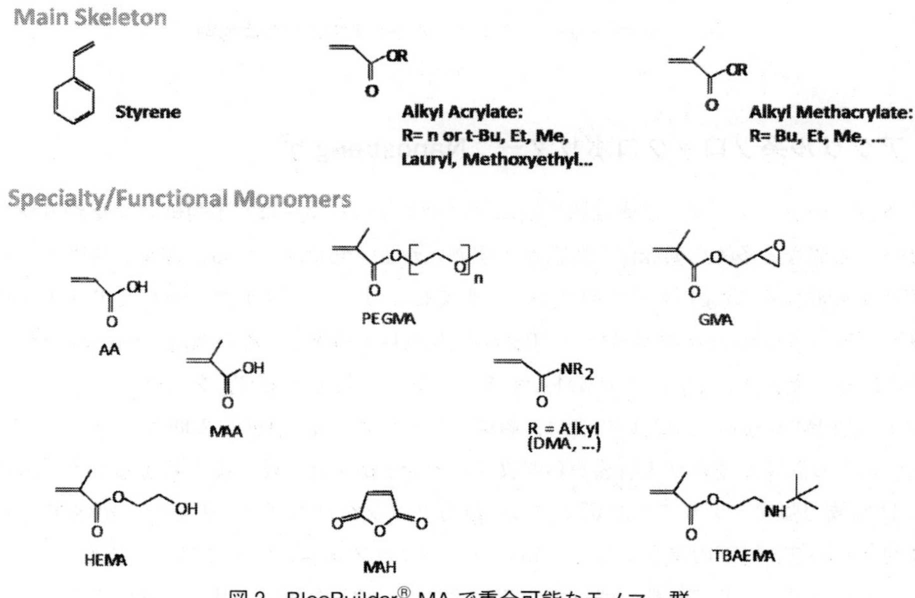

図2　BlocBuilder® MAで重合可能なモノマー群

ルさ，早い重合時間，広い範囲のモノマー種，金属非含有など高機能ポリマーの製法という観点から魅力的な手法である。

もうひとつBlocBuilder® MAの興味深い特徴として，多官能基開始剤の合成が容易な点が挙げられる[4)]。図3に示すように，BlocBuilder® MAを多官能アクリルモノマーと最適な条件の温度で反応させることにより，複数のSG1を有する多官能アルコキシアミンを容易に合成することができる。BlocBuilder® MAを共通の出発原料としながら，2官能の開始剤（Di-alkoxyamine）を調製することによりABA型のトリブロックコポリマーが，3官能の開始剤（Tri-alkoxyamine）を調製することにより分岐構造を有する星型ブロックコポリマーを効率的に合成することが可能となる。

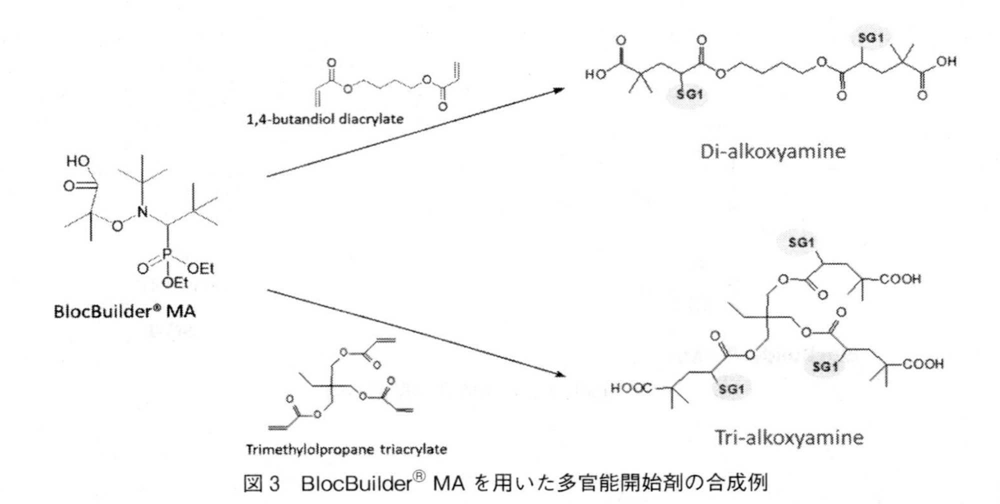

図3　BlocBuilder® MAを用いた多官能開始剤の合成例

3　アクリル系ブロックコポリマー：Nanostrength®

一定の長さのポリマー同士が直線状に並ぶブロックコポリマーは，不規則につながるランダムコポリマーと異なる多くの興味深い特徴を示すことがよく知られている。明確な特徴の一つは複数のガラス転移温度（Tg）を持つ点である。例えばポリメタクリル酸メチルとポリアクリル酸n-ブチル（BA）のブロックコポリマー（PMMA-*b*-PBA）の場合，その組成にかかわらず－40℃と100℃付近にそれぞれPBAとPMMAホモポリマーに対応するTgを持つ。一方ランダムコポリマー（PMMA-*ran*-PBA）の場合は，組成に比例して－40～100℃の間に一つのTgを示す。そのTg以上の温度ではガラス状態から開放されて分子鎖全体の熱運動が始まるため，樹脂全体としては機械的強度を失うことを意味する。他方ブロックコポリマーの場合，PBAのTg以上でもPMMAのTg以下の温度では分子鎖の一部がガラス状態にあって動きが拘束されており，分子鎖の動ける範囲が極度に限定されている。柔らかい性質とガラス状態の硬い性質が共存していることになり，樹脂全体では耐熱性と耐衝撃性をあわせ持つことを意味する。

また，自己組織化によるナノサイズの相分離構造の形成も重要な特徴である。ミクロな相分離構造とマクロな樹脂の性能の関係性はまだ十分に解明されていない部分も多いが，添加剤として使用する場合ブロックコポリマーの構造や組成，添加量に応じてミクロドメインのサイズや形が決定されるため，物性の発現とリビング重合の制御能とは密接な関係があるといえる。

アルケマのNMP技術を用いて製造されるアクリル系ブロックコポリマーはNanostrength®という製品名で上市されている。図4にNanostrength®の製造ステップを示す。BlocBuilder® MAを用いて調製される2官能開始剤を用いて中央ブロックのPBAブロックを重合し，末端にSG1が残っている状態で反応を一度停止する。残留BAモノマーを除去した後，2番目のPMMAブロックを重合し，ABA型の左右対称ブロックコポリマーを製造している。また，各重合段階で異なるモノマーを導入することにより位置（ブロック）選択的に極性基や官能基を配置することも可能である。任意のブロックを変性することにより，相溶性や反応性が制御できるため，用途に合わせてブロックコポリマーを設計することができる。このように，リビングラジカル重合の特徴であるモノマーの汎用性を生かした変性グレードがあることもNanostrength®の特徴となっている。

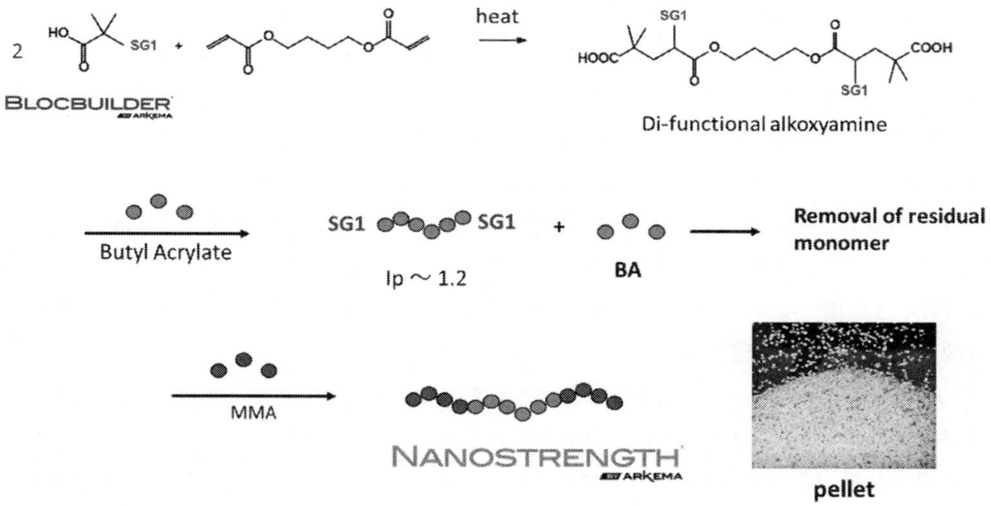

図4　Nanostrength® の製造プロセス

4　ブロックコポリマーによるエポキシ樹脂のじん性改質

エポキシ樹脂は高い架橋密度を持つため，高弾性率，耐熱性，耐薬品性，電気絶縁性など多くの優れた特性を有しており，塗料，接着剤，電子材料，複合材料に使用されている。要求特性に応じ顔料，添加剤，フィラーなどと混合する場合が多く，脆くなりがちな物性の改質が必要とさ

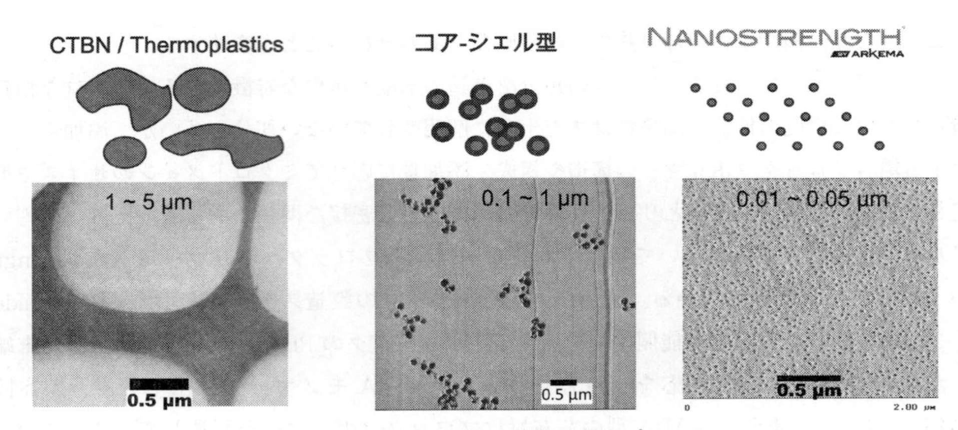

図5　さまざまなエポキシ樹脂改質アプローチ

れることが多い。図5に示すのは一般的なじん性改質法と Nanostrength® による改質の比較である[5)]。熱可塑性樹脂や CTBN のようにエポキシと相分離を誘導し数ミクロンサイズのソフトドメインを形成する方法，コアーシェル型のように微小な粒子をエポキシ樹脂中に分散させる方法がある。しかしながら，ゴム系改質剤の場合硬化後の耐熱性や耐候性の低下が起こりやすいこと，またはコアーシェル型の場合エポキシ樹脂中への均一な一次分散が容易ではないなど，課題感が残る。Nanostrength® を用いるアプローチはこれらの手法とは大きく異なり，ブロックコポリマーの自己組織化によりエポキシ内に数十 nm レベルのソフトドメインを形成させて改質を行う。図6に Nanostrength® によるエポキシ樹脂改質メカニズムを示す。エポキシと相溶性が高い PMMA ブロックを両側に有する Nanostrength® は熱と単純な攪拌によりエポキシプレカーサー中に容易に溶解させることができる。溶解の後レポキシを硬化させると Nanostrength® の中央の PBA ブロックは硬化後のエポキシとも PMMA とも相溶性が低いためエポキシの硬化と共に PBA との相分離が誘発される。他方，相溶性の高い PMMA ブロックはエポキシのネットワーク中に絡み合った状態で固定されたままであるため，エポキシ樹脂のマトリクス中にナノレベルの PBA ソフトドメインが自発的に形成される結果となる。ここで重要なのは，じん性を付与する柔らかい PBA ドメインと硬いマトリクスとの間が化学的結合されていることである。相反する性質を持つドメイン間が強固に結合されていることより，耐熱性や機械的特性を落とさずにじん性の向上を図ることができる。表1に Nanostrength® で改質した硬化後のエポキシ樹脂の物性を示す。CTBN の場合と比較すると Tg の低下が小さく，じん性が付与されていることがわかる。しかしながら，Nanostrength® は線状のポリマーのため樹脂粘度が上がりやすく，適用可能なプロセスが限定されることがある。

これまでに，Nanostrength® は炭素繊維複合材料中のエポキシ樹脂改質剤，電材用接着剤やフィルムなどの用途に展開が進んでいる。

表1　Nanostrength® と他のエポキシ改質剤との比較

Additive	loading	Tg (℃)	Mechanical properties			Viscosity (Pa.s)	
			K1c ($MPa \cdot m^{0.5}$)	G1c (J/m^2)	E (GPa)	@40℃	@60℃
Neat	0%	175	0.92	283	3.0	1	0.06
Nanostrength M22N	10%	180	1.27	681	2.4	45	2.0
Nanostrength M52N	10%	171	1.32	713	2.5	21	0.5
CTBN	10%	151	1.16	639	2.1	8	0.2
CTBN adduct	10%*	165	1.16	601	2.5	5	0.3

* as additive

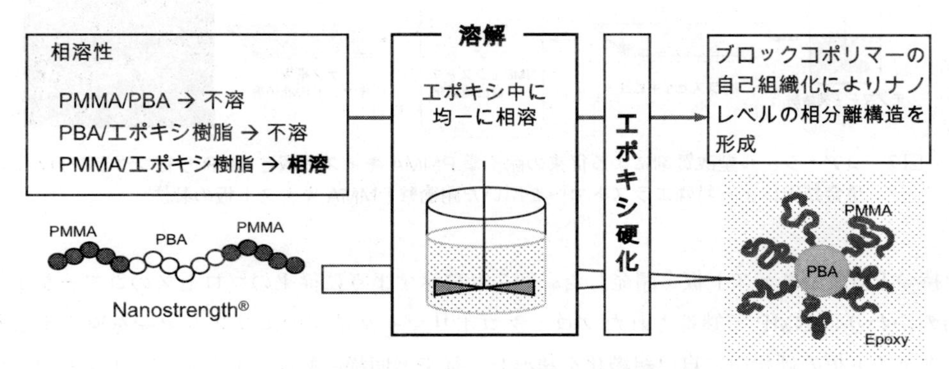

図6　Nanostrength® によるエポキシ樹脂改質機構

5　ナノ構造PMMAキャスト板

次に，従来と同じ製造プロセスでありながらNMP技術を取り入れることでより全く新しい性能を持つ材料の製品化を実現した例を紹介する。優れた透明性，硬度，光沢性を持つPMMA樹脂において射出成形やフィルム用途などに使用されるペレットと並んで重要な製品形態としてPMMA板がある。その製法はキャスト法と押出し法の2通りがあり，キャスト板は押出板に比べて硬度が高く，透明性が良いため，看板，建築材，ディスプレイの導光板など多彩な用途に利用されている。

PMMAキャスト板はMMAモノマー，開始剤や各種添加剤を含むアクリルシラップをガラス板の型に封止し，オーブン中で硬化させて製造される。キャスト板の耐衝撃性を向上するには図7(a)に示すようにコアーシェル型のエラストマー成分をアクリルシラップ中に混合して硬化後の板中に分散させる方法があるが，改質効果に限度があること，また屈折率の異なる成分が混入することによる光学特性の低下（ヘイズの上昇）が問題となっていた。アルケマでは，従来のコアーシェル型エラストマーの代わりにNMP技術を用いて製造される特殊エラストマーを用いてPMMAキャスト板の耐衝撃性改質を行うことにより，これまでに実現不可能であった優れた特

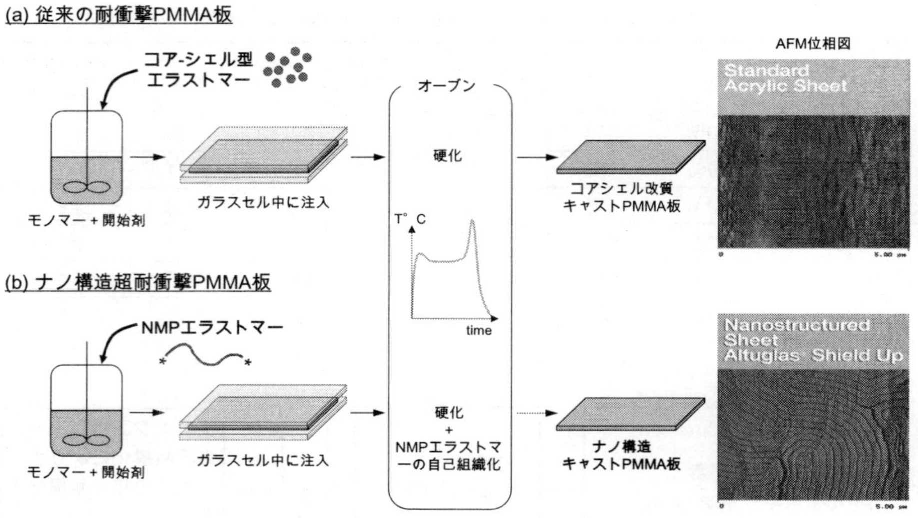

図7　コアーシェル型改質剤による従来の耐衝撃 PMMA キャスト板と NMP リビングラジカル重合技術による特殊エラストマーを用いた耐衝撃 PMMA キャスト板の製法

長を持つ PMMA キャスト板を開発した。図7(b)に示すように従来のプロセスのコアーシェル改質剤のかわりに NMP で製造されたブロックコポリマータイプのエラストマーを導入するだけで，キャスト板の硬化中に自己組織化を誘導し，従来と同様の製法でありながらナノレベルで規則的なラメラ構造を形成させることを見出した。このナノ構造 PMMA キャスト板は Altuglas® ShieldUp という製品名で上市されており，従来のコアーシェル型耐衝撃性グレードより約2倍の耐衝撃性を示し，広い温度範囲で高い透明性を維持することができる。Altuglas® ShieldUp はすでに自動車用樹脂グレージングの欧州規格 ECE R43（Annexe14）に定められる透明性，耐衝撃性，耐薬品性，耐摩擦性，耐候性を含むすべての規定に適合することが確認されており，ルノー社より販売されている二人乗り用電気自動車 Renault Twizy の樹脂グレージング材として採用されている他，自動二輪車のウィンドシールドにも採用が広がっている。

6　NMP リビングポリマー：Flexibloc®

BlocBuilder® MA を用いてリビング重合反応を進めた後，反応温度をニトロキシド SG1 の乖離温度以下に下げると，ポリマー末端に SG1 が結合し安定化された状態でポリマーを取り出すことができる。アルケマでは，この再活性可能なリビングポリマーを工業化しており，Flexibloc® という製品名で現在用途開発を行っている。

図8に示すように Flexibloc® をモノマーの存在下で再び温度を上げると末端の SG1 が乖離し，リビング重合が再開される。ラジカル開始部を末端に持つポリマーのため，ユーザーの希望にあわせたモノマーを用いて簡単にカスタマイズされたブロックコポリマーを重合することができ

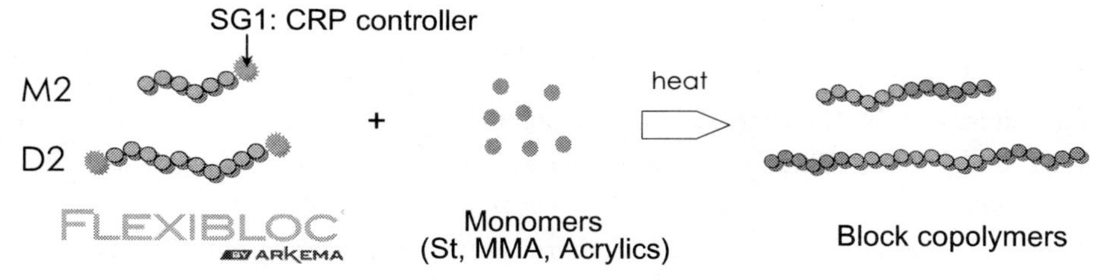

図8　末端がラジカル活性なリビングポリマー“Flexibloc®”

表2　Flexibloc® M2及びD2の特性

Grade	Functionality	Polymer type	Molecular weight	PDI	Diluents	Viscosity in toluene (SC＝60%，25℃)
M2	1	PBA	～50,000 g/mol	1.3	Toluene 40%	0.8 Pa.s
D2	2	PBA	～120,000 g/mol	1.4	Toluene 40%	3.4 Pa.s

る。表2に各グレードの詳細を示す。Flexibloc® は片末端（Flexibloc® M2）あるいは両末端（Flexibloc® D2）にSG1が結合したPBAで，熱解離温度（約50℃）以下において安定な単分散ポリマーである。AB型ジブロックコポリマーの重合にはM2，左右対称ABA型トリブロックコポリマーの重合にはD2が適している。

Flexibloc® を用いた材料設計の利点は多く，BlocBuilder® MAと同様なモノマー汎用性（スチレン系，アクリル系，メタクリル系の多くのモノマーが重合可能）は当然ながら，リビング重合でしばしば問題となる1stブロックの残留モノマーの除去が不要であることのインパクトは大きい。Flexibloc® を用いることにより従来のラジカルプロセス中でも容易にブロックコポリマー構造を最終製品に導入することができるため，高機能粘着剤，分散剤，熱可塑性樹脂の改質など高機能化が期待される分野において利用が広がることを期待している。

7　おわりに

長年製品化が難しいといわれてきたリビングラジカル関連技術であるが，アルケマでは汎用性の高いNMP触媒，容易にブロックコポリマーを作成できるリビングポリマー，そしてブロックコポリマー，PMMAキャスト板などユーザーの使用用途に寄り添ったバラエティあふれるリビングラジカル製品を提供している。今後，新規高付加価値材料の設計方法としてリビングラジカル重合技術の活用がますます広がることを楽しみにしている。

文　　献

1) for example (a) N. Hadjichristidis, H. Iatrou, M. Pitsikalis, J. Mays, *Prog. Polym. Sci.*, **31**, 1068 (2006); (b) D. Uhrig, J. W. Mays, *J. Polym. Sci. Part A Polym. Chem.*, **43**, 6179 (2005)
2) for example (a) 蒲池幹治；遠藤剛監修，ラジカル重合ハンドブック，エヌ・ティー・エス (1999); (b) N. V. Tsarevsky, B. S. Sumerlin, Fundamentals of Controlled/Living radical polymerization, RSC Publishing (2013)
3) (a) D. Benoit, S. Grimaldi, S. Robin, J.-P. Finet, P. Tordo, Y. Gnanou, *J. Am. Chem. Soc.*, **122**, 5929 (2000); (b) S. Grimaldi, F. Lemoigne, J.-P. Finet, P. Tordo, P. Nicol, M. Plechot, WO 96/24620
4) J. Nicolas, B. Charleux, O. Guerret, S. Magnet, *Angew. Chem. Int. Ed.*, **43**, 6186 (2004)
5) F. Court, L. Leibler, J.-P. Pascault, S. Ritzenthaler, WO0192415

第4章　有機触媒型制御重合を用いた新しい機能性ポリマー製造技術の開発

嶋中博之*

1　諸言

制御重合法であるリビングラジカル重合（Living Radical Polymerization，LRP）法は，分子量分布が狭く，構造の制御されたビニル系ポリマーを得ることができる精密重合法である。近年，このLRPを利用して，新規な機能性ポリマー材料の設計がなされており，高付加価値のポリマー材料の製造方法として，工業的な活用範囲が広がっている。

大日精化工業（以下，当社）は，京都大学化学研究所・後藤淳准教授（現在はシンガポールの南洋理工大学理学部准教授）が発明したLRPである“有機触媒型制御重合”を活用したポリマー設計により，色彩材料（以下，色材）に利用できる新しい機能性ポリマーを開発し，高機能色材の実用化を達成することができた。

本稿では，LRP法である有機触媒型制御重合法[1)]，それを活用した機能性ポリマーの開発と色材への実用化事例について紹介する。

2　有機触媒型制御重合の反応機構と触媒

図1にLRPの基本概念を示す。LRPでは，ポリマーと保護基（X）の共有結合体である休眠種（domant species，Polymer–X）を用いる。熱，光，触媒などの作用によって，休眠種から成長ラジカル（Polymer・）が一時的に生成される（活性化反応）。成長ラジカルにはモノマーが付加し（成長反応），すぐに保護基と結合して休眠種に戻り（不活性化反応），ラジカル重合の副反応である停止反応を防止する。この成長反応と不活性化反応の繰り返しにより，高分子鎖はほぼ均一に成長し，分子量が揃う。さらに，成長ラジカルが保護されているので，モノマーが消費した後，さらにモノマーを加えると重合が進行し，ブロックコポリマーなどの通常のラジカル重合で得ることができない構造を得ることができる。

LRP法は，保護基と触媒を異にする様々な方法が研究開発されている。詳細は本書の各章を参照してもらいたい。我々は後藤らが開発した保護基にヨウ素，触媒に有機分子を利用する有機触媒型制御重合法を活用した。この有機触媒型制御重合法は，有機ラジカルの優れた発生源である有機ヨウ素化合物を開始化合物とし，触媒に非金属を用いたLRP法である。この有機触媒型制御重合法には，触媒の作用によって2つの異なる方法がある。

---

*　Hiroyuki Shimanaka　大日精化工業㈱　合成研究本部　本部長

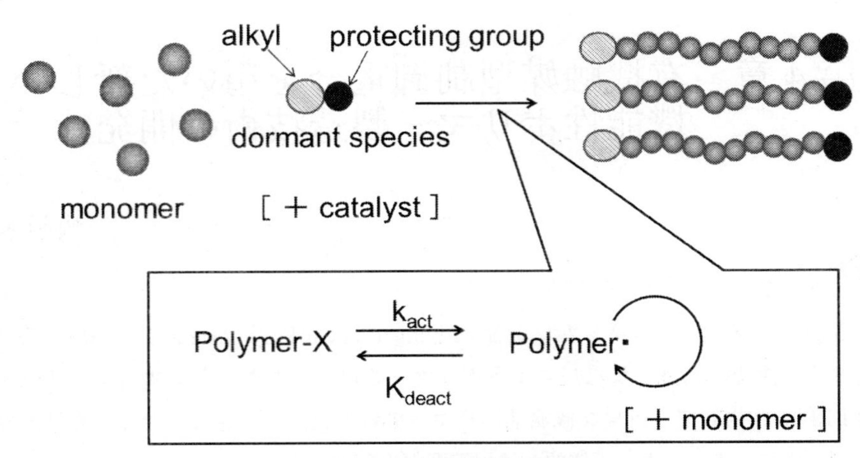

図1　LRP の基本概念

1つはリン，窒素，酸素，炭素などを中心元素とした連鎖移動能を持つ有機分子を触媒に用いる方法であり，可逆移動触媒重合（Reversible chain transfer catalyzed polymerization；RTCP）法と呼ばれている（式1）。RTCP 法は，アゾ系化合物や過酸化物をラジカル供給源として使用し，発生したラジカルが触媒に作用して触媒ラジカルが生成し，その触媒ラジカルが休眠種の活性化剤（脱保護剤）として働いてヨウ素をラジカルとして引き抜く。生成した成長ラジカルにモノマーが挿入され，すぐにその成長末端にヨウ素ラジカルが再結合して休眠種となる。このサイクルによって重合が制御される。

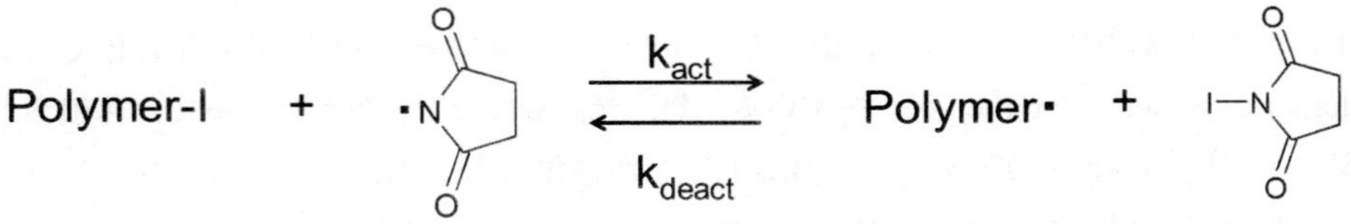

式1　RTCP

触媒の例としては，ジエチルホスファイトなどのリン系化合物，N-アイオドコハク酸イミドやコハク酸イミドなどの窒素系化合物，ジ-t-ブチルヒドロキシトルエン（BHT）やビタミンEなどの酸素系化合物，及びシクロヘキサジエンやジフェニルメタンなどの炭化水素系化合物が挙げられる（図2）。

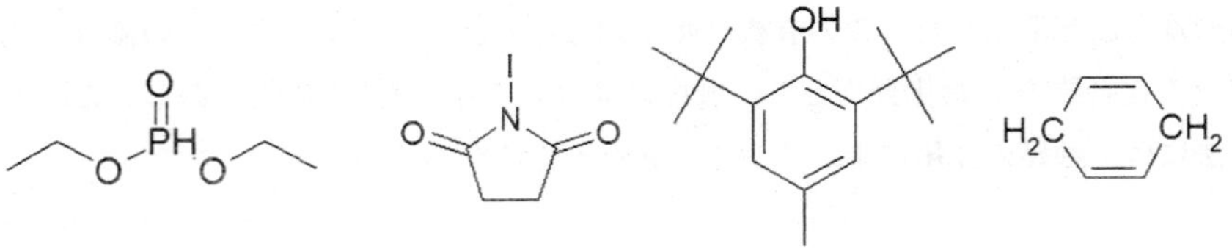

図2　RTCP 法の触媒例

もう1つは，アミンや有機塩などの保護基ヨウ素への配位能を持つ有機分子を触媒として用いる可逆配位媒介重合（Reversible Complexation Mediated Polymerization；RCMP）法である（式2）。RCMP法は，使用する触媒がヨウ素への配位能を有することから，休眠種からヨウ素を引き抜き，成長ラジカルとヨウ素ラジカル／触媒錯体が生成する。その成長ラジカル末端にモノマーが挿入され，すぐにヨウ素が再結合して休眠種に戻る。ラジカル供給源を使用しないことを特徴とする。

$$\text{Polymer-I} + \text{NBu}_3 \underset{k_{deact}}{\overset{k_{act}}{\rightleftarrows}} \text{Polymer}\cdot + \cdot\text{I}\cdots\text{NBu}_3$$

式2　RCMP

その触媒の例としては，トリエチルアミンなどのアミン類，ブチルテトラメチルアンモニウムアイオダイドなどの第4級アンモニウム塩，テトラブチルメチルホスホニウムアイオダイドなどの第4級ホスホニウム塩が挙げられる。有機触媒ではないが，ヨウ化ナトリウムなどのヨウ化物塩も使用できる（図3）。

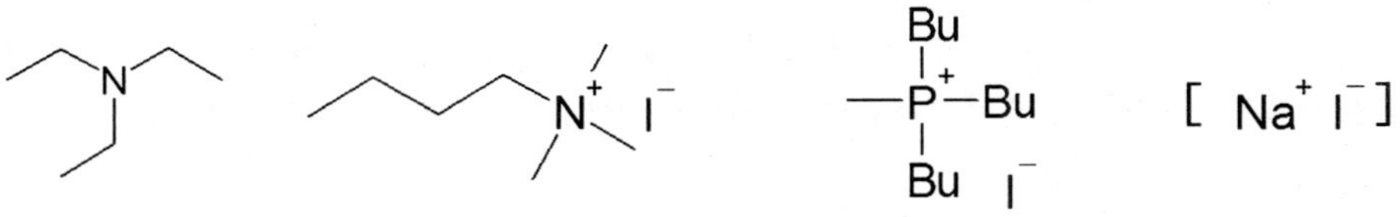

N　N⁺ I⁻　Bu P⁺ Bu Bu I⁻　[Na⁺ I⁻]

図3　RCMP法の触媒例

開始化合物である有機ヨウ素化合物は市販品があり，或いはヨウ素とアゾ系化合物とから重合開始時に *in-situ* で得ることもできる。触媒である有機分子も市販されており，比較的安価で汎用な化合物である。従って，有機触媒型制御重合は，原材料の入手が容易で製造コスト的に有利なLRP法である。

次に有機触媒型制御重合の適用性について述べる。詳細な実験データなどは後藤らの論文[2~4]を参照して戴くこととし，ここでは割愛する。

モノマー種：スチレン，アクリレート系，メタクリレート系，アクリロニトリル系など，様々な種類のビニル系モノマー群に適用することができる。

官能基：アルキル基，シクロアルキル基，ポリエーテル基などの不活性な官能基は当然ながら，活性水素を有するカルボキシル基，リン酸基，水酸基；高反応性基であるイソシアネート基，アルコキシシリル基，エポキシ基；塩基性基であるアミノ基，第4級アンモニウム塩基など種々の活性な官能基を有するモノマーが，その官能基を保護することなくそのまま使用できる。

構造特性：分子量的に数量体から数平均分子量で数十万程度の，分子量分布 1.1～1.6 という分子量が揃ったポリマーを得ることができる。また，ブロック構造，グラフト構造，星型構造などの多彩なポリマー構造を精度よく得ることができる。

3　機能性ポリマーの開発と色材への実用化事例

以上のように，本技術の有機触媒型制御重合法は，開始化合物や触媒に入手しやすい比較的安価な材料を使用でき，また，様々なモノマーを重合に適用できることに加えて，分子量や構造を制御でき，また温和な重合条件下で適用できる重合法であって，汎用性と普及性が高くコスト的に優位な LRP 法である。

我々はこの有機触媒型制御重合により，色材製品に関し，顔料分散剤，顔料処理剤，バインダーなどの機能性ポリマーを開発し，応用を検討した結果，色材製品として実用化を達成した。その実用化例として，顔料分散液への適用を紹介する。

3.1　顔料分散剤

ポリマー型の顔料分散剤は，顔料へ吸着するモノマー成分（A モノマー）と溶媒などの分散媒体に親和するモノマー成分（B モノマー）とから構成される。アクリル系ポリマー型の顔料分散剤は，通常，ラジカル重合で得られ，A モノマーと B モノマーがランダムに配列したランダムコポリマー型となり，その分子量分布は＞ 2 と分子量が揃っていない。一方，LRP 法を用いて得られる顔料分散剤は，顔料に吸着するモノマー成分を一方のポリマー鎖に集約した A のポ

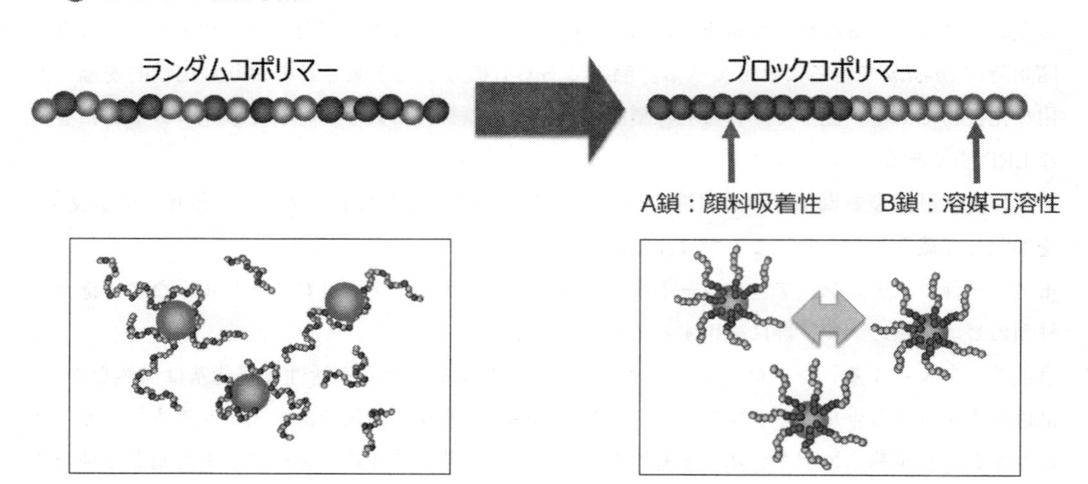

図 4　顔料分散剤と顔料分散状態のイメージ図

リマーブロック（顔料吸着性鎖）と，溶媒などの分散媒体に溶解するモノマー成分を一方のポリマー鎖に集約したBのポリマーブロック（溶媒可溶性鎖）とを有するブロックコポリマー型の顔料分散剤である。図4にランダムコポリマー型の顔料分散剤とブロックコポリマー型の顔料分散剤とその顔料分散状態のイメージを示す。ランダムコポリマー型の顔料分散剤では，その顔料吸着性基がランダムに存在するために，顔料に“点”で吸着し，溶媒可溶性部が分散媒体に溶解することで分散状態をとる。いわゆるループ－トレイン－テイル形態であるために，吸着点が温度や溶媒などの他の材料の影響で脱離してしまい，安定性が損なわれてしまう可能性がある。また，分散に寄与しないポリマー鎖があることで分散媒体が溶媒の場合は粘度が上がる場合がある。一方，ブロックコポリマー型の顔料分散剤では，顔料吸着性鎖が高分子の形で“線”で吸着するので，その顔料分散剤が顔料から脱離することがないことと，もう一方の鎖である溶媒可溶性鎖が溶媒である分散媒体に溶解することで，ポリマー鎖同士の立体反発にて顔料粒子を安定に分散させることができる。

3.2　水性顔料インクジェットインクへの応用

3.2.1　顔料分散剤の構成

高度な顔料微分散安定性が要求される水性の顔料インクジェットインク用顔料分散液への応用を検討した。その一例を紹介する。まず，図5のような顔料吸着性鎖と溶媒可溶性鎖とからなるブロックコポリマー型顔料分散剤を設計した。分散媒体は水を主体とした水系溶媒であるため，顔料と顔料分散剤の吸着作用としては疎水性相互作用が期待される。そこで，顔料吸着性鎖は顔料に吸着するモノマーと疎水性が高いモノマーとからなるように設計した。この鎖は疎水性が高いポリマー鎖となるので水系溶媒に溶解せず，顔料に吸着した後は，様々な条件下でも顔料から脱離しにくいと考えられる。また，溶媒可溶性鎖は，溶媒が水系溶媒であるので，水可溶性モノマーを主構成成分とし水に溶解するように設計した。

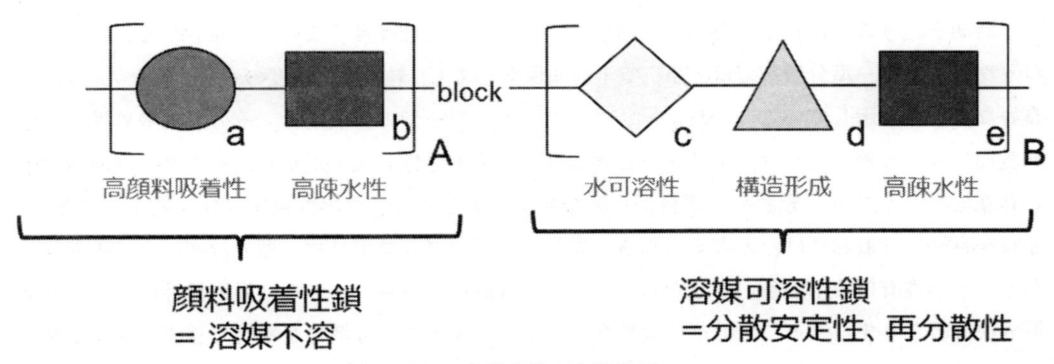

図5　顔料分散剤の構成例

この顔料分散剤の工業的製造においてゲルパーミエーションクロマトグラフィー（GPC）によ

る分子量測定の結果，顔料吸着性鎖のA鎖の数平均分子量が5,000，分子量分布が1.22で，ブロックコポリマー全体の数平均分子量が10,000，分子量分布が1.35であった。分子量分布が狭いまま高分子量化しているので，このポリマーはブロックコポリマーとなっていることがわかる。また，溶媒可溶性鎖のB鎖の分子量は5,000となる。このように工業的大量生産でも，分子量分布が比較的狭い明確なブロック構造のポリマーを得ることができる。比較用にこのブロックコポリマー型分散剤と同じモノマー組成で，通常のラジカル重合にて同様の分子量になるようにランダムコポリマー型分散剤を合成した。数平均分子量10,000，分子量分布2.13であった。

3.2.2 顔料分散性と保存安定性

これら2種類の顔料分散剤を使用して，水を分散媒体として，マゼンタ色であるキナクリドン系顔料ピグメントレッド122を分散して顔料分散液を作成した後，所定の配合で水性のインクジェットインクを作成した。顔料分6％，水溶性有機溶剤22%，界面活性剤1%を配合しており，水溶性有機溶剤が多いインクである。このインクの保存安定性試験として，70℃，1週間保存して，経時による平均粒子径と粘度の変化を調べた。その結果を表1に示す。

表1　水性顔料インクの保存安定性

分散剤	時間	0 hr	15 hr	4 day	7 day
ブロックコポリマー	粒子径（nm）	106	105	102	108
	粘度（cp）	3.0	2.8	2.8	2.8
ランダムコポリマー	粒子径（nm）	106	117	150	201
	粘度（cp）	3.2	3.2	3.6	4.4

インク保存性加熱促進試験（70℃）

ブロックコポリマー型，ランダムコポリマー型とも，インク作成当初は同様の粒子径と粘度を示している。しかし，ランダムコポリマー型は15時間で粒子径が増大，すなわち凝集気味であり，時間を追うごとに粒子径と粘度が増加しており，分散性は良くないと判断される。一方，ブロックコポリマー型分散剤では，70℃で1週間保存しても，粒子径，粘度の変化がほとんどなく，良好な分散性を示している。これは，ブロックコポリマー型の分散剤は，その顔料吸着性鎖が顔料表面に強く吸着しており，ポリマーと親和性のある水溶性有機溶剤が多かったり，界面活性剤が存在したりしても，分散剤が顔料から脱離せず，また，溶媒可溶性鎖が立体反発することで，顔料を良好に分散し続けたと考えられる。対して，ランダムコポリマー型分散剤は点で吸着しており，水溶性有機溶剤が多いことから，顔料から分散剤が脱離し，さらに界面活性剤が分散剤と置き換わったりすることで分散剤の脱離を促進し，結果として分散性を維持できず，顔料が凝集して粒子径が増大し，且つ脱離した分散剤が溶解成分となったことによって粘度が増加したと考えられる。

3.3　無機顔料の表面処理剤への応用

3.3.1　顔料表面処理剤の構成

無機顔料などの表面処理剤として，アルコキシシリル基を有するシランカップリング剤が知られているが，表面処理剤としてアルコキシシリル基を有するポリマー型の表面処理剤を設計した。具体的には，図6に示すように，ポリアルキルメタクリレート-b-ポリ（3-メタクリロイルオキシ）プロピルトリメトキシシリル（PRMA-b-PMOPS）のブロックコポリマー型の表面処理剤を合成した。このポリマーは，A鎖として溶媒に溶解するポリマーブロックであるポリアルキルメタクリレートと，B鎖として顔料吸着性鎖である反応性基のアルコキシシリル基を有するポリマーブロックとからなるA-Bブロックコポリマーである。

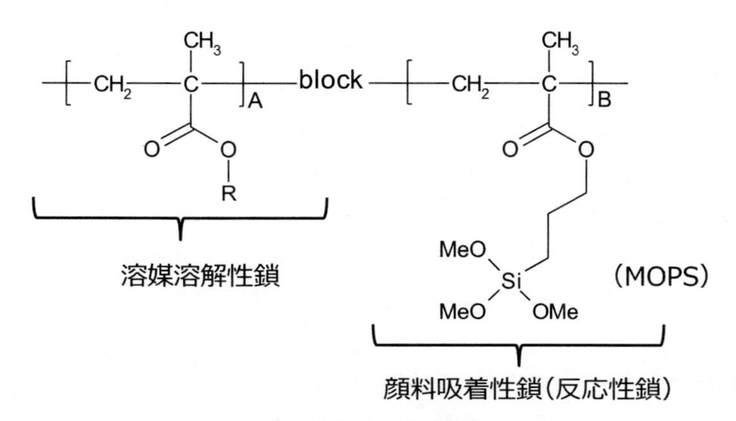

図6　表面処理剤の構造例

この表面処理剤の工業的製造において，GPCによるA鎖の数平均分子量は12,000，分子量分布1.15であり，ブロックコポリマー全体では，数平均分子量が13,000，分子量分布が1.30である。分子量分布が狭いまま高分子量化しているので，このポリマーはブロックコポリマーとなっていることがわかる。また，反応性鎖のB鎖の分子量は1,000となる。比較用にこのブロックコポリマー型の表面処理剤と同じモノマー組成で，通常のラジカル重合にて同様の分子量になるようにランダムコポリマー型の表面処理剤を合成した。数平均分子量11,500，分子量分布1.98であった。

3.3.2　顔料の表面処理と顔料分散性

これら2種類の表面処理剤を使用して，白色無機顔料である二酸化チタン（シリカアルミナ処理，平均粒子径200 nm）の表面処理を行った。二酸化チタン顔料，有機溶剤，ブロックコポリマー型の表面処理剤を，横型ビーズミルで分散し，低粘性の顔料分散液を得た。その分散時には，顔料表面の水酸基とアルコキシシリル基の加水分解物であるシラノール基が水素結合で物理吸着する。この顔料分散液を表面処理剤であるポリマーの貧溶剤に添加して析出させ，ろ過，洗浄の後工程を取った後，120℃以上で乾燥した。乾燥することによって，無機顔料の水酸基とシラノー

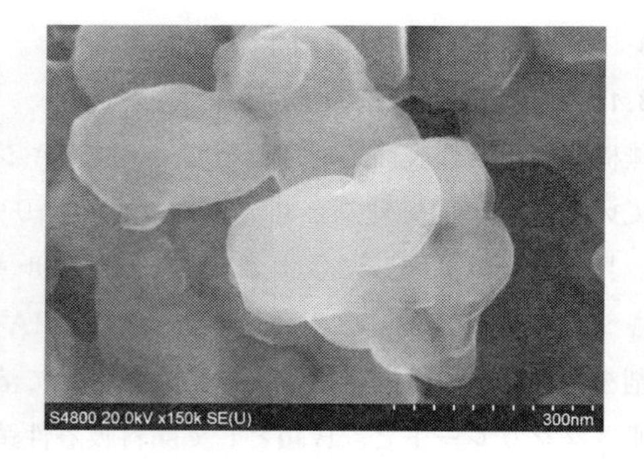

図7　SEM 画面

ル基が脱水縮合して化学結合し，ポリマーで被覆した顔料を得ることができる。図7にその電子顕微鏡写真を示す。未処理の顔料に対し，処理後の顔料はその表面に薄い皮膜を形成していることが確認できる。また，このポリマー被覆顔料をポリマーの良溶剤で洗浄しても，その薄い膜は剥がれることがなく，顔料と化学結合していることが示唆された。一方，ランダムコポリマー型の表面処理剤で行ったところ，その横型ビーズミルでの顔料分散自体がうまくいかず，チクソトロピックな顔料分散液であった。

上記で得られたポリマー被覆顔料を有機溶媒に分散したところ，ランダムコポリマー型でのポリマー被覆顔料の場合は沈降が見られ分散性が悪いのに対し，ブロックコポリマー型は良好な分散性を示した。また，どちらの分散液も経時で顔料の粒子が沈降するが，ブロックコポリマー型でのポリマー被覆顔料は撹拌などで元の分散状態に戻ることが確認でき，分散性，沈降回復性が良好である加工顔料を得ることができた。

4　最後に

当社では本技術である有機触媒型制御重合法を基幹技術の1つとして位置づけ，今後も本技術を活用した色材製品群の開発を続けていく。さらに，本技術は，他のLRP法よりも汎用性，普及性が高く，得られるポリマーを活用することで，世界市場にて優位性と競争力のある製品を開発することができる技術であると考えられることから，色材だけでなく，IT関係・環境・エネルギー・ヘルスケア分野などの新規市場へ展開していきたいと考えている。

謝辞

本研究は辻井敬亘教授（京都大学）及び後藤淳准教授（南洋理工大学）との共同研究の成果であり，両先生の御指導に心より御礼申し上げます。

文　　献

1）（RTCP）Goto, A. *et al.*, *J. Am. Chem. Soc.*, **129**, 13347（2007）& *J. Am. Chem. Soc.*, **135**, 1131（2013），（RCMP）Goto, A. *et al.*, *Macromolecyles*, **44**, 8709（2011）& ACS Symp. Ser., 1100, 305（2012）
2）Goto, A., Zushi, H., Hirai, N., Wakada, T., Tsuji, Y. and Fukuda, T., Living Radical Polymerizations with Germanium, Tin, and Phosphorus Catalysts—Reversible Chain Transfer Catalyzed Polymerizations（RTCPs），*J. Am. Chem. Soc.*, **129**, 13347-13354（2007）
3）後藤淳，辻井敬亘，梶弘典，有機触媒で制御するリビングラジカル重合，高分子論文集，**68**(5)，223-231（2011）
4）Goto, A., Ohtsuki, A., Ohfuji, H., Tanishima, M. and Kaji, H., Reversible Generation of a Carbon—Centered Radical from Alkyl Iodide Using Organic Salts and Their Application as Organic Catalysts in Living Radical Polymerizations, *J. Am. Chem. Soc.*, **135**, 11131-11139（2013）

第5章　リビングラジカル共重合による精密ニトリルゴムの合成

坂東文明*

1　はじめに

近年の高分子材料の発展は目覚ましく，環境・エネルギー問題が深刻になるにつれて，それに応えられる性能や機能を付与した新規材料の登場に期待が高まっている。このような高度な要求に応えるためには，分子レベルでの構造制御が必要不可欠と考えられ，精密重合を用いた新規材料の開発に注目が集まっている。中でもリビングラジカル重合の発見により，多種多様な材料の可能性が大きく広がったことは産学双方にとって非常に大きな意義があったといえる。

2　リビングラジカル重合

リビングラジカル重合は，ラジカル重合の高い汎用性を持ち合わせたまま，分子量や分子量分布，末端構造など，高分子鎖を精密に構築することができる非常に魅力的な重合方法である。これまでの学術界での精力的な研究の結果，最近では工業化された例も出てきており，実用化に目が向けられる段階となってきている。

このリビングラジカル重合は，「不安定な活性種（アクティブ種）を可逆的に休止種（ドーマント種）に変換する」というコンセプトの下に，可逆的な平衡を休止種に偏らせることで，活性種の実質的な濃度を下げて二分子停止反応や不均化反応を抑制し，イオン重合だけでなく，ラジカル重合においてもリビング的な重合を実現することに成功したものである。これまでに報告されている代表的なリビングラジカル重合としては，「アルコキシアミン化合物の熱による可逆的な解裂反応（NMP）」[1)]，「有機ハロゲン化物と遷移金属錯体の酸化還元反応（ATRP）」[2,3)]，「チオカルボニルチオ化合物を介した交換連鎖反応（RAFT）」[4)]，「有機テルル化合物の交換連鎖反応（TERP）」[5)] などが挙げられる（図1）。リビングラジカル重合法の開発により，多くの極性官能基を持つ機能性ポリマーの構造制御が可能となり，この分野は急速な発展を遂げている。

3　開発の動機

我々は，エラストマー素材の構造制御に注目した。現在，エラストマーの分野において精密重合が用いられているのは，スチレンとブタジエンのランダム共重合体であるスチレン－ブタジエ

---

* Fumiaki Bando　日本ゼオン㈱　総合開発センター　エラストマー研究所　主任研究員

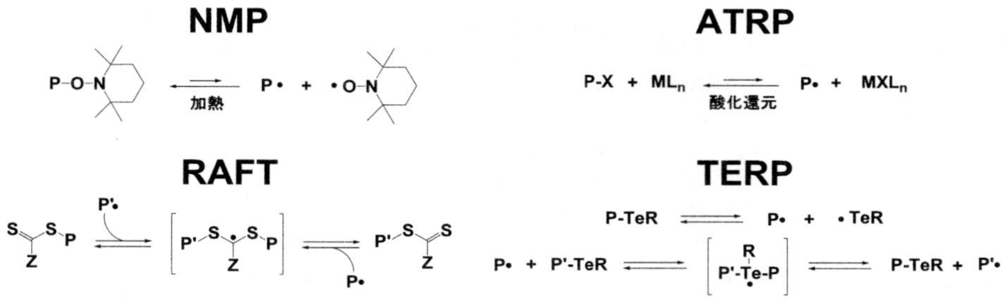

図1　代表的なリビングラジカル重合の例

ンゴム（SBR）や，スチレン－イソプレンのブロック共重合体（SIS）といった熱可塑性エラストマーなど，ごく一部の材料に過ぎない。これらの非極性エラストマー材料においては，リビングアニオン重合を用いて末端構造やブロック構造を制御することで，高性能化や新たな機能の発現を達成している。

一方，極性系のエラストマー材料については，一般的にフリーラジカル乳化重合によって合成されており，構造が制御されたものはほとんど存在していない。我々は，アクリロニトリルと1,3-ブタジエンのランダム共重合体であるニトリルゴム（NBR）と呼ばれるゴム製品を製造している。このゴムは，高い耐油性や摩耗性などを特徴とする特殊ゴム材料の1種で，自動車用部品を中心に広く使用されている。しかし，環境・エネルギー問題を背景とした自動車の省燃費化・軽量化といった流れから，今後ますます求められる性能は高くなると考えられる。そこで我々は，このニトリルゴムの構造制御に着目し，性能向上に向けて新たな材料設計を開始した。

4　遷移金属触媒を用いるリビングラジカル重合

しかしながら，共役ジエンのリビングラジカル重合は，重合の成長速度が低いという理由から困難とされており，その報告例は極めて少ない。一方，1995年に京都大学澤本先生やカーネギーメロン大学Matyjaszewskiらのグループによって，遷移金属触媒を用いたリビングラジカル重合が報告された。この重合法では，遷移金属の酸化還元反応を利用し，金属錯体と有機ハロゲン化物との間で一電子酸化還元を行うことで重合が進行する（図2）[2,3]。

この重合法では，中心金属や配位子の選択により大幅に重合活性を変化させることができる（図3）。そのため，使用したいモノマー種に応じて，適切な触媒設計や重合条件の選択が可能となることが期待される。また，得られたポリマーは直鎖構造・狭い分子量分布を持つだけでなく，成長末端にハロゲンを有しており，これを利用したポリマー鎖の機能化の面でも材料設計に適している。これらの理由から，我々は，中心金属としてルテニウムや鉄触媒を用いたリビングラジカル重合により，ニトリルゴムの構造制御について検討を行った。

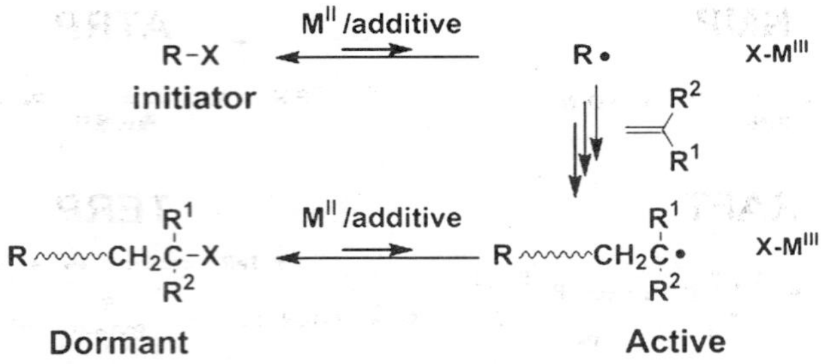

M^{II}/additive
R–X ⇄ R• X-M^{III}
initiator
R ~~~ CH$_2$C(R^1)(R^2)–X ⇄ R ~~~ CH$_2$C•(R^1)(R^2) X-M^{III}
Dormant Active

図2　遷移金属触媒を用いるリビングラジカル重合；重合機構

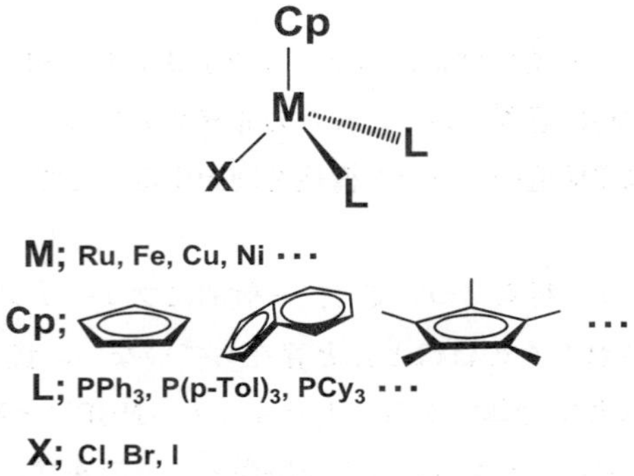

M; Ru, Fe, Cu, Ni ···
Cp; ···
L; PPh_3, $P(p\text{-}Tol)_3$, PCy_3 ···
X; Cl, Br, I

図3　触媒構造の例

5　ルテニウム触媒による重合

ルテニウム（Ru）触媒を用いたリビングラジカル重合は，リガンドの選択により幅広い触媒設計が可能なだけでなく，高い官能基耐性を持つことから，最も初期から発展した触媒系の一つである。これらの触媒の中でも，特に電子供与能の高いインデニル環（Ind）やペンタメチルシクロペンタジエン環（Cp*）を配位子とするRu錯体は高い重合活性を示すことが知られている[2)]。そこで我々は，これらのRu錯体を触媒として，イソプレン（Ip）とアクリロニトリル（AN）のランダム共重合を検討した（図4）。

トルエン溶媒中，80℃で$Ru(Ind)Cl(PPh_3)_2$や$Ru(Cp^*)Cl(PPh_3)_2$錯体を用い，モノマーに対して1/100の塩素型開始剤を添加して重合を行ったところ，Ru(Cp*)錯体を用いた場合に，重合の進行と共に分子量が増加することがわかった（M_n = 2,530）（図5）。また，得られたポリマーの分子量分布（M_w/M_n = 1.44）は比較的制御されていることがわかった。これらの結果より，本系はリビング的に重合が進行していることが推測される。

一方，同様に重合活性が高いRu(Ind)錯体を用いた場合，重合の進行と共に分子量の増加が見られなかった。また，得られたポリマーの分子量分布（M_w/M_n = 2.28）は比較的広いものであり，リビング的な挙動を示さないことがわかった。これらの錯体構造による重合性の差は，錯

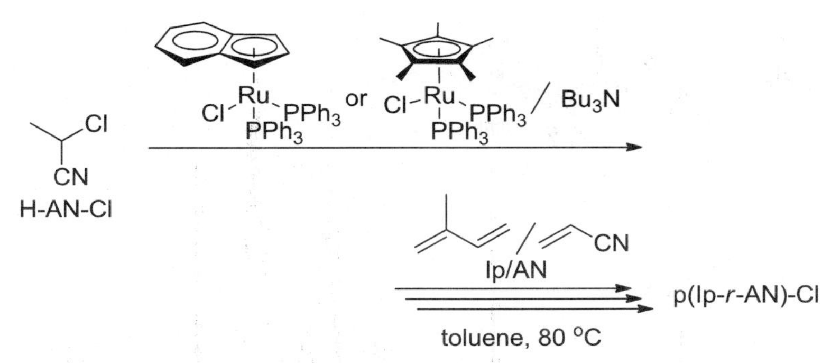

図4　Ru触媒によるIp/ANのリビングラジカル共重合

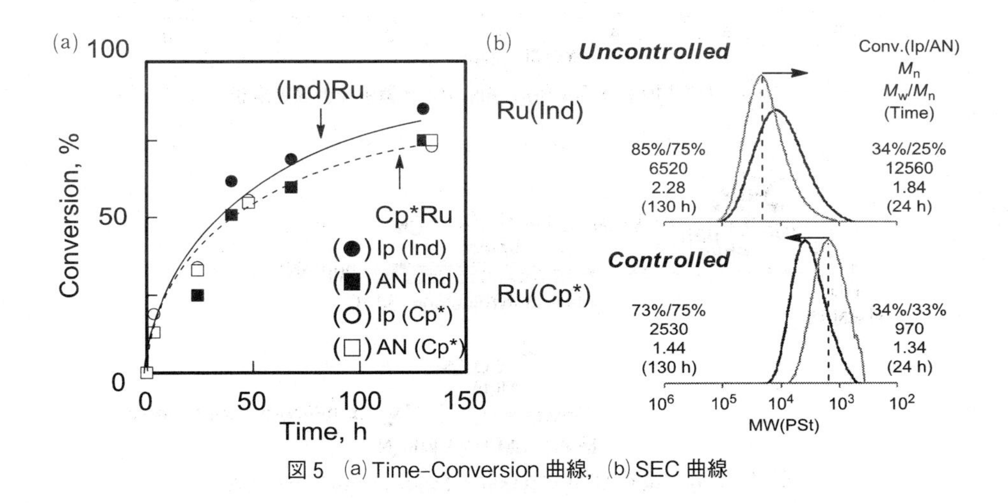

図5　(a) Time-Conversion曲線，(b) SEC曲線

体の電子密度の差が原因と考えている。共役ジエンの成長末端構造であるアリルハライドは活性が比較的低いため，ハロゲンを引き抜くためには，錯体中心の高い電子密度が必要である。Ru(Ind)錯体では電子密度が十分でないため，効率よくハロゲンを引き抜くことができなかったものと考えられる。一方，Ru(Cp*)錯体では，十分に高い電子密度を備えており，成長末端から効率的にハロゲンを引き抜くことができたものと考えている。以上の結果より，Ru(Cp*)を用いた場合に，共役ジエンとアクリロニトリルの重合がリビング的に進行することがわかった。

続いて，本重合のリビング性を確認するために，得られたポリマー構造について確認を行った。^{1}H NMRにより，Ru(Cp*)を用いて得られたポリマーの末端構造解析を行った。その結果，末端塩素の隣接プロトン（c，h）を4.0 ppm付近に確認した（図6）。重合の開始末端であるメチルプロトン（f）から停止末端塩素の保持率を算出したところ，83%と高い割合で末端塩素が保持されていることを確認した。

また，このポリマーへの機能性付与が可能か確認するため，イソプレンとアクリロニトリルを共重合した後に，メタクリル酸メチル（MMA）を加えてブロック共重合を行った（図7）。そ

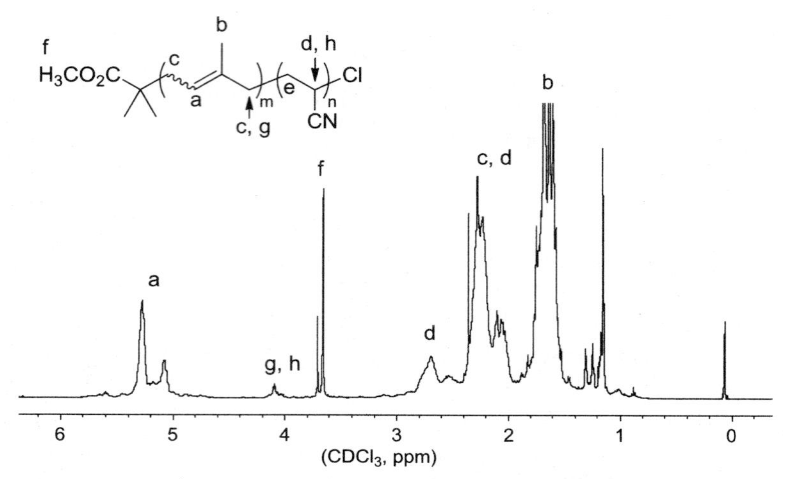

図6　^{1}H NMR による p(Ip-*r*-AN)-Cl 共重合体の構造解析

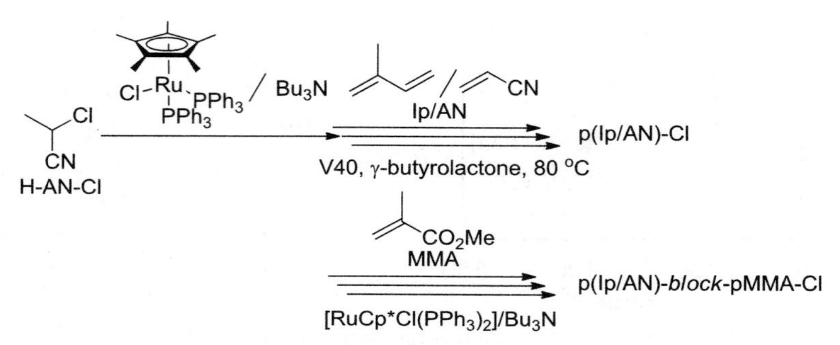

図7　p(Ip-*r*-AN)-Cl 共重合体から MMA のブロック共重合

の結果，Ip/AN ランダム共重合（M_n = 6,400，M_w/M_n = 1.65）の後に，分子量分布を維持したままさらに MMA のブロック共重合（M_n = 11,700，M_w/M_n = 1.67）が進行していることを確認した（図8）。この結果より，本重合系を用いることによりニトリルゴムにブロック構造を導入することが可能となり，機能分散など高機能ニトリルゴムとしての可能性を見出した。

続いて，アクリロニトリル－イソプレン共重合体だけでなく，アクリロニトリル－ブタジエンゴムの重合が可能か確かめるために，実際に 1,3-ブタジエン（BD）を用いてアクリロニトリルとの共重合を行った（図9）。イソプレンの代わりにブタジエンを用いた場合でも同様にリビング的な重合が進行し，末端にハロゲンを有した精密ニトリルゴムが得られることがわかった（M_n = 7,030，M_w/M_n = 1.89）（図10）。一方，ゴムとしての機能を持たせるためには，ゴム弾性を発現するような高分子量体の重合が必要である。そこで，本重合系において高分子量の精密ニトリルゴムの重合を検討した。結果，二官能開始剤を用い，開始剤量を調節することで，M_n が 10 万を超える高分子量体の重合も可能となった（M_n = 130,000，M_w/M_n = 1.82）。

以上より，Ru 触媒を用いることで，構造の制御された精密ニトリルゴムの合成を達成した。

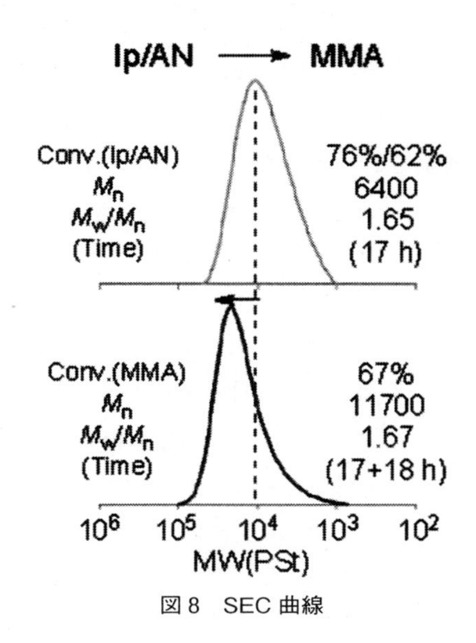

図8　SEC 曲線

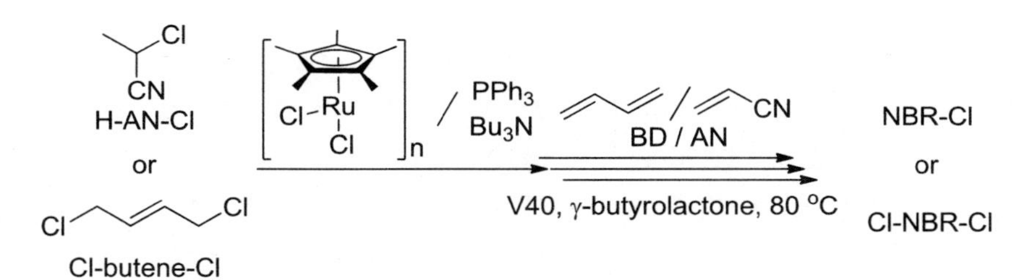

図9　Ru 触媒による BD/AN のリビングラジカル共重合

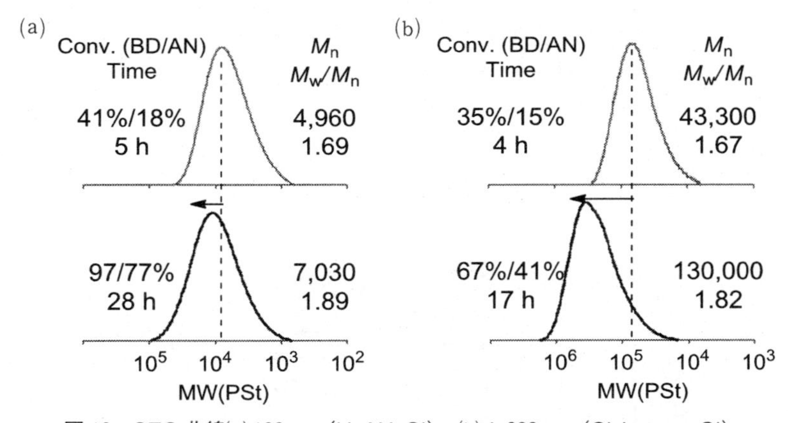

図10　SEC 曲線(a) 100 mer (H-AN-Cl), (b) 4,000 mer (Cl-butene-Cl)

続いて，安価な鉄触媒を用いた重合について検討を進めたので報告する。

6 鉄触媒による重合

ここまでRu触媒を用いて検討を行ってきたものの，本重合系では高価なRu触媒による触媒コストが問題となる。そこで我々は，数ある金属元素の中でも最も安価な鉄（Fe）触媒に注目した。近年の活発な研究によって，リビングラジカル重合でもFe触媒の使用が可能となっている。官能基耐性が低いという欠点を持つFe触媒であったが，ハーフメタロセン型二核鉄錯体（$[FeCp(CO)_2]_2$）をはじめ，活性の高い触媒が数多く報告されるようになった[2]。これらの錯体では，水系での分散重合においても高い重合活性を示すだけでなく，非共役オレフィンの共重合なども進行することが報告されている[6]。これらの錯体を用いれば，アクリロニトリルのような高極性モノマーについても触媒活性を低下させずに重合が進行する可能性が期待できる。そこで我々は，この二核鉄錯体を用いてイソプレンとアクリロニトリルのランダム共重合を検討した（図11）。

トルエン溶媒中，80℃で$[FeCp(CO)_2]_2$錯体を用い，モノマーに対して1/100のヨウ素型開始剤を添加して重合を行ったところ，重合は進行するものの，重合の進行と共に分子量の増加が見られず，重合が制御されていないことがわかった（図12）。これは，用いたFe錯体が，アクリロニトリルのシアノ基の配位によって失活した可能性が考えられる。そこで，Fe系で一般に用いられるチタン系の助触媒（$Ti(O^iPr)_4$）の代わりに，強いルイス酸性を示す希土類のサマリウム助触媒（$Sm(O^iPr)_3$）を用いて，Fe錯体を保護することにした。その結果，重合速度が向上し，高重合率まで重合が進行した（図12）。分子量分布は狭く，重合の進行と共に分子量の増加を示し，リビング的に重合が進行することがわかった（M_n = 11,000，M_w/M_n = 1.62）（図13）。このように高いルイス酸性を持つSm助触媒を用いることで，Fe錯体がアクリロニトリルの配位から保護され，リビング的に重合が進行したものと考えている。以上，安価なFe錯体においても精密ニトリルゴム合成の可能性が見出された。

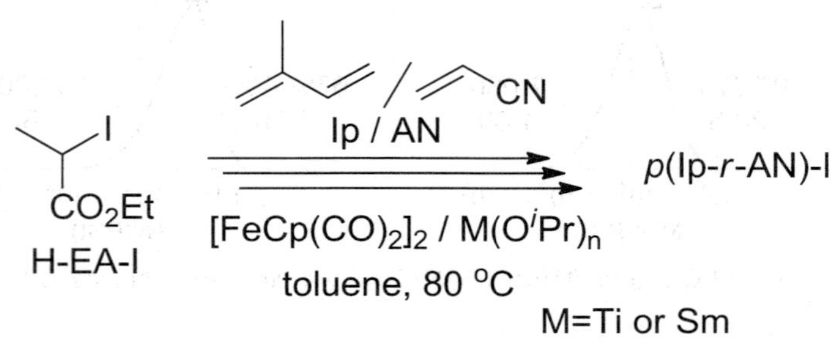

図11　Fe触媒によるIp/ANのリビングラジカル共重合

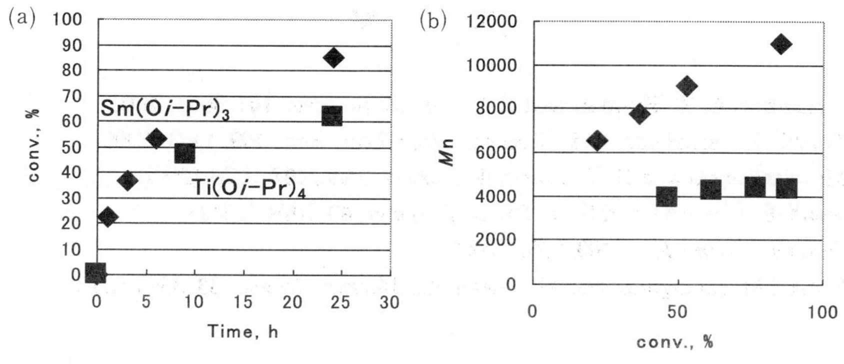

図12　(a) Time-Conversion 曲線，(b) Conversion-M_n 図

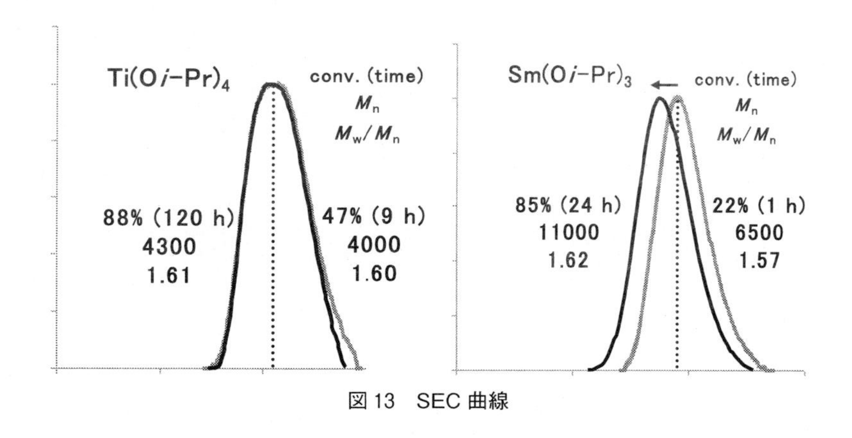

図13　SEC 曲線

7　まとめ

我々は，遷移金属触媒を用いることによって，共役ジエンとアクリロニトリルのリビングラジカル共重合を達成した。本手法を用いると，分子量分布を制御するだけに止まらず，狙いの設計に応じてポリマー構造を最適にチューニングすることができる。さらに Fe 触媒系の開発により，新規なポリマーを安価に合成できる可能性も期待できる。今後，我々はさらに効率的な新触媒の開発，高性能なポリマー設計を行い，社会に貢献できる新材料の開発を目指していきたいと考えている。

文　　献

1) C. J. Hawker, A. W. Bosman, and E. Harth, *Chem. Rev.*, **101**, 3661 (2001)
2) M. Ouchi, T. Terashima, and M. Sawamoto, *Chem. Rev.*, **109**, 4963 (2009)
3) K. Matyjaszewski and N. V. Tsarevsky, *Chem. Rev.*, **107**, 2270 (2007)
4) G. Moad, E. Rizzardo, and S. H. Thang, *Polymer*, **49**, 1079 (2008)
5) S. Yamago, *Chem. Rev.*, **109**, 5051 (2009)
6) Y. Kotani, M. Kamigaito, and M. Sawamoto, *Macromolecules*, **33**, 3543 (2000)

第6章　リビングラジカル重合を活用した易解体性粘着材料の設計

佐藤絵理子*

1　はじめに

リビングラジカル重合法の発展によって様々な構造制御された高分子の合成が可能になり，そのいくつかは既に工業的に生産されている。日本では，1年間に約1,000万トンの合成高分子が生産されており，その10%が接着・粘着材料に利用されている。接着・粘着材料は，製品の主機能を担う材料ではないが，小型・軽量化やマルチマテリアル化において必要不可欠な材料である。接着技術が利用されている製品や分野の発展に伴い，接着材料に求められる機能も多様化・複雑化している。近年，特に注目を集めている機能の一つとして解体性が挙げられる。接着材料は，リベットなどによる接合と比較して軽量であり，被着体同士を面で接着できるため耐疲労性に優れるなどの利点を有する半面，一度接着すると剥がすことが困難である。これを克服するため，使用時の十分な接着強度に加え，外部刺激に応答して接着強度が速やかに低下する性質を併せ持つ「易解体性接着材料」が注目されている[1]。本稿では，リビングラジカル重合により合成した反応性ブロック共重合体の易解体性粘着材料への応用，および構造制御されたポリマーの優位性について紹介する。

2　反応性高分子を用いる易解体性粘着材料の設計[2]

接着剤の場合，液状モノマーやポリマー溶液などで被着体を十分に濡らした後，重合や乾燥によって固化することで高い接着強度を示す（図1）。一方，粘着剤の場合，被着体を濡らす性質と剥離などの応力に耐える性質を併せ持つ粘ちょうなポリマーが用いられ，圧着と同時に粘着力を発現する。粘着力の評価指標の1つとして剥離強度があり，剥離強度は，弾性率と共に極大値まで増加するが，その後さらに弾性率が増大すると剥離強度は低下する（図1）。弾性率が高くなりすぎると変形できなくなり，剥離エネルギーを消費できなくなるためである。従って，通常の圧着時の剥離強度が極大値付近となるような弾性率のポリマーを設計し粘着剤として用いた場合，解体処理によってポリマーの弾性率を低下させる，または弾性率を過度に増大させることで剥離強度を低下させることができる。

*　Eriko Sato　大阪市立大学大学院　工学研究科　准教授

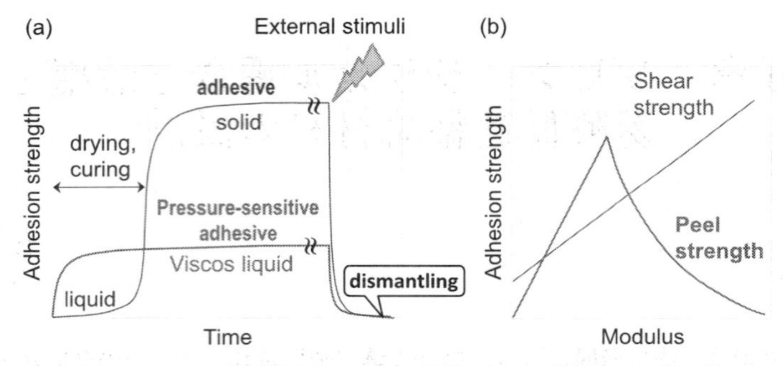

図1　時間と接着強度(a)，および弾性率と接着強度(b)の関係

3　主鎖分解性ポリマーを利用する易解体性粘着材料の設計

ジエンモノマーと酸素のラジカル交互共重合によって得られるポリペルオキシドは，主鎖の繰り返し単位として過酸化結合を含み，加熱や紫外光照射によりラジカル連鎖的に低分子化合物に分解する[3,4]。100℃程度で速やかに熱分解するため，汎用ビニルポリマーなど耐熱性がそれ程高くない有機物存在下でもポリペルオキシドを選択的に分解可能であり，材料設計の幅が広いという特徴を持つ[5~8]。ソルビン酸メチル（MS）から合成されるポリペルオキシド（PP-MS）は，ガラスやステンレス鋼板に対して良好な粘着性を示し，紫外光照射や加熱によりPP-MSを分解することで凝集力および剥離強度が低下するため，易解体性粘着材料としての応用が期待される[9]。しかし，未処理時の180°剥離試験でスティックスリップ現象が見られ，粘着特性は不十分である（図2）。PP-MSのガラス転移温度（T_g）は－13℃であり，粘着剤としては高かったためと考えられる。そこで，粘着材料として利用されているアクリル系ポリマーの導入による粘着特性の向上を検討した。

ビニルモノマー存在下では酸素は重合禁止剤として働くため，ビニルモノマー，ジエンモノ

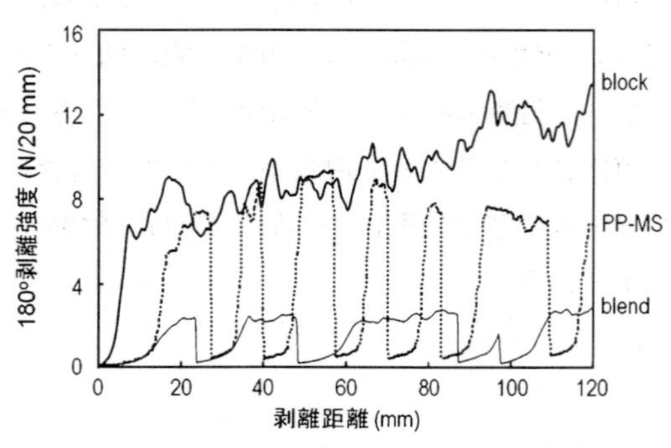

図2　PP-MS，P2EHMA-*b*-PPMS，およびポリマーブレンドを用いて作製した粘着テープの180°剥離試験結果（解体処理前）

マー，および酸素の三元ランダム共重合は困難である。そこで，ビニルポリマーとポリペルオキシドからなるブロック共重合体を選択した。ここで，ポリペルオキシドは熱および光分解に加え酸化還元分解も受け，さらに酸素を原料とするため利用できるリビングラジカル重合法が限られる。筆者らは，後藤らによって報告されている可逆移動触媒重合（RTCP）の利用を検討した[10]。RTCP の報告例は 70℃以上でありポリペルオキシド合成に適用するには高温であったが，連鎖移動によって進行する点に注目し，より低い温度でも重合が進行すると予想した。実際にメタクリル酸エステルの RTCP を 40℃で行い，高重合率まで重合がリビング的に進行することを確認している。ソルビン酸メチルと酸素の RTCP では，重合率の増大に伴って分子量は増加するものの，重合率が高くなるほど理論分子量より低下する傾向が見られ，重合制御能は高いとは言えない。水素引き抜きなどの副反応を起こしやすい酸素中心ラジカルが成長活性種として含まれるためであると考えられる。よって，ポリペルオキシドを含むブロック共重合体を合成する場合，まずビニルポリマーブロックを合成し，二段階目にポリペルオキシドブロックを合成するのが望ましい。

RTCP の適用可能モノマーを考慮し，低 T_g ポリマーブロックとしてポリメタクリル酸 2-エチルヘキシル（P2EHMA）を選択し，RTCP により PP-MS とのブロック共重合体（P2EHMA-*b*-PPMS）を合成した（図3(a)）[11]。P2EHMA-*b*-PPMS を用いると，同条件下で測定した市販の粘着テープの 2 倍程度の高い 180° 剥離強度（10.6 ± 5.6 N/20 mm）を示し，PP-MS の場合に見られたスティックスリップも起こらない（図2）。一方，P2EHMA と PPMS のポリマーブレンドを粘着剤として用いた場合は，スティックスリップ現象を示す上に，剥離強度自体も低くなる。また，P2EHMA-*b*-PPMS を用いた粘着テープをステンレス鋼板に圧着後，100℃で 1 h 加熱すると自発剥離する程度にまで剥離強度は低下する。重量減少率より，PPMS はほぼ定量的に分解することが分かっており，分解生成物の気化によって自発剥離したと考えられる。以上のように，主鎖分解型のポリペルオキシドと粘着特性向上の役割を果たすポリマーからなるブロック共重合体を用いることにより，使用時の高い剥離強度と熱分解による剥離強度の著しい低下の両立を達成している。

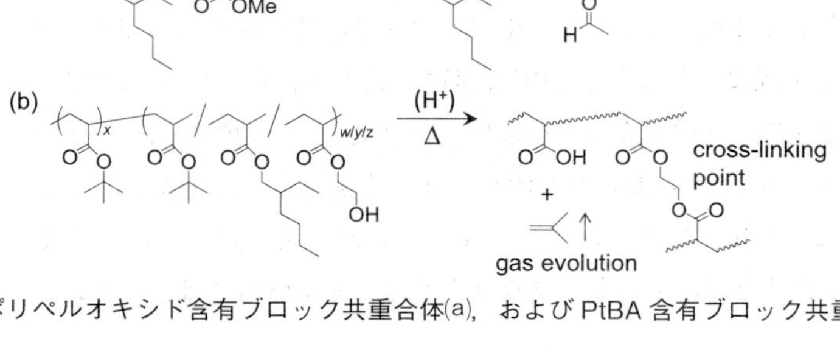

図3　ポリペルオキシド含有ブロック共重合体(a)，および PtBA 含有ブロック共重合体(b)

4　架橋とガス生成を相乗的に利用する易解体性粘着材料の設計

4.1　反応性アクリル系ブロック共重合体の高分子量化

ポリアクリル酸 *tert*–ブチル（PtBA）を加熱すると脱保護が進行し，ポリアクリル酸とイソブテンガスに変換される。粘着剤層中でガス生成が起こると，可塑化や有効接着面積の低下が起こり，剥離強度が低下すると予想される。また，第三級エステルの脱保護は酸で触媒される反応であるため，光酸発生剤を併用すると，光照射前は比較的高い熱安定性を示し，光照射後に加熱することによって速やかに脱保護が進行し解体が可能になると期待される。さらに，第二級エステルの脱保護は第三級エステルより活性化エネルギーが高いため，エステルアルキル基を選択することにより耐熱性をさらに向上させることが可能であり，様々な材料設計が行える。

PtBA の T_g は約 40℃であり粘着剤として用いるには高すぎるため，低 T_g ブロックとしてポリアクリル酸 2–エチルヘキシル（P2EHA）と組み合わせたブロック共重合体（PtBA-*b*-P2EHA）の利用を検討した。原子移動ラジカル重合（ATRP）により合成した PtBA-*b*-P2EHA に光酸発生剤として *N*–トリフルオロメタンスルホニルオキシナフタルイミド（NIT）を添加したものを粘着剤として用いると，100℃での加熱や紫外光照射のみでは剥離強度の低下は起こらず，紫外光照射により NIT から酸発生させた後 100℃で加熱した場合のみ選択的に剥離強度を低下させることができる[12)]。ここで，未処理時の 180° 剥離強度は，6.2 N/20 mm（被着体：ステンレス鋼板）と同条件下で測定した市販品に匹敵する値を示すが，PtBA-*b*-P2EHA の分子量や組成が最適値から少しずれると大きく低下する。これは，ATRP で合成した PtBA-*b*-P2EHA の数平均分子量が 2 万程度であり，粘着剤として利用するには小さいため，分子量や組成のわずかな変化により凝集力が大きく変化するためである。そこで，アクリル系ブロック共重合体の高分子量化を検討した。高分子量ポリマーの合成に適したリビングラジカル重合法として，還元剤やラジカル開始剤を用いる ARGET ATRP や ICAR ATRP などが挙げられるが，特にアクリル系ポリマーの合成に有効である有機テルル化合物を用いるリビングラジカル重合（TERP）に注目した[13)]。

TERP を利用し，第一モノマーとして用いた tBA がほぼ消費された後，第二モノマーを添加することにより数平均分子量 15 万以上のブロック共重合体を合成した。また，凝集力の向上を目的とし，極性基を含むアクリル酸 2–ヒドロキシエチル（HEA）ユニットの導入も行った。ここで，HEA ユニットは，未処理時の凝集力を向上する働きと共に，酸触媒存在下での加熱によりポリマー側鎖とエステル交換し架橋点としても働く[14)]。つまり，tBA と HEA ユニットを含む共重合体を酸存在下で加熱すると，ガス生成と架橋が同時に進行し，弾性率の過剰な上昇による剥離強度の低下と生成ガスによる有効接着面積の低下が相乗的に働くと期待される（図 3(b)）。得られた高分子量ブロック共重合体（PtBA-*b*-P(tBA$_{trace}$-*co*-2EHA-*co*-HEA)）は，広い組成範囲で 5 N/20 mm 以上の高い剥離強度を示し，高分子量化および極性基の導入により未処理時の安定した剥離強度の発現に成功した[14〜19)]。また，類似組成で同程度の分子量のブロック共重合体とランダム共重合体を比較すると，ブロック共重合体は界面剥離しやすいのに対し，ランダム

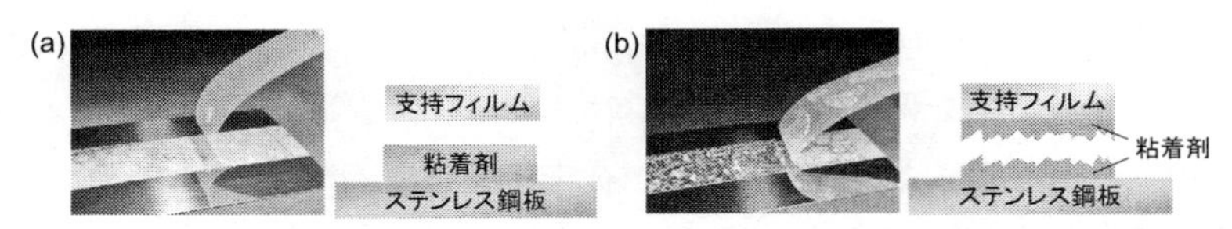

図4　ブロック共重合体(a)，およびランダム共重合体(b)の剥離様式（左）と断面模式図（右）

共重合体は凝集破壊しやすい傾向を示す（図4）。これは，ブロック共重合体のミクロ相分離構造が物理的な架橋点として働き，粘着剤層中での発泡による凝集力低下を抑制しているためである[20)]。被着体の再利用などを考慮すると，界面剥離が望ましく，ブロック共重合体を用いた場合には金属の被着体界面での剥離も達成している[20b)]。さらに，所定時間光照射後に150℃で5 min加熱した場合の光照射時間と剥離強度の低下率を比較すると，ブロック共重合体は2.5 minの照射でほぼゼロまで強度低下するのに対し，ランダム共重合体では10 min照射後も未処理時の15％程度にしか低下しない。以上のように，反応性基を導入した高分子量ブロック共重合体は，広い組成範囲で安定した180°剥離強度を発現し，解体処理後の剥離強度の低下率および剥離様式の両方でランダム共重合体より優れた解体性を示す。

4.2　半減期が異なる二種の開始剤を用いるTERPの開発

高分子量アクリル系ポリマーの合成において，TERP法は優れた方法の1つであるが，ドーマント種として用いる有機モノテルリドは極微量の酸素によって失活するため，不活性雰囲気下での取扱に熟練する必要がある。筆者らは，空気中で安定な有機ジテルリド化合物存在下，半減期が大きく異なる二種のアゾ開始剤を用いてアクリルモノマーのTERPを行うと，重合制御能を保ったまま高重合率まで速やかに重合が進行することを報告している[15)]。

モノマー存在下で有機ジテルリド化合物と一種のアゾ開始剤から有機モノテルリドを生成し，単離することなく重合に利用する方法は山子らによって報告されている[21)]。しかし，粘着材料として利用するために数平均分子量10万以上の高分子量アクリル系ポリマーの合成に適用した場合，種々の条件下で重合を行ったが，制御能を保ったまま高重合率まで重合を進行させることが困難であった[15)]。アゾ開始剤からのラジカル生成速度が遅い場合は，重合初期に有機ジテルリド化合物を速やかに消費して重合を迅速開始することが困難であり，一方，アゾ開始剤からのラジカル生成速度を速くしすぎるとフリーラジカル濃度が上昇し二分子停止の寄与を無視できなくなるためと考えられる。TERPでは，交換連鎖移動と結合－再結合機構によってドーマント種と活性種の交換が起こるが，60℃程度で重合を行う場合，結合－再結合機構の寄与は小さい[13)]。従って，高重合率まで重合を進行させるには全重合期間を通して一定濃度以上の一次ラジカルを供給可能なラジカル開始剤を用いる必要がある。一方，迅速開始の観点では，重合初期に有機ジテルリド化合物を消費できる半減期が十分に短い開始剤が有利である。そこで，重合初期に有機ジテルリド化合物の消費を担う半減期の短い開始剤と，全重合期間を通じて交換連鎖移動のためのラジカル供給を行う半減期の長い開始剤の併用を検討し，単一のアゾ開始剤のみを用いた場合と比較して低い分子量分布を保ったまま高重合率まで重合することに成功した。この方法でブロック共重合体を合成することも可能であり，従来の有機モノテルリド化合物を用いるTERP法で合成したブロック共重合体と同等の易解体性粘着剤特性を示すことも確認している。有機ジテルリド化合物は市販品としても入手可能であり，有機ジテルリド化合物と二種のアゾ開始剤を併用するTERP法は，実用化の観点からも有用であると言える。

5　おわりに

主鎖分解するポリペルオキシド，および側鎖に架橋およびガス生成する官能基を有するアクリル系ポリマーを含むブロック共重合体の合成，および易解体性粘着材料への応用を紹介した。易解体性粘着材料は，解体のための反応部位を有すると共に，弾性率や被着体との相互作用など一般的な粘着剤が有する性質も満たす必要がある。本稿では，紹介できなかったが，還元分解，加水分解，光分解など多様な外部刺激により分解除去可能な硬化型接着材料の設計と応用についても報告している[22]。接着・粘着技術が利用されている分野の発展に伴い，接着・粘着材料への要求も益々高まると予想されるが，高分子の精密合成技術が多様な要求を満たす上で重要な役割を果たすと期待される。

文　　献

1) 宮入裕夫ほか編，接着・解体技術総覧─資源・環境・エネルギー─，エヌジーティー（2011）
2) (a) 佐藤絵理子，松本章一，ファインケミカル，**43**，5（2014）；(b) 佐藤絵理子，松本章一，月刊 MATERIAL STAGE，**15**，51（2015）；(c) 佐藤絵理子，松本章一，高分子，**65**，573（2016）；(d) 佐藤絵理子，化学と工業，**70**，890（2017）；(e) 佐藤絵理子，松本章一，科学と工業，**92**，7（2018）
3) H. Hatakenaka, Y. Takahashi, A. Matsumoto, *Polym. J.*, **35**, 640（2003）
4) E. Sato, A. Matsumoto, *Chem. Rec.*, **9**, 247（2009）
5) E. Sato, T. Kitamura, A. Matsumoto, *Macromol. Rapid Commun.*, **29**, 1950（2008）
6) T. Kitamura, A. Matsumoto, *Macromolecules*, **40**, 6143（2007）
7) T. Kitamura, A. Matsumoto, *Macromolecules*, **40**, 509（2007）
8) (a) E. Sato, M. Yuri, S. Fujii, T. Nishiyama, Y. Nakamura, H. Horibe, *Chem. Commun.*, **51**, 17241（2015）；(b) E. Sato, M. Yuri, S. Fujii, T. Nishiyama, Y. Nakamura, H. Horibe, *RSC Adv.*, **6**, 56475（2016）
9) E. Sato, H. Tamura, A. Matsumoto, *ACS Appl. Mater. Interfaces*, **2**, 2594（2010）
10) (a) A. Goto, H. Zushi, N. Hirai, T. Wakada, Y. Tsujii, T. Fukuda, *J. Am. Chem. Soc.*, **129**, 13347

(2007)；(b) A. Goto, Y. Tsujii, T. Fukuda, *Polymer*, **49**, 5177 (2008)
11) E. Sato, T. Hagihara, A. Matsumoto, *ACS Appl. Mater. Interfaces*, **4**, 2057 (2012)
12) T. Inui, E. Sato, A. Matsumoto, *ACS Appl. Mater. Interfaces*, **4**, 2124 (2012)
13) S. Yamago, *Chem. Rev.*, **109**, 5051 (2009)
14) K. Yamanishi, E. Sato, A. Matsumoto, *J. Photopolym. Sci. Technol.*, **26**, 239 (2013)；E. Sato, S. Iki, K. Yamanishi, H. Horibe, A. Matsumoto, *J. Adhes.*, **93**, 811 (2017)
15) T. Inui, K. Yamanishi, E. Sato, A. Matsumoto, *Macromolecules*, **46**, 8111 (2013)
16) T. Inui, E. Sato, A. Matsumoto, *RSC Adv.*, **4**, 24719 (2014)
17) E. Sato, K. Yamanishi, T. Inui, H. Horibe, A. Matsumoto, *Polymer*, **64**, 260 (2015)
18) 深本悠介，芦田拓也，岡村晴之，佐藤絵理子，堀邊英夫，松本章一，日本接着学会誌，**52**, 198 (2016)
19) Y. Fukamoto, E. Sato, H. Okamura, H. Horibe, A. Matsumoto, *Appl. Adhes. Sci.*, 5: 6 (2017)
20) (a) E. Sato, K. Taniguchi, T. Inui, K. Yamanishi, H. Horibe, A. Matsumoto, *J. Photopolym. Sci. Technol.*, **27**, 531 (2014)；(b) E. Sato *et al.*, Manuscript in preparation.
21) S. Yamago, K. Iida, M. Nakajima, J. Yoshida, *Macromolecules*, **36**, 3793 (2003)
22) (a) E. Sato, I. Uehara, H. Horibe, A. Matsumoto, *Macromolecules*, **47**, 937 (2014)；(b) E. Sato, Y. Yamashita, T. Nishiyama, H. Horibe, *J. Photopolym. Sci. Technol.*, **32**, 241 (2017)；(c) E. Sato, C. Omori, T. Nishiyama, H. Horibe, *J. Photopolym. Sci. Technol.*, **31**, 511 (2018)

第7章　リビングラジカル重合によるポリマーブラシ形成とトライボロジー制御

辻井敬亘*

1　はじめに

本章では，リビングラジカル重合法（LRP法）を活用した界面制御としてポリマーブラシ[1)]の形成を取り上げ，その精密構築法について解説するとともに，機能面としては特に，摩擦・摩耗・潤滑，すなわち，トライボロジー特性に焦点を絞る。一般に，材料表面の構造や性状を精密制御し，摩擦・摩耗を高度に低減した材料の開発は，燃費や製品寿命の向上に直結し，省エネルギー・低環境負荷を実現する。その効率的システム設計に向けて重要な点は，境界潤滑域の摩擦を低減するとともに流体潤滑域を拡大することである（図1）。この分野においても近年，リビングラジカル重合により合成される構造の制御された機能性ポリマーが注目される。

ところで，現行の機械システムの多くの摺動部には，金属やセラミックス等，硬質（＝ハード）材料が用いられている。材料の弾性率が高ければ，弾性変形により生じる接触面積を小さく，また，材料の降伏応力が高ければ，塑性変形により生じる接触面積を小さくすることができる。このため，硬質材料を用いて摩擦や摩耗の問題の解決を図るのは理にかなった設計指針と言える。一方，接触面積が大きくなる軟質（＝ソフト）材料は一般に高摩擦という先入観が強く，ゴムに代表されるように，タイヤ等，摩擦力を積極的に利用する摺動部を除いて，そのトライボロジー応用は限定的であった。しかしながら，低摩擦化を実現できれば，軟質材料ゆえの特徴あるトライボロジー応用を見出すことができると期待される。この観点では，ポリマーブラシは，内部に溶媒（潤滑液）を包含し，高潤滑・低摩擦を実現しうるソフト系先進材料である。

以下，ポリマーブラシの合成と基礎特性に続き，トライボロジー特性ならびに機械摺動システム応用の可能性に言及する。後者では特に，ソフトゆえに強靭（レジリエント）な新規トライボ材料（Soft & Resilient Tribo-material；SRT材料）のコンセプト提案（図1）を第一の目的とし，筆者らの研究例を中心とした説明となることをご容赦願いたい。ポリマーゲルやポリマーモノリス（多孔体）を含めて，ポリマー系材料のトライボロジー特性については，近年，基礎と応用の両面から国内外で活発な研究開発が行われており，他書・総説等を参照されたい。

2　リビングラジカル重合によるポリマーブラシの精密合成

構造の明確なポリマーブラシ，すなわち，一端が材料表面に固定されたポリマーグラフト層の

---

*　Yoshinobu Tsujii　京都大学　化学研究所　教授

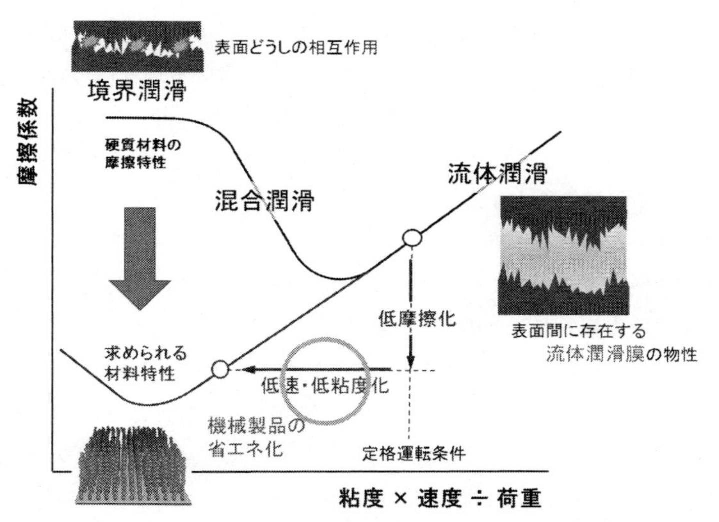

図1　ストライベック曲線：潤滑機構の概念図と低摩擦化戦略

構築法は，別途調製した末端官能性高分子やブロックコポリマーの表面吸着または化学反応によるGrafting-to法と，表面に固定された開始基からのリビング重合反応によるGrafting-from法（表面開始グラフト重合）に大別される（図2）。いずれも，合成手法としては，様々な機能性ポリマー（機能性官能基を有するビニルポリマー）を簡便に合成しうるリビングラジカル重合に注目が集まる。

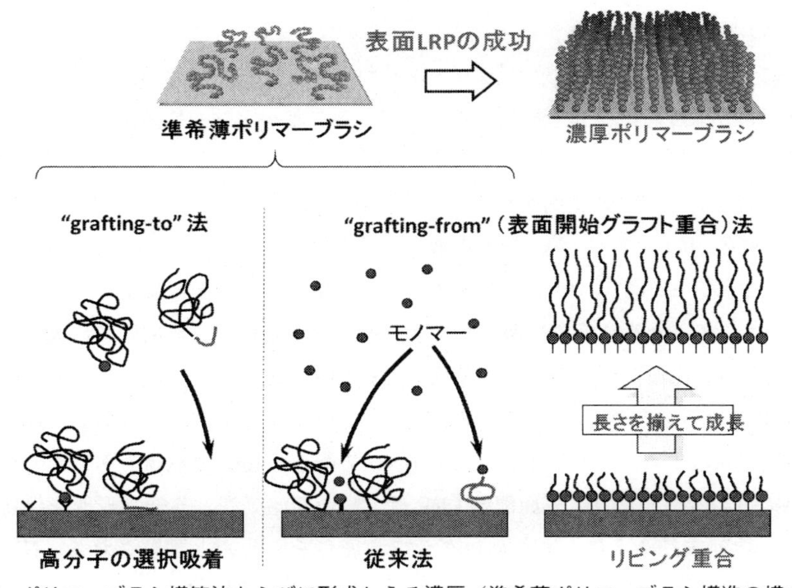

図2　ポリマーブラシ構築法ならびに形成しうる濃厚／準希薄ポリマーブラシ構造の模式図

Grafting-to 法に用いられる末端官能性高分子やブロックコポリマーの精密合成については，他章を参照されたい。これらの機能性ポリマーの溶液からの吸着過程において[2]，初期には，ランダムコイル形態のポリマー鎖が材料表面に拡散・吸着（反応）し，マッシュルーム構造を形成する。表面との接触頻度は，吸着量の増大（吸着サイトの減少）とともに減少し，ランダムコイルサイズで規定される飽和値を有する。次なるステップとして，グラフトポリマー鎖はブラシ状態へと形態変化を伴いながら，溶液中のポリマー鎖の侵入と表面への吸着（反応）すなわちグラフト密度のさらなる増大が起こる。ただし，ブラシ形態への変化は，形態エントロピーの損失を伴うため，ある一定値を超えて，グラフト密度を増大させることは難しい。

一方，Grafting-from 法（表面開始グラフト重合）では，表面から成長した高分子が，通常は低分子化合物であるモノマーや触媒の接近に対して障害となる程度ははるかに小さく，より高い密度でのグラフト化が可能である。分子量や分子量分布をはじめとするグラフト鎖の構造制御を目指して，各種のリビング重合法の適用が試みられている。中でも，LRP 法は，多くのモノマーに適用しうる汎用性と特に厳格な実験条件を必要としない簡便性ゆえに，グラフト重合の精密制御に最もよく用いられている。その基本概念は，成長ラジカルを適当なキャッピング基で一時的（可逆的）に共有結合化（ドーマント化），すなわち，可逆的活性化・不活性化サイクルを擬平衡下で進行させることにある（他章参照）。通常，表面開始グラフト重合への適用は，各ドーマント種に対応する開始基を材料表面に固定化した後，これを起点として行われる。適切な重合条件下で，グラフト鎖はほぼ長さを揃えて成長し，構造の制御されたグラフト層が得られる。具体的には，LRP 法の一種である原子移動ラジカル重合（ATRP）法を適用する場合，重合制御に十分な頻度での活性／不活性化を達成するために，可逆的不活性化剤あるいはフリー開始剤（低分子ドーマント化合物）の添加が有効である。後者の場合，通常の溶液系と同様に不活性化剤濃度が自動調節されるため（持続ラジカル効果），多くの系へ容易に適用可能である。また，代表的な系において（他の LRP 法でも），グラフトポリマーが，フリー開始剤から生成するフリーポリマーとほぼ同じ分子量および分子量分布を有していることが実験的に確認されており，しばしば有用な指標となる。

シランカップリング型固定化開始剤をシリコン基板およびシリカ微粒子表面に固定化した後，等価なフリー開始剤の存在下，銅錯体を触媒として，メチルメタクリレート（MMA）の ATRP を行った結果を図 3 に示す[3]。いずれも，グラフトポリマーの指標となるフリーポリマーの数平均分子量 M_n は，狭い分子量分布を保ったまま，モノマー転化率に比例して増大し，また，グラフト量と M_n はよい比例関係を与えた（通常，乾燥膜厚として，数 nm～数百 nm の範囲で制御可能)。これは，グラフト密度を一定に保持しつつグラフト重合がリビング的に進行したことを意味する。比例係数より，グラフト密度は 0.6～0.7 chains/nm^2 と見積もられた。この値は，従来法を大幅に超える値であり，表面開始 LRP は，高い開始効率と高伸張形態を保持したグラフトポリマーの均等成長ゆえに，より高いグラフト密度を与えたと理解される。NMP や RAFT 重合についても，それぞれの重合特性を生かした多くの報告例がある。Husseman ら[4]は，スチ

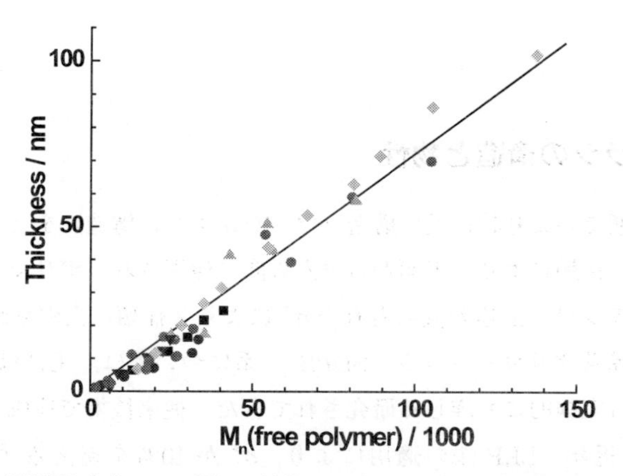

図3　乾燥膜厚（グラフト量）と等価フリーポリマーの数平均分子量の関係

レンの表面開始NMPにはじめて成功し，上述の値とほぼ同じ，高いグラフト密度を達成している。また，RAFT法による表面開始グラフト重合については，Baumら[5]がアゾ型シランカップリング剤とRAFT剤を用いて成功し，その後，様々なRAFT型シランカップリング剤も開発された。原理的には，溶液（あるいはバルク）系において制御可能な重合系とモノマー群が適用可能である。また，各種共重合（ランダム，グラジエント，ブロック等）により対応する機能性ポリマーブラシの合成，活性末端変換反応の活用によりポリマーブラシ末端の機能化も試みられている。なお，表面開始LRPでは，鎖の一端が基材表面に固定されることにより，成長末端の局所濃度が高く，一方で，その運動（拡散）は制限され，また，表面グラフト層－溶液の2層間で化学種の分配も起こりえるため，反応速度論的観点での均一系LRPとの比較も興味深い。

次に，表面開始LRPにより飛躍的に向上したグラフト密度について考察する。グラフト密度の最大値はモノマーの大きさ（ビニルモノマーでは側鎖の大きさ）に依存することは容易に理解され，その理論最大値は完全伸張鎖の断面積あたり1本となる。そこで，このポリマー（モノマーユニット）断面積あたりの%グラフト密度を表面占有率σ^*と定義すると（理論最大値100%），この値を用いて，サイズの異なるモノマーの表面グラフト重合におけるグラフト密度を比較することができる。ちなみに，上記のPMMAブラシの場合，表面占有率は約40%という高い値であった。材料表面でのランダム位置開始（重合開始点が過剰にある場合）を想定した簡単なシミュレーションの結果，表面占有率は約60%で一定となり，それ以上増大しない（デッドスペースの生成）。実験値はこのランダム開始の限界値に比較的近く，言い換えれば，開始点の配置制御あるいは表面移動を許すようなスペーサーの導入がグラフト密度を向上させる可能性を示唆する。実験的にも，グラフト密度のスペーサー長依存性が検討されている。この他，表面開始ATRPにより成長するポリマーブラシのグラフト密度限界について，活性化（表面開始）の重合触媒（遷移金属触媒）が表面固定化開始基に接近する際の立体障害という観点からも議論されている[6]。この問題の基礎的理解を深めることは，グラフト密度の更なる向上に繋がるものと期待される。

3 ポリマーブラシの構造と物性

良溶媒中，孤立状態で糸まり状に近い構造（マッシュルーム構造）をとるグラフト鎖は，密度上昇による隣接鎖との接触により，表面から垂直方向に伸張され，ポリマーブラシ構造を形成する。このポリマーブラシは，上述の表面占有率 σ^* により 2 種類に大別される。σ^* が数％程度の比較的低密度の「準希薄ポリマーブラシ（SDPB）」系については，主には Grafting-to 法により調製され，理論的にも実験的にも詳しく研究されてきた。従来技術で達成しうるのはこの密度領域までであったが，近年，LRP 法の適用により，σ^* が 10％を超える「濃厚ポリマーブラシ（CPB）」系が実現された。図 4 に，良溶媒で膨潤したポリマーブラシ層について，平衡膨潤膜厚（L_e）と伸びきり鎖長（L_c）の比で表した鎖伸張度（L_e/L_c）と σ^* の関係を示す[7)]。ここで，L_c 値として，重量平均重合度より算出された値を用いた。L_e/L_c 値は，σ^* の増加とともに，SDPB に対する予測（$L_e \sim L_c\sigma^{*1/3}$）を超えて増大し，CPB に対するスケーリング則（$L_e \sim L_c\sigma^{*1/2}$）にほぼ従うことがわかる（両者のクロスオーバー領域は $\sigma^* \fallingdotseq 10\%$ と見積もられる）。なお，最も密度の高いブラシ（$\sigma^* \sim 40\%$）では，L_e/L_c 値は 80～90％にも達した。

ポリマーブラシの膨潤は，（溶媒とポリマーの）混合エントロピー変化（ΔS_m）由来の浸透圧と（鎖伸張に伴う）形態エントロピー変化（ΔS_c）由来の伸張応力の釣り合いとして理解される。すなわち，グラフト鎖は，浸透圧により膨潤伸張され，伸張応力と釣り合う膨潤度で平衡状態となる。平衡膨潤時において，SDPB では数気圧程度の浸透圧しか働かないのに対して，CPB では数十気圧にも達すると見積もられる。ゆえに，膨潤 CPB 層は，わずかな圧縮でも浸透圧の急

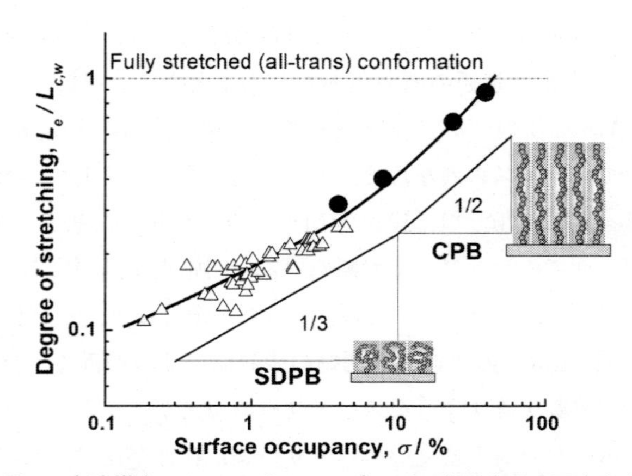

図 4　良溶媒中におけるポリマーブラシの膨潤度と表面占有率
●印：Grafting-from 法により合成された PMMA ブラシ，
△印：Grafting-to 法により形成された各種ポリマーブラシ
（Kent *et al.*, *J. Chem. Phys.*, **103**, 2320（1995）；Bijsterbosch *et al.*, *Langmuir*, **11**, 4467（1995）より）

激な増大をもたらし，高反発特性を発現する。トライボロジー特性という観点ではより大きな荷重を支えうること，また，SDPBと比較すると，同荷重において飛躍的に厚い膨潤層を維持しうることを意味する（本特性が，後述する優れた潤滑特性発現の鍵の一つである）。この高反発特性[7]に加えて，極低摩擦・高潤滑特性（後述）[8]や特異なサイズ排除特性（生体適合性発現にも関連：他章参照）[9]は上記のエントロピー的相互作用の観点で理解することができ，筆者らは，これらのエントロピー駆動とも言うべきCPB特有の特性をCPB効果と呼んでいる。その考え方によれば，溶媒とポリマーブラシの親和性が担保されれば，CPB効果を発現することを意味し，LRP法により様々な機能性ポリマーを合成できることに鑑みると，様々な溶媒系（有機溶媒，水溶液，イオン液体等）でCPB効果を活用できることを意味する。

4　トライボロジー制御

膨潤ブラシが発現するトライボロジー特性も，2種類のポリマーブラシ系で大きく異なる。Grafting-to法により調製されるSDPBとして，例えば，片末端に両性イオン（$-(CH_2)_3N^+(CH_3)_2(CH_2)_3SO_3^-$）を有するポリスチレン（PS）をマイカ（雲母）表面に物理吸着させると（$\sigma = 0.005 \sim 0.05$ chains/nm^2），トルエン（PSの良溶媒）中，境界潤滑域の摩擦係数が低下[10]，ただし，高荷重下では高摩擦となりスティック・スリップ現象が観測されている。さらなる低摩擦化には，表面間の立体反発に加えて，解離基導入（電解質ポリマーブラシ化）による浸透圧効果の増強が有効である。例えば，疎水化されたマイカ表面にPMMAとスルホニル基含有ポリメタクリレートのブロック共重合体が物理吸着により形成するアニオン性SDPB（$\sigma = 0.063$ chains/nm^2）は，水中，低荷重（～0.3 MPa）下で，低摩擦特性（$\mu = 0.0006 \sim 0.001$）を与えた[11]。物理吸着grafting-to法では，潤滑液に当該ブロックポリマーを溶解させることにより，*in-situ*（摺動機械内）でのポリマーブラシ形成，言い換えれば，低摩擦化添加剤としての利用が期待される一方，耐荷重性（高荷重下での摩擦係数の急激な上昇）や母材表面ラフネスに由来する課題（後述）があり，実用上では，摺動条件（荷重，せん断速度，母材材質，表面形状等）を考慮した利用が鍵となろう。

一方，grafting-from法により形成した，基板に強固かつ高密度に結合したCPB系では，*in-situ*再生は難しいながら，一旦形成した潤滑層の安定性と低摩擦性が格段に向上すると期待される。摩擦特性の評価方法の一つとして，AFMコロイドプローブ法（ミクロトライボロジー測定）では，AFMカンチレバー先端に接着した直径10 μmのシリカコロイドを測定プローブに用いて，ポリマーブラシ層の膜厚を基準とすれば，面／面接触と見なしうるほどに十分に大きなプローブ径ながら微少接触面（膜厚程度の接触円直径）での計測を実現することにより，母材凹凸や異物混入等の外的要因を排除し，対象材料本来の特性を評価しえた。これにより，膨潤ポリマーブラシ対向系での2つの潤滑機構，すなわち，（i）低荷重／高速度領域において摩擦係数が速度に依存する，いわゆる流体潤滑，（ii）高荷重／低速度領域において摩擦係数の速度依存性が小さい境界潤滑（ポリマーブラシ間の相互作用が摩擦特性を支配するという観点からの区分）が明らかとなった[8]。SDPB系と比較すると，CPB系では境界潤滑摩擦が大幅に低減し，流体潤滑域が拡大したと見なせる。これは，CPBでは，大きな浸透圧が大きな荷重を支える（厚い膨潤層を維持しうる）ことに加え，いかなる圧縮においてもエントロピー的にグラフト鎖は相互貫入せず[12]，極低摩擦特性（境界潤滑摩擦の低減）が発現したと理解される。その発現機構から期待されるとおり，良溶媒条件を担保することにより，言い換えれば，適切なCPB種を選定することにより，様々な溶媒（潤滑液）系で同等の優れた潤滑性が達成された。

実用機械摺動システム応用を目指して，同等のCPB膜についてマクロトライボロジー計測（トライボロジー試験機による，いわゆるボールオンディスク試験やリングオンディスク試験等）を行ったところ，上記の低摩擦・高潤滑特性は発現されなかった。その最大の理由は，接触する母材表面のラフネスである。通常，数百nmの凹凸やそれ以上のうねりのため，加えた荷重を通常100 nm程度の厚みの膨潤CPB層が均等に支えることができず，局所的な接触によるアブレシブ磨耗が起こることにある。佐藤らは，CPBを付与する母材表面を超平滑化（吹きガラスの手法で形成した最大高低差2.4 nmの石英ガラス面）することにより，同等のマクロトライボロジー試験において，期待どおりの低摩擦特性と高耐久性を実現している[13]。アブレシブ磨耗を防ぐもう一つの取り組みとして，ポリマーブラシの厚膜化が有効であった。表面開始LRPを高圧条件で行うことにより[14,15]，グラフト鎖の分子量とCPB膜厚を一桁以上増大させることに成功した（膨潤膜厚はμmオーダー）。図5に，曲率半径8 mmのボール（石英製）と平板（石英製）を対向したボールオンディスク試験の結果（ストライベック線図）を示す。実験は，DEME-TFSI中，

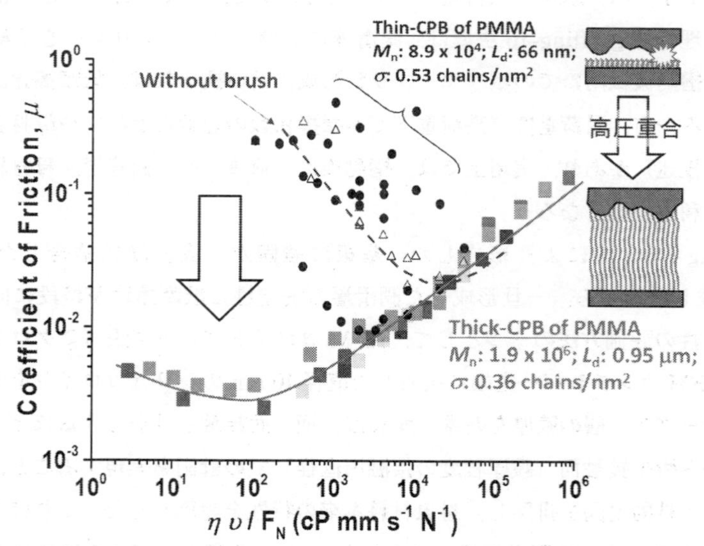

図5　ボールオンディスク試験（マクロトライボロジー計測）により得られた各種PMMA系CPBのストライベック曲線（溶媒：DEME-TFSI）

荷重0.1～4 N，回転速度10～2,000 rpm（回転半径6 mm）にて行った。ブラシなし，ならびに，薄膜CPBでは，速度低下あるいは荷重増加とともに大きく摩擦係数が増大したのに対して，厚膜CPB（M_n ≒ 200万，L_d ≒ 1 μm，$\sigma^* > 10\%$）を付与することにより，より低速度，より高荷重でも安定した潤滑特性を発現し，ミクロ計測時と同様，流体潤滑域と境界潤滑域が観測された。母材の表面ラフネスは数十～数百nm程度であり，従来の薄膜（膜厚100 nm程度）では実現しなかった「マクロ接触での優れた潤滑特性」が確認された。繰り返し摺動試験では，1万回後でも摩擦係数はほぼ変化せず，優れた耐久性が確認された。Hertzモデルによれば，この摺動条件での面圧は最大数百MPaと見積もられ，トライボシステムとして実用的にも大きなポテンシャルを有することが実証された。なお，マクロトライボロジー特性については，小林・高原らの詳細な総説[16]も参考にされたい。紙面の都合で詳細には立ち入らないが，膨潤CPB系に特徴付けられるように，軟質材料のトライボロジー特性のエッセンスを次のように考える：ソフト由来の「①相手材への低攻撃性」と，ソフト由来のレジリエントな挙動である「②ミクロ弾性流体潤滑（マイクロEHL）効果」，両者を幅広い速度域で露出させるために必要な「③低速域での低摩擦性」，「④弾性支配な粘弾性」，さらに，高荷重・高せん断に耐えうる「⑤均一性」。すなわち，溶媒（潤滑液）を内包して低摩擦・高潤滑性を維持しつつ，ソフト系ゆえに，適度な変形により高荷重を支えるとともに対向面の凹凸にならい（接触面積の増大→荷重の均等化→面圧の低減），耐久性（衝撃緩和も含めて）が向上したと理解され，ソフト&レジリエント・トライボロジー（SRT）コンセプトを提案する[17]。このようなトライボ設計思想を礎にして，硬質材料中心のトライボロジー分野において，低摩擦アイテムとしてソフト系材料の有用性が見出されつつある。材料化学と機械工学の融合・連携により，そのポテンシャルを引き出すシステム設計を実現し，「ハードからソフトへ」というパラダイムシフトに繋がることを期待する。

文　　献

1）辻井敬亘，大野工司，榊原圭太，「ポリマーブラシ」，高分子基礎科学One Pointシリーズ，第5巻，高分子学会編（2017）

2）C. Ligoure, L. Leibler, *J. Phys. France*, **51**, 1313（1990）

3）Y. Tsujii, K. Ohno, S. Yamamoto, A. Goto, T. Fukuda, *Adv. Polymer Sci.*, **197**, 1（2006）；K. Matyjaszewski, ed., “Macromolecular Engineering: Precise Synthesis, Materials Properties, Applications”, T. Fukuda, Y. Tsujii, K. Ohno, pp. 1137-1178, Wiley-VCH, Weinheim（2007）

4）M. Husseman, E. E. Malmstrom, M. McNamara, M. Mate, D. Mecerreyes, D. G. Benoit, J. L. Hedrick, P. Mansky, E. Huang, T. P. Russell, C. J. Hawker, *Macromolecules*, **32**, 1424（1999）

5）M. Baum, W. J. Brittain, *Macromolecules*, **35**, 610（2002）

6）J. Yan, X. Pan, Z. Wang, J. Zhang, K. Matyjaszewski, *Macromolecules*, **49**, 9283（2016）

7) S. Yamamoto, M. Ejaz, Y. Tsujii, M. Matsumoto, T. Fukuda, *Macromolecules*, **33**, 5602 (2000); S. Yamamoto, M. Ejaz, Y. Tsujii, T. Fukuda, *Macromolecules*, **33**, 5608 (2000)
8) Y. Tsujii, A. Nomura, K. Okayasu, W. Gao, K. Ohno, T. Fukuda, *J. Phys., Conf. Ser.*, **184**, 012031 (2009)
9) C. Yoshikawa, A. Goto, Y. Tsujii, N. Ishizuka, K. Nakanishi, T. Fukuda, *J. Polym. Sci. Part A.*, **45**, 4795 (2007)
10) J. Klein, E. Kumacheva, D. Mahalu, D. Perahla, L. J. Fetters, *Nature*, **370**, 634 (1994)
11) J. Raviv, S. Giasson, N. Kampf, J-F. Gohy, R. Jérõme, J. Klein, *Nature*, **425**, 163 (2003)
12) S. Yamamoto, Y. Tsujii, T. Fukuda, N. Torikai, M. Takeda, *KENS report*, **14**, 204 (2001-2002)
13) H. Arafune, T. Kamijo, T. Morinaga, S. Honma, T. Sato, Y. Tsujii, *Advanced Mater. Interface*, **2**, 1500187 (2015)
14) T. Arita, Y. Kayama, K. Ohno, Y. Tsujii, T. Fukuda, *Polymer*, **49**, 2426 (2008)
15) P. Kwiatkowski, J. Jurczak, J. Pietrasik, W. Jakubowski, L. Mueller, K. Matyjaszewski, *Macromolecules*, **41**, 1067 (2008)
16) 例えば，小林元康，高原淳，高分子，**58**，204 (2009)
17) 辻井敬亘，榊原圭太，中野健，数値解析と表面分析によるトライボロジーの解明と制御（監修：佐々木信也），テクノシステム，第4章第4節 (2018)

第8章　リビングラジカル重合による材料表面の生体適合性向上

吉川千晶*1，榊原圭太*2

1　はじめに

医療機器の世界市場はおよそ40兆円といわれ，日本はうち約10%を占める，アメリカに次ぐ世界第2位の市場を有している。日本では65歳以上が4人に1人といわれる超高齢化社会に突入したが，世界的にも高齢化が進んでおり，世界市場は年平均成長率4.6%（2016～2021年）での拡大が見込まれている。このため，医療機器を含む生体材料の新規開発あるいは高性能化は産業的にも学術的にも重要な研究課題となっている[1)]。

生体材料は一般的に生体適合性あるいは生体親和性を必要とするが，接触部位や使用期間などによってその要件は異なる。生体適合性の詳細については他書[2,3)]を参照されたいが，生体適合性は図1に示すようにバルク特性と表面特性の総和で表現される。生体材料の多くが組織，血液，体液などの生体と接して使用されるため，バルク特性がどれほど長期間の使用に耐えうるとしても，初期的な適合性を決める表面特性が不十分であれば耐用年数は短くなってしまう。それゆえ，材料表面の生体適合性を制御することは生体材料の開発において特に重要である。表面の

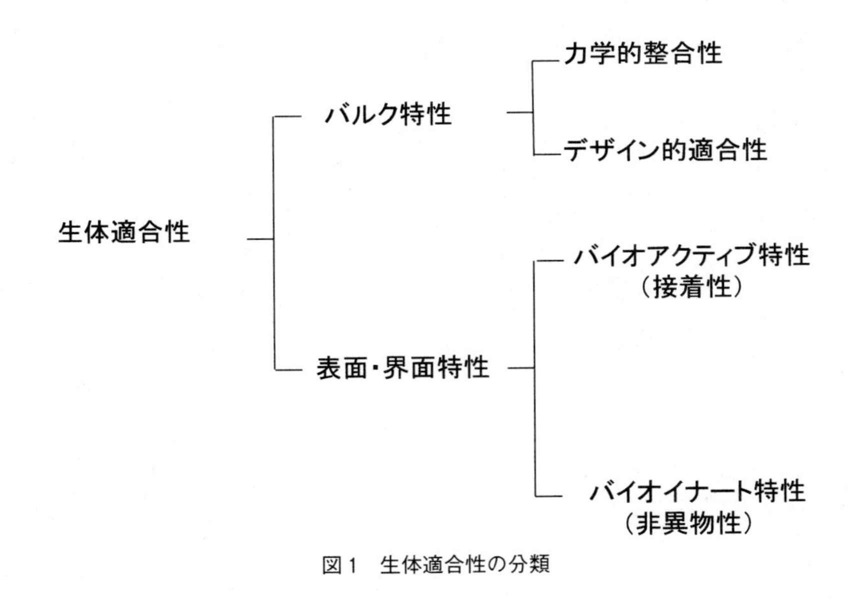

図1　生体適合性の分類

＊1　Chiaki Yoshikawa　(国研)物質・材料研究機構　主任研究員
＊2　Keita Sakakibara　京都大学　化学研究所　助教

生体適合性としては，組織の修復や再生を促す，あるいは特定の生体物質を捕集するなど生体に積極的に働きかける「バイオアクティブ」な適合性と，生体に対して非刺激性の，生体反応を引き起こさない「バイオイナート」な適合性があり，用途に応じていずれかの特性を表面に付与する必要がある[2,3]。

材料が生体に接すると，まずタンパクが表面へ吸着し，吸着したタンパクは材料表面の状態に応じて変性する。つぎに，この変性タンパク層を介して細胞の接着，伸展などの生体反応が連鎖的に起こる。表面で最初に起こる生体反応がタンパク吸着であるため，これを抑制すればその後の連鎖的な生体反応は起こらないと考えられている。このためバイオイナート表面をつくるためには，タンパク吸着を起こさない表面設計が不可欠となる。これに対し，バイオアクティブ表面は生体との相互作用ゼロのバイオイナート表面にバイオアクティブな生理活性物質を組み入れることが効果的な方法だといえる。

材料表面とタンパクとの相互作用については古くから研究が行われており，タンパク吸着を抑える表面を設計する上で親水性，非イオン性，水素結合性，ポリマーグラフトによる立体斥力の導入などが有効とされている[2,3]。親水性ポリマーを用いた表面修飾はグラフト鎖の化学組成を適切に選ぶことでこれらの要件を満たすことができるため，バイオイナートな表面をつくる手法としては非常に有用である。図２に生体材料の表面修飾に用いられる一般的な親水性ポリマーを示す。表面修飾法としては主に，高分子鎖に官能基などを持たせ物理的あるいは化学的に材料表面にポリマーを固定化する grafting-to 法と材料表面に化学的に固定した開始点から高分子鎖を成長させる grafting-from 法が用いられ（詳細は第Ⅲ編第７章を参照），高分子，金属，セラミクスなど様々な材料表面のバイオイナート特性向上に関する研究が行われてきた。

近年，リビングラジカル重合法を表面グラフト重合へ適用することで，長さの揃った高分子鎖

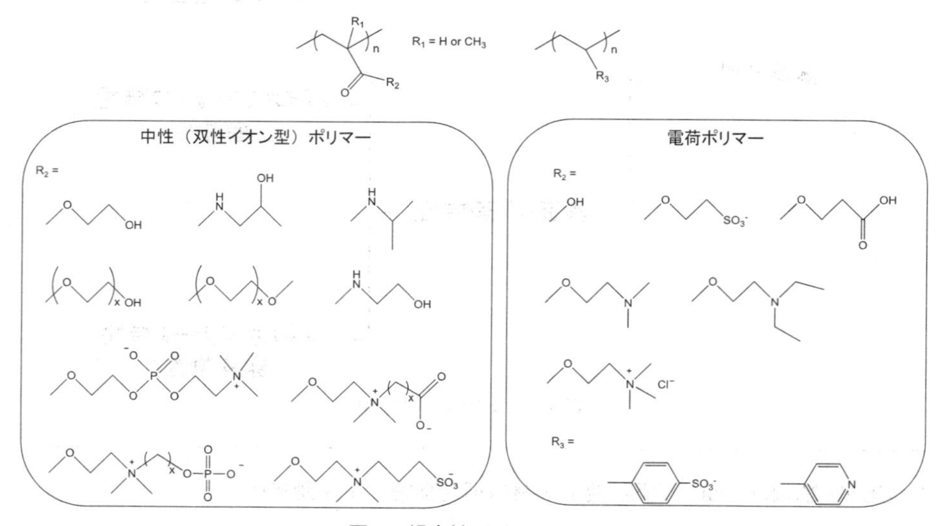

図２　親水性ポリマーの例

を非常に高い密度でグラフトすることができるようになり（grafting-from 法），いわゆる「濃厚ポリマーブラシ（Concentrated Polymer Brush）」構造の構築が可能となった[4]。この濃厚ポリマーブラシ（CPB）は従来法で合成される準希薄ポリマーブラシ（Semi-dilute Polymer Brush）（SDPB）とは構造や物性が大きく異なることから，新しいバイオイナート表面として期待されている[4,5]。また，表面開始リビングラジカル重合法ではそのリビング性を生かした分子設計，すなわち生理活性分子をブラシ末端やブラシ層内に導入することができるため，バイオアクティブ表面の作製法としても有用である。本章では表面開始リビングラジカル重合で得られるCPBに焦点をあて，生体適合性・原理・応用について，主に筆者らの研究を中心に紹介する。CPBの合成方法やそのユニークな構造・物性については第Ⅲ編第7章を参照されたい。また，紙面の都合上，昨今の当該分野の多種多様な研究動向は本稿では触れることができなかった。既発表のレビューなど[6]を参照されたい。

2　CPBのバイオイナート特性

2.1　CPBのサイズ排除効果とタンパクとの相互作用

ポリマーブラシへのタンパク吸着に関しては図3(a)に示す3つのモードが提案されている[7]。一つはタンパクがブラシ層内に拡散し，基材表面へ吸着する（プライマリー）。二つめはタンパクがブラシの最表面に吸着する（セカンダリー）。三つめはタンパクがブラシ層に拡散し，ポリマーセグメントへ吸着する場合（ターシャリー）である。タンパクがブラシの隙間よりも十分小

(a) ポリマーブラシへのタンパク吸着モデル

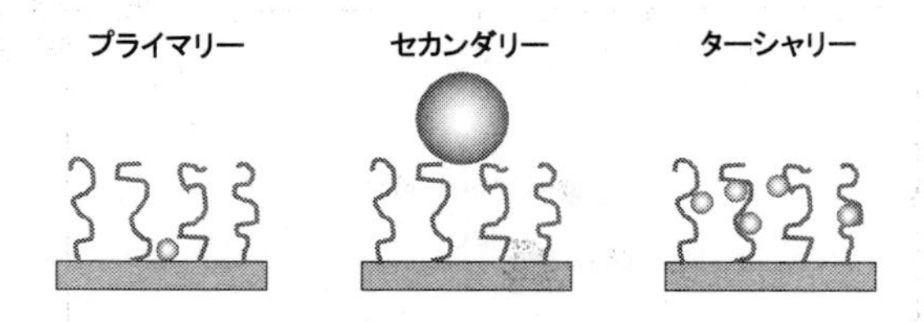

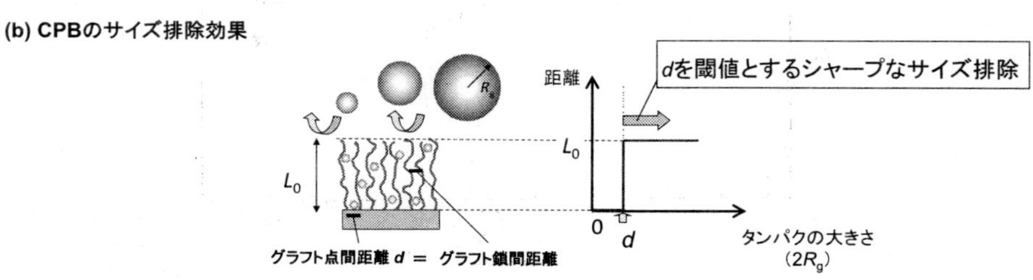

図3　(a)ポリマーブラシへのタンパク吸着モデル，(b)ポリマーブラシのサイズ排除効果
（文献8(a)より許諾を得て改変）

さいとき，プライマリーまたはターシャリーが主に起こる。これに対し，タンパクがブラシ層に拡散できないほど十分大きいとき，またはグラフト密度が十分高いとき，タンパクはブラシ層の立体斥力またはブラシ層の浸透圧の影響により基板へ近づくことができず，タンパク－ブラシ層間の相互作用によってセカンダリーのみが起こる。図3(b)に示すように，CPBは良溶媒で伸び切り鎖に匹敵するほど伸張しており，隣接グラフト鎖間距離はどこでもグラフト点間距離 d とほぼ同じである。従って，図中のグラフのように d を閾値として，これより大きなタンパクはブラシ層に入り込めずにブラシ層からシャープにサイズ排除されると考えられる（プライマリー&ターシャリーの抑制）。

これを検証するため，サイズ排除（分離）クロマトグラフィーによる評価が行われた[8]。ここではシリカ系モノリスカラムの細孔内表面に，表面開始原子移動ラジカル重合（SI-ATRP）により明確なポリ(2-ヒドロキシルエチルメタクリレート)（PHEMA）のCPB（グラフト密度 $\sigma = 0.4$ chains/nm^2，表面占有率 $\sigma^* = 32\%$）を付与されている。図4に濃厚PHEMAブラシを細孔内表面に付与したシリカモノリスカラムへの標準プルラン（実線）およびタンパク（●）の溶出挙動を示す。標準プルランの溶出曲線は，分子量が約1000以下の領域（図中(b)）でシフトしている。これは分子量約1000以上のプルランはブラシ層から排除されてモノリスの細孔でサイズ分離されるのに対し，分子量1000以下のプルランはブラシ層内へ侵入しブラシ層で分離されていることを示している。曲線のシフトが明確であることから，濃厚ブラシ層のサイズ排除効

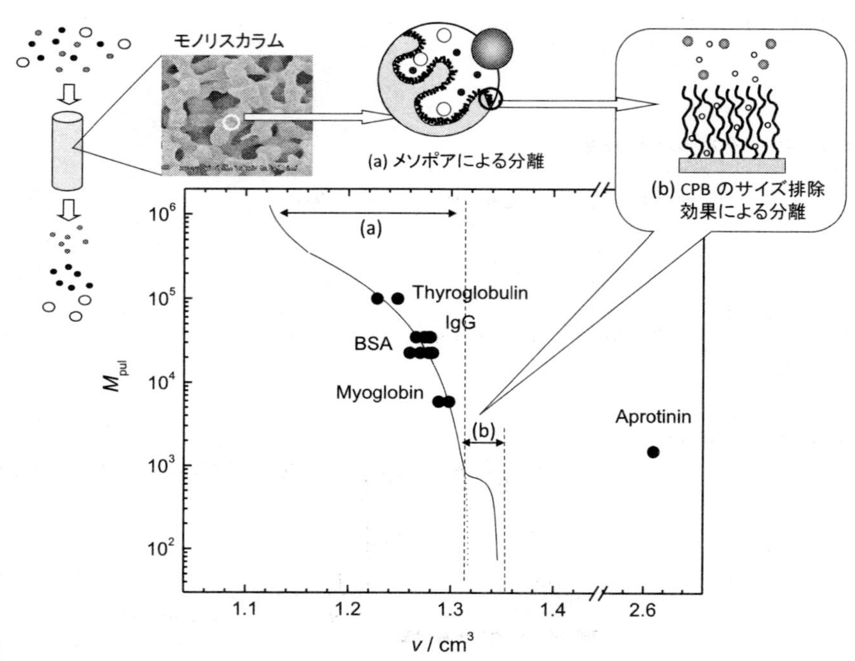

図4　濃厚PHEMAブラシを付与したモノリスカラムに対する標準プルランおよびタンパクの溶出挙動
v は溶出体積，M_{pul} は標準プルラン換算の分子量（文献8(a)より改変）

果が期待していたようにシャープであることがわかる。グラフト密度から算出されるグラフト点間距離 d（$= \sigma^{-1/2} = 1.6\,\mathrm{nm}$）はプルランの分子量（$M_{\mathrm{pul}} = 1000$）から計算される直径 $2R_{\mathrm{g}}$（$= 1.5\,\mathrm{nm}$）（R_{g}：慣性半径）とほぼ一致することから，この溶出曲線は CPB の構造特性に起因するシャープなサイズ排除効果を実証するものである。

このモノリスカラムに対し，大きさの異なるタンパクを溶出させた結果，一定以上の分子量をもつタンパクはプルラン曲線上と一致するのに対し，一番小さな分子量のタンパクであるアプロチニンは遅れて溶出されている。アプロチニン以外の大きなタンパクはブラシ層からサイズ排除され，ブラシの最表面と吸着的な相互作用せずにモノリスの細孔によって分離されたと考えられる。これに対し，ブラシ層への排除限界（$M \approx 1000$）のサイズに近いアプロチニン（$M_{\mathrm{pul}} = 1500$）はブラシ層内に侵入し，セグメントと吸着的な相互作用があるために遅れて溶出されたと考えられる。ブラシ層からサイズ排除されたタンパクは濃厚 PHEMA ブラシの最表面とほとんど相互作用しないことから（セカンダリーの抑制），CPB は優れたタンパク非吸着表面になり得ると期待される。

2.2　タンパク吸着

CPB に対するタンパクの非特異的吸着について詳しく調べるため，水晶振動子マイクロバランス（QCM）を用いて吸着量を測定した[9,10]。ここでは PHEMA，ポリ(2-ヒドロキシエチルアクリレート)（PHEA），ポリ((ポリエチレングリコール)メチルエーテルメタクリレート)（PPEGMA）の３種類の親水性ポリマーを用いてタンパクの吸着実験を実施している。グラフト密度（$\sigma = 0.007 \sim 0.7\,\mathrm{chains/nm^2}$，$d = 1 \sim 7\,\mathrm{nm}$）や鎖長（乾燥膜厚 $L = 2$ または $10\,\mathrm{nm}$），タンパクの大きさ（$2R_{\mathrm{g}} = 0.5 \sim 14\,\mathrm{nm}$）を系統的に変えて吸着実験を行ったところ，化学組成や膜厚に依らず CPB にはいずれのタンパクもほとんど吸着しなかった。これに対し，比較的小さなタンパクは SDPB に吸着することが確認された。タンパクのサイズ $2R_{\mathrm{g}}$ とグラフト点間距離 d（$= \sigma^{-1/2}$）を比較すると，タンパク吸着はタンパクのサイズとグラフト点間距離 d との相対的な関係に依存することがわかった。すなわち，図３(b)の模式図に示したようにタンパクのサイズが d より十分大きいとき（$2R_{\mathrm{g}} > d$），タンパクはブラシ層からサイズ排除され，ブラシの隙間への侵入が妨げられるために吸着が抑制されたと考えられる。CPB では膜厚に関係なくタンパク（$2R_{\mathrm{g}} > d$）はいずれも吸着しなかったが，この結果は CPB の配向特性，すなわちグラフト鎖間の位置の相関が基板上どこでも d とほぼ同じであることを示すものである。

一般的に，細胞培養では培地に牛胎仔血清（FBS）を添加して用いるが，この FBS 中に含まれる夾雑タンパクが材料表面に吸着して細胞接着を引き起こす。そこで FBS 中に含まれる夾雑タンパクの CPB への吸着についても検証した[10]。サイズの異なるタンパクを個別に使用した上述の実験と同様に，夾雑タンパクは SDPB に吸着したが，CPB には化学組成や膜厚に依らずほとんど吸着しないことが確認された。更に，SDPB に吸着した FBS タンパクを回収し，LC-MSMS 解析およびデータベース検索（MASCOT サーチ）によりその分子量・種類を同定したところ，SDPBではポリマー種によってタンパクの検出総数や種類が異なることが明らかとなった。CPB表面には夾雑タンパクがほとんど吸着しないことから，SDPB層内に入り込んだタンパクはブラシセグメントの化学組成に依存して変性吸着を起こしたと考えられる。CPB層からサイズ排除されたタンパクがその最表面と相互作用しない理由については不明であるが，化学組成に依存しないことからCPB構造に由来する特性，例えばグラフト鎖末端の運動性などが寄与していると考えられる。

2.3　細胞接着[10,11]

CPB表面ではその特異なサイズ排除効果により，同種SDPBに比べてタンパク吸着を飛躍的に抑制することが明らかとなった。前述のようにタンパク吸着は材料を生体内に入れたときに最初に起こる生体反応であり，これが抑制できるCPBは細胞接着も抑制できると予測される。そこでグラフト密度や鎖長の異なるPHEMA，PHEA，PPEGMAブラシに対し，ヒト血管内皮細胞やマウス繊維芽細胞L929など接着性細胞を用いて検証を行った結果，SDPBには細胞が著しく接着するのに対し，CPBには化学組成やグラフト鎖長に依らず，ほとんど接着しないことが確認された。

2.4　血小板粘着[5]

材料が血液に接触すると，血液中に含まれる血漿タンパクが表面の状態に応じて変性吸着し，このタンパク層を介して血小板が粘着，活性化（血液凝固）する。従って，タンパク吸着が起こりにくいCPB表面では血小板の粘着も抑制できると考えられる。実際，ヒト全血漿を用いて密度の異なるPPEGMAブラシ（SDPBおよびCPB）への血漿タンパク吸着実験を行ったところ，SDPBには血漿タンパクが吸着するのに対しCPBにはほとんど吸着しなかった（図5(a))。また，ヒト循環血液（拍動流速40〜120 ml/min）を用いた血小板粘着実験を行ったところ，未処理のフッ素系フィルム上では血小板の粘着・活性化によるフィブリン形成が見られるのに対し，濃厚PPEGMAブラシをグラフトしたフィルム表面には血小板はほぼ粘着しないことが確認されている（図5(b))。更に，ウサギ頸静脈への一か月間の埋め込み実験においても，濃厚PPEGMAブラシは優れた抗血栓性を示した。これらの結果から，CPBは抗血栓性を必要とする様々な医療デバイスへの応用展開が期待できる。

以上のように，CPBは化学組成に依らず優れたバイオイナート特性を示すことが明らかとなった。これらの結果はCPB構造，すなわちサイズ排除効果がタンパク吸着およびそれに続く生体分子の接着を抑制するための新たな材料設計指針になり得ることを示唆する。サイズ排除されたタンパクがCPB最表面とほとんど相互作用しないメカニズムは未だ解明されていないが，生体分子の付着を全く許さない，「完璧な」バイオイナート表面の実現を目指して現在も様々な研究が進められている。

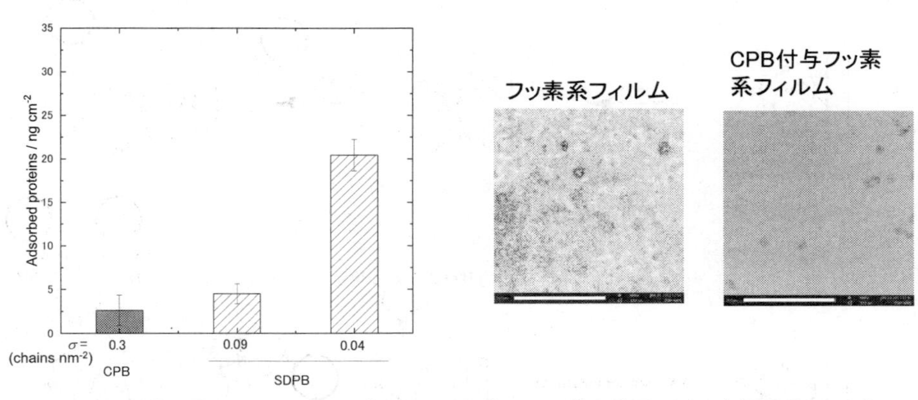

図5　(a)密度の異なるPPEGMAブラシへの血漿タンパク吸着量，(b)血小板粘着SEM像
スケールバー：160 μm。

3　濃厚ポリマーブラシのバイオアクティブ特性

表面開始リビングラジカル重合ではそのリビング性を生かしてブラシ末端やブラシ層内に生理活性物質を導入することができる。親水性モノマーを用いた重合ではATRPまたは可逆的付加開裂（RAFT）重合がよく利用されているため，それらの末端置換例を図6に示す。一方，ブラシ層内に生理活性物質を導入する場合はペプチド担持モノマーあるいは反応性モノマーを共重合する，あるいはブラシ側鎖の官能基を利用する場合が多い（図7）。ペプチド，タンパク，抗体などの生理活性物質は分子内にアミノ基またはチオール基を有しているため，それらと容易に反応するマレイミド基，カルボキシル基，フマル基などが生理活性物質の固定に利用できる[12]。なお，前述のようにCPBはグラフト鎖間の隙間がSDPBに比べて非常に狭いため（隙間 $\cong d$：約2 nm），ブラシ形成後にサイズの大きな抗体やタンパク（$2R_g > d$）をブラシ層内の側鎖に導入することは難しい。また，グラフト鎖への生理活性物質の導入量が多くなるにつれてCPBのバイオイナート特性が損なわれる場合があり，理想的なバイオアクティブ特性を獲得するためには分子設計の最適化が不可欠である。

4　CPBを用いた生体適合性材料

4.1　構造制御ボトルブラシのハイドロゲルコーティング

CPBを医療材料に応用するうえで，CPB代替材料の開発は解決すべき課題である。なぜなら，材料表面へのCPBの導入には，表面開始基の導入，不活性ガス下での重合，洗浄（未反応モノマーなどの除去）などの多段階の反応操作を必要とし，生産性や経済性の観点で困難が予想され

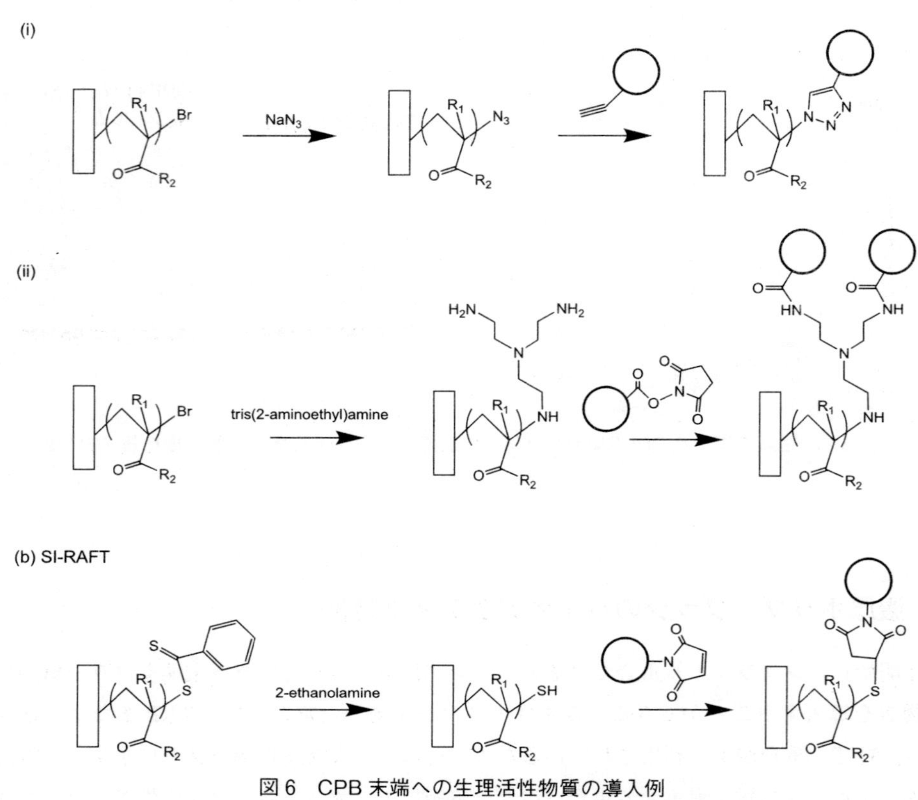

図6　CPB末端への生理活性物質の導入例
(a) SI-ATRP，(b) SI-RAFT。〇は生理活性物質。

る。さらに，膜やチューブなどの複雑な形状を有する医療材料の表面に均一にCPBを付与することは容易ではない。

一方，1本の主鎖（幹）からグラフト側鎖（枝）を伸ばした櫛型ポリマーも，側鎖のセグメント密度が高ければCPBと類似の性質を示すことが知られている。そのような高密度櫛型ポリマーは，側鎖の排除体積効果により主鎖が伸長したシリンダー型形態をとり，ボトルブラシと呼ばれる。ゆえに，ボトルブラシは塗布型バイオイナート材料となり得ると期待できる。この実証のために，poly(2-(2-bromoisobutyryloxy)ethyl methacrylate)（PBIEM）を主鎖に，親水性PPEGMAブラシを側鎖に有するボトルブラシを用い，CPBと同様の評価を行った（図8(a)）[13,14]。溶解を防ぐために，ボトルブラシをシリコンウェーハに塗布後，tetrakis(dimethylamino)ethylene（TDAE）によるラジカルカップリング反応に供することで，側鎖グラフト末端間を架橋した。

得られたボトルブラシのコーティング膜にL929細胞を播種したところ，グラフト鎖長の短いボトルブラシ表面では細胞接着がなく，一方，グラフト鎖長が長いと細胞接着が見られる，とい

(a)

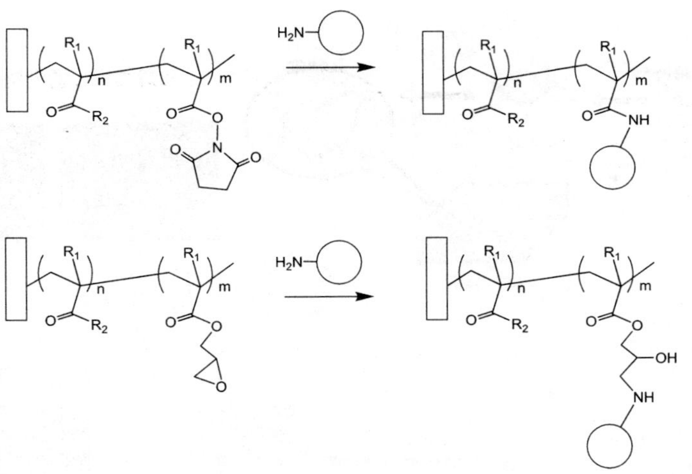

(b)

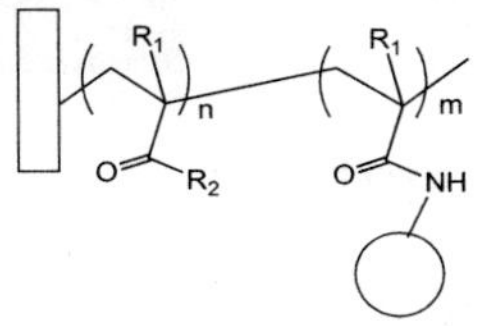

(c)　(i)

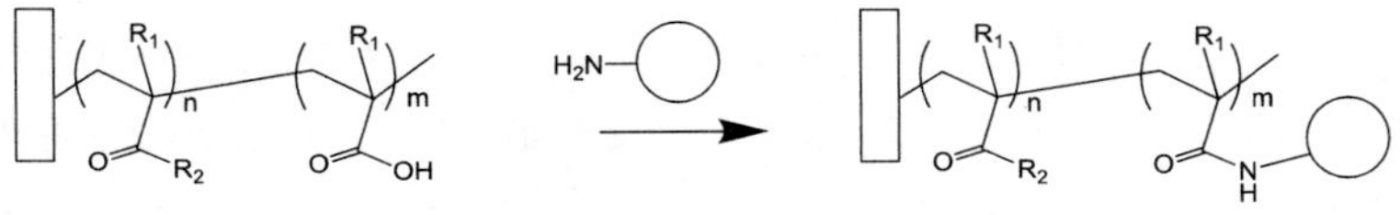

(ii)

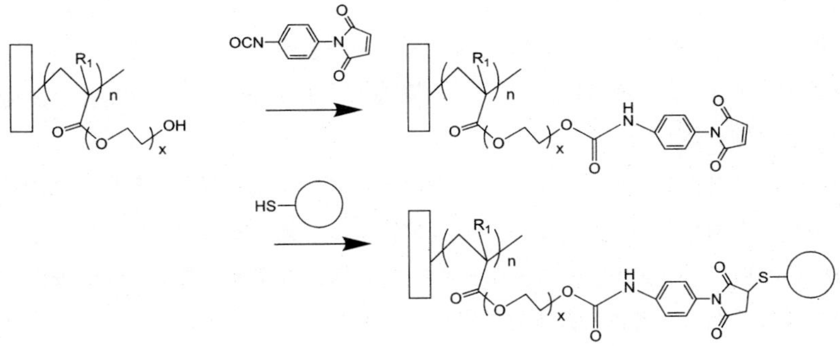

(iii)

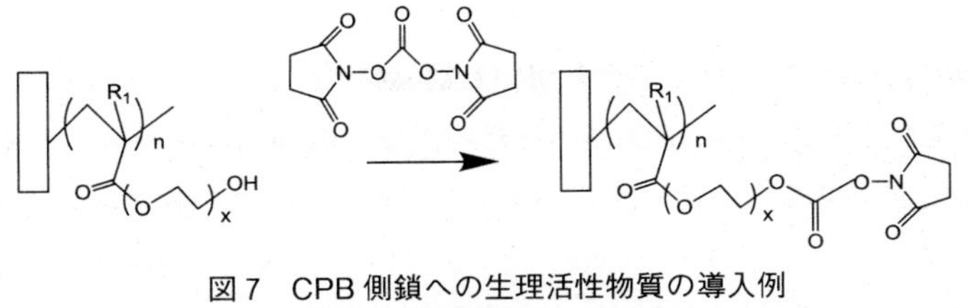

図７　CPB 側鎖への生理活性物質の導入例

(a)反応性モノマーとの共重合，(b)生理活性物質担持モノマーとの共重合，
(c)側鎖の官能基を利用した導入。○は生理活性物質。

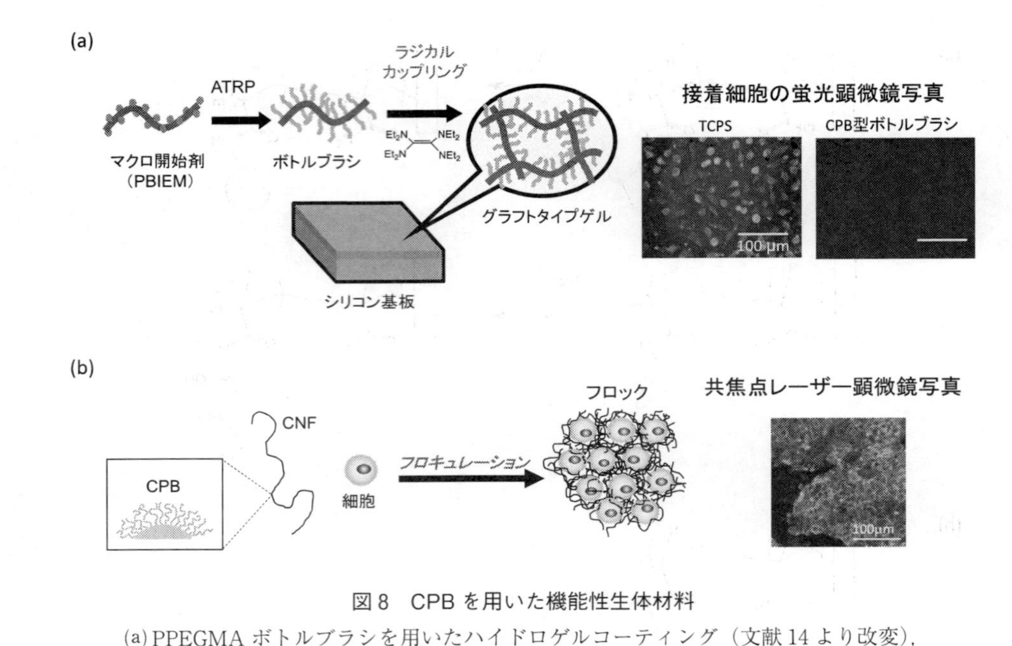

図8　CPBを用いた機能性生体材料

(a) PPEGMA ボトルブラシを用いたハイドロゲルコーティング（文献14より改変），
(b) CPB 被覆 CNF を用いた足場材料（文献18より改変）。

う結果が得られた。これは，グラフト鎖が短くなる，すなわちシリンダー形態の断面が細くなるにつれ，ボトルブラシの最外表面積が減少し，最表面における有効グラフト密度が増大したためCPB効果が発現した，と考察できる。すなわち，有効グラフト密度における準希薄ブラシ領域から濃厚ブラシ領域への変化に起因すると考えられ，CPB／SDPB 密度境界（表面占有率～10%）の設計指針がボトルブラシ系にも当てはまることを表す。また，ボトルブラシ表面は，平板基板にグラフトした濃厚 PPEGMA ブラシと同程度に，FBS タンパクの吸着や大腸菌の接着も抑制されることも確認された。

実用面の観点から，光反応性基を用いたボトルブラシ膜の紫外線架橋（数十秒の照射）や，ナノファイバー不織布とボトルブラシの複合化による高強度化も実現されている。本法は，簡便かつ短時間に CPB と同等のバイオイナート特性を形状や素材の異なる材料表面に付与可能といった特徴を有しており，実用的技術と位置づけられる。

4.2　表面改質セルロースナノファイバーを用いた足場材料

セルロースは，生体適合性・再生産可能性・低毒性などの観点から，バイオメディカル応用に利用されている。近年，酢酸菌が産出するバクテリアセルロース（BC）や，植物細胞壁から単離されるセルロースナノファイバー（CNF）といったナノセルロース材料は，高弾性率（結晶弾性率：138 GPa）と高強度（2～3 GPa），および圧倒的資源量（安価に入手可能）の観点から，そのバイオメディカル応用に大きな注目が集まる[15~17]。一般に，表面処理の施されていない

CNFを用いた場合，細胞とCNF表面はほとんど相互作用しないため，細胞同士の相互作用によりスフェロイドが得られると報告される[16,17]。

最近，CPBを表面に付与したCNF（CNF-CPB）は優れた浮遊3D培養足場であることが見出された（図8(b)）[18]。CNF-CPBは，機械解繊で得た木材由来CNFへのATRP開始基の導入と続く表面開始ATRPにより合成され，表面にアニオン性poly(4-styrene sodium sulfate)(PSSNa）ブラシを有する。なお，濃厚PSSNaブラシ表面では電荷の影響でタンパクの非特異的吸着が起こるため，この吸着タンパク層がCNFへの細胞接着を促進させる（バイオアクティブ特性）。このCNF-CPBを培地に分散させ，モデル肝細胞（HepG2）と所定濃度になるよう混合，培養させたところ，フロック（細胞とCNF-CPBの凝集塊）を得た。特筆すべきは，フロックサイズがCNF-CPB濃度で制御できる点である。細胞とCNF-CPBはタンパク質を介した相互作用によりフロックを形成するが，CNF-CPBが多すぎると培地中に浮遊している過剰量のCNFがフロック同士の集合を阻害するため，小さなフロックしか形成しなかった。一方，低CNF-CPB濃度ではフロックサイズは大きく（直径＞500 μm），7日間の培養で中空のフロックを形成するといった，非常に興味深い結果が得られた。細胞の増殖に伴い，フロックの界面積を小さくしようとする力が作用し，中空構造が形成したと思われる。これら挙動は，CPBと細胞のタンパクを介した引力相互作用と，アニオン性CPBに由来する立体斥力およびクーロン反発が良好にバランスした結果であり，フロック形成が可逆的であることを示唆している。さらに，遺伝子解析によりCNF-CPBがSDPB付与CNFや未修飾CNFに比べてHepG2細胞の機能を向上させることも確認している。この事実はCNF-CPBの足場材料としての有効性を示すものである。CNF-CPBと細胞が形成するユニークなフロックは新しい3D細胞培養場として，今後，創薬スクリーニングや再生医療用足場などへの展開が期待できる。

4.3　CPB被覆ナノ微粒子を用いた医療材料

大野らはシリカナノ微粒子に濃厚PPEGMAブラシをグラフトし，微粒子径やグラフト鎖長など構造を最適化することで，マウス血液中を長時間安定に滞留できる微粒子を開発している[19]。これは，膨潤伸張したCPBが微粒子に高い分散安定性を与えると共に，優れたバイオイナート特性を有しているためである。また，このCPB被覆ナノ微粒子がEPR効果により腫瘍組織に選択的に集積することや，MRIなどのイメージング材料としても有用であることも報告されている[20]。CPB被覆ナノ微粒子はブラシ層へ生理活性物質を導入する，あるいは微粒子の粒径・材質を変えるなど，生体適合性・構造因子を自在に制御できるため，分析・診断・治療のための新たなツールになり得る。

5　さいごに

本章ではCPBに特異なサイズ排除効果とその生体適合性について解説したが，エントロピー駆動により膨潤伸張したCPBはその他にも表面の潤滑性（前章参照）やナノ材料の分散安定性など様々な特性を発現する。それらCPBの特性をうまく組み合わせ，またリビングラジカル重合の汎用性・簡便性（多様な分子設計）を活用すれば，従来にない全く新しい機能を有する生体材料を創り出すことも不可能ではない。人命や健康に直結する生体材料を実用化するためには厚生労働省の承認が必要であり，一般的な産業分野に比べると製品化は容易ではないが，いつの日かCPBを用いた生体材料が医療の現場に貢献できることを期待している。

文　　献

1)　(a)経済産業省，「我が国医療機器のイノベーション加速化に関する研究会」資料より（2017）；(b)日本医療研究開発機構（AMED），「医療機器開発のあり方に関する検討委員会」資料より（2017）
2)　(a)岩田博夫，バイオマテリアル（高分子先端材料 One Point3），共立出版（2005）；(b)筏義人，生体材料学，産業図書（1994）；(c)(社)日本セラミックス協会編，生体材料，日刊工業新聞社（2008）；(d)竹本喜一ほか，高分子と医療，三田出版会（1989）；(e)サイエンス＆テクノロジー，生体適合性制御と要求特性掌握から実践する高分子バイオマテリアルの設計・開発戦略（2014）
3)　(a) D. F. Williams, *Biomaterials*, **30**, 5897-5909（2009）；(b) D. F. Williams, *Biomaterials*, **36**, 10009-10014（2014）；(c) D. F. Williams, *Biomaterials*, **29**, 2941-2953（2008）；(d) J. M. Anderson, *Annu. Rev. Mater. Res.*, **31**, 81-110（2001）
4)　(a) Y. Tsujii *et al.*, *Adv. Polym. Sci.*, **197**, 1（2006）；(b)辻井敬亘ほか，ポリマーブラシ（高分子基礎科学 One Point シリーズ第5巻），共立出版（2017）
5)　吉川千晶ほか，月刊機能材料5月号，28-39，シーエムシー出版（2018）
6)　例えば(a) R. Barbey *et al.*, *Chem. Rev.*, **109**, 5437（2009）；(b) C. J. Fristruo *et al.*, *Soft Matter*, **5**, 4623（2009）；(c) M. Krishnamoorthy *et al.*, *Chem. Rev*, **114**, 10976（2014）；(d) N. Hadjesfandiari *et al.*, *J. Mater. Chem. B*, **2**, 4968（2014）
7)　E. P. K. Currie *et al.*, *Adv. Colloid Interface Sci.*, **100-102**, 205（2003）
8)　(a) C. Yoshikawa *et al.*, *Macromol. Symp.*, **248**, 189（2007）；(b) *J. Polym. Sci: Part A*, **45**, 4795（2007）
9)　C. Yoshikawa *et al.*, *Macromolecules*, **39**, 2284（2006）
10)　C. Yoshikawa *et al.*, *Colloids Surf. B*, **127**, 213（2015）
11)　(a) C. Yoshikawa *et al.*, *Mater. Lett.*, **83**, 140（2012）；(b) C. Yoshikawa *et al.*, *Chem. Lett.*, **39**, 142（2010）
12)　T. Greg, “Hermanson. Bioconjugate Technique”, Academic Press（Elsevier）（1996）
13)　野村晃弘，京大院工・学位論文（2011）
14)　吉川千晶ほか，特願 2015-096768
15)　ナノセルロースフォーラム編，図解よくわかるナノセルロース，日刊工業新聞社（2015）

16) M. Bhattacharya *et al.*, *J. Control Release*, **164**, 291 (2012)
17) S. Kidoaki *et al.*, WO2015/111734 A1
18) C. Yoshikawa *et al.*, *ACS Appl. Nano Mater.*, **1**, 1450-1455 (2018)
19) K. Ohno *et al.*, *Biomacromolecules*, **13**, 927-936 (2012)
20) Y. Mori *et al.*, *Sci. Rep.*, **4**, 6997 (2014)

第9章　リビングラジカル重合を用いた医療用分子認識材料の創製

北山雄己哉*

1　はじめに

生体内では，様々な分子がコミュニケーションを取ることで生命活動を維持している。例えばDNAに保存された遺伝情報に基づいて各種アミノ酸を配列制御しながら結合することで様々なタンパク質が生み出される。タンパク質の一種である抗体は，Fab領域に特定の分子（抗原）に対して選択的に結合可能な空間を有し，生命の維持に欠かせない免疫応答を生じる。このような現象が生じるためには，特定の分子と選択的に結合する分子間コミュニケーションが必須であり，このような生体内における分子間コミュニケーションの実現のためには，長い年月の進化の過程で培われた生体分子の分子認識能が重要な役割を果たす。

近年，このような生体内で重要な役割を果たす分子認識能を生体外で応用することにより，タンパク質精製，センサおよびドラッグデリバリーなど様々なアプリケーションが実現できるため，分子認識化学は目覚しい発展を遂げている。特に人工高分子を用いた分子認識材料は，天然の抗体などのタンパク質と比べて安価かつ簡便に合成できるという産業化のための大きな利点を有し，保存条件や再利用性などの面からも有利である。さらに，人工分子認識材料の最も大きな利点は，天然のタンパク質の構成成分であるアミノ酸は20種であるのに対し，人工高分子材料の構成要素であるモノマーは設計次第で数え切れないほど存在するため，天然の抗体でさえ持ち得ない機能を付与できる可能性がある。特に，近年の著しいリビングラジカル重合（Reversible Deactivation Radical Polymerization：RDRP）の発展により，様々な官能基を有するモノマー種を，分子量・形態・配列などを精密に制御した人工高分子を合成可能となった。そのため，現在までに様々な機能を有する人工高分子からなる分子認識材料が報告されている。本章では，その中でも医療応用を目的とした分子認識材料の開発の最近の動向について概説する。

2　リビングラジカル重合と生体分子複合化による分子認識材料創製

RNA，ペプチドおよび抗体などの生体分子は特定分子を認識する能力を備えている。これらの分子を，精密に設計した人工高分子に複合化することで，人工高分子の機能と生体分子の機能を併せ持つ機能性分子認識材料の創製に繋がる。ここでは，RDRPによって合成した精密高分子の生体分子複合化による分子認識材料創製アプローチを紹介し，その医療応用について紹介する。

＊　Yukiya Kitayama　神戸大学大学院　工学研究科　応用化学専攻　助教

2.1　遺伝子デリバリー

低分子干渉RNA（Small interfering RNA：siRNA）は，19〜23のヌクレオチドからなる二重らせんRNAであり，細胞質内において特定のRNAを認識し干渉することで目的のタンパク質合成を防ぐことが可能となり，がん治療において有用な分子として注目されている。カチオン性高分子は，siRNAと静電相互作用による複合化が可能であり，生体内における分解酵素によるsiRNA分解から保護できるため，遺伝子デリバリーキャリアとして重要な役割を果たしてきた。しかしsiRNA送達には，細胞内移行，エンドソーム脱出およびカチオン性高分子からsiRNA放出などの様々な障壁がある。Monteiroらは，RDRPを利用した一連の研究で，siRNAの効率的デリバリーを実現する新たな機能性高分子を開発した。この研究成果は，ポリ(2-ジメチルアミノエチルアクリレート）（PDMAEA）が水中において，ポリアクリル酸（PAA）と2-ジメチルアミノエタノール（DMAE）に自己分解することを発見したことに始まる[1)]。彼らは，この偶然の発見をより理解するため，可逆的付加解裂型連鎖移動（RAFT）重合により様々な分子量を有するPDMAEAを合成し，様々なpHにおいて自己分解試験を行ったところ，分子量やpHに依存せず約200時間かけて緩やかに分解することを明らかにした。さらに細胞毒性試験により，PDMAEAは細胞毒性が低く，分解後に生成するPAAとDMAEも細胞毒性がほとんどないことが明らかになった。この戦略の重要な点は，自己分解により正電荷であったPDMAEAが負電荷のPAAに変化し，一定時間後に複合化していたsiRNAの自然放出が可能になる点にある。このことから，PDMAEAが有効な遺伝子送達キャリアとして機能する可能性が示された。

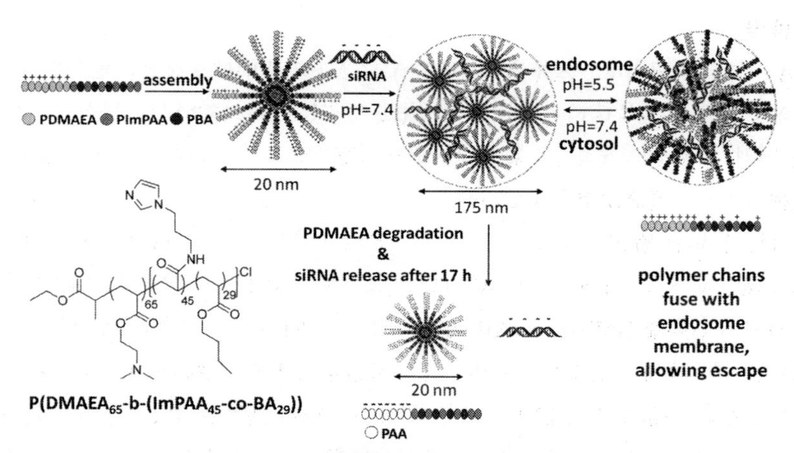

図1　インフルエンザ様エンドソーム脱出機構を有する自己分解性siRNAデリバリーキャリア
（Reprinted with permission from *Biomacromolecules*, **14**, 3386-3389（2013）
Copyright 2013 American Chemical Society.）

またインフルエンザウィルスは，エンドサイトーシスにより細胞内に取り込まれた後，pH低下に伴ってヘマグルチニン（HA）の構造変化を誘起しHA2膜融合ペプチドが表面化する。このHA2膜融合ペプチドがエンドソーム膜と融合し，細胞質内へウィルスが有するRNAを放出する。Monteiroらは，このインフルエンザウィルスに発想を得て，自己分解性カチオン性高分子を応用した新たな遺伝子送達キャリアを開発した[2,3]。具体的には，電子移動リビングラジカル重合（SET-LRP）を用いて1stブロックとして，自己分解によるsiRNA時限的放出を可能とするPDMAEAを選択し，2ndブロックとしてエンドソーム内pH変化をトリガーとして膜融合を示すポリ(*N*-(3-(1H-イミダゾール-1-イル)プロピル)アクリルアミド)（PImPAA）とポリアクリル酸ブチル（PBA）のランダム共重合体を選択した。pH 7.6においてImPAAは電荷を有しておらずP(ImPAA-*co*-BA)ブロックは疎水性であるが，エンドソーム内pH 5.5下においてImPAAは正電荷を帯び，複合体構造の再編成が生じる。その結果，インフルエンザウィルスと同様にエンドソーム膜と相互作用することでエンドソーム脱出を達成できる。この戦略の実現により，DNAやsiRNAの複合化および自己分解による放出機能に加えて，エンドソーム脱出を可能とする遺伝子デリバリーキャリアとして発展した。その効果を確かめるため，PDMAEA-*b*-P(ImPAA-*co*-BA)を細胞外シグマ調節キナーゼ（extracellular signa-regulated kinase：ERK）合成を阻害するsiRNAと複合化し関節軟骨細胞へ添加した結果，効果的なERKレベル低下を示し，最適なN/P比（20以上）を選択した際には98%以上の細胞死を誘導することが明らかになった。さらに，本アプローチがsiRNAだけでなく，プラスミドDNAの核内デリバリーについても有効であることを明らかにし，その際の核膜通過メカニズムは核孔透過によると明らかにしている[4,5]。

2.2　DNA検出

特定DNAの高感度検出は，医療現場においてウィルス感染検査などに重要な役割を果たす。これまでDNA検出はPCR法による増幅を利用して主に行われていた。しかし，これらの方法には長時間の操作時間を必要とし，特別な装置が必要である。そのため，DNA増幅プロセス不要な簡便な検出方法の開発が望まれている。

Cooperらは，表面開始SET-LRPおよびアジド-アルキンクリック反応（CuAAC）を利用することで，単純ヘルペスウィルス（HSV）DNAと相補的なオリゴDNA修飾磁性ナノ粒子を用いた増幅プロセス不要なHSV DNA検出法の開発に成功した。シリカ修飾磁性ナノ粒子表面にBr基を修飾後，アジド末端あるいはヒドロキシ末端を有する二種のオリゴエチレングリコールメタクリレートを表面開始SET-LRPによりポリマーブラシを形成する。さらに側鎖のアジド基を利用してCuAACによりオリゴヌクレオチドを修飾した。合成した，オリゴヌクレオチド修飾磁性ナノ粒子と別途合成したオリゴヌクレオチド修飾蛍光ナノ粒子を混合した際，HSV DNAが存在する場合においてのみ96-well磁性プレート上で超磁性ナノ粒子と蛍光プローブナノ粒子がHSV DNAを介して結合し，HSV DNAの蛍光検出が可能となる。本手法を利用して，緩衝液中で6 pM，50%牛血清中では60 pMの検出限界を得たと報告されている[6]。

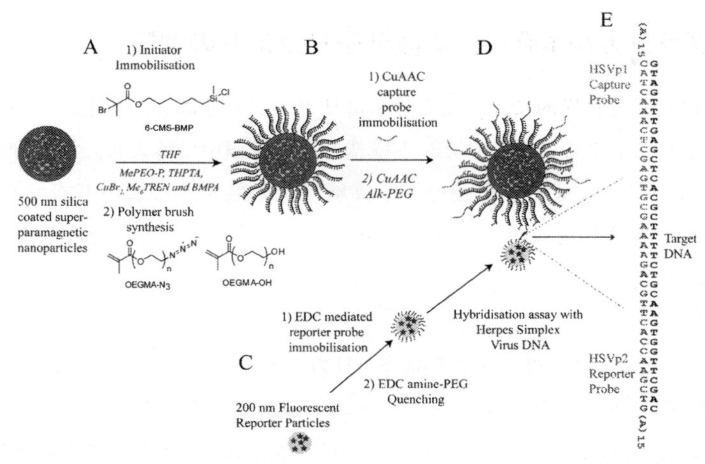

図2　オリゴヌクレオチド鎖を側鎖に有するポリマーを修飾したシリカ修飾超磁性ナノ粒子の合成法と，蛍光プローブナノ粒子を用いたDNA検出

2.3　高分子ワクチン

がんワクチン療法は，ヒトが有する免疫機能を利用してがんを治療するアプローチとして知られる。特にペプチドを利用するワクチンは，タンパク質を利用するワクチンに比べて安全性が高く生産が容易であるという利点を有する。ペプチドワクチンを生体内に投与すると樹状細胞内で分解され抗原提示された後，細胞障害性T細胞がこの抗原分子を認識し，その抗原を持つがん細胞を攻撃する。最近では，このペプチドワクチンを精密設計された高分子と複合化すると，ワクチンとしての効能を高めたとされる研究が報告されている。

Skwarczynskiらは，4分岐PBA（4-arm PBA）を原子移動ラジカル重合（ATRP）により合成し，A群β溶血性レンサ球菌（GAS）の病原因子であるMタンパク質のB細胞エピトープペプチド（J14）をCuAACによりポリマー末端に修飾することで，高分子－ペプチド複合体を合成した。本分子は，両親媒性であることから水中で約20 nmの会合体を形成し，この会合体表面でα-ヘリックス構造を形成することがわかった。さらに，高分子－ペプチド会合体を，マウスの皮下に投与し抗体量を測定したところ，高分子とペプチドを物理的に混合して投与した場合に比べて，CuAACにより共有結合で複合体化させた場合に著しく高い抗体量を示した。この抗体量は，J14と同時に完全フロイントアジュバントを投与した場合と同様の抗体量を示し，高分子とペプチドワクチンを複合化することで，アジュバントを使用せずとも，がん免疫療法の効果を高める可能性が示された[7,8]。

3　リビングラジカル重合による高分子リガンドの創製

特定の受容体に対して特異的に結合する分子はリガンドと呼ばれ，特定タンパク質や細胞の標的のために使用される。このようなリガンド構造を高分子鎖中に導入し，標的分子に対して多点相互作用を実現することにより，標的分子を高感度に認識することが可能である。ここでは，RDRP によりリガンド構造を有する機能性高分子（高分子リガンド）合成およびその分子認識能を利用した応用展開について紹介する。

3.1　バイオマーカータンパク質に対する高分子リガンド

石原らは，細胞膜を模倣した親水性モノマーである 2-メタクリロイルオキシエチルホスホリルコリン（MPC）を開発した[9]。PolyMPC（PMPC）は，様々なタンパク質の非特異的吸着を抑制することが可能であり，数多くのバイオマテリアル応用がなされている[10]。さらに興味深いことに，ホスホリルコリン（PC）基は，体内で炎症が生じた際に分泌されるバイオマーカーであるC反応性タンパク質（CRP）に対するリガンドとして知られ，PC 基を持つ分子が人工リガンドとして用いられる[11]。

岩崎らは，RAFT 重合により精密に設計されたブロックコポリマーを利用し CRP の検出に応用した[12]。PMPC とポリ(*N*-メタクリロイル-(*L*)-チロシンメチルエステル)（PMPC-*b*-PMAT）を合成し，ポリマー末端をトリス(2-カルボキシエチル)ホスフィン（TCEP）によりチオール基に変換した。PMPC-*b*-PMAT-SH は非常にユニークな設計となっており，PMAT ブロックのフェノール基を用いて還元剤不在下においても $HAuCl_4$ を還元し，形成した金ナノ粒子に末端のチオール基が結合する。さらに，得られた金ナノ粒子表面には PMPC ブロックが存在し，このブロックが CRP 認識・検出を担うようにデザインされた。このように合成した PMPC 修飾金ナノ粒子は，Ca^{2+} イオン存在下において，CRP 濃度の増加に伴い金ナノ粒子同士の凝集が生じることを明らかにし，CRP を検出に応用できることを明らかにした。

竹内および筆者らも，5つの同一のサブドメインから形成される CRP 構造に着目し，PMPC 構造が CRP に対して多点結合を可能とし，高感度に CRP を検出できる人工高分子リガンドとして活用できると考え，PMPC を利用した CRP 高感度センシング材料の創製を行った。まず，局在表面プラズモン共鳴（LSPR）を示し，タンパク質吸着により表面誘電率変化に基づくスペクトル変化を生じる金ナノ粒子表面に，表面開始 ATRP（SI-ATRP）により PMPC 層を構築した。合成した PMPC-*g*-AuNPs と CRP を Ca^{2+} イオン存在下で混合したところ LSPR に基づくスペクトル変化を生じ，同条件下では参照タンパク質では応答を示さず CRP 検出が可能であることを示した[13]。さらに，金表面における PMPC 鎖の密度および鎖長の CRP 認識に与える影響を，表面プラズモン共鳴（SPR）デバイスにより評価した。具体的には，ATRP 開始基末端とヒドロキシ末端を有する二種のアルカンチオールを様々な割合で混合し，金薄膜蒸着基板上に自己組織化単分子（SAM）膜を形成し SI-ATRP により密度を異にする PMPC 鎖を構築した。その結果，ATRP 開始基のみで SAM 膜を形成し，最も高密度で PMPC を構築した場合において最も高感度な CRP 検出を達成し，同時に参照タンパク質の非特異吸着も抑制できた。さらに，重合時間を変更し異なる PMPC 鎖長で CRP 認識を試みたところ，不十分な PMPC 鎖長の場合に非特異的吸着が生じるという問題が生じた。そのため，高感度・高選択的 CRP 認識を実現するためには，高密度に十分な鎖長を有する PMPC 鎖を構築することが重要であることを明らかにした[14]。さらに，このような PMPC を CRP の高分子リガンドとして利用した CRP 認識システムを，田和らが開発したプラズモニックチップと組み合わせることで CRP 高感度蛍光検出を達成し，高分子リガンドを用いたバイオマーカー検出の有用性を一連の研究で明らかにした[15]。

3.2　レクチンに対する高分子リガンド

糖－タンパク質間の相互作用は，細胞接着，細胞間認識および病原体特定などの様々な生理学的プロセスに必要不可欠な相互作用として知られる。また，例えばインフルエンザウィルスとシアリルオリゴ糖のように，病原体も糖－タンパク質間相互作用を利用して感染する。糖を認識するタンパク質はレクチンと呼ばれ，一般的に多量体として存在するため，糖構造を側鎖に有する高分子（グリコポリマー）は，レクチンと多点的な相互作用を示し，人工ワクチンやドラッグデリバリーシステム（DDS）などへの医療応用が可能となる。

三浦らは，RDRP を用いて分子量および分子量分布制御された様々なグリコポリマーを合成し，レクチン認識を通して様々な応用展開を行っている[16,17]。RAFT 重合により，α-ガラクトースや α-マンノース側鎖を有するグリコポリマーを合成し，RAFT 末端を還元することでチオール化し金表面基板や金ナノ粒子表面に修飾することに成功した。さらに，これらのグリコポリマーはレクチン認識能を示し，志賀毒素検出に応用できることを明らかにしている[18]。さらに，シアリルオリゴ糖（6'-SALac）を側鎖に有するグリコポリマーを RAFT 重合および CuAAC により合成し，側鎖の 6'-SALac 密度および分子量が，インフルエンザウィルス上のシアル酸結合レクチン（ヘマグルチニン）との相互作用に与える影響について，赤血球を用いたヘマグルチニン阻害アッセイによって調査した[19]。側鎖の糖密度の影響を調べたところ，糖密度が上昇するにつれてヘマグルチニンに対する親和性が増大し，多点認識の効果と考えられた。しかし，すべての側鎖に糖を導入すると，側鎖の立体障害によりヘマグルチニンとの親和性が低下することがわかった。さらに，グリコポリマー鎖長の影響を調べたところ，ヘマグルチニンに対する高い親和性を得るためには，多点認識を可能とするための十分な分子鎖長が必要であることが示された。これらの基礎検討で最も高い親和性を有するグリコポリマーを，腎尿細管上皮細胞を用いたインフルエンザウィルス感染阻害実験を行ったところ，グリコポリマーを共存させることでインフルエンザ感染の阻害に成功した。また，Mitchell らも，ATRP によりポリ(プロパルギルメタクリレート）を合成し，CuAAC を利用して D-N-アセチルガラクトサミン（GalNAc）を側鎖に導入したグリコポリマーを合成し，マクロファージや樹状細胞上の C 型レクチンである MGL に対する親和性を評価したところ，分子量増大に従って MGL 親和性が増大することが明らかになり，十分な鎖長による多点的相互作用がレクチン認識に重要であることを述べている[20]。

樹状細胞特異的細胞内接着因子（Dendritic cell-specific intracellular adhesion molecule 3-grabbing non-integrin：DC-SIGN）は，樹状細胞やマクロファージ表面に発現するC型レクチンの一種であり，ヒト免疫不全ウィルス（HIV）が有するgp120と相互作用することでHIV感染に至る。Haddletonらは，予めマンノース，グルコースおよびフコース構造を有するモノマーをCuAACにより合成し，SET-LRPを用いて多段階的なモノマー添加により，配列制御されたマルチブロックグリコポリマーの合成に成功した[21]。合成した様々な配列を有するマルチブロックグリコポリマーの相互作用能についてSPRを用いて評価したところ，マンノース含量が多いほどDC-SIGNへの親和性が高くなった。しかし，マルチブロックグリコポリマーの配列がDC-SIGNに与える影響については今後の課題であると述べている。さらに，Haddletonらは，β-CD表面のヒドロキシ基にSET-LRP開始基であるBr基を修飾し，糖構造を有するモノマーを重合することで，β-CDをコアとする星型グリコポリマーを創製した[22]。このような星型グリコポリマーは，DC-SIGNに対して高い親和性を示し，グリコポリマー鎖長が増大するに従い親和性が高くなることがわかった。さらに，その親和性はHIVが有するgp120と同程度の値であり，十分gp120とDC-SIGN相互作用を阻害できる可能性が示された。また，Mitchellらも，単糖および二糖のヒドロキシ基に対してBr基を導入し，ATRPによりプロパルギル基を有するポリマーを合成し，CuAACを利用することで5 armおよび8 armを有するマンノース修飾星型グリコポリマーを合成し，樹状細胞に対してpMレベルの高親和性を示すことを明らかにしている[23]。

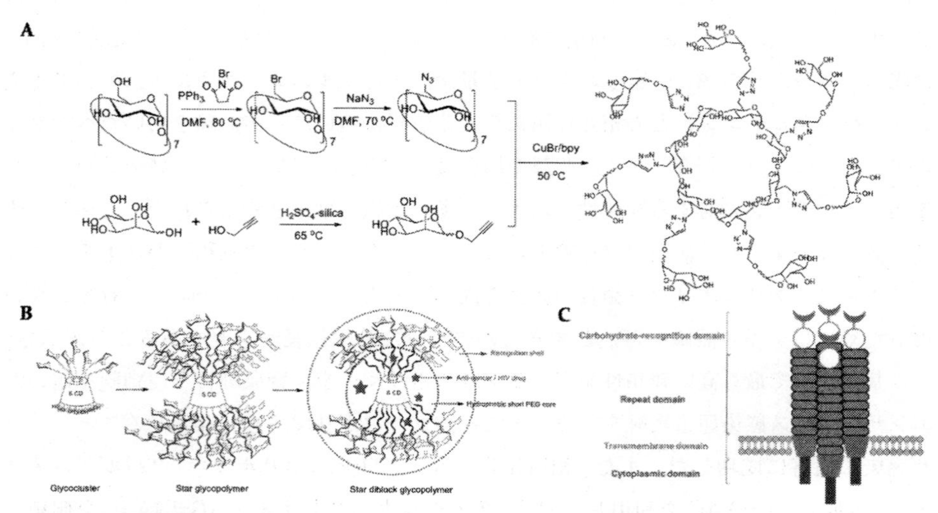

図3　多段階SET-LRPによる配列制御されたマルチブロックグリコポリマーの合成
(Reprinted with permission from *J. Am. Chem. Soc.*, **136**, 4325-4332 (2014) Copyright 2014 American Chemical Society.)

3.3　高分子リガンドカプセル

糖構造を有し細胞表面レクチンと相互作用可能なグリコポリマーをシェル層とし，内部に薬剤などを封入できるグリコカプセルに関する研究も報告されている。Zetterlund および Stenzel らは，逆相ミニエマルション RAFT 重合によって，抗がん剤ゲムシタビン封入グリコカプセルの創製に成功している[24]。RAFT 重合により，ポリ(*N*-2-ヒドロキシプロピルメタクリルアミド)-*b*-ポリ(ペンタフルオロフェニルメタクリレート)（PHPMA-*b*-PPFPMA）を界面活性剤として合成し，水中油滴を合成した。この水相中にゲムシタビン塩酸塩，油中に分子中にジスルフィド基を有する架橋剤および開始剤を溶解させ，液滴界面において RAFT 重合を行うことによりシェル層を形成し，ペンタフルオロフェニル基にグルコサミンを反応させることでグリコカプセルを作成した。合成したグリコカプセルは架橋剤中にジスルフィド基を導入しているため生分解性を示す。すい臓がん細胞を利用したグリコカプセル粒子の毒性試験を試みたところ，抗がん剤のみを投与した場合に比べて二倍高い毒性を示すことを明らかにし，ジスルフィド基を持たない架橋剤で合成したリファレンスグリコカプセルでは細胞毒性をほとんど示さなかった。Caruso および Davis らは，カチオン開環重合，RDRP および CuAAC を駆使することで合成したマンノース修飾グリコポリマーをテンプレート SiO_2 粒子表面に PMAA を用いて layer-by-layer 法を用いて積層し，SiO_2 を除去することでグリコカプセルを合成した[25]。このグリコカプセルは，マクロファージや骨髄由来サプレッサー細胞に比べて，樹状細胞に対して高い細胞取り込みを示すことを明らかにした。Davis らは，ホスホネートエステル基を有する開始基から，SET-LRP により合成した PEG およびマンノース構造を側鎖に有するジブロックグリコポリマーを FeO_3 粒子表面に修飾することで，FeO_3 粒子含有グリコカプセルの創製を報告している[26]。

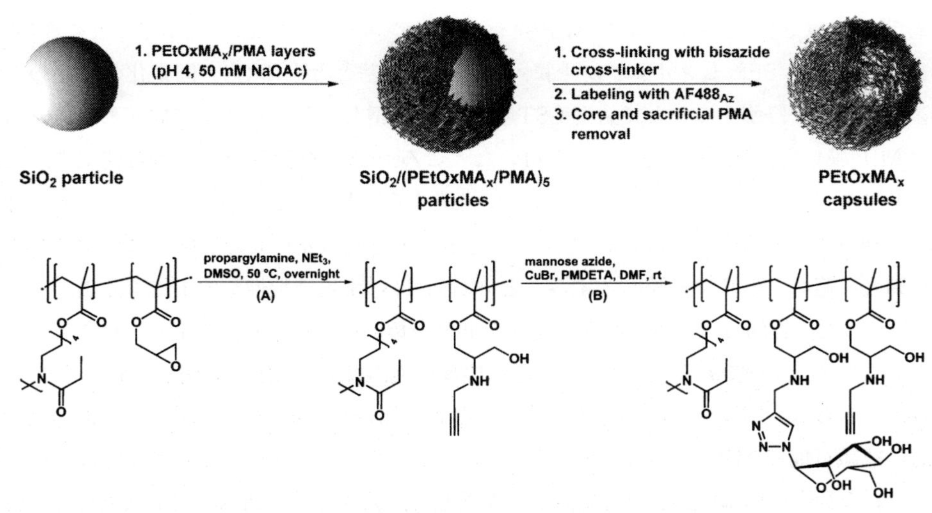

図4　Layer-by-layer 法を利用するグリコカプセル 合成スキーム
(Reprinted with permission from *ACS. Applied Mater. Interfaces*, **9**, 6444-6452 (2017) Copyright 2017 American Chemical Society.)

4 リビングラジカル重合による疾病診断のための分子インプリントポリマーの創製

体内で疾病などの異常が生じると，血液や唾液などの体液中における特定の分子濃度が上昇することが知られている。このような分子はバイオマーカーと呼ばれ，血液検査などの健康診断に広く利用される。現在，このようなバイオマーカーの定量は，抗体抗原反応を利用する免疫比濁法や酵素免疫測定法（ELISA）などで行われる。しかし，抗体は高価であるだけでなく，ELISA などでは検査に時間を要する。そこで，天然の抗体の代わりに安価で安定に合成でき，様々な機能を付与できる人工分子認識材料の開発が期待されている。分子インプリントポリマー（MIPs）はその候補として注目されており，これまでに様々なバイオマーカーに対する MIPs が開発されてきた。分子インプリンティング法は，鋳型重合法の一種であり，標的分子とそれに対して分子間相互作用可能な官能基を有する機能性モノマーを複合化し，架橋剤とともに重合することで複合体周囲にポリマーマトリクスを形成すると同時に，標的分子に対する相互作用部位の空間的配置を決定する。その後，鋳型分子を除去することで，標的分子に対して多点的に相互作用可能な分子認識空間を構築できる。RDRP の発展により，高分子構造（ブロックコポリマーやグラジェントポリマー）を制御できるようになっただけでなく，表面開始 RDRP を利用することで基板や微粒子といった様々な材料表面から自在にポリマーを形成できるようになった。このようなアプローチを MIPs 合成に採用することで，様々なセンサチップへ MIPs を簡便に形成できるようになり，様々なバイオマーカー検出材料の創製が達成されてきた。

竹内らは MIPs を用いたバイオマーカー検出に関して世界の最先端の成果を挙げている。例えば，表面開始 ATRP を利用してがんマーカータンパク質として知られるグルタチオン-s-トランスフェラーゼ（GST）を認識可能な MIP 膜を SPR センサチップ上に合成することに成功した。この MIP 合成時，SPR センサチップ上に，ATRP 開始基とともに GST 固定化のためのグルタチオン（GSH）を修飾することで鋳型 GST の配向性が増し，均一な認識空間が形成される。合成した MIP 膜修飾 SPR センサチップを用いたところ，GST 選択的な検出が可能であった。さらに，ポリマーマトリクスを親水性モノマーで構築することで，より目的外タンパク質の非特異的吸着を抑制でき，高選択的に GST を検出できることを明らかにした。さらに，ATRP 重合時間を制御し，適切なポリマー膜厚とすることで GST に対する選択性を向上できることを明らかにした[27]。また，竹内らは同様の配向固定化を低分子標的にも適用し，ストレスに応答して分泌されるバイオマーカーであるコルチゾールを高感度に検出可能な MIPs の開発に成功している[28]。

さらに竹内らは，肝臓がんのバイオマーカーとして知られる α-フェトプロテイン（AFP）を選択的に認識可能な MIPs を SPR センサチップ上に合成した。さらにこの研究では，竹内らがタンパク質の翻訳後修飾に発想を得て独自に開発した，分子認識空間内特異的機能付与・改変技術（ポストインプリンティング修飾：PIM）を利用して，AFP-MIP 認識空間内特異的に蛍光分子を修飾することで，AFP の結合に基づく蛍光挙動変化による AFP の高感度検出を達成した[29]。まず，2-イミノチオランを鋳型 AFP のリジン残基に反応させ，鋳型タンパク質にチオール基を導入し，ATRP 開始基と 2-ピリジルジスルフィド基を修飾した SPR センサチップ上にジスルフィド基を介して固定化した。さらに，残存するアミノ基とチオール基に，それぞれ sulfo-NHS 基と 2-ピリジルジスルフィド基を有する二種のモノマーと反応させることで，二種の異なるリンカーを有する重合成官能基を鋳型 AFP に修飾した。これらの分子中には可逆的共有結合であるシッフ塩基とジスルフィド基を持つため，これらの結合を切断することで鋳型 AFP を除去できる。このアプローチの重要な点は，鋳型分子除去後に，認識空間内に可逆的共有結合由来の官能基が存在するため，認識空間内選択的な後天的修飾が可能となり，空間内特異的な機能化が可能な点にある。この研究では，AFP に対する相互作用部位と蛍光分子を導入した。このような精密な認識空間設計を行うことで，$1.5 \times 10^{10}\ M^{-1}$ という高い親和性で結合可能な AFP-MIPs の創製に成功した。

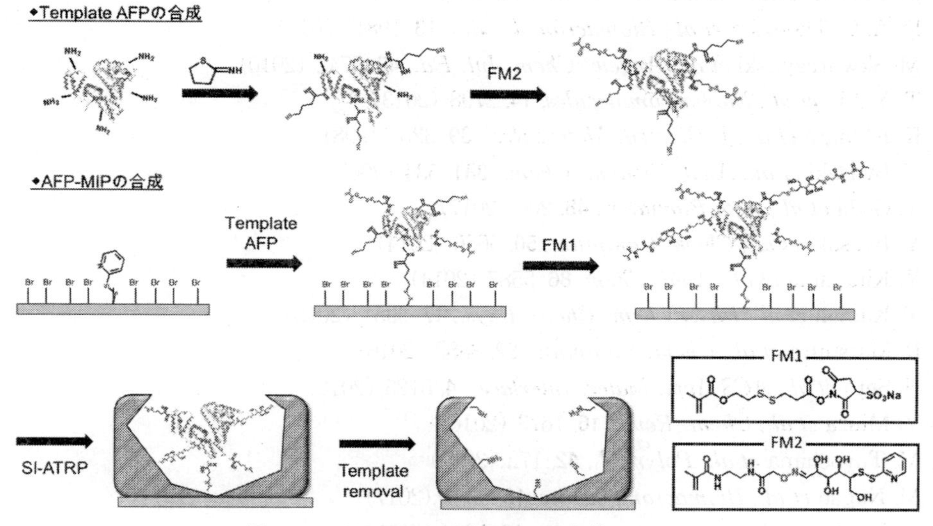

図5 SI-ATRP による AFP-MIP 合成スキーム

5 おわりに

本章では，人工高分子に RDRP を用いて分子認識能を付与するアプローチとして，①生体分子複合化，②高分子リガンド，③分子インプリンティング技術について概説し，バイオメディカル分野へのアプリケーション例について紹介した。このような様々な分子認識材料の創製には，高分子構造の自在な設計を可能とする RDRP と自在なモノマー設計や高分子の後天的修飾を可能にするクイックケミストリーの発展が重要な役割を果たしており，これらの方法を利用することで，今後様々な分子認識材料の開発が期待される。天然の抗体やレクチンは，厳密にアミノ酸配列を制御することで，分子認識に適した三次元構造が誘起される。RDRP を駆使することで，最近ではモノマー配列制御に関する報告が増えており，その精密設計技術は飛躍的に進歩している。長い年月をかけて進化してきた生体分子に，人工高分子が追いつき追い越す機運が高まっている。

文　献

1) N. P. Truong *et al.*, *Biomacromolecules*, **12**, 1876 (2011)
2) N. P. Truong *et al.*, *Nat. Commun.*, **4**, 1902 (2013)
3) W. Y. Gu *et al.*, *Biomacromolecules*, **14**, 3386 (2013)
4) N. P. Truong *et al.*, *Biomacromolecules*, **12**, 3540 (2011)
5) M. Gillard *et al.*, *Biomacromolecules*, **15**, 3569 (2014)
6) D. A. C. Thomson *et al.*, *Biomacromolecules*, **13**, 1981 (2012)
7) M. Skwarczynski *et al.*, *Angew. Chem. Int. Ed.*, **49**, 5742 (2010)
8) T. Y. Liu *et al.*, *Biomacromolecules*, **14**, 2798 (2013)
9) K. Ishihara *et al.*, *J. Biomed. Mater. Res.*, **39**, 323 (1998)
10) Y. Iwasaki *et al.*, *Anal. Bioanal. Chem.*, **381**, 534 (2005)
11) T. Goda *et al.*, *Acta Biomater.*, **48**, 206 (2017)
12) Y. Iwasaki *et al.*, *Chem. Commun.*, **50**, 5656 (2014)
13) Y. Kitayama *et al.*, *Anal. Chem*, **86**, 5587 (2014)
14) Y. Kamon *et al.*, *Phys. Chem. Chem. Phys.*, **17**, 9951 (2015)
15) R. Matsuura *et al.*, *Chem. Commun.*, **52**, 3883 (2016)
16) H. Seto *et al.*, *ACS Appl. Mater. Interfaces*, **4**, 5125 (2012)
17) Y. Miura *et al.*, *Chem. Rev.*, **116**, 1673 (2016)
18) M. Toyoshima *et al.*, *Polym. J.*, **42**, 172 (2010)
19) M. Nagao *et al.*, *Biomacromolecules*, **18**, 4385 (2017)
20) J. Tanaka *et al.*, *Biomacromolecules*, **18**, 1624 (2017)
21) Q. Zhang *et al.*, *Angew. Chem. Int. Ed.*, **52**, 4435 (2013)
22) Q. Zhang *et al.*, *J. Am. Chem. Soc.*, **136**, 4325 (2014)
23) D. A. Mitchell *et al.*, *Chem. Sci.*, **8**, 6974 (2017)
24) R. H. Utama *et al.*, *Biomacromolecules*, **16**, 2144 (2015)
25) K. Kempe *et al.*, *ACS Appl. Mater. Interfaces*, **9**, 6444 (2017)
26) J. S. Basuki *et al.*, *Chem. Sci.*, **5**, 715 (2014)
27) Y. Kamon *et al.*, *Polym. Chem.*, **5**, 4764 (2014)
28) N. Suda *et al.*, *Royal Soc. Open Sci.*, **4**, 170300 (2017)
29) R. Horikawa *et al.*, *Angew. Chem. Int. Ed.*, **55**, 13023 (2016)

第10章　精密重合法とナノインプリント法の融合による階層的表面構造ポリマー薄膜の創製

箕田雅彦*

1　はじめに

近年，生物の機能や仕組みを参考にして，新たな材料開発に結びつける生物模倣技術が注目されている。その中で，自然界に数多く存在する階層的表面構造に起因する特異な機能発現を模倣した材料開発が行われており，代表例としてヤモリの足と蓮の葉の表面微細構造を模倣した材料などが挙げられる。ヤモリの足はひび割れ構造になっており，その表面に生えている数十万本の剛毛は先端部分が数百に枝分かれし，さらに枝毛は先端が皿状の構造になっている。この指先に密集した階層的な繊維状微細構造体により，壁面との間にマルチバレントなファンデルワールス力が働くことで，ヤモリの体重を保持できるほどの接着力をもたらす[1)]。ヤモリの足の階層的微細構造を模倣した人工的な接着材料はすでに多くの開発例がある[2)]。一方，蓮の葉の表面に起因する撥水性効果もよく知られている。蓮の葉の表面は，その微細構造と分泌されるワックス状化合物の相乗効果によって超撥水性とセルフ・クリーニング効果を示す[3)]。蓮の葉の表面は数μmのコブからなり，分泌されたワックスの微結晶がその表面に突起状に並んだフラクタル的な凹凸構造が蓮の葉表面の超撥水性をもたらしている。この特異な階層的表面構造に由来する超撥水性は「ロータス効果」と呼ばれ，様々な材料開発に生かされている[4)]。生物表面の微細構造は特異な機能発現をもたらし，他にもそれらの表面構造を模倣した種々の材料が開発されている[5,6)]。

本研究は，生物の表面微細構造が呈する特異な機能発現にヒントを得て着想したものである。具体的には，ナノテクノロジーを利用して表面微細構造を付与したポリマー薄膜材料に，精密重合に基づくグラフト修飾を施すことで，表面機能が幅広くデザイン可能な新規薄膜材料の創製を目的としている。ここでは，サイズ的な階層構造の構築に基づく表面機能発現にとどまることなく，表面微細構造由来の物理的な表面特性に加えて，表面修飾によって種々の化学的性質を融合させることに重点を置いている。

マイクロメートルからナノメートルスケールの表面微細構造を持つ材料の作製は，主としてナノテクノロジーの利用により行われてきた。ナノテクノロジーによる表面機能材料の作製手法としては，フォトリソグラフィーやナノインプリント技術を利用するトップダウン法と濃厚ポリマーブラシの作製に例を見るボトムアップ法の二つのアプローチがある。トップダウン法では，例えば，微細構造を持つ鋳型を用いて材料表面にその微細構造を転写できるが，リソグラフィー技術を用いて鋳型を作製する必要がある点やサブマイクロスケール以下の微細化に課題を有して

* Masahiko Minoda　京都工芸繊維大学　大学院工芸科学研究科　物質合成化学専攻　教授

いる。一方，ボトムアップ法では，トップダウン法では困難な分子サイズのスケールでの微細構造の付与が可能である。

本研究は，階層的表面構造からなる表面機能ポリマー薄膜を作製するために，トップダウン法とボトムアップ法を融合させる点を特徴とする。すなわち，トップダウン法であるナノインプリント法を用いて微細表面構造を構築し，さらにボトムアップ法である精密グラフト重合法を用いて階層的表面構造の付与へと導く。ここではナノインプリントの鋳型として，高密度に配向した貫通型の細孔からなる陽極酸化ポーラスアルミナ（Anodic Aluminum Oxide，以降 AAO と略記）を用いる。AAO はナノ構造材料の作製において加工用鋳型として広く利用されており，細孔のサイズ・周期と２次元配列が制御された高規則性貫通型 AAO を作製する技術も確立されている[7~9]。貫通型 AAO は通常のリソグラフィー技術では作製困難な微細で高アスペクト比のナノホールアレー構造を有することから，本研究でナノインプリントの鋳型として用いた。

2　ナノインプリント法と精密グラフト重合を用いるポリマーピラー薄膜の作製

ナノインプリント法と精密グラフト重合を併用した階層的表面構造からなるポリマー薄膜の作製工程は以下のようなフローとなる（図１）：(1)貫通型 AAO を鋳型とするナノインプリント法により，AAO の細孔構造が転写された微細な表面構造からなる薄膜材料を作製する。具体的には，表面処理した Si ウェハー上に作製した素材ポリマー薄膜上に貫通型 AAO を置いて加熱圧着する。次いで鋳型として用いた AAO をアルカリ条件下で溶解除去する。AAO の細孔形状を反映して，ポリマー薄膜上には鉛直配向したピラー構造が形成される。本研究ではピラー薄膜と呼称する。(2)最終段階でピラー薄膜に表面開始グラフト修飾を施すが，重合溶液へ浸漬する際のピラー構造の崩壊を防ぐために，用いたポリマー素材には予め架橋形成可能な部位を組み込んでおき，架橋反応によりピラー構造の固定化を行う。(3)ポリマー素材には架橋形成部位と共に精密ラジカル重合の起点となる部位も組み込んであるため，表面開始グラフト重合を行ってピラー表

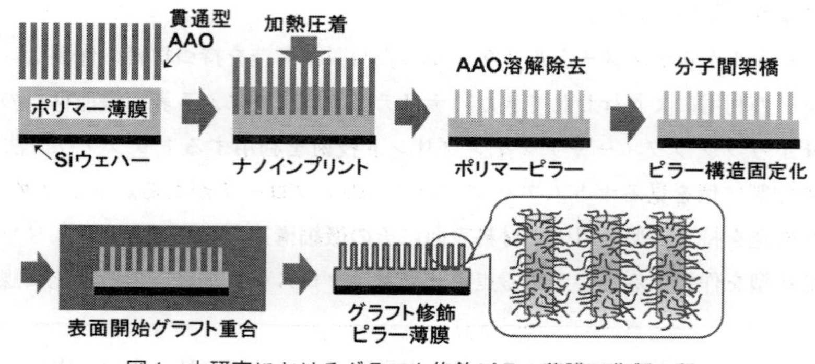

図１　本研究におけるグラフト修飾ピラー薄膜の作製工程

面をグラフト修飾する。このプロセスにより，ポリマー薄膜上にグラフト修飾ピラー構造という階層的表面構造が構築されると共に，導入したグラフト鎖由来の化学的性質や機能を付与することが可能となる。

ナノインプリントの鋳型となる貫通型AAOは市販のGE Whatman® Anodisc13®を使用した。同AAOは膜厚が60 μmで直径は13 mm，細孔径は表面近傍と内部で異なっており，表面近傍で約90 nm，内部で約170 nmである。また，面内の細孔分布は不均一であるが，膜上下に細孔が貫通した構造からなる（図2(a)）。本研究では，高規則性貫通型AAOの利用も試みた。高規則性貫通型AAOは自己組織的な過程を経て陽極酸化反応により作製されるが，化成電圧など作製条件を変えることで，周期や細孔径を変化させることができる[10]。本研究では，膜厚20～30 μm，細孔径約70 nmの高規則性貫通型AAOを使用した（図2(b)）。高規則性貫通型AAOはGE Whatman® Anodisc13®とは異なり，細孔の面内配置が長周期の秩序構造を有すると共に，細孔径が膜の厚み方向に均一であるため，ナノインプリントで転写されたピラー構造体は非常に均質な構造になると期待される。

本研究では素材ポリマーの分子構造設計も重要なファクターとなる。素材ポリマーは，精密ラジカル重合の一つであるATRPの開始点と共に，ナノインプリントにより作製したピラー構造を固定化するための反応部位を分子内に組み込んでおく必要がある。本設計指針に従って幾つかの素材ポリマーを合成した（図3）。poly(CEMA-*co*-HEMA-Br)とpoly(MAOEMC-*co*-HEMA-Br)は，ATRPの重合開始点となるα-ブロモエステル部位を側鎖に有すると共に，それぞれケイ皮酸エステル側鎖，クマリン側鎖という光二量化が可能な部位を併せ持つ。さらに本

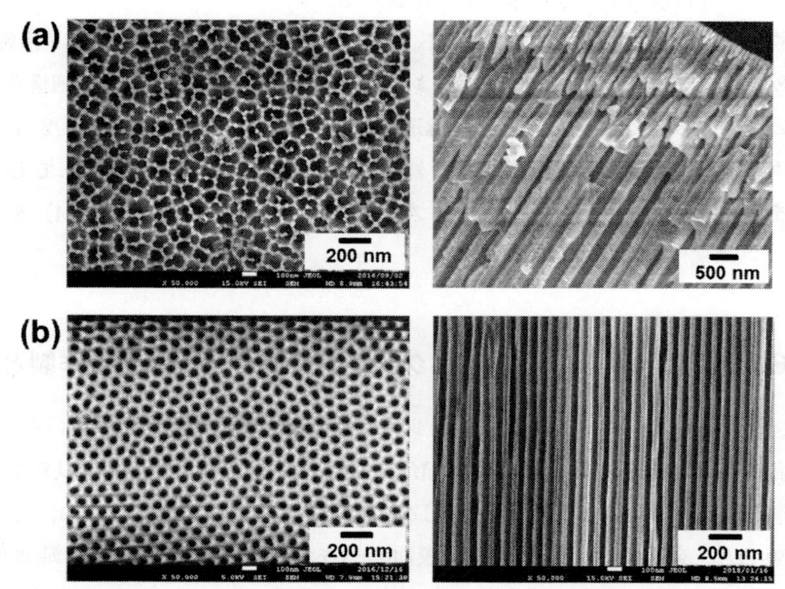

図2　(a)市販の貫通型AAO（GE Whatman® Anodisc13®）と(b)高規則性貫通型AAOのSEM像
（左）上面および（右）断面

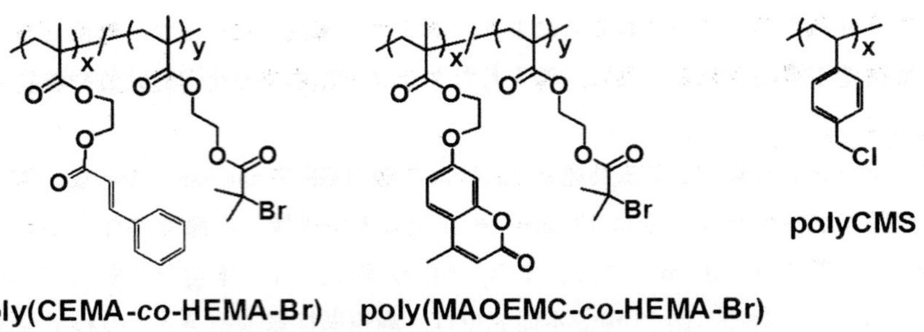

poly(CEMA-*co*-HEMA-Br)　poly(MAOEMC-*co*-HEMA-Br)　polyCMS

図3　本研究で使用した素材ポリマー

研究ではポリクロロメチルスチレン（polyCMS）も素材ポリマーとして使用した。polyCMSのベンジルクロリド側鎖はATRP条件下で表面開始グラフト重合の起点となる。また，ベンジルクロリド側鎖はジアミンとの反応により分子間架橋形成が可能であるため[11]，ピラー構造の固定化に使用できる。

ナノインプリントは基本的に次の二通りの方法を用いた。一つは簡易ナノインプリント法と本研究で呼称するものであるが，Siウェハー上にドロップキャストした比較的膜厚の大きな素材ポリマーの薄膜上に貫通型AAOを置いて，スライドガラスで挟んでクリップ留めしたのち加熱圧着する方法である。本法は膜厚の大きなピラー薄膜の簡便な作製に向いている。他方，加熱圧着時の温度，圧力をプログラム制御して，ピラー薄膜の精細な構造制御を行うために，ナノインプリントシステム（Obducat Technologies AB社製 Eitre3）を使用した。この場合，Siウェハー上の素材ポリマー薄膜はスピンコートにより作製した。

ピラー薄膜を作製して構造固定化したのち，ATRPによる表面開始グラフト修飾を行った。本研究の特徴の一つは，グラフト鎖の選択によりピラー構造からなる特異な微細構造表面に様々な機能や性質を付与できる点にある。表面構造解析を容易にする観点から2,2,2-トリフルオロエチルメタクリレート（TFEMA）を，また外部刺激応答性のグラフト鎖としてLCST型の温度応答挙動を示すポリマーを与える*N*-イソプロピルアクリルアミド（NIPAM）をモノマーとして用いた。

3　polyCMSを素材ポリマーとするグラフト修飾ピラー薄膜の作製と表面特性

素材ポリマーであるポリクロロメチルスチレン（polyCMS）は，AIBNを用いたCMSの通常ラジカル重合により合成し，M_n = 46,000，M_w = 110,000，M_w/M_n = 2.3の試料を得た。ナノインプリントはpolyCMSのTg（113℃，DSC測定）以上で行った。なお，ここではGE Whatman® 製AAOを鋳型として使用し，表面をヘキサメチルジシラザンで疎水処理したSiウェハー上にドロップキャストで形成させたpolyCMS薄膜に対して，簡易ナノインプリント法を適用した（140℃，30分）。その後1M NaOHによりAAOを溶解除去することで多数のピラー構造が鉛直配向した表面構造からなるピラー薄膜を得た。次いで，試料を *N,N,N',N'*-テトラメチル-1,6-ヘキサンジアミン（TMHDA）に100℃で1時間浸漬して架橋反応を施し，ピラー構造の固定化を行った（図4）。この反応はTMHDAのアミン部位がpolyCMS側鎖のクロロメチル基の一部と4級化することで架橋反応が起こると考えられ[11]，のちにATRP条件下で表面開始グラフト修飾を行うための開始点は十分量残っている。THFはpolyCMSの良溶媒であるが，架橋反応後のピラー薄膜をTHFに浸漬したのちSEM観察した結果，架橋前と同様なピラー構造からなる表面モルホロジーが観察され，ピラー構造の固定化を確認した（図5）。

ピラー表面のグラフト修飾は，含フッ素メタクリレートのTFEMAをモノマーとして，フリー開始剤であるベンジルクロリド（BnCl），CuCl，$CuCl_2$存在下，リガンドとしてトリス(2-ピリジルメチル)アミン（TPMA）を用いるATRP条件下で行った（図4）[重合条件：$[BnCl]_0 : [TFEMA]_0 : [CuCl]_0 : [CuCl_2]_0 : [TPMA]_0 = 1 : 100 : 1 : 0.1 : 1$，アニソール中，90℃，1時間]。フリーポリマーの分子量が$M_n = 3{,}000$であったことから，同等の分子量を持つグラフト鎖が生成したものと考えられる。ピラー薄膜のTFEMAによるグラフト修飾は，SEM-EDX測定によ

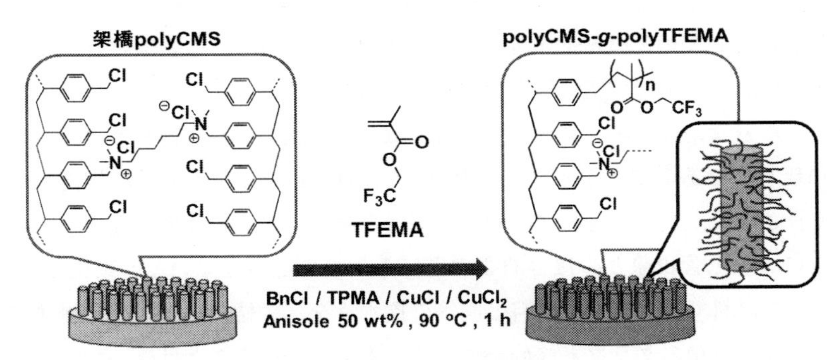

図4　polyCMSより作製したピラー薄膜の架橋による構造固定化とTFEMAによるATRPグラフト修飾

図5　架橋による構造固定化を行ったpolyCMSのピラー薄膜

	Flat film	Pillar film
PCMS	98°	130°
cross-linked polyCMS	51°	14°
polyCMS-*g*-polyTFEMA	91°	120°

図6　未処理および各種処理を施したpolyCMS由来の平滑薄膜ならびにピラー薄膜に対する水の静的接触角

りグラフト修飾後の試料でF元素が観測されたことからも確認した。また，SEM観察の結果，グラフト修飾がピラー構造からなる表面モルホロジーには影響を及ぼしていないことも確認した。

作製したグラフト修飾ピラー薄膜の表面特性を調べるために水の静的接触角測定を行った。接触角は固体表面上の蒸留水の液滴から$\theta/2$法により算出した。試料として，Siウェハー上にドロップキャストで作製したpolyCMSの平滑薄膜（Flat film）とピラー薄膜（Pillar film）を用意し，それぞれにおいて未処理試料，TMHDAによる架橋処理試料，架橋後にTFEMAをグラフト修飾した試料に対して静的接触角測定を行い比較した（図6）。未処理試料ではピラー薄膜が大きな接触角（130°）を示し，空気層を含む表面の微細な凹凸構造（ピラー構造）による撥水性の発現効果であると考えられる。架橋した試料では平滑薄膜，ピラー薄膜共に接触角が低下しており，表面が親水性であることを示す。これは，TMHDAによりイオン性架橋点が生成したことに起因する。さらに，ピラー薄膜においては平滑薄膜以上の大幅な親水化が見られるが，これはピラー構造による毛管現象との複合的な効果によるものと考えている。架橋後にTFEMAでグラフト修飾した試料では，未架橋試料と同等の撥水性を示す結果を得た。平滑薄膜のデータより，含フッ素ポリマー鎖のグラフト修飾が疎水化に寄与していることは確かであるが，ピラー薄膜が平滑薄膜に比して約30°大きな接触角を示すことから，表面のピラー構造が疎水化に大きく寄与していることがわかる。微細な凹凸構造を有する表面の親水性／疎水性の評価は，Wenzelモデルと Cassie-Baxterモデルにより議論されるが，本研究で作製したピラー薄膜においては，何本かのピラーが凝集してドメイン構造を形成していることが観測されたため，個々のピラーの構造や面内密度と表面特性との相関を詳細に議論するにはさらなるデータの集積が必要である。

4　光架橋性ポリマーを素材とするグラフト修飾ピラー薄膜の作製と表面特性

図3に示したように，本研究では光二量化による架橋性部位と精密ラジカル重合の開始点を共に分子内に組み込んだ共重合体であるpoly(CEMA-*co*-HEMA-Br)とpoly(MAOEMC-*co*-HEMA-Br)を素材ポリマーとして利用した。前者はケイ皮酸エステル部位を，後者はクマリン部位を側鎖に有している。ここではクマリン側鎖を有する素材ポリマーpoly(MAOEMC-*co*-HEMA-Br)を用いてGE Whatman® 製AAOを鋳型としてナノインプリント装置でピラー薄膜

を作製し，光照射によりピラー構造を固定化したのち，最後にNIPAMをモノマーとしてグラフト修飾した例を紹介する。作製したポリマー薄膜は，ピラー構造という特異な表面モルホロジーに加えて，ピラー構造体が温度応答性ポリマーであるpolyNIPAM鎖でグラフト修飾されていることから，表面特性が外部刺激（温度）に応答し変化する表面機能材料として興味が持たれる。

素材ポリマーであるpoly(MAOEMC-*co*-HEMA-Br)は，ATRP重合開始点となるα-ブロモエステルを側鎖に導入したHEMA誘導体（HEMA-Br）とクマリン担持メタクリレート（MAOEMC）の通常ラジカル共重合により合成した（M_n = 52,000，M_w/M_n = 2.9，組成比HEMA-Br：MAOEMC = 3：2）。スピンコート法によりSiウェハー上に作製したポリマー薄膜（膜厚1.4μm）を，ナノインプリント装置で所定の条件下（130℃，20 bar，180秒）加熱圧着したのち，1M NaOHで鋳型AAOを溶解除去した。SEM観察よりピラー構造（ピラー長：約1,000 nm，ピラー径：約180 nm）の生成を確認した（図7）。次いで，高圧水銀灯を光源として光照射を5時間行い，ピラー構造体を形成しているpoly(MAOEMC-*co*-HEMA-Br)のクマリン側鎖の分子間二量化によるピラー構造の固定化を行った。UV-vis吸収スペクトル測定によりクマリン部位の二量化の進行を確認すると共に，光照射後の試料薄膜を素材ポリマーの良溶媒中に浸漬してもピラー構造が崩壊することなく保持されていることをSEM観察により確認した。

ピラー表面のグラフト修飾は，NIPAMをモノマーとして，フリー開始剤であるα-ブロモイソ酪酸エチル（EBI），CuCl，アスコルビン酸存在下，リガンドとしてトリス[2-(ジメチルアミノ)エチル]アミン（Me_6TREN）を用いるATRP条件下で行った［重合条件：[EBI]$_0$：[NIPAM]$_0$：[CuCl]$_0$：[Me_6TREN]$_0$：[ascorbic acid]$_0$ = 1：100：1：2：1，2-プロパノール/水（4/1（w/w））中，25℃，5時間］[12]。フリーポリマーの分子量がM_n = 7,200であったことから，同等の分子量を持つグラフト鎖が生成したものと考えられる。ピラー構造体表面からのグラフト重合の進行はFT-IRおよびXPS解析より確認した。さらにSEM観察によって，グラフト修飾前後でピラー構造が保持されていることを確認した。

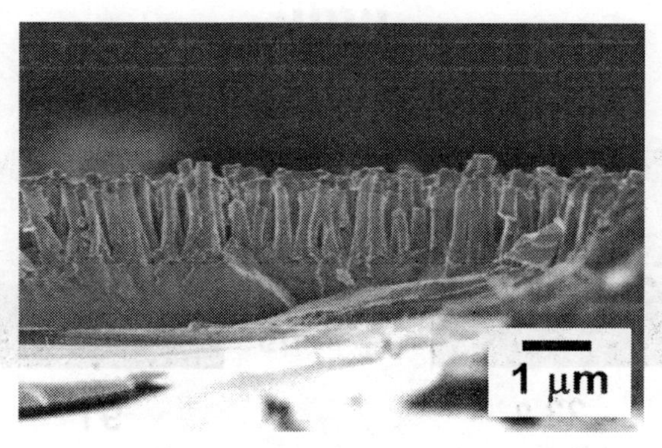

図7　市販の貫通型AAOとナノインプリント装置を用いてクマリン担持ポリマーより作製したピラー薄膜

スピンコートにより poly(MAOEMC-*co*-HEMA-Br) から作製した平滑薄膜に NIPAM を同様な ATRP 条件下でグラフト修飾した試料と，上述のグラフト修飾ピラー薄膜試料に対して，温度が可変なステージ上に試料を置いて，温度を変化させながら水の静的接触角測定を行った。グラフト修飾平滑薄膜では昇温，降温過程で約 50°～65° の範囲内で接触角が変化した。これに対して，グラフト修飾ピラー薄膜では，約 20°～90° というより幅広い範囲で接触角の変化が観察された（図8）。さらに，昇温と降温を5サイクル繰り返しても，ほぼ同じ振れ幅で可逆的な接触角の変化を観測することができた。この接触角の変化は温度変化に応答した薄膜表面の親水性／疎水性の変化を示すものであるが，グラフト修飾平滑薄膜とグラフト修飾ピラー薄膜では大きな変化が見られた。低温側でグラフト修飾ピラー薄膜の方がより高い親水性を示すのは，ピラー構造による毛管現象により表面の凹部まで液体（水）が入り込んだ結果であると考えられる。また，高温側でグラフト修飾ピラー薄膜の方がより高い疎水性を示すのは，NIPAM ポリマーの疎水性に加えてピラー構造由来の表面の凹凸構造の寄与があるためと考えられる。以上の結果は，グラフト修飾ピラー薄膜において，ピラー構造による表面凹凸微細構造による特性発現と，グラフト修飾による化学的性質の発現が相乗的に作用した結果であることを示唆しており，今後ピラー構造の設計とグラフト鎖の設計を多様に組み合わせることで，様々な表面特性を薄膜表面に付与できる可能性がある。

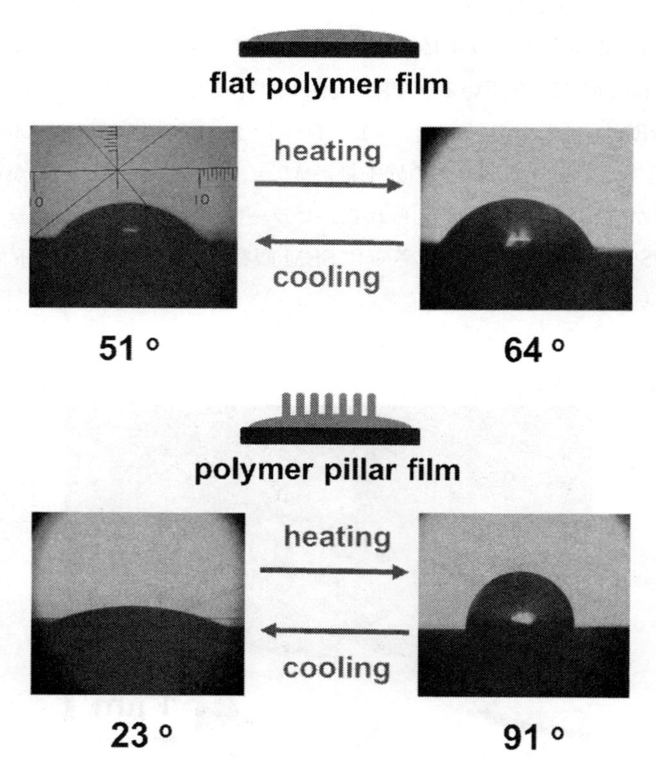

図8　polyNIPAM をグラフト修飾したポリマー平滑薄膜とピラー薄膜における水の静的接触角の温度応答

5　高規則性貫通型AAOを鋳型として作製したグラフト修飾ピラー薄膜への展開

これまで紹介したグラフト修飾ピラー薄膜の作製ではナノインプリントの鋳型としてGE Whatman® 製AAOを使用していたが，細孔径が膜表面近傍と内部で異なり，細孔の2次元配列が不均一であるため，転写されたピラー構造においても個々のピラーにおける径が一様でない，ピラー表面が平滑でない，ピラーの面内配置が不均一であるなど表面微細構造の均質性という観点からは課題があった。そこで，高規則性貫通型AAOを鋳型とし，スピンコート成形したポリマー薄膜にナノインプリント装置で温度，圧力，圧着時間を制御しながらインプリントすることにより，より均質なピラー構造からなる薄膜の作製を試みた。ここでは，予備的な実施例を簡単に紹介する。素材ポリマーとしてはケイ皮酸エステル側鎖を持つpoly(CEMA-*co*-HEMA-Br)を使用した。ナノインプリントの際に圧力を40 bar，加熱圧着時間を120秒に固定し，加熱温度を100℃～70℃で変化させてピラー薄膜を作製した。その結果，平滑なピラー表面と軸方向に対する均一なピラー径を有する，ピラー径73 nmでピラー長770 nm～70 nm（アスペクト比11～1）のピラー薄膜を作製することができた（図9）。今回用いた素材ポリマーの場合，アスペクト比の大きな試料では乾燥状態でピラーが凝集してドメイン形成する傾向が観察された。高規則性貫通型AAOは化成電圧や電解液の選択により周期や細孔径を制御可能であることが報告されている。今後，周期や細孔径の異なる高規則性貫通型AAOの選択，高アスペクト比でも自立

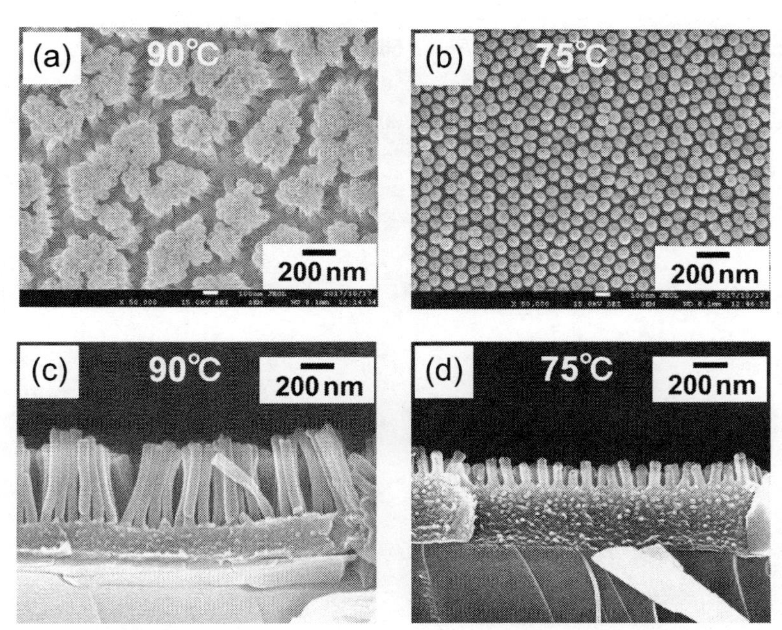

図9　高規則性貫通型AAOとナノインプリント装置を用いて作製したピラー薄膜
(a)および(c)，圧着温度90℃，(b)および(d)，圧着温度75℃

可能なピラー形成を可能にする素材ポリマーの分子構造設計，精密ラジカル重合に基づくグラフト修飾を行うことで，規則性を持った均質なグラフト修飾ピラー薄膜が作製可能であると考えられ，種々の表面特性・機能のデザインにより幅広い分野での応用展開が可能であると期待される。

謝辞

高規則性貫通型 AAO は首都大学東京大学院　都市環境科学研究科の益田秀樹教授，柳下崇准教授にご恵与いただいたものであり，ここに感謝の意を表します。

文　　献

1） K. Autumn *et al.*, *Nature*, **405**, 681 (2000)
2） M. Sitti *et al.*, *J. Adhesion Sci. Technol.*, **17**, 1055 (2003)
3） W. Barthlott *et al.*, *Planta*, **202**, 1 (1997)
4） L. Feng *et al.*, *Langmuir*, **24**, 4114 (2008)
5） A. R. Parker *et al.*, *Nature*, **414**, 33 (2001)
6） G. Chen *et al.*, *Langmuir*, **23**, 11777 (2007)
7） H. Masuda *et al.*, *Science*, **268**, 1466 (1995)
8） H. Masuda *et al.*, *J. Appl. Phys.*, **35**, L126 (1996)
9） Y. Pang *et al.*, *Natural Science*, **7**, 232 (2015)
10） T. Yanagishita *et al.*, *Jpn. J. Appl. Phys.*, **56**, 035202 (2017)
11） 特開平 7-280768
12） J. Ye *et al.*, *J. Phys. Chem. B*, **113**, 676 (2009)

第11章　リビングラジカル重合を用いたUV硬化と傾斜ナノ構造の形成

須賀健雄*

1　はじめに

光ラジカル重合に代表されるUV硬化反応は，簡便かつ極めて迅速（数秒以下で完結）で，印刷インキ，塗料，接着剤，フォトレジストなど多くの産業分野で汎用されている。また3Dプリンターをはじめ光造形技術との融合など新しい展開も進んでいる。一方で高い重合基濃度，架橋反応による硬化収縮をはじめ，ゲル効果，酸素阻害，相分離など複雑な因子も多く，溶液重合におけるリビング重合のような各素過程の精密制御には未だ至っていない。

重合反応の精密制御に向けた試みは，アニオン重合をはじめ長年にわたる高分子合成化学の中心的な課題であったが，本書の各章で詳述の通り90年代に提案された「リビングラジカル重合」法の登場により，多くの汎用ビニルモノマーをより簡便に精密重合することが可能になった[1~4]。いずれも重合鎖末端を可逆的に保護（ドーマントと言う），もしくは連鎖移動させながら，活性化時にビニルモノマーを１つ１つ繋ぐことで，長さ・立体規則性・配列などを高度に制御したブロック・グラフトポリマーの合成を実現している。また外部刺激，例えば電子移動（印加電圧，酸化還元剤），機械的な応力などによる重合鎖末端の可逆的な活性化も見出されており，特にここ数年で，重合鎖末端を「熱」ではなく「光」照射で活性化する試みが注目を集め，精密重合の進行／停止（On/Off）を繰り返し制御できる時代を迎えている[5,6]。

本章ではまず光精密ラジカル重合の研究動向を概説しつつ，筆者らの最近の成果としてUV硬化への適用例を紹介する。迅速なUV硬化反応に敢えて「光駆動型」のリビングラジカル重合機構を組み込むことで，重合過程の時間軸を制御し，硬化膜内部にブロック共重合体のミクロ相分離に特徴づけられるナノ構造の同時（その場）形成を試みた。

2　光リビングラジカル重合の研究動向

リビングラジカル重合法は，主にニトロキシド媒介リビングラジカル重合（Nitroxide-Mediated Living Radical Polymerization, NMP），可逆的付加・開裂連鎖移動（Reversible Addition-Fragmentation and Chain Transfer Polymerization, RAFT）重合，原子移動リビングラジカル重合（Atom Transfer Living Radical Polymerization, ATRP）などに大別され，厳密な無酸素下で「熱」のみ，もしくは遷移金属触媒（Ru，Cuなど）やラジカル種の共存下，熱で重合鎖末

*　Takeo Suga　早稲田大学　先進理工学部　応用化学科　専任講師

端のドーマントを活性化し，モノマーの付加反応を制御しながら繋ぐことで分子量制御された高分子が得られる（スキーム1，表1）。イオン重合と異なり，ラジカル生長種は極性反応基と反応しないため，保護基や水の除去も不要で簡便に広範なビニルモノマーを重合できる。ドーマント末端の多くは空気中でも安定に扱うことができ，得られたポリマーを単離してマクロ開始剤として用いブロック共重合体も容易に得られる。

Polymer—X + cat. $\underset{}{\overset{\Delta \text{ or } h\nu}{\rightleftharpoons}}$ Polymer• (+M) + X—cat.

高分子ドーマント

スキーム1

表1　主なリビングラジカル重合の分類と光制御

重合法	末端X	光駆動型触媒	機構
1. ニトロキシド媒介 (NMP)	O-N	-	-
2. 可逆的付加・開裂連鎖移動 (RAFT)	---S(C=S)N	N, S	光レドックス触媒 or 連鎖移動(イニファーター)
3. 原子移動 (ATRP)	Br	Cu(I)XL, Ir(ppy)$_3$, N, S	光レドックス触媒
4. 有機テルル(TERP)	—TePh	-	可逆的解離-停止
5. ヨウ素移動 (ITP, RCMP)	I	NR$_3$, Bu$_4$NI, PR$_3$, PPh$_3$	可逆的解離-停止 or 連鎖移動

一方，ドーマント末端の外部刺激による可逆的な解離法として，熱だけでなくレドックス触媒，電気化学的な酸化還元なども報告され，特に「光」照射によるドーマントの可逆的な解離は，精密重合の進行／停止（On/Off）を自在に制御する試みとして近年注目を集めている。古くは80年代の大津らによるジチオカルバメート（RSC(S)NR$_2$）を用いたイニファータ重合[7]に遡るが，2010年代に入り各リビングラジカル重合に対応する光重合が提案されている。Hawkerらは Ir触媒やフェノチアジン誘導体など光レドックス触媒（PC）を用いて炭素－臭素（C-Br）結合を光刺激で可逆的に開裂し，メチルメタクリレート，アクリレート，スチレンなどの原子移動ラジカル重合（ATRP）の進行を光照射で自在にOn/Offできることを報告した（光レドックス機構，図1(a)）[8,9]。同様にBoyerらは，光レドックス触媒を用いた光電子・エネルギー移動によりトリチオカーボネートを含むRAFTマクロ開始剤を解離，連鎖移動させることで重合の光On/Offを制御している（PET-RAFT重合）[10]。一方で，ドーマント末端を直接光化学的にラジカル解離する機構も提案されている（可逆的解離・停止機構，図1(b)）。後藤らは古くより連鎖移動重合に適用されてきた有機ヨウ素化合物に着目し，アミン，ホスフィン，4級アンモニウム塩など

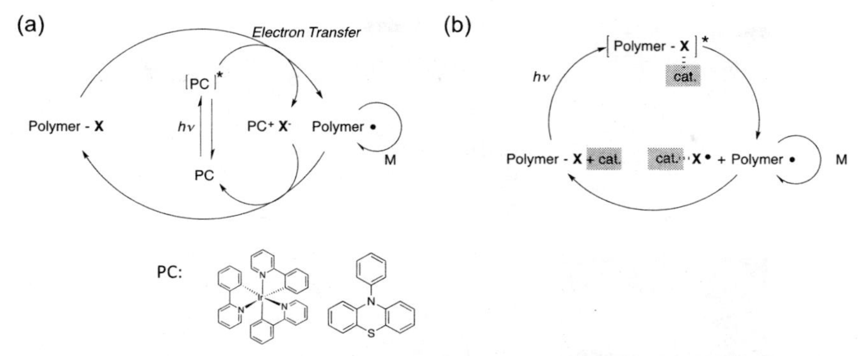

図1　(a)光レドックス機構（光ATRP，RAFT重合など）と(b)有機触媒を介した可逆的解離・停止機構

の有機触媒存在下で可逆的に炭素－ヨウ素（C–I）結合を光刺激で開裂させ，光重合制御に成功している[11,12]。その他，山子らのテルル化合物を用いる精密ラジカル重合でも光制御が可能である[13]。いずれの重合法（図1）も光照射の有無でドーマントC–X結合の開裂・再結合を何度も繰り返しできるところに特徴があり，比較的弱い照度でUVの他，可視光やLEDランプなどでも重合が進行するものが多い。光レドックス機構では酸素阻害を回避し大気開放下でも重合が進行し，コンビナトリアルな高分子ライブラリ合成も報告されている[10]。またチューブ反応器を光源に巻いた連続フロー合成により光重合の課題である量合成も実現している[14]。

3　光リビングラジカル重合のUV硬化への適用と重合誘起型相分離

予めリビング重合法などで得られるジブロックコポリマーが示す相分離構造は，スフィア，シリンダー，共連続，ラメラ構造など相図で整理されるように，Flory–Hugginsの相互作用パラメーター，重合度に基づく各セグメントの偏析力と各セグメントの体積分率により定義できる[15,16]。一方で，相図では限られた組成でしか発現しない「共連続構造」が，ポリマーブレンドでは寸法は大きい（μmスケール）ものの反応誘起型相分離によって得られることはよく知られ，エポキシ樹脂の強靭化やモノリスなどにも応用されている。HillmyerらはRAFT重合により得られる高分子型の連鎖移動剤を用い，第二モノマーとしてスチレン，架橋剤としてジビニルベンゼンを加え，精密「熱」硬化することでドーマントからの鎖延長反応によるブロック共重合体の生成，また重合誘起型のスピノーダル分解（Polymerization–induced Microphase Separation）により共連続ミクロ相分離構造の形成に成功し，ナノポーラス材料として報告している[17]。

筆者らは光解離性の高分子ドーマントを用いて，迅速なラジカルUV硬化反応に，前述の「繰り返し重合の進行をOn/Offできる」ユニークな重合機構を組み込むことで，「光」硬化と同時に同様の共連続ミクロ相分離の形成を着想した。また重合法としては各種光リビングラジカル重合の中で，光学フィルムなどへの適用を意識して可視光吸収を持たず着色フリー，そして金属触媒の残存もないヨウ素移動型の光リビングラジカル重合に着目した。

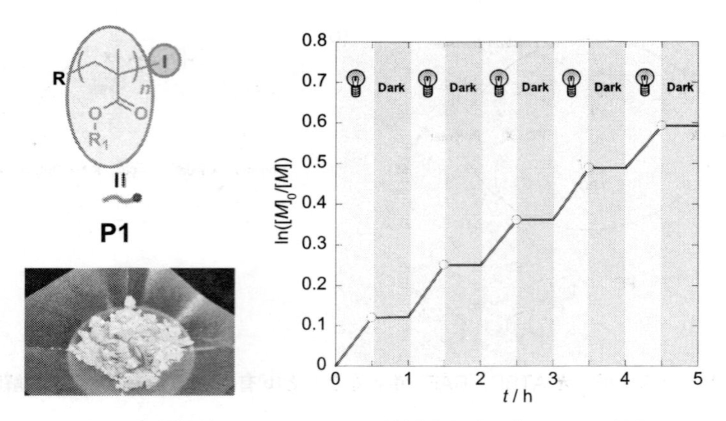

図2　光解離性ドーマント **P1** と鎖延長反応の光 On/Off 制御

ヨウ素移動型の精密ラジカル重合ではアミン，ホスフィン，4級アンモニウム塩など有機触媒存在下，熱またはUV照射（365 nm）することで重合鎖末端のC–I結合が可逆的に解離し，（メタ）アクリレートモノマーを精密重合できる（分子量分布 ＜1.1)。一方で原子移動精密ラジカル重合（ATRP）の重合鎖末端C–Brと比べC–I末端は光で容易に切断・分解され，遊離したヨウ素による着色が課題であった。筆者らは各種メタクリレートを重合後，選択的1分子停止反応により，熱や光に対しC–I末端を飛躍的に安定化するような重合末端構造を見出し，取り扱いやすい高分子ドーマント **P1** を白色粉末として単離することに成功した（図2）。また室温大気下で安定に貯蔵でき，溶液状態で可視光下においても全く着色ない。

得られた高分子ドーマント **P1** を用いた第二モノマーの光重合例を図2に示す。光照射（On）時のみモノマーが消費され，Off時にはモノマー消費が止まり，再照射でモノマー消費（重合の進行）を示し，光で重合の進行・停止を繰り返し制御できることが示された。また光解離性高分子ドーマントを用いて鎖延長反応で得られるブロック共重合体は，各セグメントの持つ非相溶性に基づきミクロ相分離構造を形成した。

光解離性高分子ドーマント **P1** を第二モノマーとして各種アクリレートに溶解し，架橋剤を加えバーコート成膜後，超高圧水銀灯でUV硬化させると，透明な硬化膜が得られ（図3(a)），その断面の原子間力顕微鏡（AFM）像，透過電子顕微鏡（TEM）像では，内部に数十nmのドメインサイズを持つ共連続ミクロ相分離構造の形成を示した[18]。一方，比較例としてC–I末端を持たない高分子を添加し従来法でUV硬化すると，反応誘起型のスピノーダル分解によりポリマーブレンドとなり，数～数十ミクロンのマクロ相分離に留まり白濁する（図3(b)）。また，コーティングの断面AFM像，3次元透過電顕像からは膜の深部に向かってドメインサイズが徐々に大きくなるユニークな傾斜ナノ構造を持つことを見出した（図4）。波長，照度，架橋剤濃度（官能基数），重合温度などをパラメーターとして架橋固定化までの相分離形成過程を速度論的に制御し，ドメインサイズも調整できる。

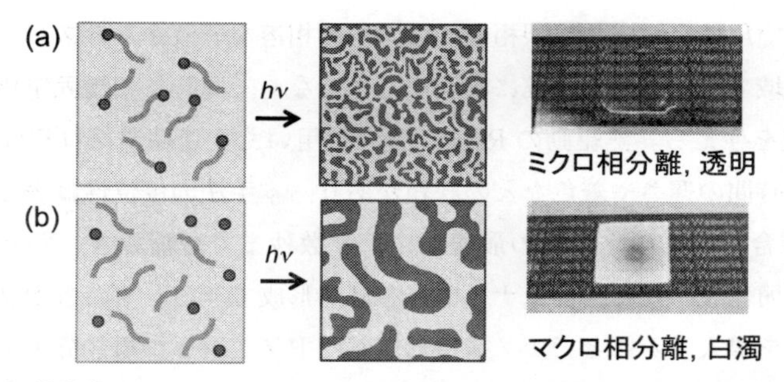

図3　(a)光解離性高分子ドーマントP1を用いた精密UV硬化と(b)ヨウ素末端を持たないポリマーを添加し汎用の光ラジカル開始重合でUV硬化したコーティング

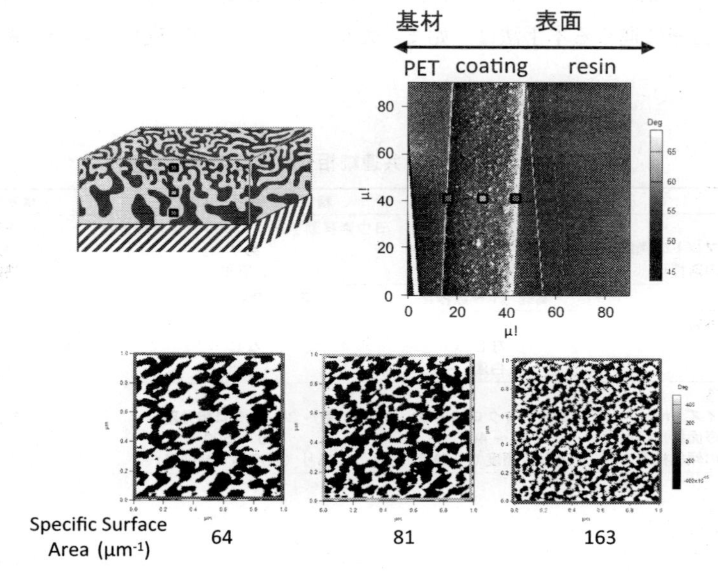

図4　精密UV硬化で得られたコーティングのAFMによる断面相分離構造
（Specific Surface Areaはドメインサイズの指標として明暗ドメインの境界線の長さをドメイン面積で割り算出）

4　精密UV硬化による相分離同時形成：位置付けと将来展望

本章では，アクリル樹脂などコーティング剤のUV硬化反応にリビングラジカル重合機構を適用することで，硬化と同時にコーティング内部にユニークな傾斜ナノ構造を形成する手法を開発した。共連続相分離構造は，ブロック共重合体で多く検討されているシリンダー，ラメラ型相分離構造と異なり，異方性を持たず選択イオン透過膜やナノ孔を持つ多孔性分離膜などへの展開が期待されるが，一般にごく限られた組成で予め精密重合した2元，3元ブロック共重合体でしか得られず，溶媒揮発やアニーリング，相転移など煩雑な相分離形成プロセスも考慮しなければならない。本手法で用いた反応誘起型相分離は，予め相溶な一液からのスピノーダル分解を経るため広範な組成領域で共連続構造形成に有利なだけでなく，同時に架橋固定化できるため，より安定な相分離構造を与える。熱駆動のRAFT重合を用いた共連続ミクロ相分離構造の報告例は数例あるが，形成時間の遅さや着色などの課題があり，本手法の優位性は表2に総括される。当初懸念していた重合時間も硬化条件の最適化により数秒まで短縮でき，従来のUV硬化プロセスを用いて極めて簡便な手法で内部にナノ構造を同時形成できる。また各セグメントにエポキシ基など反応性側鎖を導入することでナノ構造形成したドメインへの機能分子・機能材料の選択配置などポスト機能化も可能である。光学フィルムへの応用をはじめ，光リソグラフィー技術による平面方向のパターニングとの組み合わせにより深さ方向にも相分離させた3次元パターニングなども形成可能で，3Dプリンティング技術との複合など広がるであろう。迅速なUV硬化反応を敢えて遅く，精密に進める本手法は，始まったばかりだが，UV硬化に新たな視点を与えるものと期待される。

表2　硬化方法の違いと共連続相分離構造のその場形成

	汎用UV硬化	精密UV硬化（本手法）	精密熱硬化
重合機構	光開始ラジカル重合	ヨウ素移動型光リビングラジカル重合	RAFT重合
・高分子ドーマントの適用	なし	**あり**	**あり**
・ドーマントの活性化	—	光駆動	熱駆動
硬化時間	高速（1～数秒）	**速い**（数秒～数分）	遅い（～24時間）
硬化膜の特徴・外観			
・着色	なし	なし	あり（RAFT剤由来）
・透明性	白濁	透明	透明
硬化膜の内部構造			
・ドメインサイズ（nm）	数千（マクロ相分離）	数～30（**ミクロ相分離**）	～15（**ミクロ相分離**）
・界面積（比表面積）（μm^{-1}）	～40	100～500	（400）
・深さ方向への傾斜構造	**あり**（照度で制御可）	**あり**（照度等で制御可）	なし（均一）

文　　献

1）遠藤剛編，高分子の合成（上），講談社（2010）
2）蒲池幹治，遠藤剛，岡本佳男，福田猛監修，ラジカル重合ハンドブック，エヌ・ティー・エス（2010）
3）上垣外正己，佐藤浩太郎，精密重合Ⅰ：ラジカル重合，共立出版（2013）
4）日本化学会編，CSJ Current Review 20，精密重合が拓く高分子合成，化学同人（2016）
5）M. Chen, M. Zhong, J. J. Johnson, *Chem. Rev.*, **116**, 10167（2016）
6）S. Shanmugam, J. Xu, C. Boyer, *Macromol. Rapid Commun.*, **38**, 1700143（2017）
7）T. Otsu, M. Yoshida, *Makromol. Chem. Rapid Commun.*, **3**, 127（1982）
8）B. P. Fors, C. J. Hawker, *Angew. Chem., Int. Ed.*, **51**, 8850（2012）
9）N. J. Treat, H. Sprafke, J. W. Kramer, P. G. Clark, B. E. Barton, J. Read de Alaniz, B. P. Fors, C.

J. Hawker, *J. Am. Chem. Soc.*, **136**, 16096 (2014)
10) J. Xu, K. Jung, A. Atme, S. Shanmugam, C. Boyer, *J. Am. Chem. Soc.*, **136**, 5508 (2014)
11) A. Ohtsuki, A. Goto, H. Kaji, *Macromolecules*, **46**, 96 (2013)
12) A. Ohtsuki, L. Lei, M. Tanishima, A. Goto, H. Kaji, *J. Am. Chem. Soc.*, **137**, 5610 (2015)
13) Y. Nakamura, S. Yamago, *J. Org. Chem.*, **9**, 1607 (2013)
14) M. Chen, J. A. Johnson, *Chem. Commun.*, **51**, 6742 (2015)
15) 日本化学会編，CSJ Current Review 29，構造制御による革新的ソフトマテリアル創成，化学同人 (2018)
16) 竹中幹人，長谷川博一監修，ブロック共重合体の自己組織化技術の基礎と応用，シーエムシー出版 (2013)
17) M. Seo, M. A. Hillmyer, *Science*, **336**, 1422 (2012)
18) 須賀健雄，西出宏之，特開 2016-108559 ほか

第12章　リビングラジカル重合法を援用したフィラーの機能化（無機フィラーからセルロースナノ結晶まで）

有田稔彦*

1　概略

実用高分子材料のほとんどはフィラーを含んでいる。フィラーの役割は多岐にわたっており（補強，増量，着色等々），機能によっては最終高分子製品にとって必要不可欠である。特に，ゴムをはじめとしたエラストマーには重要である。高分子材料のより高機能・高性能化のためには，フィラー（や機能性薬剤）の分散性をただ高めるだけでは不十分で，求める物性に合わせた精緻な（特に表面）設計に基づく機能化フィラーを作製し，活用する必要がある。ところが，現状ではフィラーとしての用途に対応可能な程，大量に効率良く微粒子の表面を機能化する技術（＝安価に高性能なフィラーを作る技術）が未成熟であり，合成技術の進歩に伴うマトリックス樹脂の高性能化，並びにナノテクノロジーの隆盛による多種多様なナノフィラーを活かし切れていないもったいない状況にあるといえる。

筆者はフィラーによる高分子材料の高機能化・高性能化を達成するために，高分子による表面機能化フィラーを従来にない高効率で作製する技術を研究している。液体中の微粒子分散に有利と考えられている界面活性剤等による表面処理法ではなく，高分子中での分散に有利と考えられる高分子によるフィラーの表面被覆をロスなく行う方法を開発し，成形加工におけるハンドリングの良さと，成形後製品における物性の良さとを両立可能なフィラーを作製することを目標としている。作製した高分子表面機能化シリカフィラーは，省燃費タイヤ用トレッドゴムの補強において，標準的に行われているシランカップリング剤を用いた補強ゴムよりも，低転がり抵抗性と高ウェットグリップ性というトレードオフをより良く解消できるという結果をこれまでに得ており，現在はより高性能化を目指すとともに，技術としての普遍化・実用への普及を目指し，研究開発を行っている。

本稿では，先ず微粒子表面を効率良く機能性高分子により被覆する方法（粒子共存重合法）に関する研究に重点を置いて紹介する。粒子共存重合法による表面機能化フィラーの設計思想，並びに構造形成過程は，リビングラジカル（制御ラジカル）重合法の特長をうまく活用した方法といえ，フィラー材料以外への制御ラジカル重合法の応用を考える上でも有効ではないかと考える。最後に，近年フィラー材料として注目を集めているナノセルロースの活用法に関しても，筆者らの取り組みを紹介する。先にも述べたとおり，古くからフィラーを用いるエラストマーや，塗料，接着剤といった分野は，化学の得意とする分野であり，材料としても市場としても成熟し

---

*　Toshihiko Arita　東北大学　多元物質科学研究所　助教

ているため，革命的な新技術は難しい。しかし，これまでより改善するという観点では，粒子共存重合法による表面機能化フィラーは，大きな可能性を秘めた材料であると考えているし，多くの方々に実際触れていただくことで，日本発のゴム・高分子技術として今後大きく発展・普及してゆくことを期待している。

2　高分子によるナノ微粒子表面の機能化

高分子媒体へのより良い分散をテーマに掲げる上で，高分子の準安定状態に落ち着きやすい性質（＝完全な熱的最安定状態に陥る方が珍しい）に留意する必要がある。この高分子の熱履歴を残す（＝準安定状態に留まる）特徴のため，数々の面白い現象が見られる。中でも，同一の高分子同士しか（完全に）混ざらない特徴は，ナノ微粒子を高分子媒体への分配戦略を練る上で大変重要である。この完全に同一でないと混ざりあわないという高分子の性質（実は低分子でもいかなるスケールでモノを見るかによるだけで，ありえる話ではあるが）は，高分子物性の中で長きにわたり課題であり，古くはポリマーアロイの研究（混和させることが目標の研究）から，ブロック共重合体が作るミクロ相分離構造の研究（相分離を積極的に利用する方向性の研究）に至り，ナノテクの世界でも新分野として認知されていたことからも，重要であることが理解できる（図1左）。

以上のように，高分子材料の非平衡性が高分子媒体へナノ粒子を分散させる上で，重要な鍵であり，同時に克服すべき課題である。完全に同一でないと混ざらないのであれば，ナノ微粒子の表面処理をして物性を似せるのでは十分ではなく，少なくとも分散させたい高分子と全く同一の高分子で微粒子表面を被覆する（または，同一の高分子を表面へ固定化する）ことが，安定分散・配分に向けて最低限必要になる。いい換えると，微粒子表面へ同一種の高分子鎖を固定化することが安定分散を得る上で最も有効な手立てであるといえる（図1右）。

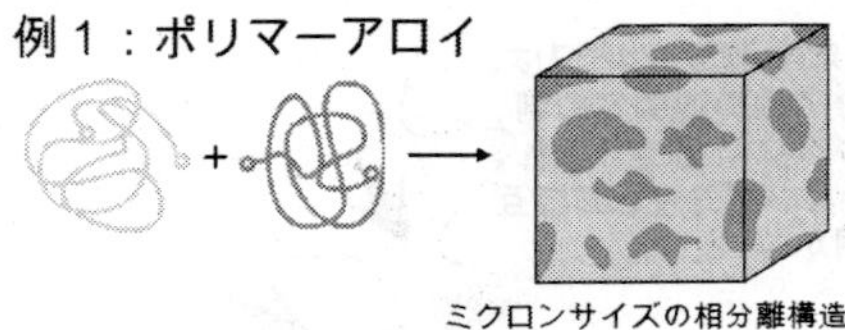

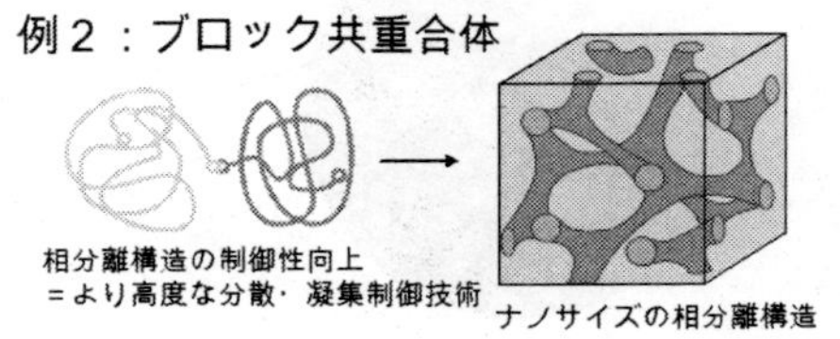

図1　高分子の相分離に関わる研究史からみた高分子鎖付与の妥当性

では，以下具体的に高分子鎖の微粒子表面への固定化法を見てゆくことにする。高分子鎖の微粒子表面への付与（固定化）には，大きく分けて図２に示す２通りがある。図２①に示す mid chain タイプの吸着法による表面加工は比較的容易であるが，肝心の固定化した高分子の運動性に大きな制約があり，表面改質法（表面張力調整法）としては一定以上の効果が期待できるが，高分子中での（長時間）分散安定性や表面機能化法としては，（図２中小矢印で示す）高分子鎖と粒子間の隙間の問題等，多少心許ない。それに対し，片末端が複合粒子最表面に露出する形を取る末端固定化タイプ（図２②）は，分散安定性や表面機能化法として有効である。ところが，この高分子鎖の片末端固定化はそう容易ではない。微粒子表面と高分子鎖の間に接合点（グラフトポイント）を持たせねばならず，どうしても加工プロセスが多段階になり，高価になるという問題がある。

これまで俯瞰してきたような背景のもと，高分子中での分散安定性に優れるだけではなく，願わくば，先に述べたような高次元に内部構造が制御された複合材料が，自発的にでき上がる高性能ナノ微粒子（フィラー）の作製を目標に，図２②のタイプの高分子鎖を粒子表面に接合（グラフト）した粒子の研究を行ってきた。研究開発の鍵は，「いかにプロセスを簡素化するか」であった。そうして，これまでに実験操作が簡素化されたグラフト重合系を提案[1]し，微粒子へのグラフト重合により得られた高分子固定化微粒子を用いて，その高分散安定性等，設計通りの性能の高さに関しては，一定の答えを出せた[2,3]のであるが，肝心の高分子表面機能化フィラーとしての性能面と製造コストの削減との両立問題は残った。つまり，グラフト重合の利点をある程度は実証できたが，広く普及可能な高性能フィラーという目標達成には未だ遠い状態にあった。繰り返すが，高分子鎖を粒子表面にグラフトするには，セラミックス表面と高分子鎖の間に接合サイトを持たせねばならず，グラフトする以上は，どうしてもプロセスが多段階にならざるを得ない。そこで，戦略を一から洗い直すことにした。

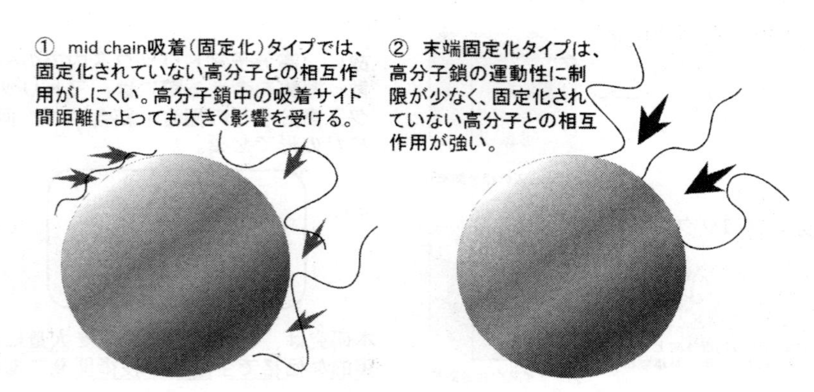

図２　粒子表面への高分子鎖の固定化方法と特徴

3 固定化＝グラフト重合からの脱却

フィラー表面の高分子による機能化法の戦略を一から洗い直すにあたり，注目すべき技術として，表面近傍での in–situ 重合法（図3中 C2）に着目した。この方法は知る人は知っている方法[4]で，高分子を合成した後に付与（コーティング）するいわば通常の塗工過程よりも，吸着に直接寄与できるモノマーユニットの比率を高めることができるため，強固な高分子膜を表面に作製できる特長がある。筆者はこの技術と高分子表面機能化にかかる先行技術とを参考にし，できる限りそれらのすべての良いとこ取りをすることで，高分子固定化ナノ微粒子をその性能をできる限り犠牲にすることなく，安価で大量に作製する手段を開発した。

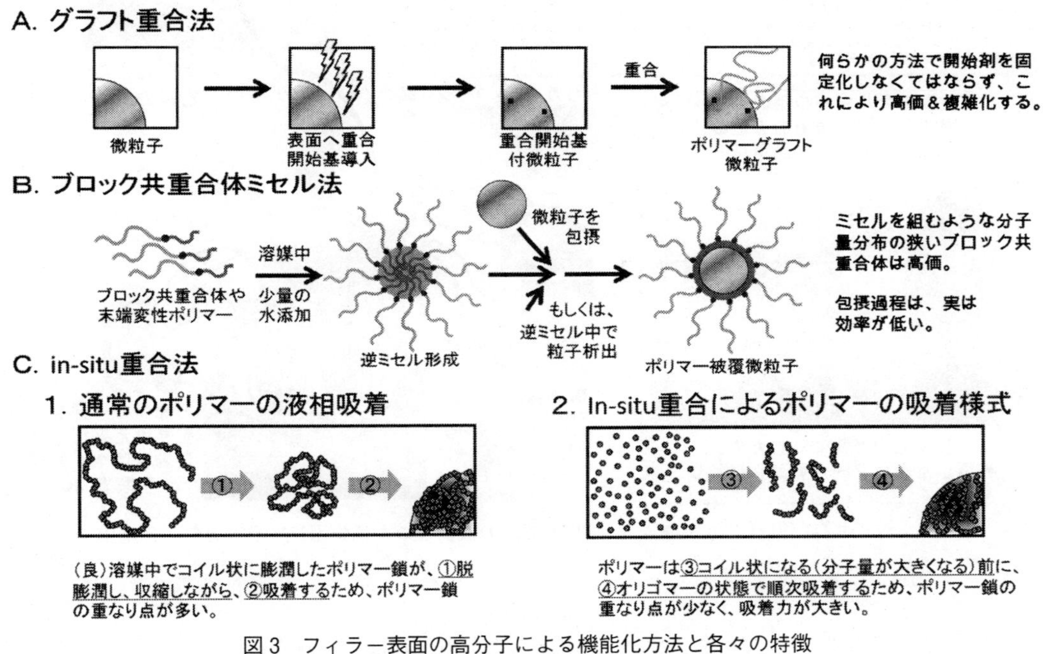

図3 フィラー表面の高分子による機能化方法と各々の特徴
粒子共存重合法には，C2の考え方が活きている。

4 粒子共存制御ラジカル重合法の開発[5]

開発した手法の概略は，図4に示す。疎水溶媒中に微粒子（無機ナノ微粒子の大半は親水性）を分散させ，モノマーの状態では疎水溶媒に溶解するものの，重合すると析出する種類の高分子を，微粒子共存下のリビングラジカル重合で重合し，1段目の微粒子への接着（吸着）層を形成する。その後，2段目として混合ターゲットであるマトリックス高分子と同一の疎水系モノマーを重合することで，目的高分子に安定分散する高分子被覆微粒子を作製する手法である[5]。この

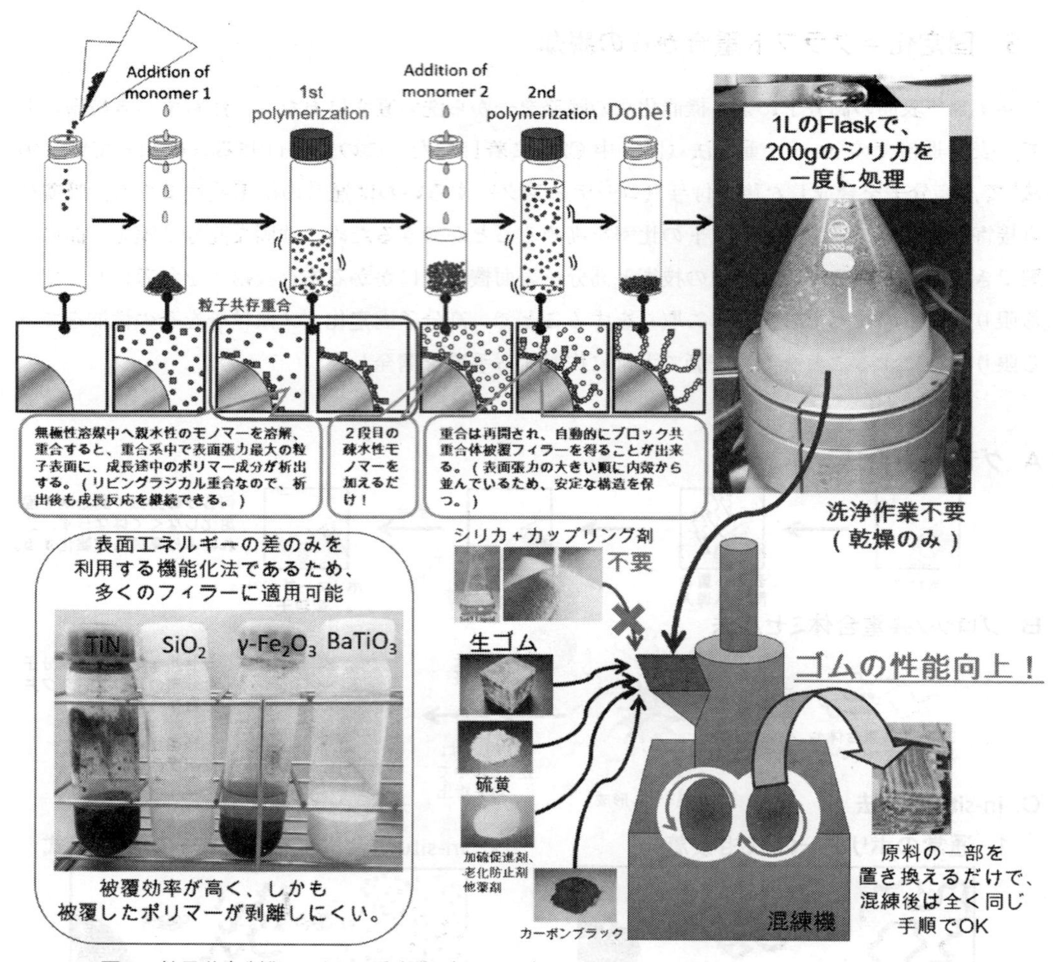

図４　粒子共存制御ラジカル重合法（CRPwP）の概要とゴム補強用フィラーとしての応用

手法は，例えば酸素を取り除いたグローブボックスを用いれば，原料を持ち込み，１ポットで重合するだけの大変簡単な手順で終了し，また，処理の際の微粒子濃度も従来のコーティング法等と比べても数ケタ高い濃度で，かつ，ほぼ100％の被覆効率で高分子機能化処理ができる。また，付与したブロック共重合体はin-situ重合のように，分子量が小さいオリゴマーの状態で微粒子表面に接着させるため，ブロック共重合体を合成後に被覆したものよりも強固に微粒子表面に接着しており（図３中C2），被覆操作後のハンドリングにおける自由度も高い。更に，１段目の微粒子への接着（吸着）層を形成時に，強力なせん断力を溶液にくわえることで，粒子のサイズによっては単分散に限りなく近い分散粒子を得られること[注1]や，原理上制約が少ないため，乾燥粉体状のナノ粒子原料の種類及びその作製法に依存せずに高分子被覆できる[注2]等，多くの従来法にない利点を有しており，今後，高分子－ナノ微粒子コンポジットの高性能化に大きく貢献するものと期待される。現在，ミニプラントで粒子共存重合法の実施試験フェーズに進んできており，更なるスケールアップへ鋭意検討中である[注3)]。

5　タイヤトレッドゴムの補強材としての活用[6)]

ここでは，粒子共存制御ラジカル重合法により作製した高分子機能化フィラーの性能の高さを，実際の事例を用いて簡単に説明する。ご存知のように，ゴムをはじめとしたエラストマーには，フィラーは特に重要であり，かつ，フィラーにとって，性能を出すのが最も難しい用途の一つが，ゴムの補強である。このゴムの補強において結果を出すことは，高分子表面機能化フィラーの高性能を証明することになると考えた。目指した目標は，ゴムの補強の中でも最も開発熱の高い省燃費タイヤ用補強ゴムの改良である。これまでに，粒子共存重合法による機能化シリカフィラーは，合成ゴムに対しても，天然ゴムに対しても優れた補強効果を示すことがわかってきており[6)]，日本発のゴム技術として定着させるために，多くの研究者，技術者に触って，試していただきたいと考えている。

図5に，粒子共存重合法による機能化シリカフィラーと従来のシリカによる補強法との違いを示した。シリカとの接着層のデザイン変更が容易であるため，設計次第ではもっと強靭な補強ゴムを作製したりする等，目的の性能に合わせた表面機能化シリカフィラーを作製できると考えている。

6　フィラー充填による3次元伝導内部構造を持つ電解質膜への応用[7)]

省燃費タイヤ用トレッドゴムの補強のような従来からのフィラーの役割とは違う用途への展開例として，粒子共存制御ラジカル重合法による表面機能化フィラーを用いたプロトン伝導膜開発について触れる。図6に粒子共存重合法の特長の一つである，粒子表面の吸着高分子の水平配向性（図3中Ｃ2）を活かした新奇プロトン伝導膜の設計と製作方法を示した[7)]。粒子共存制御ラジカル重合法によるフィラー表面の高分子による被覆は，フィラー最表面では，制御ラジカル重

注1）例えば，ラジカル重合の成長反応が，数ナノ秒～マイクロ秒程度で一段階完了するのに対し，いくら疎水溶媒中とはいえ，溶媒中で解砕された微粒子が再凝集するまでの時間オーダーは，数ミリ秒～数秒程度と数桁長い時間がかかる。この時間差が分散に有利に働く。何度も，解砕→再凝集を繰り返す間に，合成された高分子オリゴマーが粒子表面に吸着してゆくと，当然ながら，微粒子は解砕された粒子径を表面被覆によって保てるようになる。

注2）利用している原理が溶解度の差と表面張力だけなので，親水性のフィラーであれば（溶剤に粒子が溶解しなければ），ほぼすべてのフィラーに適用可能。

注3）スケールアップによる，技術の標準化，定着が最も重要です。生産にご興味がある方にどんどん参入いただきたく，ご連絡をお待ち申し上げております。

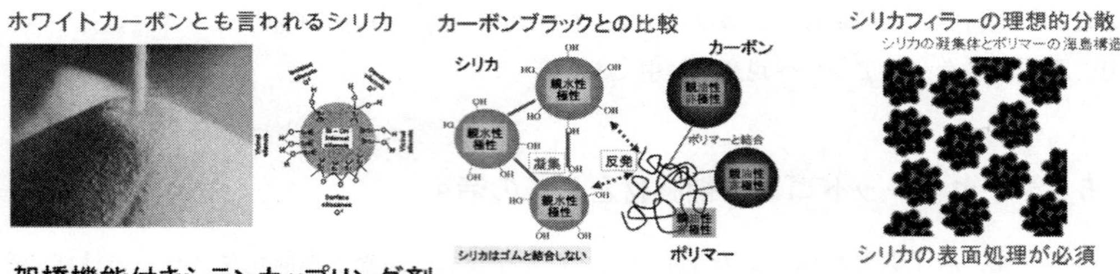

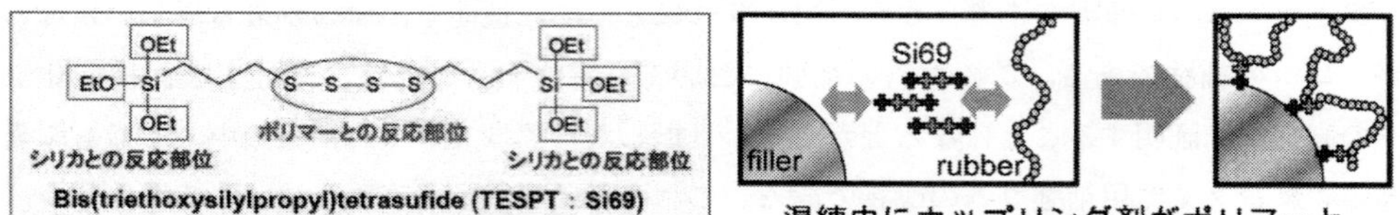

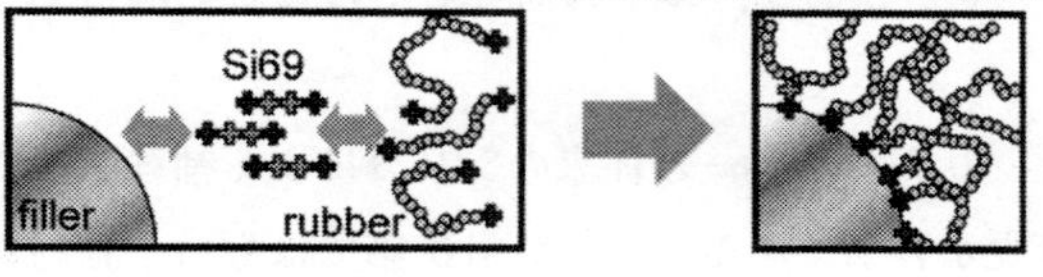

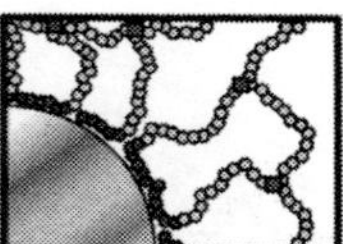

図5　省燃費タイヤ用ゴム（シリカ補強ゴム）の補強モデルの違い

合法の特長であるすべての高分子鎖がほぼ同速度で成長・析出する性質のため，被覆高分子の超薄膜が形成されている可能性が高い。これは見方によっては，フィラー表面に水素結合を通した高速プロトン伝導パス（グロッタス機構によるプロトン伝導）が形成されるともとれる。この表面の高速伝導パス間を，フィラー充填後の熱プレス作業により3次元に接合することで，膜の面内方向にも（応用に重要である）面外方向にもプロトンを高速に伝導しうる電解質高分子膜を作製できると考えた。実際，アクリル酸のような弱酸でも低活性化エネルギーでプロトン伝導が起きることや，リン酸系の高分子を伝導高分子に用いることで，固体高分子型燃料電池の電解質膜として実用可能なレベル（$> 10^{-2}$ S/cm）のプロトン伝導を達成することに成功しており[7]，今後，実用へ向けて開発を加速してゆく考えである。

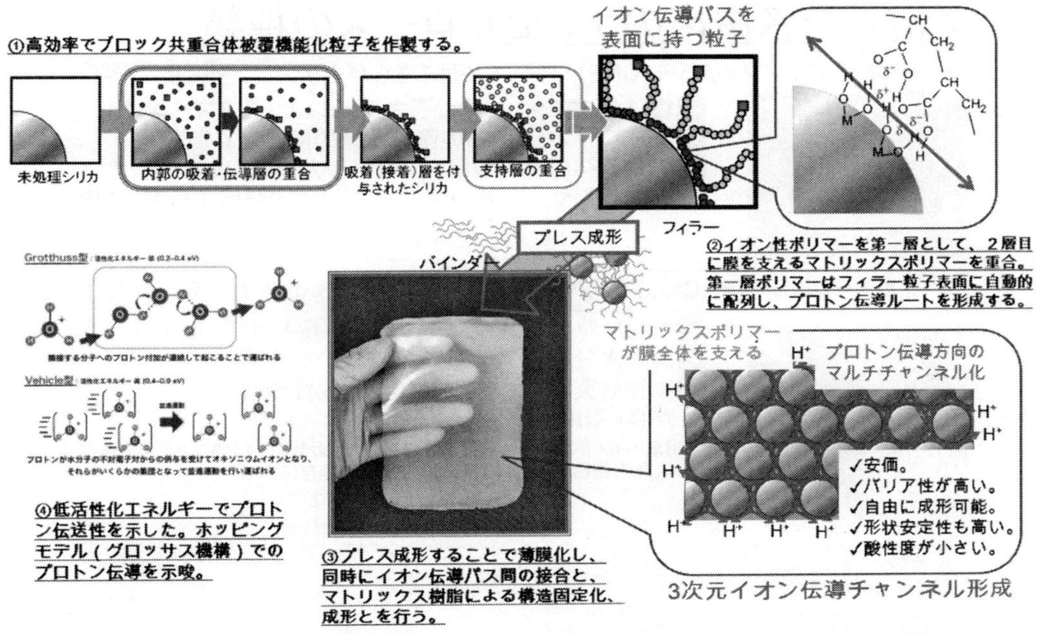

図６　粒子共存重合法による表面機能化シリカフィラーを充填した新奇プロトン伝導性電解質膜

7　セルロースナノクリスタル粉末の製造とフィラーとしての応用展開[8)]

近年，持続可能な（サステナブル）社会の達成に向けた科学技術が環境問題等への意識の高まりを受けて，大変な注目を集めている。その流れの中で，高分子化学の中では資源豊富なバイオマス利用技術の開発が必然的に盛んになってきている。セルロースの利用はこの本命ともとられている重要な開発項目である。セルロースの利用法として特に近年盛んに研究されているのが，ナノセルロースのフィラーとしての利用であろう。日本発のセルロースナノファイバー（CNF）製造技術を活かし，応用開発を行う流れが主流であるが，筆者らは，北米を中心に検討されているもう一つのナノセルロースともいえる，セルロースナノクリスタル（CNC）に注目した（図7）。フィラーとしてナノセルロースを用いるためには，フィラーとしての状態，いわゆる粉体状である必要がある。CNF の方は長繊維状のナノセルロースで，増粘効果が高い＝補強効果も高く期待できるのであるが，CNC の方が結晶状態のセルロースのみで構成されしかもアスペクト比が 20 程度と，繊維というよりも粒子の要素が高く，粉体として得られる可能性が高いと考えたからである。それでも，筆者らがナノセルロース粉末の作製に取り組んでいた 2013 年頃には，CNC といえど，粉体状態で手に入るサンプルはほとんど市場になく，ナノセルロースといえば水懸濁液の状態のものが通常であった。

筆者は粒子共存重合法を無機フィラーだけでなく，ナノセルロースに適用可能であることを早期に予見していた[9)]ため，ナノセルロースのフィラーとしての実用化の鍵は，表面変性をせずに

バイオマス由来のナノセルロースの種類

1．セルロースナノファイバー（CNF）　☜日本ではこちらが主流　比重：1.5～ g/cm3

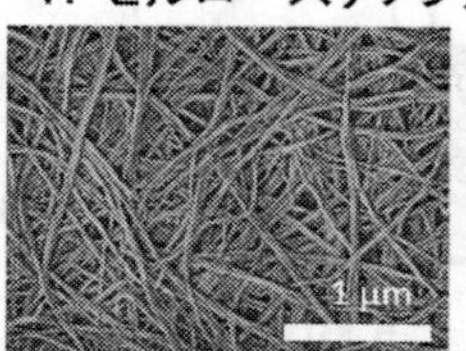

- ✓ 繊維状 幅4～100nm、長さ5μm以上 高アスペクト比
- ✓ ミクロフィブリルからの直接機械的解繊等で製造
- ✓ 日本発祥のナノセルロース（TEMPO酸化法等）
- ✓ 繊維状でヤング率：十数GPa，引っ張り強度：2百数十MPa

繊維状で増粘効果が高い

2．セルロースナノ結晶（CNC）（ナノウィスカー（CNW））　☜北米で研究が盛ん

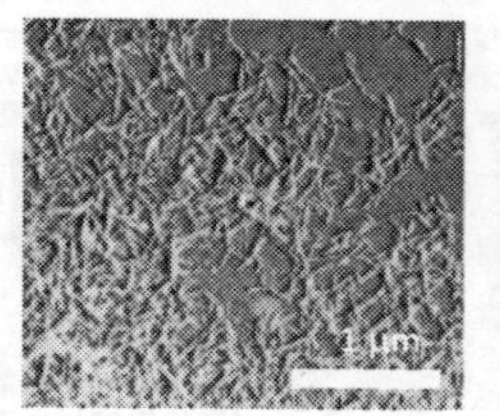

- ✓ 針（ひげ）状結晶 幅10～50nm、長さ100～500nm
- ✓ 酸加水分解後の解繊により製造
- ✓ 物性研究が進んでおり、優れた物性値はこちらのデータが良く引用されている。

例）鋼鉄の1／5の軽さで、鋼鉄の5倍の強度、ガラスの1／50の低熱膨張等
伸びきり鎖結晶でヤング率：138GPa，引張強度：3GPa

粒子状でフィラー向き

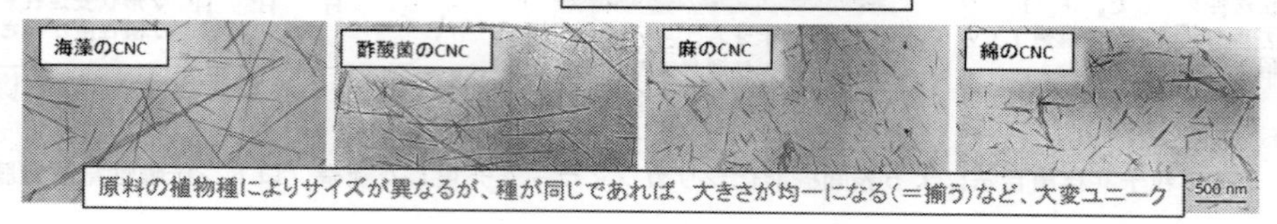

原料の植物種によりサイズが異なるが、種が同じであれば、大きさが均一になる（＝揃う）など、大変ユニーク

図7　ナノセルロースの種類と特徴

CNC を粉体で得られるか[注4)]どうか，更にその価格が大量生産フェーズに入った際に，現行フィラーと比べて著しく高価にならないことであると考えた。図8に示すように，それまでCNCの量産プロセスは水を溶媒にして行うプロセス以外は常識でなかった。しかし，水懸濁液からCNCを乾燥すると，どうしても水素結合を介した不可逆的凝集「角質化」が避けられず，透明から半透明の硬質フィルムのようになってしまう。そこで，プロセスの途中，加水分解に用いた酸を洗う段階で低誘電率の有機溶媒へ溶媒置換することで，①水を介した不可逆的な水素結合を阻害すること，②有機溶媒の表面張力の小ささを利用すること（乾燥時に粒子間距離が縮まりにくい），③低誘電媒体中で解繊＝せん断運動を行うことで，CNC表面に摩擦電気を帯びさせ，帯電している間に乾燥させることで，凝集を抑制すること，等を利用して，CNC粉体を得られないか試したところ，微粉体を得ることに成功した[8)]。これにより表面未変性のCNCを粉体の形で得られるようになり，CNCを環境適応型高機能フィラーとして応用する足掛かりができ上がった。現在は大量生産を目指し，スケールアップに向けた取り組みを行っている[注5)]。

注4）合成（変性）セルロースの研究史は大変長く，ほとんどの場合，セルロース表面の水酸基を変性すると耐熱性が落ちてしまうため，フィラー用途に使うには（特に溶融混錬を用いる場合）苦しくなる。

注5）2018年春現在，表面未変性のCNC粉末は，大学発ベンチャー「フィラーバンク㈱」より，（研究開発用途限定であるが）購入可能になっている。